백점

BOOK 1 개념북

과학 6·1

구성과 특징

BOOK ① 개념북

검정 교과서를 통합한 개념 학습

2023년부터 초등 5~6학년 과학 교과서가 국정 교과서에서 **9종 검정 교과서**로 바뀌었습니다.
'백점 과학'은 **검정 교과서의 개념과 탐구를 통합적으로 학습**할 수 있도록 구성하였습니다. 단원별 검정 교과서 학습 내용을 확인하고 **개념 학습, 문제 학습, 마무리 학습**으로 이어지는 3단계 학습을 통해 검정 교과서의 통합 개념을 익혀 보세요.

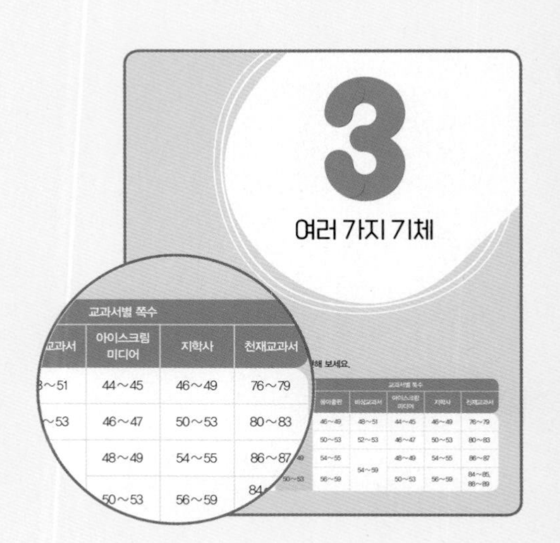

교과서	아이스크림 미디어	지학사	천재교과서
~51	44~45	46~49	76~79
~53	46~47	50~53	80~83
	48~49	54~55	86~87
	50~53	56~59	84

1 개념 학습

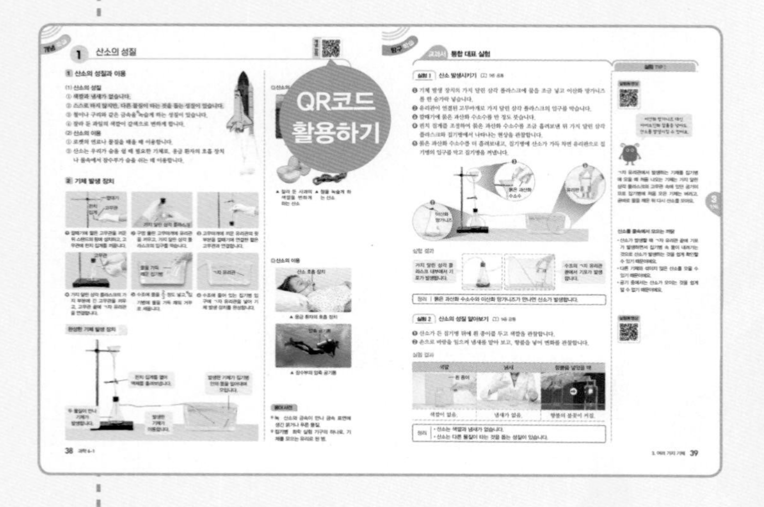

- 검정 교과서의 내용을 통합한 **핵심 개념**을 익힐 수 있습니다.
- **교과서 통합 대표 실험**을 통해 검정 교과서별 중요 실험을 확인할 수 있습니다.
- QR을 통해 개념 이해를 돕는 **개념 강의**, 한눈에 보는 **실험 동영상**이 제공됩니다.

2 문제 학습

- **기본 개념 문제**로 개념을 파악합니다.
- **교과서 공통 핵심 문제**로 여러 출판사의 공통 개념을 익힐 수 있습니다.
- **교과서별** 문제를 풀면서 다양한 교과서의 개념을 학습할 수 있습니다.

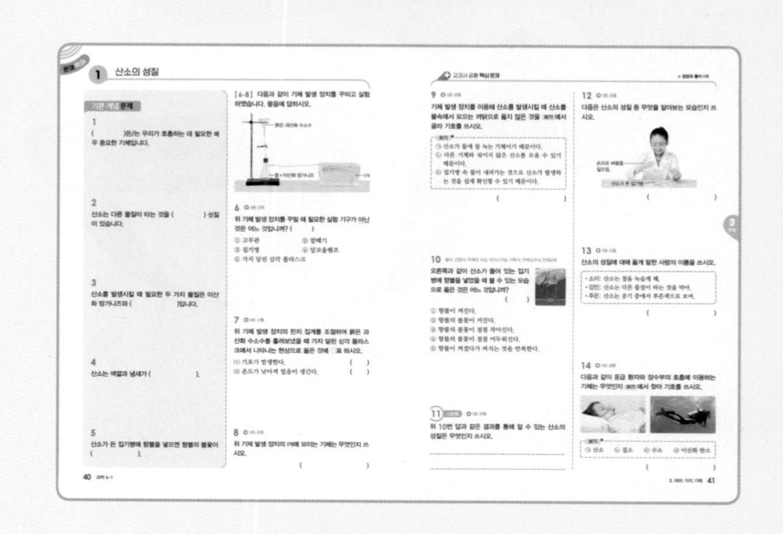

3 마무리 학습

교과서 통합 핵심 개념

3 여러 가지 기체

단원 평가 1회 3. 여러 가지 기체

수행 평가 2회 3. 여러 가지 기체

QR코드 활용하기

교과서 통합 핵심 개념에서
단원의 개념을 한눈에 정리할 수 있습니다.

단원 평가와 **수행 평가**를 통해
단원을 최종 마무리할 수 있습니다.

BOOK 2 평가북

학교 시험에 딱 맞춘 평가 대비

묻고 답하기

묻고 답하기를 통해 핵심 개념을 다시 익힐 수 있습니다.

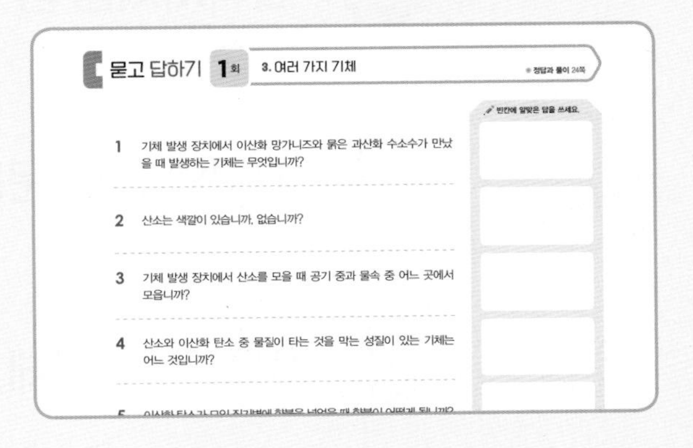

단원 평가 기출 실전 / 수행 평가

단원 평가와 수행 평가를 통해 학교 시험에 대비할 수 있습니다.

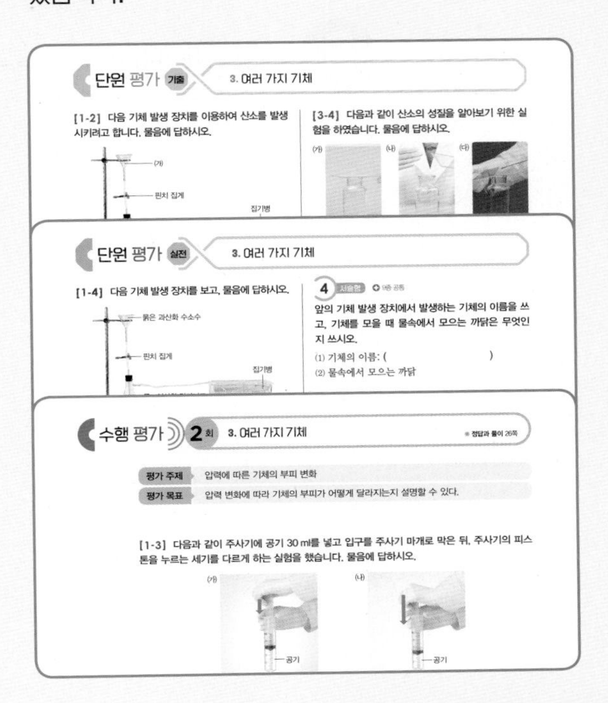

차례

과학자처럼 탐구하기

▶ 학습 내용과 교과서별 해당 쪽수를 확인해 보세요.

학습 내용	백점 쪽수	교과서별 쪽수				
		동아출판	비상교과서	아이스크림 미디어	지학사	천재교과서
● 과학자처럼 탐구하기	6~9	10~19	12~17	12~17	10~17	12~23

★ **과학 검정 교과서별 단원명**

동아출판 「1. 재미있는 나의 탐구」
금성출판사 「과학자처럼 궁금증을 해결해요」
김영사 「1. 탐구는 어떻게 할까요」
미래엔 「1. 과학자처럼 탐구해 볼까요」
비상교과서 「생활 속 과학 탐구」
아이스크림미디어 「과학자처럼 탐구하기」
지학사 「1. 신나는 과학 탐구」
천재교과서 「1. 탐구야, 신나게 놀자!」
천재교육 「1. 과학은 나의 힘」

과학자처럼 탐구하기

탐구 과정: 문제 인식 → 가설 설정 → 변인 통제 → 자료 변환 → 자료 해석 → 결론 도출 → 일반화

1 문제 인식하고 가설 설정하기

(1) 문제 인식하기

① 문제 인식: 자연 현상의 관찰이나 경험한 내용으로부터 문제를 파악하고, 탐구할 문제를 정하는 과정입니다.

② 탐구 문제를 정할 때 생각할 점

- 탐구 범위가 좁고 구체적인 주제로 정합니다.
- 실제로 탐구할 수 있는 주제로 정합니다.
- 스스로 해결할 수 있는 탐구 문제로 정합니다.

▶ 경험한 내용

▶ 궁금한 점: 모래는 따뜻했는데 바닷물은 시원했던 까닭은 무엇일까?

▶ 탐구 문제: 같은 곳에 있는 모래와 물의 온도가 다른 까닭은 무엇일까?

(2) 가설 설정하기

① 가설 설정: 이미 알고 있는 지식이나 관찰한 사실을 바탕으로 탐구 문제의 답을 예상하는 것입니다.

② 가설을 설정할 때 생각할 점

- 탐구로 알아보려는 내용이 분명하게 드러나야 합니다.
- 무엇이 왜 일어나는지 이해하기 쉽도록 간결하게 표현해야 합니다.
- 탐구를 하여 가설이 맞는지 확인할 수 있어야 합니다.

▶ 가설: 같은 시간 동안 물과 모래를 가열하면 물보다 모래의 온도가 더 많이 올라갈 것이다.

▶ 그렇게 생각한 까닭

낮에 바닷물보다 모래가 더 따뜻했기 때문이다.

물의 상태 변화 실험을 할 때 물이 끓는 데 시간이 오래 걸렸기 때문이다.

탐구 주제를 쉽게 찾는 Tip

- 좋아하는 것을 바탕으로 주제를 찾습니다.
- 일상생활에서 나타나는 현상에 관해 '왜'라고 질문합니다.
- 경험을 바탕으로 궁금증을 찾습니다.
- 교과서에서 배운 내용을 확장하여 새로운 주제를 찾습니다.
- 과학 이외의 다른 분야에서도 궁금증을 찾습니다.

용어사전

- **인식** 사물을 분별하고 판단하여 아는 것.

2 변인 통제하면서 실험하기

(1) 변인 통제하여 실험 계획하기

① 변인 통제: 실험 결과에 영향을 주는 조건을 확인하고 실험에서 다르게 해야 할 조건과 같게 해야 할 조건을 통제하는 것입니다.

② 실험을 계획할 때 생각할 점

- 가설이 맞는지 확인할 수 있는 적절한 실험 방법을 정합니다.
- 다르게 해야 할 조건과 같게 해야 할 조건을 확인합니다.
- 실험에서 관찰하거나 측정해야 할 것을 정합니다.
- 준비물과 안전 수칙을 정하고, 실험 과정을 구체적으로 생각합니다.

▶ 가설: 같은 시간 동안 물과 모래를 가열하면 물보다 모래의 온도가 더 많이 올라갈 것이다.

▶ 실험 방법: 같은 조건에서 물과 모래를 가열하면서 온도를 측정해 온도 변화를 비교한다.

▶ 실험 조건

다르게 해야 할 조건	온도를 측정할 물질의 종류(물, 모래)
같게 해야 할 조건	온도를 측정할 물질의 양, 전등의 세기, 온도계를 꽂는 깊이, 온도를 측정할 물질과 전등의 거리 등

▶ 측정해야 할 것: 시간에 따른 물과 모래의 온도

▶ 준비물: 투명한 사각 플라스틱 그릇 두 개, 모래, 물, 전등 두 개, 스탠드 두 개, 알코올 온도계 두 개, 시계 등

▶ 실험 과정

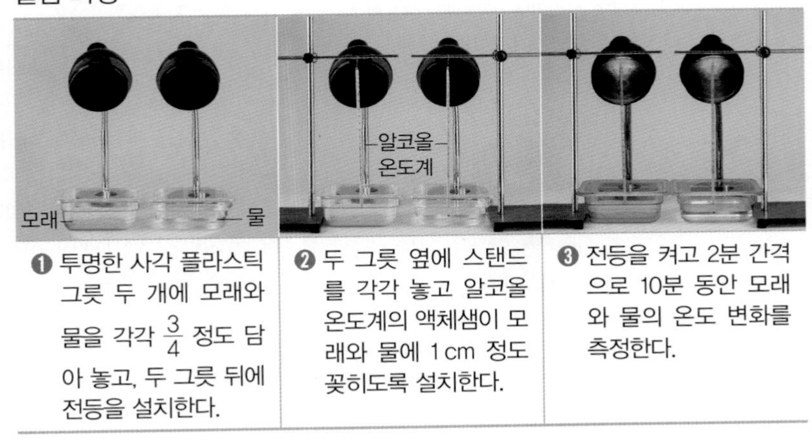

❶ 투명한 사각 플라스틱 그릇 두 개에 모래와 물을 각각 $\frac{3}{4}$ 정도 담아 놓고, 두 그릇 뒤에 전등을 설치한다.

❷ 두 그릇 옆에 스탠드를 각각 놓고 알코올 온도계의 액체샘이 모래와 물에 1 cm 정도 꽂히도록 설치한다.

❸ 전등을 켜고 2분 간격으로 10분 동안 모래와 물의 온도 변화를 측정한다.

실험할 때 주의할 점

- 변인을 통제하면서 계획에 따라 실험을 합니다.
- 관찰하거나 측정한 내용은 바로 기록합니다.
- 실험 결과가 예상과 다르더라도 실험 결과를 고치거나 빼지 않습니다.
- 실험 중에 반드시 안전 수칙을 잘 지킵니다.

(2) 실험하기: 실험 계획에 따라 실험을 하고, 그 결과를 기록합니다.

▶ 실험 결과

온도(℃) \ 시간(분)	0	2	4	6	8	10
모래	15.0	18.0	21.1	24.9	28.0	31.0
물	15.0	16.3	17.4	18.4	19.6	20.9

용어사전

- **통제** 일정한 방침이나 목적에 따라 행위를 제한하거나 제약함.

3 자료 변환하고 해석하기

(1) 자료 변환하기

① 자료 변환: 실험으로 얻은 결과를 한눈에 알아보거나 비교하기 쉽도록 자료를 표나 그래프, 그림 등으로 정리하는 과정입니다.

② 실험 결과를 가장 효과적으로 전달할 수 있는 방법이 무엇인지 생각하여 변환할 형태를 결정합니다.

③ 자료 변환의 형태

막대그래프

❸ 가장 큰 측정값을 나타낼 수 있도록 눈금을 정해요.

❷ 가로축에는 실험에서 다르게 한 조건을 나타내고, 세로축에는 측정한 결과를 나타내요.

이동 거리(km)
120
100
80
60
40
20
0
자전거 자동차 배 기차 버스
교통수단

❹ 측정값을 점으로 표시하고 막대를 그려요.

❶ 그래프의 제목을 정해요.

〈한 시간 동안 여러 교통수단이 이동한 거리〉

꺾은선그래프

지면 수면

온도(℃)
35
30
25
20
15
10
5
0
6 8 10 12 14 16 18 20 22 0 2 4 6
시각(시)

측정값을 점으로 표시하고 선으로 연결해요.

꺾은선그래프는 막대그래프와 그리는 방법이 비슷하지만 선으로 연결한다는 차이가 있어.

〈하루 동안 지면과 수면의 온도 변화〉

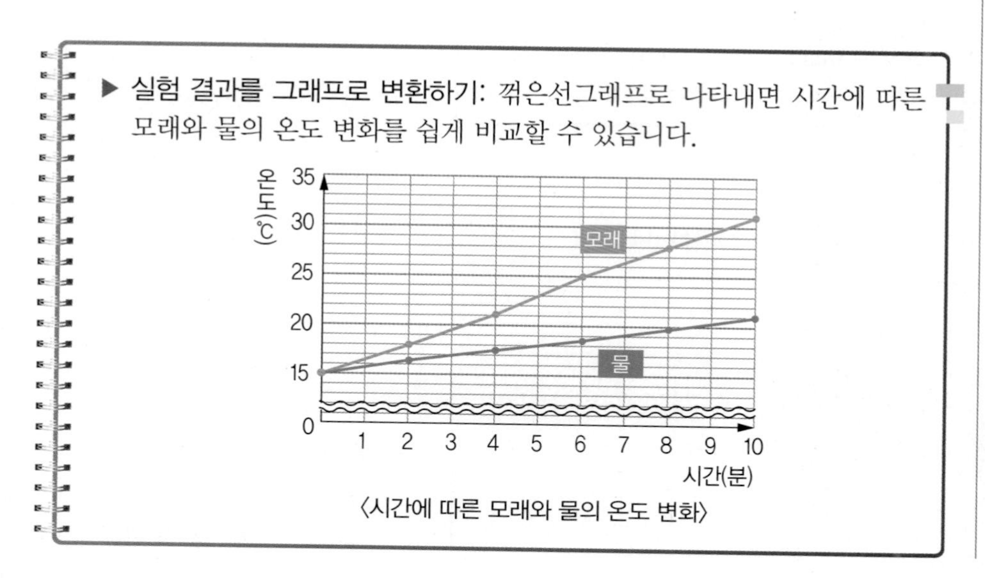

▶ 실험 결과를 그래프로 변환하기: 꺾은선그래프로 나타내면 시간에 따른 모래와 물의 온도 변화를 쉽게 비교할 수 있습니다.

〈시간에 따른 모래와 물의 온도 변화〉

결과를 그래프로 변환하면 좋은 점

• 실험 결과를 한눈에 쉽게 볼 수 있습니다.
• 대략적으로 규칙을 찾아 나타나지 않은 결괏값을 예측할 수 있습니다.

막대그래프와 꺾은선그래프

막대그래프는 종류별 차이를 비교할 때, 꺾은선그래프는 시간이나 양에 따른 변화를 나타낼 때 주로 사용합니다.

원그래프

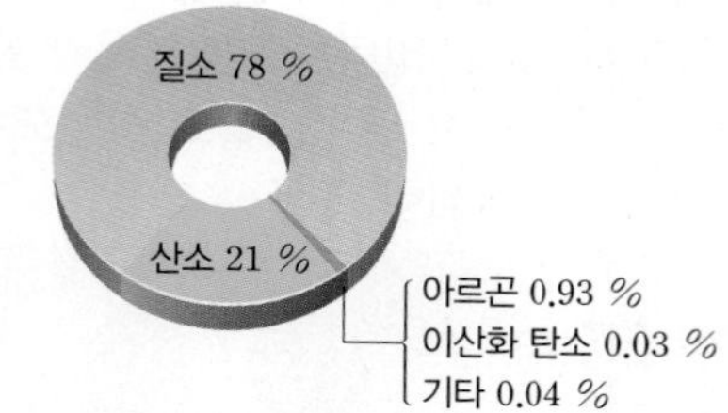

측정값을 백분율로 나타내어 전체의 합이 100 %가 되며, 각 측정값은 부채꼴의 넓이로 표시합니다. 원그래프는 측정값이 전체에서 차지하는 비율을 쉽게 알 수 있습니다.

용어사전

• **변환** 달라져서 바뀜. 또는 다르게 하여 바꿈.

(2) **자료 해석하기**

① 자료 해석: 표나 그래프를 분석하여 그 의미를 파악하고 자료 사이의 관계나 규칙성을 찾아내는 것을 말합니다.

② 자료를 해석하는 방법

- 변환한 자료를 해석하여 의미를 확인합니다.
- 실험에서 다르게 한 조건과 실험 결과와의 관계에서 규칙을 찾습니다.
- 규칙에서 벗어나는 경우가 있다면 그 까닭이 무엇인지 분석합니다.

▶ 실험 결과로 알 수 있는 점

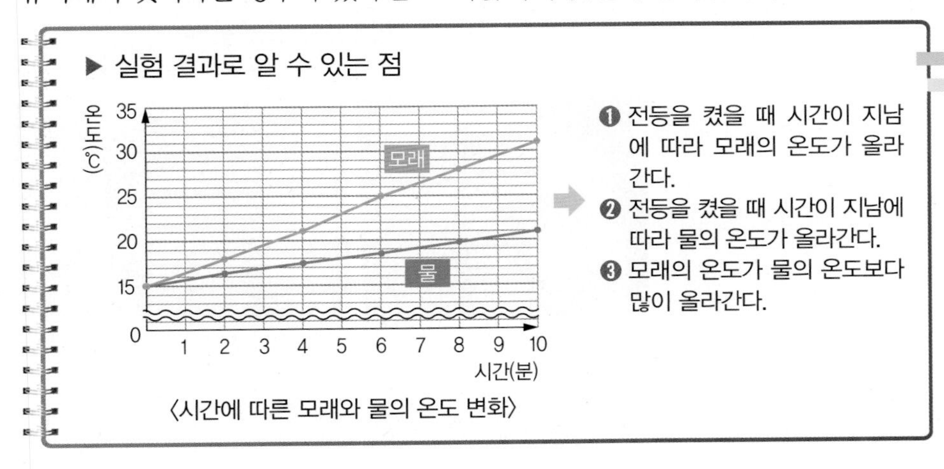

〈시간에 따른 모래와 물의 온도 변화〉

❶ 전등을 켰을 때 시간이 지남에 따라 모래의 온도가 올라간다.
❷ 전등을 켰을 때 시간이 지남에 따라 물의 온도가 올라간다.
❸ 모래의 온도가 물의 온도보다 많이 올라간다.

4 결론 도출하고 일반화하기

(1) **결론 도출하기**

① 결론 도출: 실험 결과 얻는 자료를 바탕으로 탐구 문제의 결론을 이끌어 내는 것을 말합니다.

② 결론을 도출하는 방법

- 실험 결과 해석을 통해 가설이 맞았는지 판단합니다.
- 가설이 맞았다면 그것을 바탕으로 탐구 문제의 결론을 이끌어 냅니다.
- 실험 결과가 가설과 다르다면 가설을 수정하여 탐구를 다시 시작해야 합니다.

▶ 결론 도출하기

가설	같은 시간 동안 물과 모래를 가열하면 물보다 모래의 온도가 더 많이 올라갈 것이다.
가설이 맞는지 판단하기	실험 결과와 가설이 일치한다.
결론	같은 조건에서 가열하면 물보다 모래의 온도가 더 많이 올라간다.

(2) **일반화**: 결론을 이끌어 낸 후에 결론을 뒷받침하는 추가 실험을 하여 여러 탐구의 결과를 모아 하나의 결론을 만들거나 규칙을 찾는 것입니다.

▶ 일반화하기: 탐구 결론으로 설명할 수 있는 자연 현상을 생각해 봅니다.
❶ 여름철 해수욕장에 가면 바닷물이 모래보다 시원하다.
❷ 밤에는 따뜻한 공기 덩어리가 있는 바다 쪽은 저기압이 되고, 차가운 공기 덩어리가 있는 육지 쪽은 고기압이 된다.

실험 결과와 결론

실험 결과는 실험하면서 직접 관찰하거나 측정한 값을 말하며, 결론은 실험 결과를 통하여 이끌어 낼 수 있는 최종적인 판단을 말합니다.

용어 사전

- **도출** 판단이나 결론 따위를 이끌어 냄.

과학자처럼 탐구하기

1 9종 공통

탐구 문제를 정할 때 생각할 점으로 옳지 않은 것을 보기 에서 골라 기호를 쓰시오.

보기
㉠ 실제로 탐구할 수 있는 주제로 정한다.
㉡ 탐구 범위가 좁고 구체적인 주제로 정한다.
㉢ 스스로 해결할 수 있는 탐구 문제로 정한다.
㉣ 탐구 방법이 어렵고, 오래 걸리는 주제로 정한다.

(　　　　　　　　)

2 9종 공통

탐구하기에 알맞은 탐구 문제를 정한 사람의 이름을 쓰시오.

- 현주: 꽃은 얼마나 예쁠까?
- 민석: 달의 실제 크기는 얼마나 될까?
- 지민: 식물이 가장 잘 자라는 온도는 몇 도일까?

(　　　　　　　　)

3 9종 공통

서빈이는 바닷가에서 모래는 따뜻했는데 바닷물은 시원했던 까닭이 무엇인지 궁금했습니다. 이것을 탐구로 알아보려고 할 때 다음 문장에 해당하는 것을 각각 보기 에서 골라 기호를 쓰시오.

보기
㉠ 탐구 문제　㉡ 가설 설정　㉢ 자료 변환

(1) 같은 시간 동안 물과 모래를 가열하면 물보다 모래의 온도가 더 많이 올라갈 것이다.
(　　　　　　　　)
(2) 같은 곳에 있는 물과 모래의 온도가 다른 까닭은 무엇일까? (　　　　　　　　)

[4-5] 현준이는 손을 씻는 것만으로도 세균 감염을 많이 줄일 수 있다는 것을 배웠습니다. 어떻게 손을 씻어야 세균을 더 효과적으로 없앨 수 있을지 궁금해 다음과 같이 탐구 문제를 정하고, 탐구를 수행하였습니다. 물음에 답하시오.

탐구 문제: 비누와 손 소독제 중 세균을 더 효과적으로 없앨 수 있는 방법은 어느 것일까?

▲ 비누로 손 씻기

▲ 손 소독제로 손 씻기

4 서술형 9종 공통

위 탐구 문제로 탐구를 수행할 때 알맞은 가설을 한 가지 쓰시오.

5 9종 공통

위 탐구 문제를 수행하기 위해 실험을 계획할 때 다음과 같이 손을 씻는 방법을 다르게 하였습니다. ㉠에 들어갈 알맞은 말을 쓰시오.

다르게 해야 할 조건 (손 씻는 방법)	
비누로 30초 씻음.	(㉠)로 30초 씻음.

(　　　　　　　　)

[6-7] 다음은 '같은 시간 동안 모래와 물을 가열하면 물보다 모래의 온도가 더 많이 올라갈 것이다.'라는 가설이 맞는지 확인하기 위한 실험 방법을 기록한 것입니다. 물음에 답하시오.

> 모래와 물에 온도계를 꽂은 후 전등을 비추어 가열하면서 온도를 측정해 온도 변화를 비교한다.

6 9종 공통

위 실험에서 다르게 해야 할 조건은 어느 것입니까? (   )

① 전등의 세기
② 온도계를 꽂는 깊이
③ 온도를 측정할 물질의 양
④ 온도를 측정할 물질의 종류
⑤ 온도를 측정할 물질과 전등의 거리

7 9종 공통

위 6번과 같이 실험 결과에 영향을 주는 조건을 확인하고 실험에서 다르게 해야 할 조건과 같게 해야 할 조건을 통제하는 것을 무엇이라고 하는지 쓰시오.

(   )

8 서술형 9종 공통

계획에 따라 실험을 할 때 주의할 점을 두 가지 쓰시오.

____

____

____

9 9종 공통

막대의 길이로 자료의 값을 표현하여 자료의 양이나 크기를 한눈에 비교할 수 있는 자료의 형태는 어느 것입니까? (   )

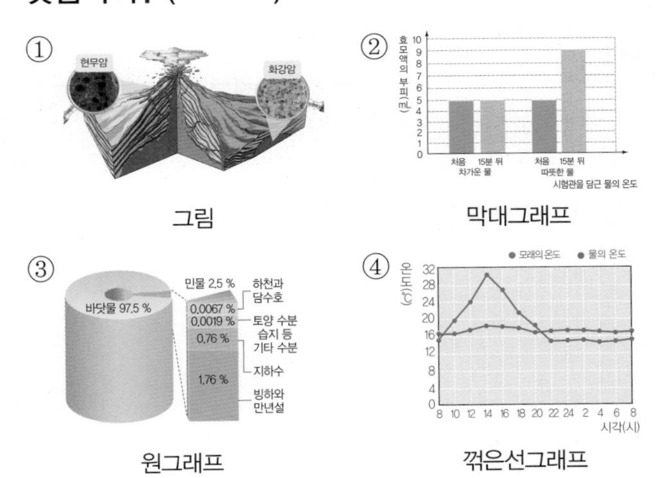

① 그림
② 막대그래프
③ 원그래프
④ 꺾은선그래프

10 9종 공통

자료 변환과 자료 해석에 대한 설명으로 옳지 <u>않은</u> 것을 보기 에서 골라 기호를 쓰시오.

> **보기**
> ㉠ 자료를 표나 그래프로 변환할 수 있다.
> ㉡ 자료 변환을 하면 실험 결과를 한눈에 쉽게 볼 수 있다.
> ㉢ 자료 해석을 하려면 그래프에 나타난 규칙이 무엇인지 찾아야 한다.
> ㉣ 자료의 종류에 관계없이 막대그래프보다 꺾은선그래프로 변환하는 것이 좋다.

(   )

[11-12] 다음은 한 시간 동안 여러 교통수단이 이동한 거리를 기록한 표입니다. 물음에 답하시오.

교통수단	자전거	자동차	배	기차	버스
이동거리 (km)	20	80	40	100	60

11 9종 공통

위 표를 막대그래프로 변환하여 그리시오.

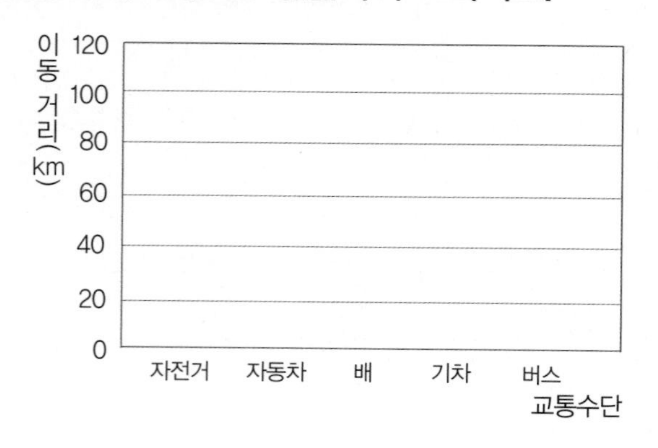

12 9종 공통

위 11번과 같이 표를 막대그래프로 변환하였을 때 좋은 점으로 옳은 것을 보기 에서 골라 기호를 쓰시오.

보기
- ㉠ 결과를 한눈에 비교하기 쉽다.
- ㉡ 사물의 모양을 알아보기 쉽다.
- ㉢ 점과 선으로 자료의 값을 표현하여 시간의 변화에 따른 결과를 알아보기 쉽다.

( )

13 9종 공통

실험 결과를 정리한 표나 그래프를 분석하여 그 의미를 파악하고 자료 사이의 관계나 규칙성을 찾아내는 것을 무엇이라고 하는지 쓰시오.

( )

14 9종 공통

다음 그래프를 보고 알 수 있는 사실로 옳은 것은 어느 것입니까? ( )

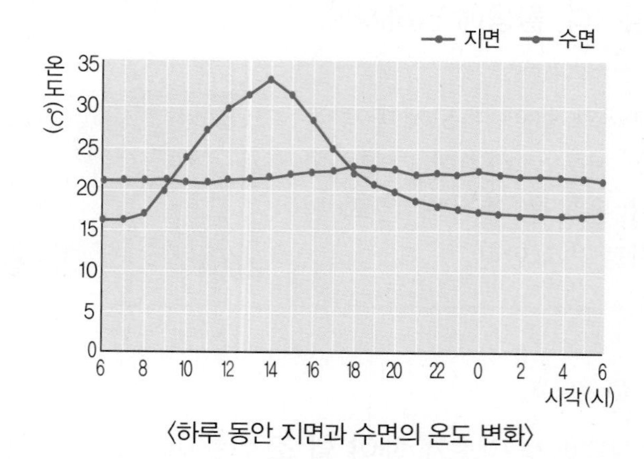

〈하루 동안 지면과 수면의 온도 변화〉

① 14시경 지면과 수면의 온도는 같다.
② 하루 동안 지면의 온도가 가장 높은 시각은 14시이다.
③ 하루 동안 수면의 온도가 가장 높은 시각은 14시이다.
④ 지면과 수면 중 하루 동안 온도 변화가 큰 것은 수면이다.
⑤ 지면의 온도가 계속 높아지는 시간은 14시부터 22시까지이다.

15 서술형 9종 공통

실험 결과가 가설과 같다면 결과를 바탕으로 탐구 문제의 결론을 이끌어 냅니다. 실험 결과가 가설과 다르다면 어떻게 해야 하는지 쓰시오.

2

지구와 달의 운동

학습 내용과 교과서별 해당 쪽수를 확인해 보세요.

학습 내용	백점 쪽수	교과서별 쪽수				
		동아출판	비상교과서	아이스크림 미디어	지학사	천재교과서
1 지구의 자전으로 나타나는 현상	14～17	24～27	22～27	22～25	22～27	28～33
2 지구의 공전, 계절에 따라 보이는 별자리	18～21	28～31	28～31	26～29	28～31	34～37
3 여러 날 동안 달의 모양과 위치 변화	22～25	32～35	32～35	30～31	32～35	38～41

★ 동아출판, 김영사, 미래엔, 지학사, 천재교과서, 천재교육의 「2. 지구와 달의 운동」 단원에 해당합니다.
★ 금성출판사, 비상교과서, 아이스크림미디어의 「1. 지구와 달의 운동」 단원에 해당합니다.

1 지구의 자전으로 나타나는 현상

1 지구의 자전

▲ 지구의 자전 방향

(1) 지구의 자전

① 지구의 자전축: 지구의 북극과 남극을 이은 가상의 축

② 지구의 자전: 지구가 자전축을 중심으로 하루에 한 바퀴씩 서쪽에서 동쪽(시계 반대 방향)으로 회전하는 것

(2) 하루 동안 태양과 달의 위치 변화

① 태양과 달의 위치 변화 관찰 방법: 관찰하려는 장소 정하기 → 나침반을 이용해 방위 확인하기 → 남쪽을 중심으로 주변 건물이나 나무 등의 위치 표시하기 → 태양과 달의 위치를 일정한 시간 간격으로 관찰해 기록하기

② 하루 동안 태양의 위치 변화

➡ 태양은 아침에 동쪽 하늘에서 보이기 시작하여 점심 무렵에는 남쪽 하늘에서 보이고 해 질 무렵에는 서쪽 하늘에서 보입니다.

③ 하루 동안 달의 위치 변화

➡ 보름달도 태양과 마찬가지로 초저녁에 동쪽 하늘에서 보이기 시작하여 남쪽 하늘을 지나 서쪽 하늘로 움직이는 것처럼 보입니다.

④ 이처럼 태양과 달이 하루 동안 동쪽에서 떠서 남쪽을 지나 서쪽으로 움직이는 것처럼 보이는 까닭은 지구가 서쪽에서 동쪽으로 자전하기 때문입니다.

지구에서 보는 천체의 모습이 일정한 방향으로 움직이는 것처럼 보이는 까닭

달리는 자동차에서 창밖을 보면 멈추어 있는 나무나 건물이 자동차가 달리는 방향의 반대 방향으로 움직이는 것처럼 보입니다. 지구가 자전을 하면 지구에서 보는 천체의 모습은 지구의 자전 방향과 반대 방향으로 움직이는 것처럼 보입니다.

해돋이를 볼 때 동해안으로 가는 까닭

태양은 동쪽에서 떠서 서쪽으로 이동하는 것처럼 보입니다. 그래서 사람들이 해돋이를 보려면 우리나라의 동쪽 바다인 동해로 많이 갑니다.

용어사전

- **방위** 동, 서, 남, 북의 네 방향을 기준으로 하여 나타내는 어느 쪽의 위치.
- **천체** 우주에 존재하는 모든 물체. 태양, 별, 행성, 위성, 인공위성 등을 통틀어 이르는 말.
- **해돋이** 해가 막 솟아오른 때. 또는 그런 현상.

2 낮과 밤이 생기는 까닭

(1) 낮과 밤이 생기는 까닭 알아보기

과정

❶ 지구본의 우리나라 위치에 관측자 모형을 붙이기
❷ 지구본에서 약 30 cm 떨어진 곳에 전등을 설치하고, 지구본을 서쪽에서 동쪽으로 돌리기
❸ 관측자 모형이 전등을 향할 때와 전등의 반대편을 향할 때를 관찰하여 각각 낮과 밤으로 구분하기

결과

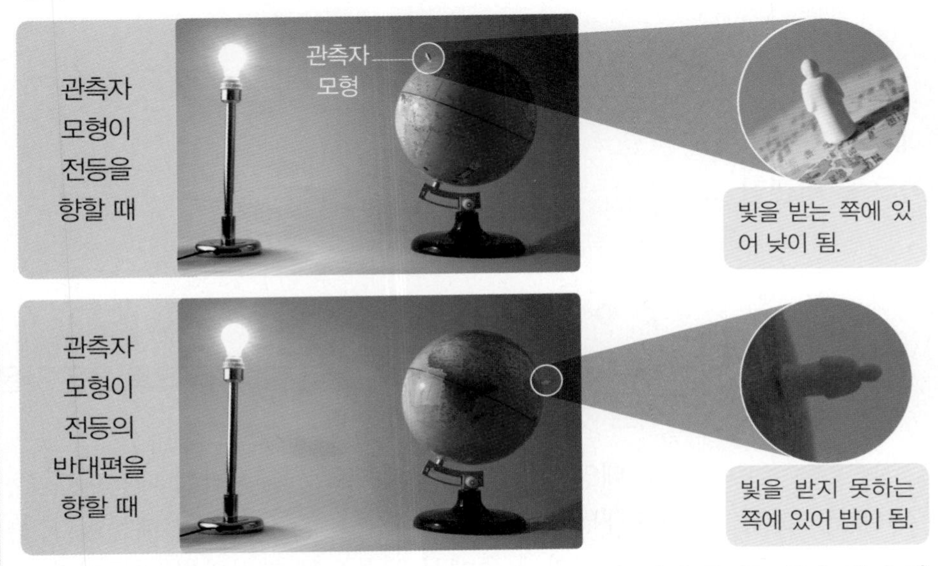

➡ 지구본을 돌리면서 빛을 받는 쪽은 낮이 되고, 빛을 받지 못하는 쪽은 밤이 됩니다.

(2) 낮과 밤이 생기는 까닭

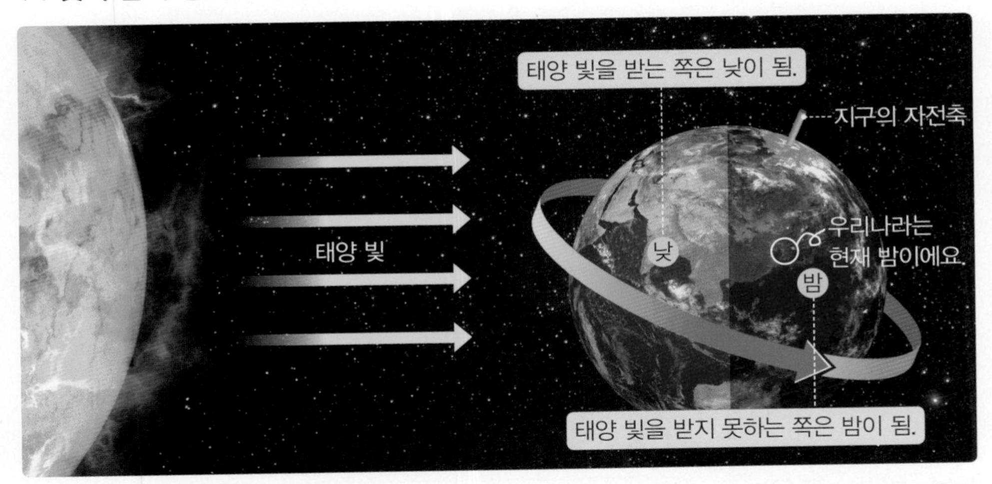

① 지구가 자전을 하면서 태양 빛을 받는 쪽은 낮이 되고, 태양 빛을 받지 못하는 쪽은 밤이 됩니다.
② 지구가 하루에 한 바퀴씩 자전하기 때문에 낮과 밤이 하루에 한 번씩 번갈아 나타납니다.

낮과 밤 비교하기

- 낮: 태양이 지평선 위로 떠오를 때부터 지평선 아래로 질 때까지의 시간입니다.
- 밤: 태양이 지평선 아래로 져서 어두워진 때부터 이튿날 태양이 지평선 위로 떠서 밝아지기 전까지의 시간입니다.

2 단원

우리나라와 우루과이의 낮과 밤

우리나라의 지구 정반대 편에는 우루과이가 있습니다. 우리나라가 한낮일 때 우루과이는 태양 빛을 받지 못하기 때문에 한밤중입니다.

용어사전

- **지평선** 땅의 끝과 하늘이 맞닿아 보이는 경계선.

문제 학습

1 지구의 자전으로 나타나는 현상

기본 개념 문제

1

지구의 북극과 남극을 이은 가상의 축을 지구의 (　　　　　)(이)라고 합니다.

2

지구는 자전축을 중심으로 하루에 한 바퀴씩 (　　　　)쪽에서 (　　　　)쪽으로 회전합니다.

3

하루 동안 태양은 (　　　　)쪽에서 떠서 (　　　　)쪽을 지나 (　　　　)쪽으로 움직이는 것처럼 보입니다.

4

지구에서 보는 태양과 달이 일정한 방향으로 움직이는 것처럼 보이는 까닭은 지구가 (　　　　)하기 때문입니다.

5

지구가 자전을 하면서 태양 빛을 받는 쪽은 (　　　　)이/가 되고, 태양 빛을 받지 못하는 쪽은 (　　　　)이/가 됩니다.

6 9종 공통

하루 동안 지구가 회전하는 방향을 옳게 나타낸 것의 기호를 쓰시오.

㉠ 

㉡ 

(　　　　　　)

7 9종 공통

하루 동안 태양의 위치가 달라지는 까닭으로 옳은 것은 어느 것입니까? (　　　)

① 태양이 동쪽에서 서쪽으로 자전하기 때문이다.
② 태양이 서쪽에서 동쪽으로 자전하기 때문이다.
③ 지구가 동쪽에서 서쪽으로 자전하기 때문이다.
④ 지구가 서쪽에서 동쪽으로 자전하기 때문이다.
⑤ 태양은 동쪽에서 서쪽으로, 지구는 서쪽에서 동쪽으로 각각 자전하기 때문이다.

8 9종 공통

다음은 하루 동안 관측한 달의 위치 변화에 대해 정리한 것입니다. (　) 안에 들어갈 알맞은 말을 쓰시오.

> 하루 동안 달은 (㉠)쪽에서 (㉡)쪽을 지나 (㉢)쪽으로 움직이는 것처럼 보인다.

㉠ (　　　　), ㉡ (　　　　), ㉢ (　　　　)

9 9종 공통

다음과 같이 하루 동안 달의 위치 변화를 관측하였을 때, 밤 12시 무렵에 볼 수 있는 보름달의 위치를 골라 기호를 쓰시오.

( )

[10-12] 오른쪽과 같이 지구본의 우리나라 위치에 관측자 모형을 붙이고 전등을 켠 후, 지구본을 서쪽에서 동쪽으로 천천히 돌렸습니다. 물음에 답하시오.

10 동아, 금성, 비상, 지학사, 천재교과서, 천재교육

위 실험에서 지구본을 서쪽에서 동쪽으로 돌리는 것은 실제 무엇에 해당하는지 쓰시오.

지구의 ( )

11 동아, 금성, 비상, 지학사, 천재교과서, 천재교육

위 실험에서 전등, 지구본, 관측자 모형이 실제로 나타내는 것을 찾아 선으로 이으시오.

(1) 전등 • • ㉠ 지구

(2) 지구본 • • ㉡ 태양

(3) 관측자 모형 • • ㉢ 지구에 있는 사람

12 동아, 금성, 비상, 지학사, 천재교과서, 천재교육

앞 실험에서 지구본을 돌려 관측자 모형의 모습이 다음과 같을 때 각각 낮과 밤 중 언제에 해당하는지 쓰시오.

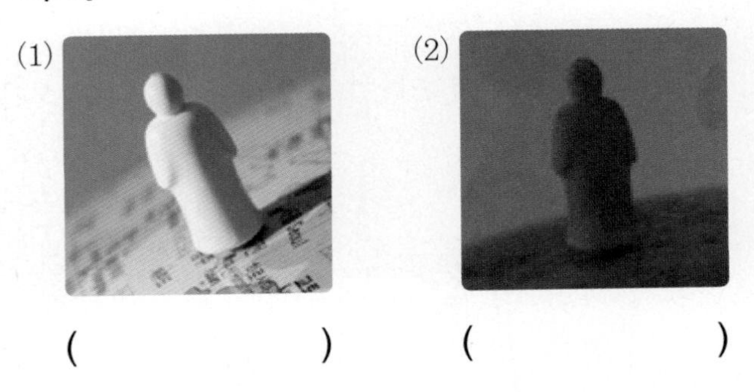

( ) ( )

13 9종 공통

다음 지구의 모습에서 밤인 지역은 어디인지 골라 기호를 쓰시오.

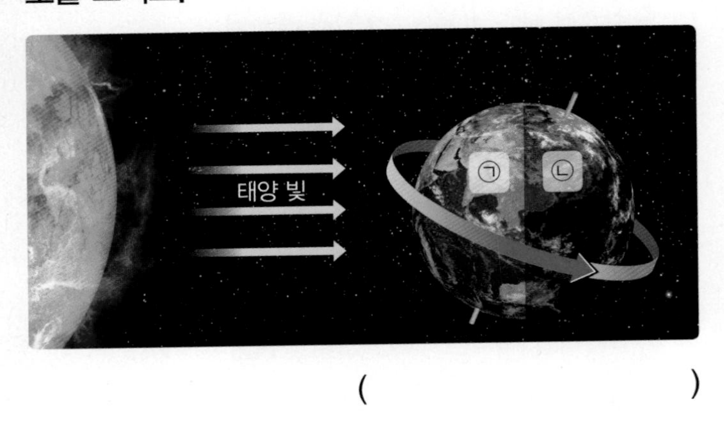

( )

14 서술형 9종 공통

위 13번 지구의 모습과 같이 지구에 낮과 밤이 생기는 까닭을 보기 의 단어를 모두 사용하여 쓰시오.

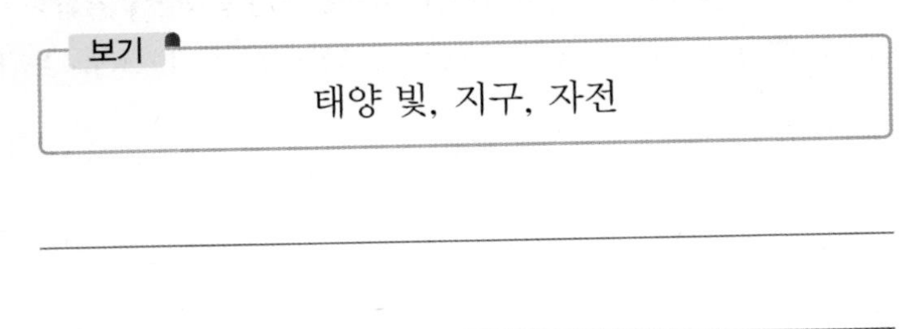

보기

태양 빛, 지구, 자전

2 지구의 공전, 계절에 따라 보이는 별자리

1 지구의 공전

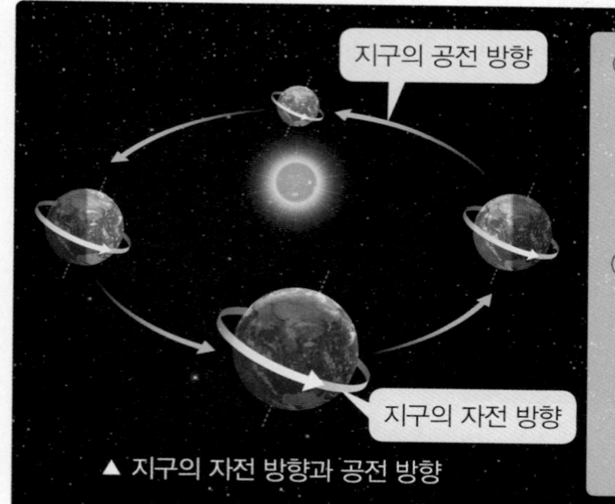

▲ 지구의 자전 방향과 공전 방향

① 지구의 공전: 지구가 자전하면서 태양을 중심으로 일 년에 한 바퀴씩 서쪽에서 동쪽(시계 반대 방향)으로 회전하는 것입니다.

② 일 년 동안 지구가 공전하면서 매일 지구의 위치가 달라지기 때문에 같은 장소, 같은 시각에 밤하늘에 보이는 천체의 모습이 매일 조금씩 달라집니다.

지구의 자전과 공전 비교하기

지구의 자전은 지구가 자전축을 중심으로 하루 동안 회전하는 것이고, 지구의 공전은 지구가 태양을 중심으로 일 년 동안 회전하는 것입니다.

2 계절에 따라 보이는 별자리

① 계절별 대표적인 별자리: 계절에 따라 밤하늘에서 오랫동안 관찰할 수 있는 별자리를 계절별 대표적인 별자리라고 합니다.

봄

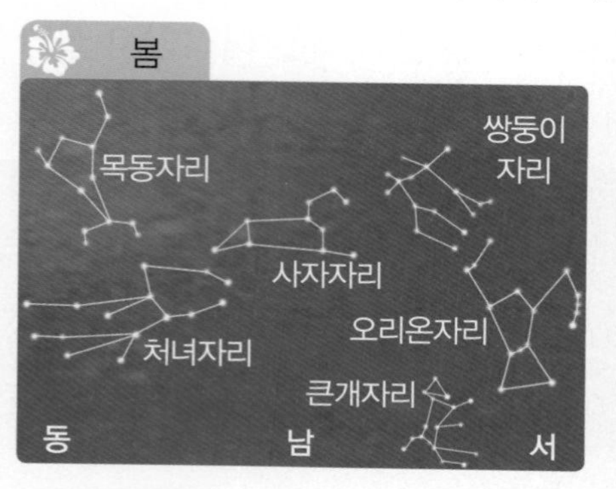

여름

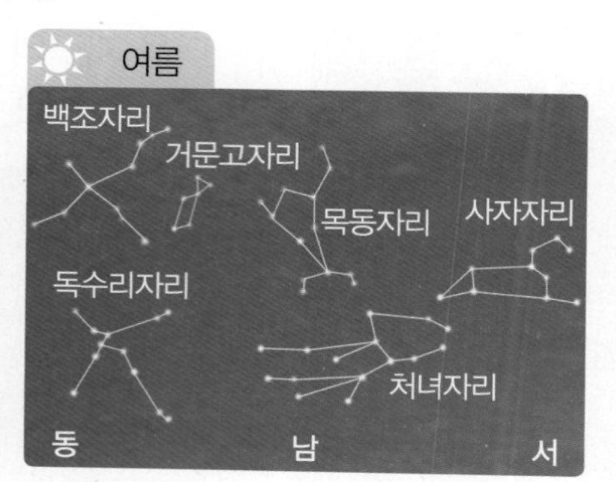

가을

안드로메다자리
백조자리
거문고자리
물고기자리
페가수스자리
독수리자리
동
남
서

겨울

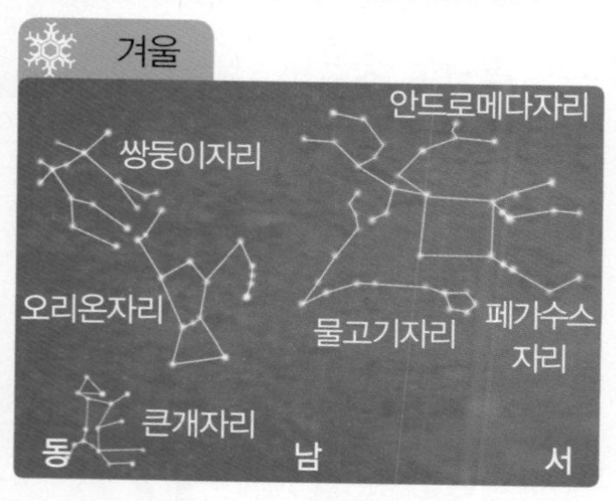

② 계절별 대표적인 별자리가 다른 까닭: 지구가 공전하면서 지구의 위치가 달라져 계절에 따라 볼 수 있는 별자리가 달라지기 때문입니다.

③ 계절별 대표적인 별자리는 그 계절에만 볼 수 있는 것이 아니라, 별자리가 태양과 같은 방향에 있어서 태양 빛 때문에 볼 수 없는 계절을 제외하고 두세 계절에 걸쳐 볼 수 있습니다.

예 봄철의 대표적인 별자리인 사자자리는 겨울과 봄, 여름에 걸쳐 볼 수 있습니다.

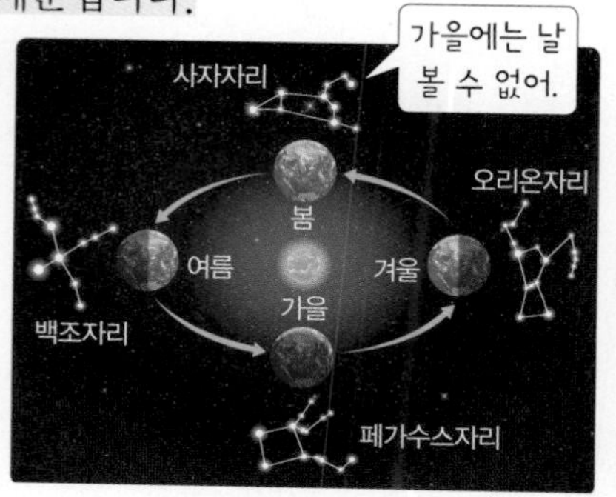

별자리

- 별자리는 옛날 사람들이 밤하늘에 무리 지어 있는 별을 연결하여 이름을 붙인 것입니다.
- 밝은 별과 주변의 별을 이어 만든 가상의 연결선을 말합니다.

계절별 대표적인 별자리

- 봄: 목동자리, 처녀자리, 사자자리
- 여름: 백조자리, 독수리자리, 거문고자리
- 가을: 물고기자리, 안드로메다자리, 페가수스자리
- 겨울: 쌍둥이자리, 큰개자리, 오리온자리

용어 사전

- **가상** 사실이 아니거나 사실 여부가 분명하지 않은 것을 사실이라고 가정하여 생각함.

교과서 통합 대표 실험

실험 1 지구의 공전을 모형실험으로 알아보기
동아, 김영사, 지학사

❶ 가운데에 전등을 두고, 전등에서 30 cm 떨어진 (가) 위치에 지구본을 놓습니다.
❷ 지구본에서 우리나라를 찾아 관측자 모형을 붙입니다.
❸ 전등을 켜고 지구본을 (가) → (나) → (다) → (라)로 이동시키며, (나), (라) 위치에서 우리나라가 낮일 때 태양의 방향을 살펴봅니다.

실험 결과

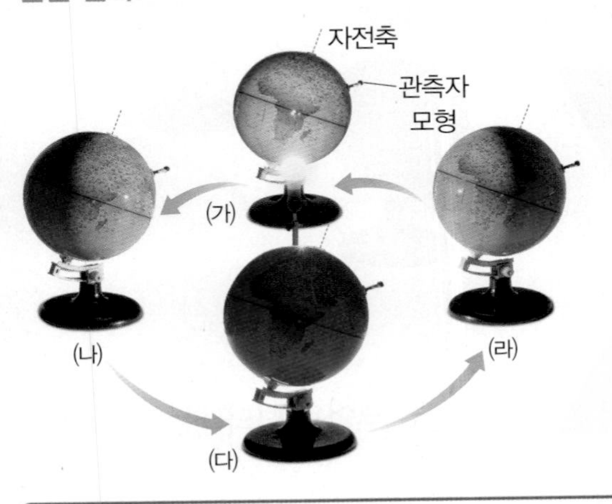

- (나)와 (라)는 전등(태양)을 기준으로 서로 반대편에 위치합니다.
- 관측자가 태양 쪽을 향하면 낮, 반대쪽을 향하면 밤이므로, (나)와 (라)에서 우리나라가 낮일 때 태양의 방향은 서로 반대입니다.

정리 | 지구가 태양을 중심으로 일 년에 한 바퀴씩 회전하는 것을 지구의 공전이라고 합니다.

실험 TIP !

실험동영상

지구본은 지구, 전구는 태양, 전구를 중심으로 지구본을 이동시키는 것은 지구의 공전을 나타내요.

실험 2 계절에 따라 보이는 별자리가 달라지는 까닭 알아보기
9종 공통

❶ 계절별 별자리, 태양, 지구 역할을 정하고 다음과 같이 계절 순으로 둘러섭니다.
❷ 지구 역할을 맡은 사람은 태양을 중심으로 (가) → (나) → (다) → (라) 방향으로 이동하면서 각 위치에서 밤일 때 가장 잘 볼 수 있는 별자리를 찾아봅시다.

실험 결과

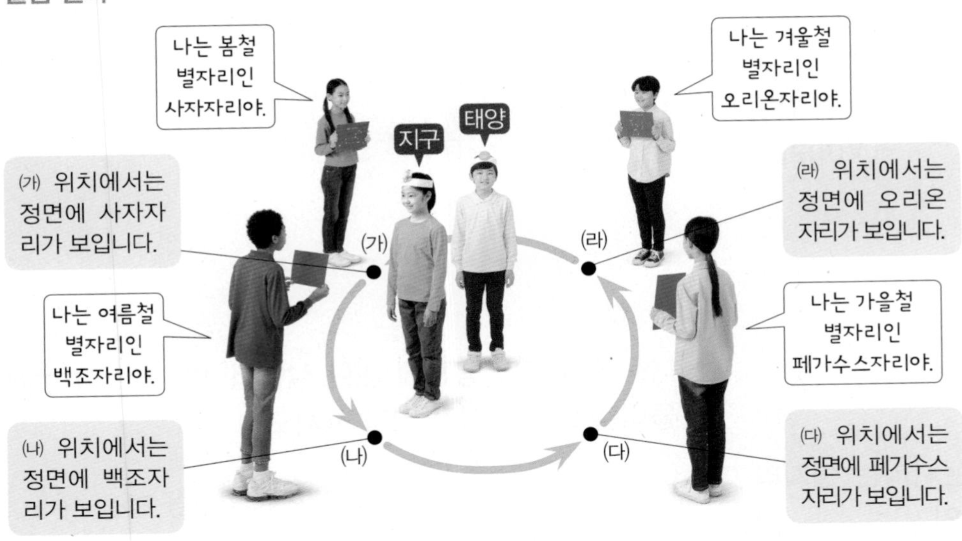

정리 | 지구가 태양 주위를 공전하면서 계절에 따라 지구의 위치가 달라지기 때문에 밤하늘에 보이는 별자리도 달라집니다.

- 각 위치에서 태양을 등지고 설 때 정면에 보이는 별자리와 고개를 양쪽으로 돌렸을 때 보이는 별자리가 계절에 따라 보이는 별자리예요.
- 태양과 같은 방향에 있는 별자리는 태양 빛 때문에 볼 수 없어요.

2 지구의 공전, 계절에 따라 보이는 별자리

기본 개념 문제

1

지구가 태양을 중심으로 일 년에 한 바퀴씩 서쪽에서 동쪽 방향으로 회전하는 것을 지구의 (　　　　　)(이)라고 합니다.

2

같은 장소, 같은 시각에 밤하늘에 보이는 천체의 모습이 매일 조금씩 달라지는 까닭은 지구가 (　　　　　) 주위를 공전하기 때문입니다.

3

(　　　　　　　)은/는 옛날 사람들이 밤하늘에 무리 지어 있는 별을 연결하여 이름을 붙인 것입니다.

4

계절에 따라 밤하늘에서 오랫동안 관찰할 수 있는 별자리를 (　　　　　　　　　　)(이)라고 합니다.

5

겨울철 대표적인 별자리인 오리온자리는 별자리가 태양과 같은 방향에 있는 계절인 (　　　　　)에는 태양 빛 때문에 볼 수 없습니다.

[6-7] 다음과 같이 지구본의 우리나라에 관측자 모형을 붙여 전등을 중심으로 이동시켰습니다. 물음에 답하시오.

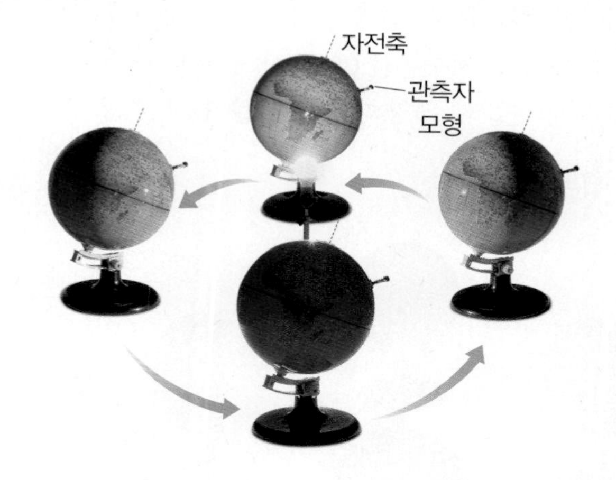

6 동아, 김영사, 지학사

위 실험에서 전등은 실제로 무엇을 나타내는지 쓰시오.

(　　　　　　　　　　)

7 동아, 김영사, 지학사

위 실험에 대해 옳게 말한 사람의 이름을 쓰시오.

- 미소: 지구의 자전을 알아보는 실험이야.
- 우영: 하루에 한 바퀴씩 반복되는 지구의 운동이야.
- 태오: 지구가 태양 주위를 회전하는 운동을 나타내는 거야.

(　　　　　　　　　　)

8 9종 공통

다음은 지구의 공전에 대한 설명입니다. (　　) 안에 들어갈 알맞은 말을 각각 쓰시오.

> 지구는 (㉠)을/를 중심으로 일정한 길을 따라 (㉡)에 한 바퀴씩 회전한다.

㉠ (　　　　　　　　), ㉡ (　　　　　　　　)

9 9종 공통

지구의 공전 방향을 옳게 나타낸 것의 기호를 쓰시오.

㉠ 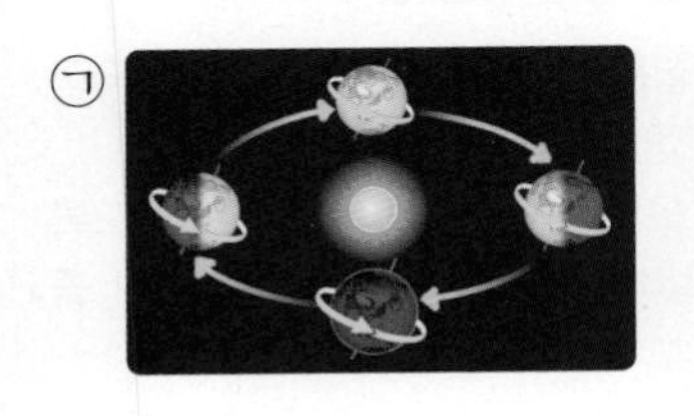

㉡ 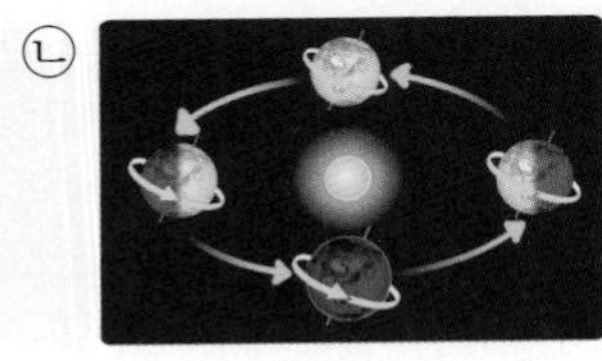

( )

10 9종 공통

다음은 계절에 따라 보이는 별자리를 알아보기 위한 활동입니다. 지구 역할을 맡은 사람이 (나) 위치에 서 있을 때 한밤중에 가장 잘 보이는 별자리의 이름을 쓰시오.

( )

11 9종 공통

계절에 따라 보이는 별자리가 달라지는 까닭으로 옳은 것에 ○표 하시오.

(1) 지구가 자전하기 때문이다. ( )

(2) 별들이 지구를 중심으로 공전하기 때문이다. ( )

(3) 지구가 태양을 중심으로 공전하기 때문이다. ( )

12 9종 공통

여름철 대표적인 별자리를 나타낸 것은 어느 것입니까? ( )

① 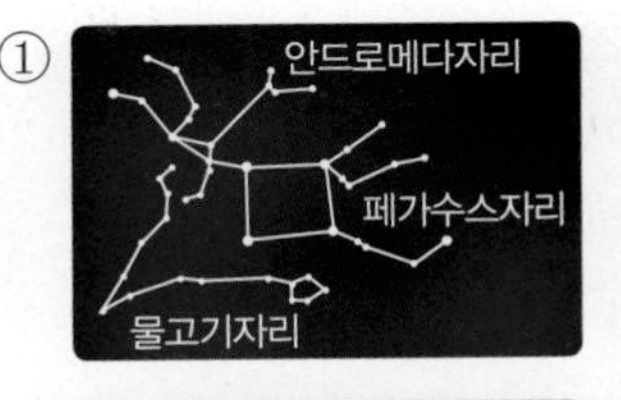

② 

③ 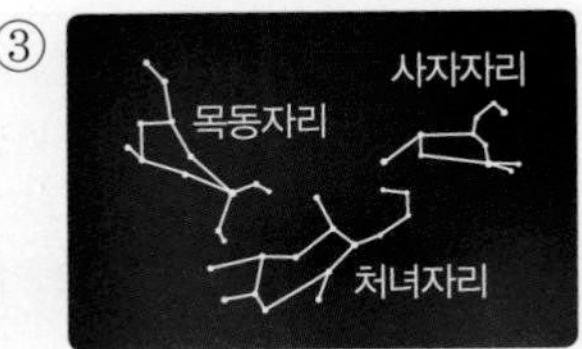

④ 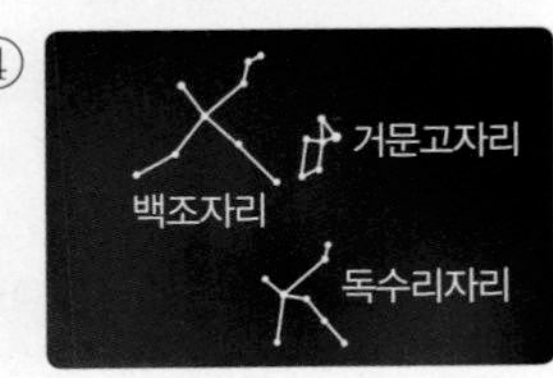

13 9종 공통

다음 사자자리는 봄철 대표적인 별자리입니다. 한밤중에 사자자리가 보이지 않는 계절은 언제인지 쓰시오.

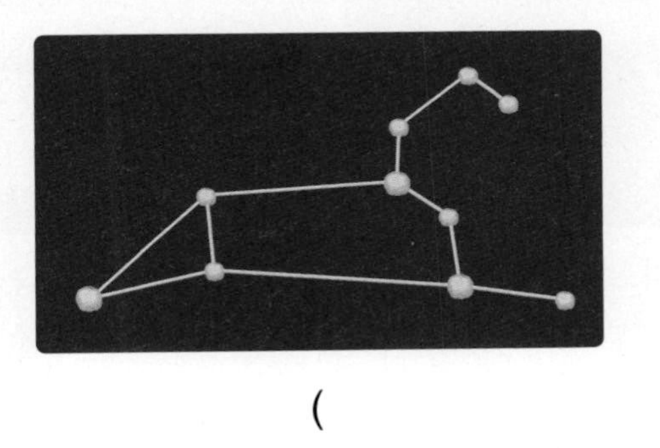

( )

14 서술형 9종 공통

위 13번과 같이 답한 까닭은 무엇인지 쓰시오.

3 여러 날 동안 달의 모양과 위치 변화

1 여러 날 동안 달의 모양 변화

관찰 계획서
- 관찰 기간: ○○년 ○월 ○○일~ ○○년 ○월 ○○일
- 관찰 시간: 매일 저녁 7시
- 관찰 장소: 마을 시계탑
- 준비물: 나침반, 관찰 기록장, 필기도구, 스마트 기기
- 기록 방법
  - 관찰 기록장에 달의 모양과 위치를 글과 그림으로 기록한다.
  - 사진이나 동영상을 찍는다.

(1) 달 관찰 계획 세우기

① 달을 관찰할 기간과 날짜를 정합니다.

② 달을 관찰할 시간과 장소를 정합니다. 이때 장소는 하늘이 넓게 보이고 높은 건물이 없는 곳을 선택합니다.

③ 관찰 준비물을 정하고 기록할 방법도 정합니다.

(2) 여러 날 동안 달의 모양 변화

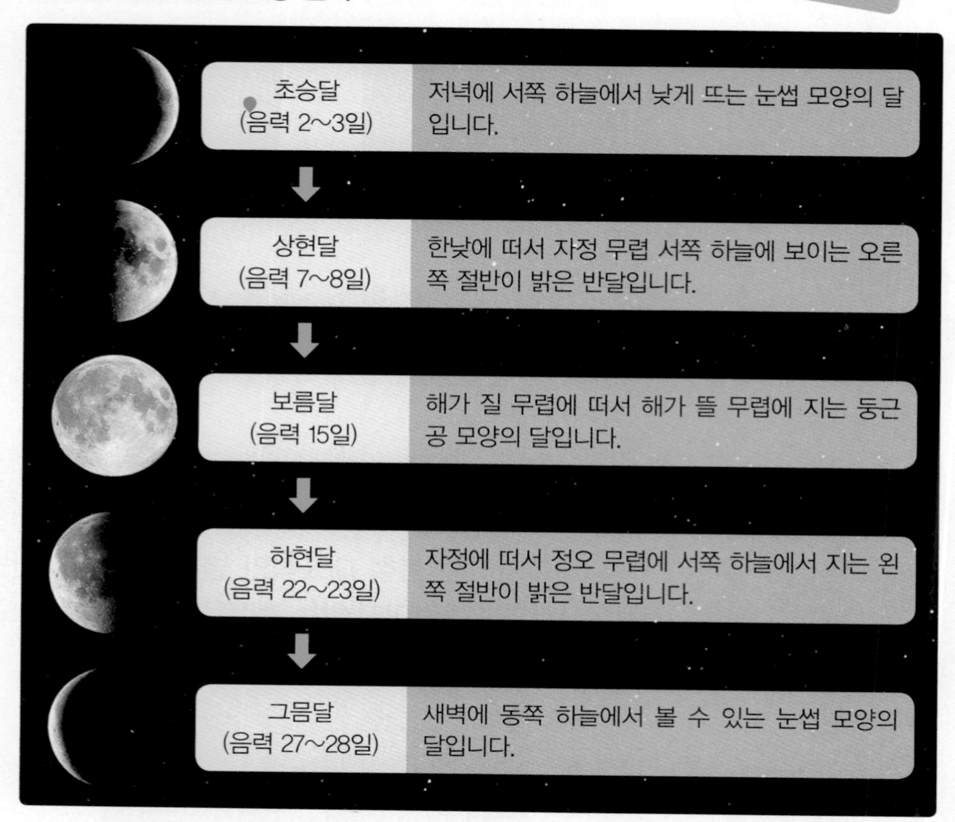

① 여러 날 동안 달을 관찰하면 달의 모양이 조금씩 변합니다.

② 달은 밝게 보이는 부분의 모양에 따라 초승달, 상현달, 보름달, 하현달, 그믐달의 순서로 변합니다.

③ 음력 15일 무렵에 보이는 보름달부터 다시 보름달이 보이기까지는 약 30일이 걸립니다. → 달의 모양 변화는 약 30일을 주기로 반복된다는 뜻이에요.

[여러 날 동안 관찰한 달의 모양]

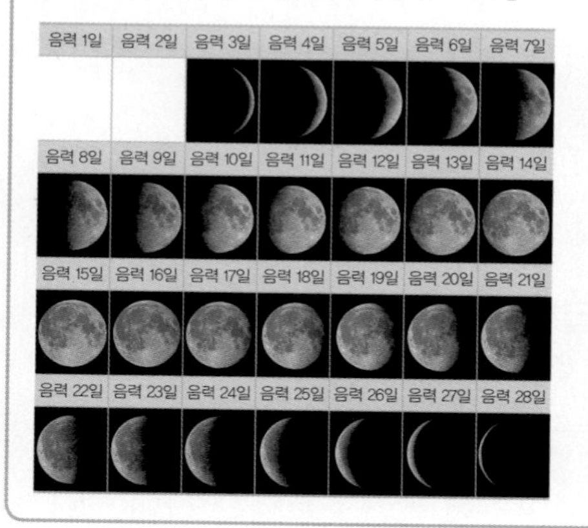

달의 위상 지구에서 볼 때 약 30일을 주기로 하여 바뀌는 달의 모양을 달의 위상이라고 합니다.

음력 달의 모양이 주기적으로 변하는 것을 이용해서 정한 달력을 음력이라고 하며, 음력으로 같은 날짜에 보이는 달의 모양은 같습니다.

⊕ 달 관찰 시 주의할 점

- 달 관찰은 음력 2~3일 무렵부터 시작하는 것이 좋습니다.
- 달의 모양 변화를 알아볼 수 있도록 2~3일마다 한 번씩 관찰하는 것이 좋습니다.
- 음력 날짜는 스마트 기기로 찾아볼 수 있으며 달력에 작은 글씨로 쓰여 있기도 합니다.

15 음3.26

⊕ 달의 공전

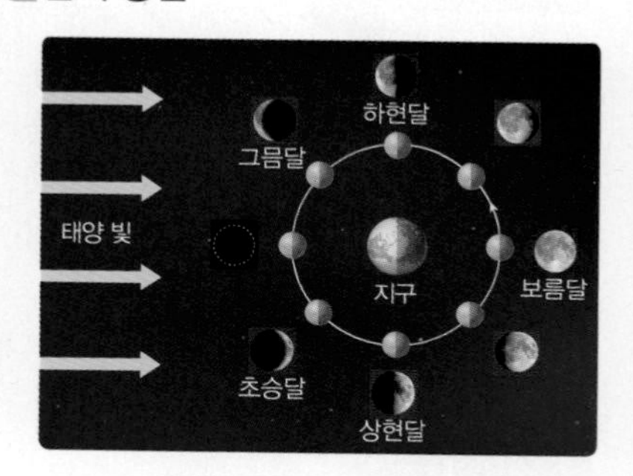

달이 지구를 중심으로 약 한 달에 한 바퀴씩 서쪽에서 동쪽으로 회전하는 것을 달의 공전이라고 합니다. 달이 지구 주위를 공전하기 때문에 여러 날 동안 관찰한 달의 모양이 달라집니다.

용어 사전

- **음력** 달이 지구 주위를 한 바퀴 도는 데 걸리는 시간을 한 달로 삼아 만든 달력.

2 여러 날 동안 달의 위치 변화

(1) 여러 날 동안 달의 모양과 위치 변화 관측하는 방법

① 달을 관찰하려는 장소에서 나침반을 이용하여 동쪽, 남쪽, 서쪽을 확인합니다.

[나침반으로 방위 확인하기]

나침반을 손바닥 위에 올리고 나침반 바늘의 N극이 손목 방향으로 오도록 위치를 조정하며 방위를 찾습니다.

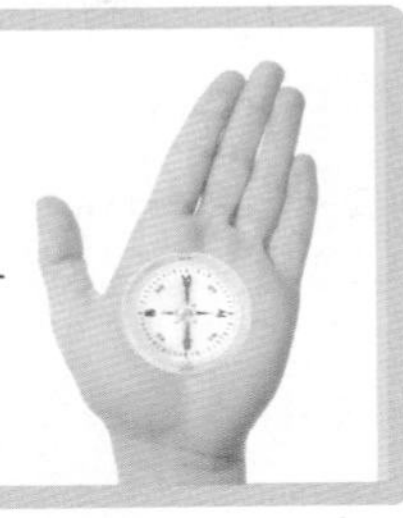

② 남쪽을 바라보고 선 뒤, 남쪽을 중심으로 기준이 될 수 있는 주변의 건물이나 나무 등의 위치를 그립니다.

③ 여러 날 동안 같은 시각에 관찰한 달의 모양과 위치가 어떻게 달라지는지 그립니다. → 달은 음력 2~3일 무렵에 시작해서 약 15일 동안 2~3일에 한 번씩 관측해요.

(2) 태양이 진 직후 보이는 달의 모양과 위치(저녁 7시 무렵)

음력 2~3일 무렵에는 서쪽 하늘에서 초승달이 보였다가 곧 사라집니다.

음력 7~8일 무렵에는 남쪽 하늘에서 상현달이 보입니다.

음력 15일 무렵에는 동쪽 하늘에서 보름달이 보이기 시작합니다.

(3) 여러 날 동안 달의 모양과 위치 변화

① 여러 날 동안 달의 모양은 초승달에서 보이는 면적이 점점 넓어져 상현달이 되고, 상현달에서 점점 넓어져서 보름달이 됩니다. 보름달 이후에는 보이는 면적이 점점 줄어들어 하현달, 그믐달이 됩니다.

② 해가 진 직후에 초승달은 서쪽 하늘에서 보이고, 상현달은 남쪽 하늘에서 보입니다. 그리고 보름달은 동쪽 하늘에서 보입니다.

➡ 여러 날 동안 같은 시각, 같은 장소에서 관찰한 달은 서쪽에서 동쪽으로 날마다 조금씩 위치를 옮겨 가면서 모양도 달라집니다.

⊕ 하루 동안 달이 움직이는 모습

- 초승달: 태양이 질 때 서쪽 하늘에서 잠깐 보입니다.

- 상현달: 태양이 질 때 남쪽 하늘에서 보이기 시작합니다.

- 보름달: 태양이 질 때 동쪽 하늘에서 보이기 시작합니다.

⊕ 달을 15일 동안 관찰하는 까닭

하현달과 그믐달은 저녁 7시 보다 더 늦은 시각에 뜨기 때문에 안전을 위해 저녁 7시 무렵에 관찰이 가능한 초승달, 상현달, 보름달만 관찰합니다.

용어 사전

- **면적** 일정한 평면이나 곡면의 넓이.

3 여러 날 동안 달의 모양과 위치 변화

기본 개념 문제

1

달은 밝게 보이는 부분의 모양에 따라 초승달, 상현달, (　　　　　　), 하현달, 그믐달의 순서로 변합니다.

2

여러 날 동안 달의 모양이 조금씩 변하고, 이러한 달의 모양 변화는 약 (　　　　)일 주기로 반복됩니다.

3

태양이 진 직후 음력 2～3일 무렵에는 서쪽 하늘에서 (　　　　)달이 보였다가 곧 사라집니다.

4

태양이 진 직후 음력 7～8일 무렵에는 상현달을 (　　　　)쪽 하늘에서 볼 수 있습니다.

5

여러 날 동안 같은 시각, 같은 장소에서 관찰한 달은 (　　　　)쪽에서 (　　　　)쪽으로 날마다 조금씩 위치를 옮겨 갑니다.

[6-7] 다음 여러 날 동안 관찰한 달의 모양을 보고, 물음에 답하시오.

(가)  (나)  (다) 

6 9종 공통

위 (가)～(다)의 이름을 각각 쓰시오.

(가)	(나)	(다)

7 9종 공통

위 (나)의 달이 보인 후 약 7～8일 후에 볼 수 있는 달은 어느 것인지 기호를 쓰시오.

(　　　　　　　　)

8 9종 공통

오른쪽 달을 볼 수 있는 때는 언제입니까? (　　　)

① 음력 2～3일 무렵
② 음력 7～8일 무렵
③ 음력 15일 무렵
④ 음력 22～23일 무렵
⑤ 음력 27～28일 무렵

9 9종 공통

오늘 밤에 오른쪽과 같은 달을 보았다면 약 며칠을 기다려야 다시 이 달을 볼 수 있습니까? (　　　)

① 약 5일
② 약 10일
③ 약 15일
④ 약 20일
⑤ 약 30일

10 9종 공통

여러 날 동안 달의 모양과 위치 변화를 관측하는 방법을 잘못 말한 사람의 이름을 쓰시오.

- 다인: 나침반을 이용해 방위를 확인해야 해.
- 서율: 남쪽 하늘을 보면서 달을 관측해야 해.
- 우혁: 일주일 동안 매일 다른 시각에 관측해야 해.

(　　　　　　　　　　)

11 9종 공통

다음과 같이 나침반을 손바닥 위에 올리고 나침반 바늘의 N극이 손목 방향으로 오도록 위치를 조정하였습니다. 동, 서, 남, 북 중 ㉠~㉣의 방위를 각각 쓰시오.

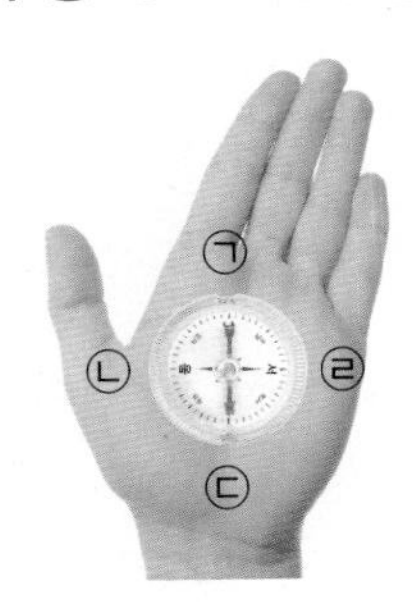

㉠	㉡	㉢	㉣

12 9종 공통

해가 진 직후 달을 관측했을 때 하루 동안 가장 오랜 시간 관측할 수 있는 달은 어느 것인지 보기에서 골라 기호를 쓰시오.

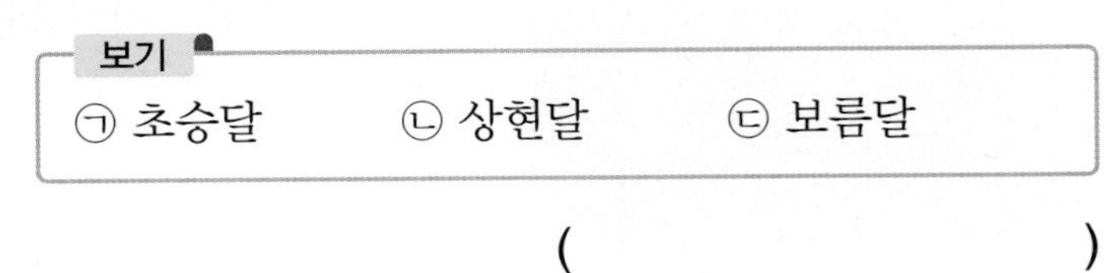

보기

㉠ 초승달　　㉡ 상현달　　㉢ 보름달

(　　　　　　　　　　)

13 서술형 9종 공통

다음 여러 날 동안 저녁 7시 무렵, 같은 장소에서 관측한 달의 위치를 보고 어떻게 달라졌는지 쓰시오.

14 9종 공통

위 13번의 (가)에 들어갈 알맞은 달의 모양을 빈칸에 그리시오.

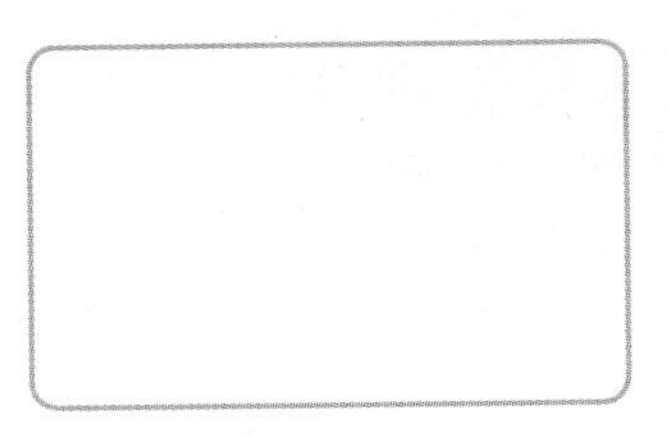

2 지구와 달의 운동

1. 지구의 자전

★ 지구의 자전

지구가 자전축을 중심으로 서쪽에서 동쪽으로 하루에 한 바퀴씩 회전하는 것을 지구의 자전이라고 합니다.

(1) **지구의** ❶ [ ]: 지구의 북극과 남극을 이은 가상의 축입니다.

(2) **지구의 자전:** 지구가 자전축을 중심으로 하루에 한 바퀴씩 서쪽에서 동쪽(시계 반대 방향)으로 회전하는 것입니다.

(3) **지구의 자전으로 인해 나타나는 현상:** 지구에서 보는 천체가 하루 동안 동쪽에서 서쪽으로 움직이는 것처럼 보입니다.

2. 하루 동안 태양과 달의 위치 변화

하루 동안 태양의 위치 변화	하루 동안 달의 위치 변화

태양은 아침에 동쪽 하늘에서 보이기 시작하여 점심 무렵에는 남쪽 하늘에서 보이고 해 질 무렵에는 서쪽 하늘에서 보임.	보름달도 태양과 마찬가지로 초저녁에 동쪽 하늘에서 보이기 시작하여 남쪽 하늘을 지나 서쪽 하늘로 움직이는 것처럼 보임.

➡ 지구가 하루에 한 바퀴씩 서쪽에서 동쪽으로 ❷ [ ]하기 때문에 하루 동안 태양과 달이 동쪽에서 서쪽으로 움직이는 것처럼 보입니다.

3. 낮과 밤이 생기는 까닭

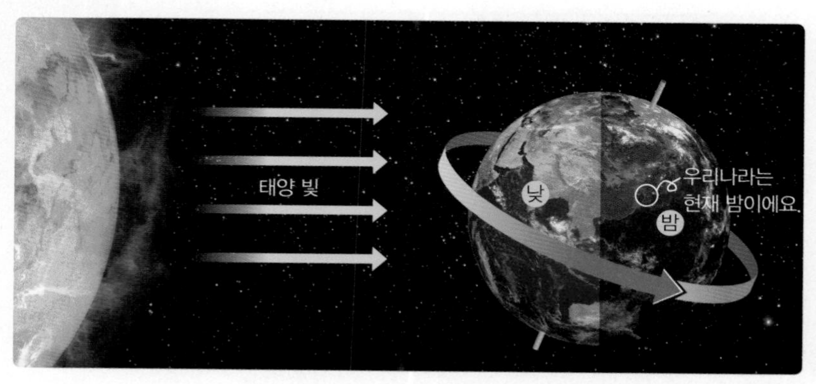

① 지구가 자전을 하면서 태양 빛을 받는 쪽은 ❸ [ ]이 되고, 태양 빛을 받지 못하는 쪽은 ❹ [ ]이 됩니다.

② 지구가 하루에 한 바퀴씩 자전하기 때문에 낮과 밤이 하루에 한 번씩 번갈아 나타납니다.

4. 지구의 공전

★ 지구의 공전

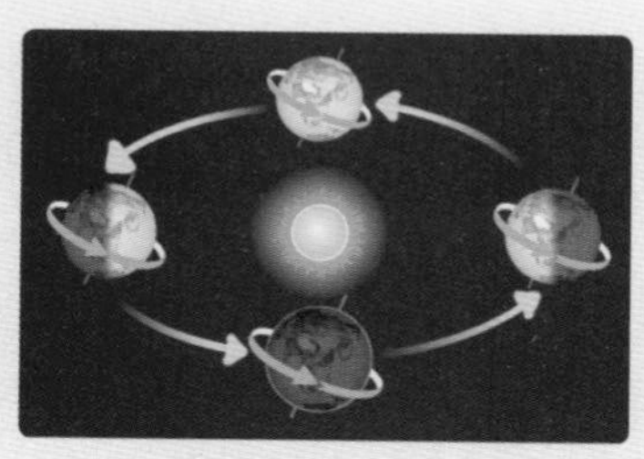

지구는 자전하면서 동시에 태양을 중심으로 공전합니다.

(1) **지구의 공전:** 지구가 자전하면서 태양을 중심으로 일 년에 한 바퀴씩 서쪽에서 동쪽(시계 반대 방향)으로 회전하는 것입니다.

(2) **지구의 공전으로 인해 나타나는 현상:** 일 년 동안 지구가 공전하면서 매일 지구의 위치가 달라지기 때문에 같은 장소, 같은 시각에 밤하늘에 보이는 천체의 모습이 매일 조금씩 달라집니다.

정답과 풀이 3쪽

5. 계절에 따라 보이는 별자리

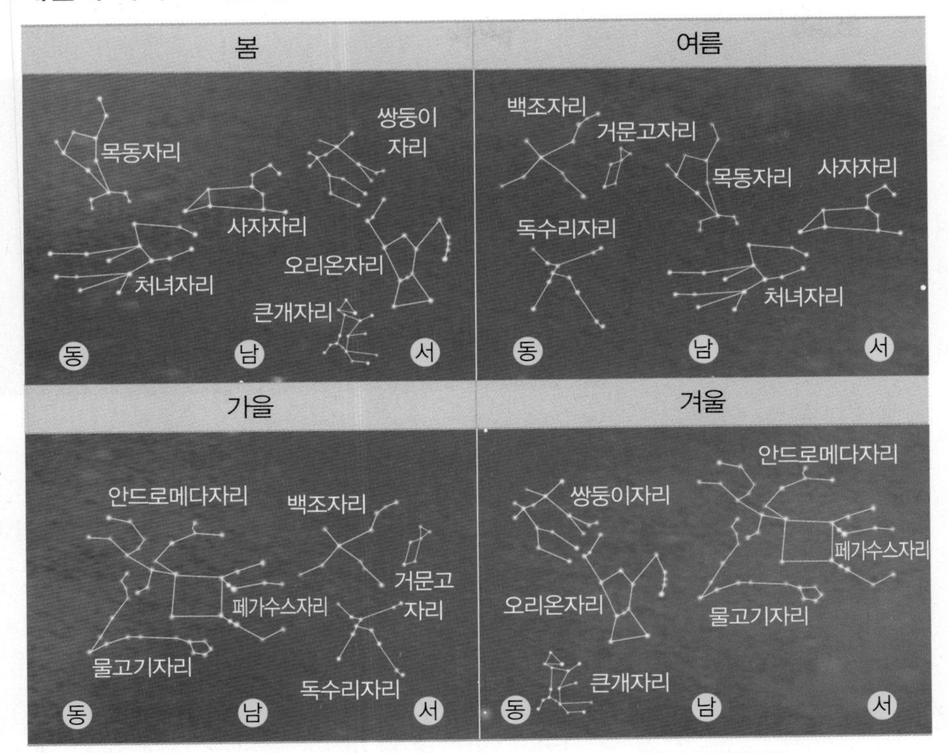

➡ 계절에 따라 보이는 별자리가 달라지는 까닭: 지구가 ❺ [ ] 하면서 지구의 위치가 달라져 계절에 따라 볼 수 있는 별자리가 달라집니다.

★ 사자자리가 보이지 않는 계절

봄철의 대표적인 별자리인 사자자리는 별자리가 태양과 같은 방향에 있는 가을에는 볼 수 없습니다.

6. 여러 날 동안 달의 모양과 위치 변화

(1) 여러 날 동안 달의 모양 변화

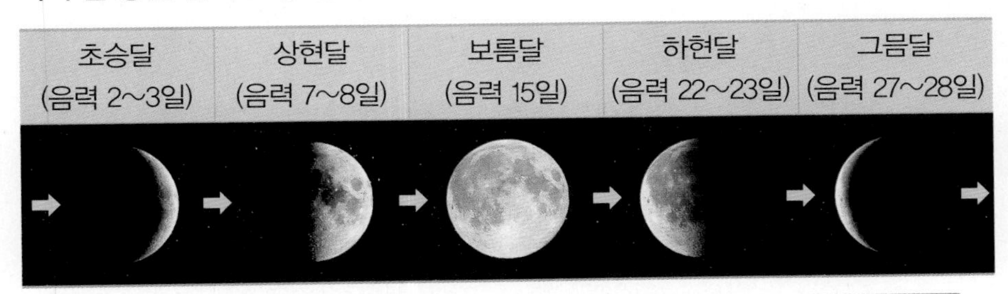

➡ 초승달에서 점점 커져서 상현달이 되고, 상현달에서 점점 커져 ❻ [ ] 이 된 뒤에는 점점 작아지면서 하현달, 그믐달이 됩니다.

★ 여러 날 동안 관찰한 달의 모양

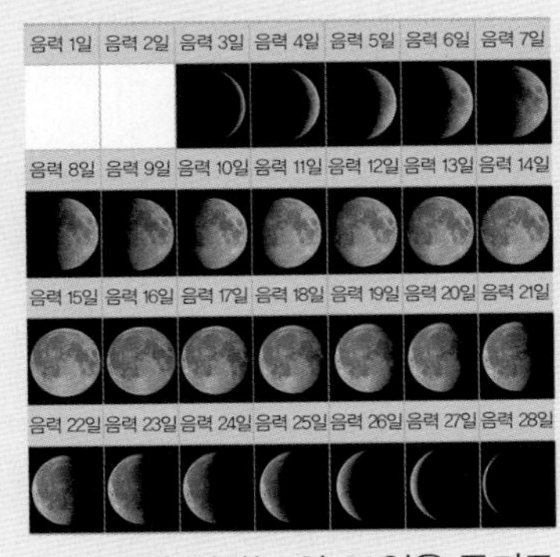

달의 모양 변화는 약 30일을 주기로 반복됩니다.

(2) 여러 날 동안 달의 위치 변화

➡ 여러 날 동안 같은 시각, 같은 장소에서 달을 관찰하면 달은 서쪽에서 동쪽으로 조금씩 위치를 옮겨 갑니다.

2. 지구와 달의 운동

1 9종 공통

다음 ( ) 안에 들어갈 알맞은 말을 쓰시오.

지구가 북극과 남극을 이은 가상의 축인 자전축을 중심으로 하루에 한 바퀴씩 회전하는 것을 지구의 (   )(이)라고 한다.

(   )

2 서술형 9종 공통

하루 동안 관찰한 달의 위치가 시간이 지남에 따라 어떻게 달라지는지 그 까닭과 함께 쓰시오.

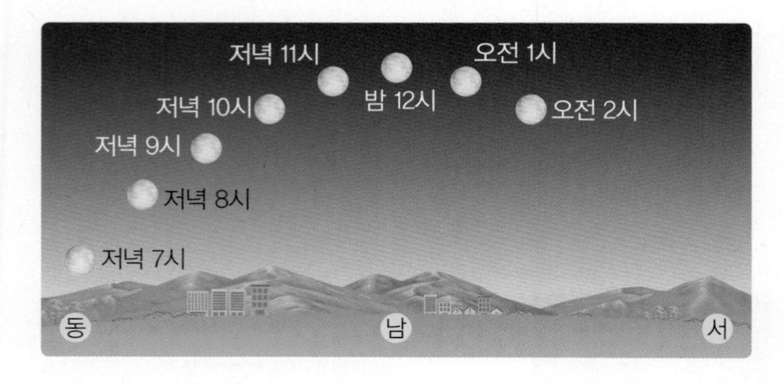

3 동아, 금성, 비상, 지학사, 천재교과서, 천재교육

지구본의 우리나라 위치에 관측자 모형을 붙이고, 전등 앞에서 지구본을 회전시켰더니 오른쪽과 같을 때, 밤과 낮 중 언제에 해당하는지 쓰시오.

(   )

[4-5] 다음은 지구가 태양 빛을 받는 모습입니다. 물음에 답하시오.

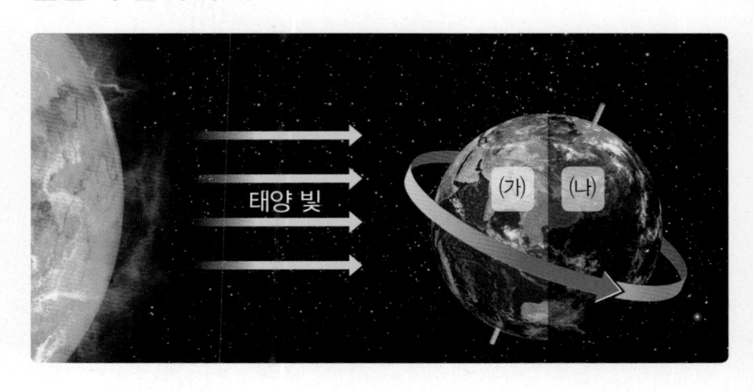

4 9종 공통

위 (가)와 (나) 지역에 대한 설명으로 옳은 것을 보기 에서 골라 기호를 쓰시오.

보기
- ㉠ (가) 지역은 하루 종일 밤이 계속 된다.
- ㉡ 현재 (가) 지역은 밤이고, (나) 지역은 낮이다.
- ㉢ 시간이 지나면 (가)와 (나) 지역의 낮과 밤이 바뀔 것이다.

(   )

5 9종 공통

위 4번 답과 같은 현상이 나타나는 까닭은 어느 것입니까? (   )

① 태양이 자전하기 때문이다.
② 지구가 자전하기 때문이다.
③ 항상 태양과 지구가 같은 위치에 있기 때문이다.
④ 태양과 지구가 움직이지 않고 멈추어 있기 때문이다.
⑤ 지구가 공전하는 방향과 같은 방향으로 태양도 공전하기 때문이다.

6 9종 공통

다음은 지구의 운동을 나타낸 것입니다. ㉠과 ㉡이 의미하는 지구의 운동은 무엇인지 각각 쓰시오.

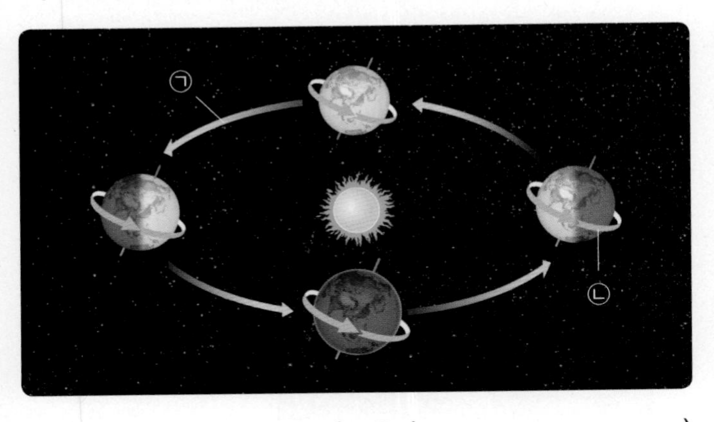

㉠ ( ), ㉡ ( )

7 9종 공통

지구의 공전에 대해 잘못 말한 사람의 이름을 쓰시오.

( )

8 9종 공통

지구의 자전과 관련된 현상에는 '자전', 지구의 공전과 관련된 현상에는 '공전'이라고 쓰시오.

(1) 낮과 밤이 생긴다. ( )

(2) 계절에 따라 보이는 별자리가 달라진다. ( )

(3) 하루 동안 달이 동쪽에서 서쪽으로 움직이는 것처럼 보인다. ( )

9 서술형 9종 공통

계절별 대표적인 별자리란 무엇인지 쓰시오.

10 9종 공통

계절에 따라 보이는 별자리에 대한 설명으로 옳은 것에 모두 ○표 하시오.

(1) 한 계절에는 한 가지 별자리만 볼 수 있다. ( )

(2) 계절별 대표적인 별자리는 그 계절에만 볼 수 있다. ( )

(3) 계절별 대표적인 별자리는 두세 계절에 걸쳐 볼 수 있다. ( )

(4) 봄철 대표적인 별자리인 사자자리는 가을철 한밤중에는 볼 수 없다. ( )

[11-13] 다음은 여러 날 동안 볼 수 있는 달의 모양입니다. 물음에 답하시오.

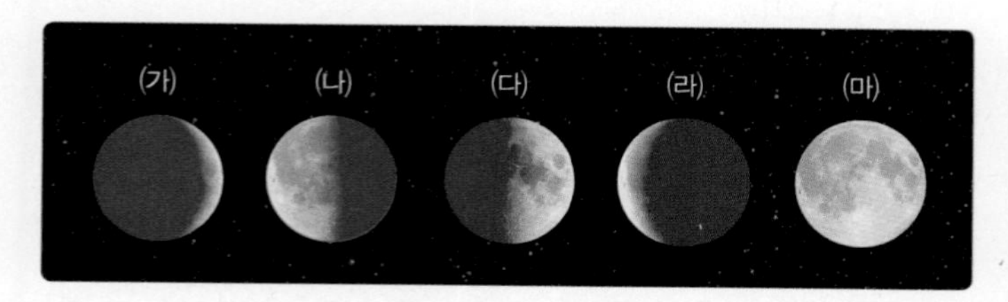

11 9종 공통

위 달을 볼 수 있는 순서대로 기호를 쓰시오.

(가) → (　　　) → (　　　) → (　　　) → (　　　)

12 9종 공통

위 (라)와 같은 달을 볼 수 있는 때는 언제입니까? (　　　)

① 음력 2～3일 무렵
② 음력 7～8일 무렵
③ 음력 15일 무렵
④ 음력 22～23일 무렵
⑤ 음력 27～28일 무렵

13 9종 공통

위 (가)～(마) 중 다음과 같은 특징이 있는 달을 골라 기호와 달의 이름을 함께 쓰시오.

> 음력 15일 무렵 저녁 7시에 동쪽 하늘에 낮게 떠 있는 것을 볼 수 있다.

(　　　　　　　　)

14 9종 공통

음력 7～8일 무렵 저녁 7시에 남쪽 하늘을 보면 관측할 수 있는 달의 모습으로 옳은 것의 기호를 쓰시오.

㉠

㉡

㉢

(　　　　　　　　)

15 서술형 9종 공통

다음은 여러 날 동안 저녁 7시 무렵에 같은 장소에서 관측한 달에 대한 설명입니다. 잘못된 문장을 찾아 기호를 쓰고, 옳게 고쳐 쓰시오.

> ㉠ 여러 날 동안 달의 모양이 조금씩 변했다. ㉡ 음력 2일에 초승달을 서쪽 하늘에서 보았다. ㉢ 같은 시각에 달이 보이는 위치가 날마다 동쪽에서 서쪽으로 옮겨 갔다.

2. 지구와 달의 운동

1 9종 공통

다음과 같이 하루 동안 태양의 위치 변화를 관측하였을 때, 가장 늦은 시각에 관측한 것을 골라 기호를 쓰시오.

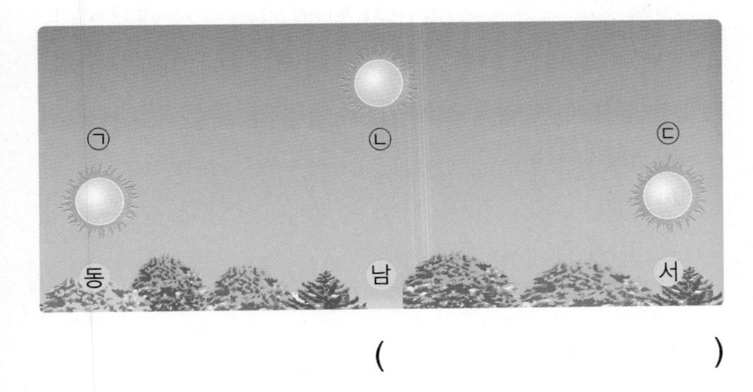

(　　　　　　　　)

2 9종 공통

하린이와 기태 중 하루 동안 달라지는 보름달의 위치에 대해 잘못 말한 사람은 누구인지 쓰시오.

(　　　　　　　　)

3 9종 공통

다음 지구 그림에 지구의 자전 방향을 화살표로 나타내시오.

[4-5] 낮과 밤이 생기는 까닭을 알아보기 위해 다음과 같이 장치하고 지구본의 우리나라 위치에 관측자 모형을 붙였습니다. 물음에 답하시오.

(가)

(나)

4 동아, 금성, 비상, 지학사, 천재교과서, 천재교육

위 실험에 대한 설명으로 옳지 않은 것을 두 가지 고르시오. (　　　　)

① 전등은 실제 태양을 나타낸다.
② 지구본은 서쪽에서 동쪽으로 회전시킨다.
③ 지구본은 그대로 두고 전등의 위치를 이동시킨다.
④ 관측자 모형이 본 전등은 동쪽에서 서쪽으로 움직이는 것처럼 보인다.
⑤ 전등의 불을 켜는 것은 낮을 나타내고, 전등의 불을 끄는 것은 밤을 나타낸다.

5 서술형 동아, 금성, 비상, 지학사, 천재교과서, 천재교육

위 (가)와 (나) 중 우리나라가 밤인 경우를 찾아 기호를 쓰고, 그렇게 생각한 까닭을 쓰시오.

6 ⊕ 9종 공통

지구의 공전으로 나타나는 현상에 ○표 하시오.

(1) 계절에 따라 보이는 별자리가 달라진다. ( )

(2) 낮과 밤이 하루에 한 번씩 번갈아 나타난다. ( )

(3) 하루 동안 별자리의 위치가 동쪽에서 서쪽으로 움직이는 것처럼 보인다. ( )

7 ⊕ 9종 공통

지구의 공전에 대한 설명으로 옳은 것을 보기 에서 찾아 기호를 쓰시오.

보기

㉠ 지구가 달을 중심으로 하루에 한 바퀴 회전하는 것이다.

㉡ 지구가 태양을 중심으로 일 년에 한 바퀴 회전하는 것이다.

㉢ 지구의 북극과 남극을 이은 가상의 축을 중심으로 지구가 회전하는 것이다.

( )

8 서술형 ⊕ 9종 공통

지구에서 같은 장소, 같은 시각에 밤하늘에 보이는 천체의 모습이 매일 조금씩 달라지는 까닭은 무엇인지 쓰시오.

9 ⊕ 9종 공통

겨울철 대표적인 별자리인 쌍둥이자리가 여름철 한밤중에는 보이지 않는 까닭은 무엇입니까? ( )

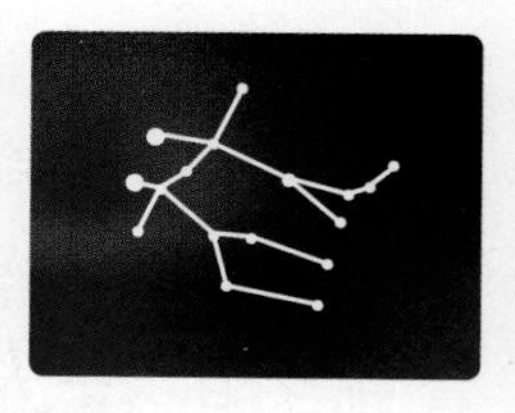

① 여름철에는 낮이 길고 밤이 짧기 때문이다.

② 여름철에는 쌍둥이자리가 달에 가려지기 때문이다.

③ 쌍둥이자리는 태양 빛을 받아야만 보이기 때문이다.

④ 여름철에는 쌍둥이자리가 태양과 같은 방향에 있기 때문이다.

⑤ 쌍둥이자리가 계속 지구의 공전 방향과 같은 방향으로 이동하기 때문이다.

10 ⊕ 9종 공통

계절과 계절별 대표적인 별자리를 알맞은 것끼리 선으로 이으시오.

(1) 봄 •	• ㉠	오리온자리
(2) 여름 •	• ㉡	페가수스자리
(3) 가을 •	• ㉢	사자자리
(4) 겨울 •	• ㉣	백조자리

11 9종 공통

오른쪽 달을 관측하고 약 30일이 지난 후에 같은 장소, 같은 시각에 관측할 수 있는 달은 어느 것입니까? (   )

① 

② 

③ 

④ 

12 서술형 9종 공통

오른쪽 달에 대한 설명으로 옳지 않은 것을 보기 에서 찾아 기호를 쓰고, 옳게 고쳐 쓰시오.

보기
㉠ 달의 이름은 상현달이다.
㉡ 음력 7~8일 무렵에 볼 수 있다.
㉢ 태양이 진 직후 저녁에 동쪽 하늘에서 보이기 시작한다.

____

____

13 9종 공통

다음은 어느 해 4월 달력입니다. 4월 23일에 밤하늘에서 볼 수 있는 달의 이름을 쓰시오.

4월

일	월	화	수	목	금	토
	음3/5 1	음3/6 2	음3/7 3	음3/8 4	음3/9 5	음3/10 6
음3/11 7	음3/12 8	음3/13 9	음3/14 10	음3/15 11	음3/16 12	음3/17 13
음3/18 14	음3/19 15	음3/20 16	음3/21 17	음3/22 18	음3/23 19	음3/24 20
음3/25 21	음3/26 22	음3/27 23	음3/28 24	음3/29 25	음3/30 26	음4/1 27
음4/2 28	음4/3 29	음4/4 30				

(   )

14 9종 공통

다음 달의 모습을 음력 2~3일 무렵부터 음력 15일 무렵까지 저녁 7시에 같은 장소에서 관측한 순서대로 기호를 쓰시오.

(   ) → (   ) → (   )

15 9종 공통

태양이 진 직후 여러 날 동안 같은 장소에서 관측한 달에 대한 설명으로 옳은 것에 ○표, 옳지 않은 것에 ×표 하시오.

(1) 달은 위치가 변하지 않는다. (   )

(2) 달은 항상 동쪽 하늘에서 보인다. (   )

(3) 달은 서쪽에서 동쪽으로 날마다 조금씩 위치가 옮겨 간다. (   )

2. 지구와 달의 운동

정답과 풀이 5쪽

평가 주제	하루 동안 태양과 달의 위치 변화 알기
평가 목표	하루 동안 태양과 달의 위치가 변하는 까닭을 설명할 수 있다.

[1-3] 다음은 하루 동안 태양과 달의 위치 변화를 나타낸 것입니다. 물음에 답하시오.

▲ 하루 동안 태양의 위치 변화

▲ 하루 동안 달의 위치 변화

1 하루 동안 태양과 달의 위치는 어떻게 변하는지 쓰시오.

도움 그림에서 시간에 따른 태양과 달의 이동 방향을 살펴 봅니다.

2 위 1번 답과 같이 하루 동안 태양과 달의 위치가 달라지는 까닭은 무엇인지 쓰시오.

도움 하루 동안의 지구의 운동을 생각해 봅니다.

3 위에서 하루 동안 달의 위치 변화를 관찰한 것처럼 밤에 남쪽을 향해 서서 별자리를 관찰할 때, 시간이 지남에 따라 별자리의 위치는 어떻게 변하는지 쓰시오.

도움 태양, 달, 별 등은 지구에서 보이는 천체입니다.

2. 지구와 달의 운동

정답과 풀이 5쪽

평가 주제	여러 날 동안 달의 모양과 위치 변화 알기
평가 목표	여러 날 동안 달의 모양과 위치 변화에 대해 설명할 수 있다.

1 다음은 여러 날 동안 관찰한 달의 모양 변화입니다. 각 이름에 알맞은 달의 모양을 그리시오.

초승달 ➡	상현달 ➡	보름달 ➡	하현달 ➡	그믐달

도움 달의 밝은 부분을 그리도록 합니다.

2 단원

2 위 1번의 달은 각각 음력 며칠 무렵에 볼 수 있는지 쓰시오.

도움 여러 날 동안 달의 모양 변화는 약 30일 주기로 반복됩니다.

3 다음은 여러 날 동안 관찰한 달의 위치와 모양에 대해 정리한 것입니다. 빈칸에 들어갈 알맞은 말을 각각 쓰시오.

> 여러 날 동안 같은 시각, 같은 장소에서 관찰한 달의 위치는 (㉠)쪽에서 (㉡)쪽으로 조금씩 옮겨 가고, 달의 모양도 달라진다.

㉠ (   ), ㉡ (   )

도움 초승달은 서쪽 하늘에서 볼 수 있습니다.

숨은 그림을 찾아보세요.

정답 6쪽

여러 가지 기체

학습 내용과 교과서별 해당 쪽수를 확인해 보세요.

학습 내용	백점 쪽수	교과서별 쪽수				
		동아출판	비상교과서	아이스크림 미디어	지학사	천재교과서
1 산소의 성질	38～41	46～49	48～51	44～45	46～49	76～79
2 이산화 탄소의 성질	42～45	50～53	52～53	46～47	50～53	80～83
3 온도에 따른 기체의 부피 변화	46～49	54～55	54～59	48～49	54～55	86～87
4 압력에 따른 기체의 부피 변화, 공기를 이루는 기체	50～53	56～59		50～53	56～59	84～85, 88～89

★ 동아출판, 김영사, 미래엔, 지학사, 천재교육의 「3. 여러 가지 기체」 단원에 해당합니다.
★ 천재교과서의 「4. 여러 가지 기체」 단원에 해당합니다.
★ 금성출판사, 비상교과서, 아이스크림미디어의 「2. 여러 가지 기체」 단원에 해당합니다.

1 산소의 성질

1 산소의 성질과 이용

(1) 산소의 성질

① 색깔과 냄새가 없습니다.

② 스스로 타지 않지만, 다른 물질이 타는 것을 돕는 성질이 있습니다.

③ 철이나 구리와 같은 금속을 녹슬게 하는 성질이 있습니다.

④ 잘라 둔 과일의 색깔이 갈색으로 변하게 합니다.

(2) 산소의 이용

① 로켓의 연료나 물질을 태울 때 이용합니다.

② 산소는 우리가 숨을 쉴 때 필요한 기체로, 응급 환자의 호흡 장치나 물속에서 잠수부가 숨을 쉬는 데 이용합니다.

2 기체 발생 장치

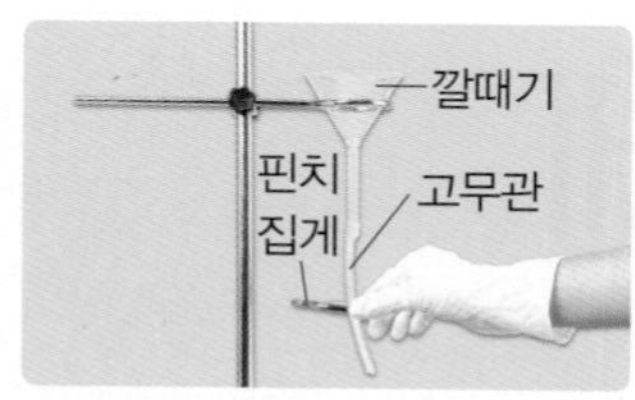

❶ 깔때기에 짧은 고무관을 끼운 뒤 스탠드의 링에 설치하고, 고무관에 핀치 집게를 끼웁니다.

❷ 구멍 뚫린 고무마개에 유리관을 끼우고, 가지 달린 삼각 플라스크의 입구를 막습니다.

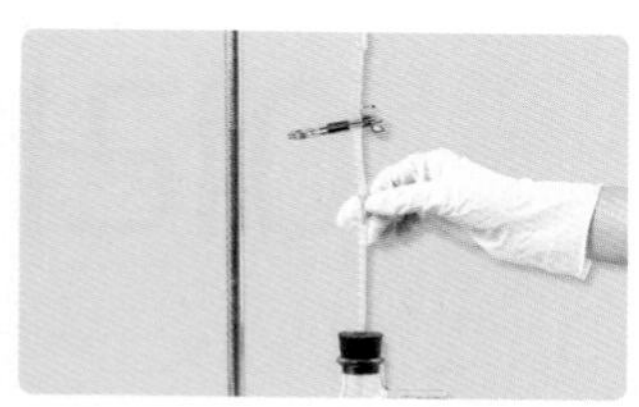

❸ 고무마개에 끼운 유리관의 윗부분을 깔때기에 연결한 짧은 고무관과 연결합니다.

❹ 가지 달린 삼각 플라스크의 가지 부분에 긴 고무관을 끼우고, 고무관 끝에 ㄱ자 유리관을 연결합니다.

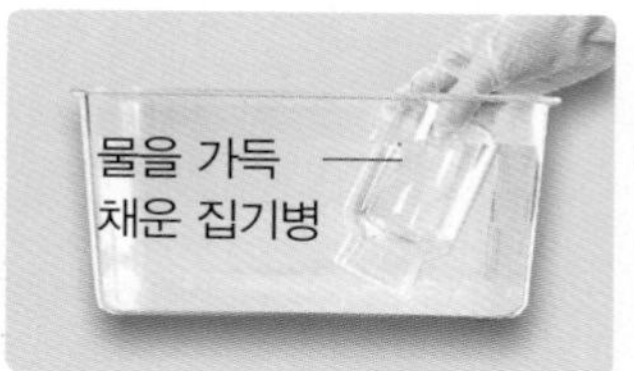

❺ 수조에 물을 $\frac{2}{3}$ 정도 넣고, 집기병에 물을 가득 채워 거꾸로 세웁니다.

❻ 수조에 들어 있는 집기병 입구에 ㄱ자 유리관을 넣어 기체 발생 장치를 완성합니다.

완성한 기체 발생 장치

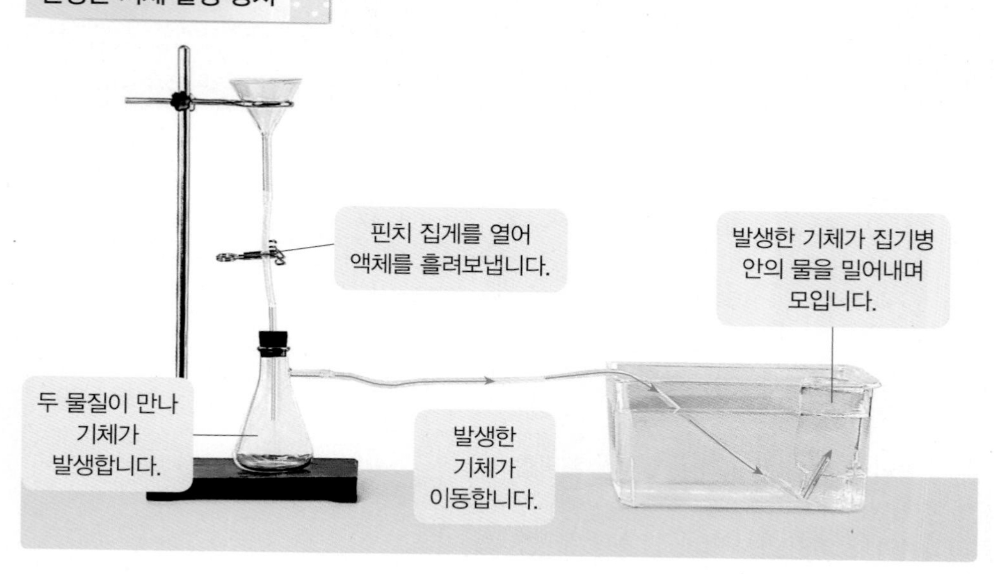

산소의 성질

▲ 물질이 타는 것을 돕는 산소

▲ 잘라 둔 사과의 색깔을 변하게 하는 산소 ▲ 철을 녹슬게 하는 산소

산소의 이용

▲ 응급 환자의 호흡 장치

▲ 잠수부의 압축 공기통

용어사전

- **녹** 산소와 금속이 만나 금속 표면에 생긴 붉거나 푸른 물질.
- **집기병** 화학 실험 기구의 하나로, 기체를 모으는 유리로 된 병.

교과서 통합 대표 실험

실험 1 산소 발생시키기 📖 9종 공통

❶ 기체 발생 장치의 가지 달린 삼각 플라스크에 물을 조금 넣고 이산화 망가니즈를 한 숟가락 넣습니다.
❷ 유리관이 연결된 고무마개로 가지 달린 삼각 플라스크의 입구를 막습니다.
❸ 깔때기에 묽은 과산화 수소수를 반 정도 붓습니다.
❹ 핀치 집게를 조절하여 묽은 과산화 수소수를 조금 흘려보낸 뒤 가지 달린 삼각 플라스크와 집기병에서 나타나는 현상을 관찰합니다.
❺ 묽은 과산화 수소수를 더 흘려보내고, 집기병에 산소가 가득 차면 유리판으로 집기병의 입구를 막고 집기병을 꺼냅니다.

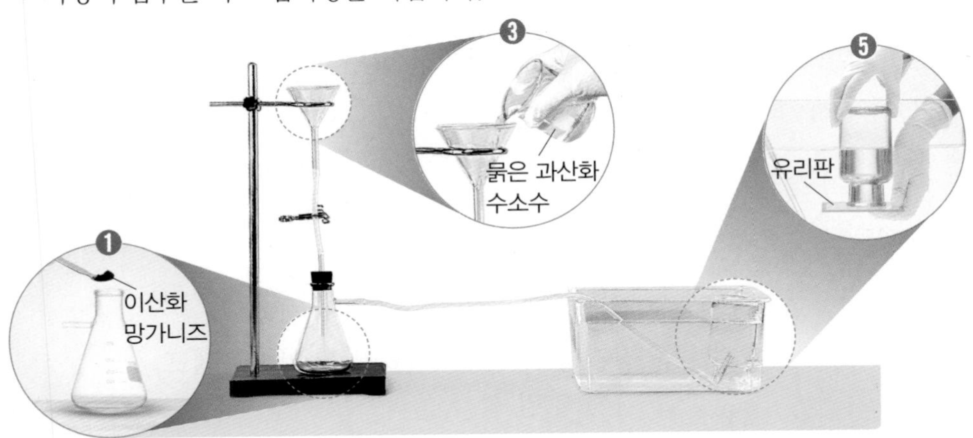

실험 결과

가지 달린 삼각 플라스크 내부에서 기포가 발생합니다.

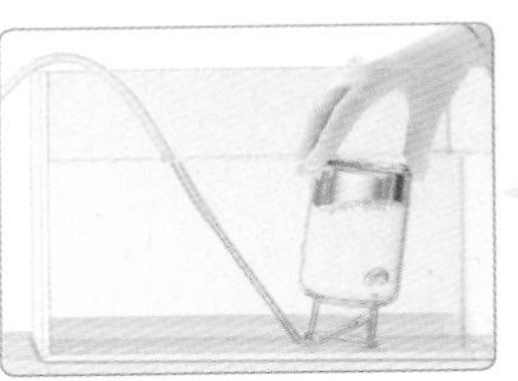

수조의 ㄱ자 유리관 끝에서 기포가 발생합니다.

정리 | 묽은 과산화 수소수와 이산화 망가니즈가 만나면 산소가 발생합니다.

실험 2 산소의 성질 알아보기 📖 9종 공통

❶ 산소가 든 집기병 뒤에 흰 종이를 두고 색깔을 관찰합니다.
❷ 손으로 바람을 일으켜 냄새를 맡아 보고, 향불을 넣어 변화를 관찰합니다.

실험 결과

색깔	냄새	향불을 넣었을 때
흰 종이		
색깔이 없음.	냄새가 없음.	향불의 불꽃이 커짐.

정리
• 산소는 색깔과 냄새가 없습니다.
• 산소는 다른 물질이 타는 것을 돕는 성질이 있습니다.

실험 TIP !

실험동영상

이산화 망가니즈 대신 아이오딘화 칼륨을 넣어도 산소를 발생시킬 수 있어요.

ㄱ자 유리관에서 발생하는 기체를 집기병에 모을 때 처음 나오는 기체는 가지 달린 삼각 플라스크와 고무관 속에 있던 공기이므로 집기병에 처음 모은 기체는 버리고, 곧바로 물을 채운 뒤 다시 산소를 모아요.

산소를 물속에서 모으는 까닭

• 산소가 발생할 때 ㄱ자 유리관 끝에 기포가 발생하면서 집기병 속 물이 내려가는 것으로 산소가 발생하는 것을 쉽게 확인할 수 있기 때문이에요.
• 다른 기체와 섞이지 않은 산소를 모을 수 있기 때문이에요.
• 공기 중에서는 산소가 모이는 것을 쉽게 알 수 없기 때문이에요.

실험동영상

3 단원

1 산소의 성질

기본 개념 문제

1

(　　　　　)은/는 우리가 호흡하는 데 필요한 매우 중요한 기체입니다.

2

산소는 다른 물질이 타는 것을 (　　　　　) 성질이 있습니다.

3

산소를 발생시킬 때 필요한 두 가지 물질은 이산화 망가니즈와 (　　　　　　　)입니다.

4

산소는 색깔과 냄새가 (　　　　　　　).

5

산소가 든 집기병에 향불을 넣으면 향불의 불꽃이 (　　　　　　　).

[6-8] 다음과 같이 기체 발생 장치를 꾸미고 실험하였습니다. 물음에 답하시오.

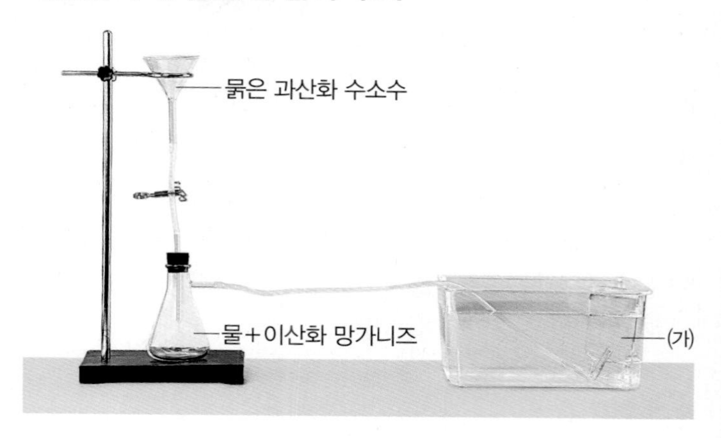

6 9종 공통

위 기체 발생 장치를 꾸밀 때 필요한 실험 기구가 아닌 것은 어느 것입니까? (　　　)

① 고무관　　② 깔때기
③ 집기병　　④ 알코올램프
⑤ 가지 달린 삼각 플라스크

7 9종 공통

위 기체 발생 장치의 핀치 집게를 조절하여 묽은 과산화 수소수를 흘려보냈을 때 가지 달린 삼각 플라스크에서 나타나는 현상으로 옳은 것에 ○표 하시오.

(1) 기포가 발생한다. (　　)
(2) 온도가 낮아져 얼음이 생긴다. (　　)

8 9종 공통

위 기체 발생 장치의 (가)에 모이는 기체는 무엇인지 쓰시오.

(　　　　　　　　　　)

9 9종 공통

기체 발생 장치를 이용해 산소를 발생시킬 때 산소를 물속에서 모으는 까닭으로 옳지 않은 것을 보기 에서 골라 기호를 쓰시오.

보기
- ㉠ 산소가 물에 잘 녹는 기체이기 때문이다.
- ㉡ 다른 기체와 섞이지 않은 산소를 모을 수 있기 때문이다.
- ㉢ 집기병 속 물이 내려가는 것으로 산소가 발생하는 것을 쉽게 확인할 수 있기 때문이다.

( )

10 동아, 김영사, 미래엔, 비상, 아이스크림, 지학사, 천재교과서, 천재교육

오른쪽과 같이 산소가 들어 있는 집기병에 향불을 넣었을 때 볼 수 있는 모습으로 옳은 것은 어느 것입니까? ( )

① 향불이 꺼진다.
② 향불의 불꽃이 커진다.
③ 향불의 불꽃이 점점 작아진다.
④ 향불의 불꽃이 점점 어두워진다.
⑤ 향불이 꺼졌다가 켜지는 것을 반복한다.

11 서술형 9종 공통

위 10번 답과 같은 결과를 통해 알 수 있는 산소의 성질은 무엇인지 쓰시오.

---

12 9종 공통

다음은 산소의 성질 중 무엇을 알아보는 모습인지 쓰시오.

( )

13 9종 공통

산소의 성질에 대해 옳게 말한 사람의 이름을 쓰시오.

- 소이: 산소는 철을 녹슬게 해.
- 강민: 산소는 다른 물질이 타는 것을 막아.
- 주은: 산소는 공기 중에서 푸른색으로 보여.

( )

14 9종 공통

다음과 같이 응급 환자와 잠수부의 호흡에 이용하는 기체는 무엇인지 보기 에서 찾아 기호를 쓰시오.

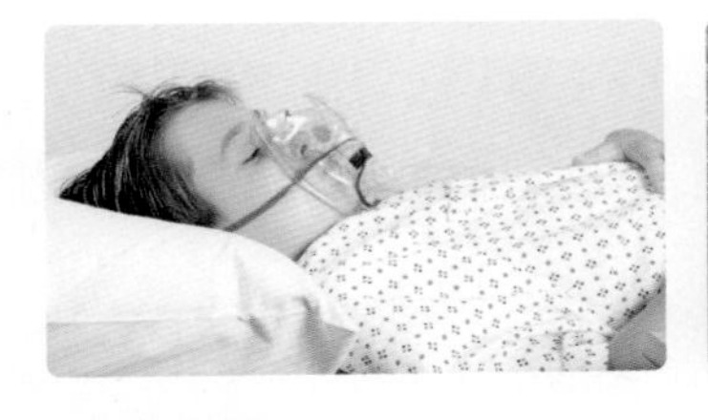

보기
㉠ 산소 ㉡ 질소 ㉢ 수소 ㉣ 이산화 탄소

( )

2 이산화 탄소의 성질

1 이산화 탄소의 성질

(1) 탄산음료에서 거품을 본 경험

① 탄산음료에는 이산화 탄소가 녹아 있습니다.

② 탄산음료가 들어 있는 용기의 뚜껑을 열고 컵에 따를 때 생기는 거품은 탄산음료에 녹아 있던 이산화 탄소가 빠져나온 것입니다.

(2) 이산화 탄소의 성질

① 색깔과 냄새가 없습니다.

② 다른 물질이 타는 것을 막는 성질이 있습니다.

③ 석회수가 뿌옇게 흐려지게 하는 성질이 있습니다.

[석회수를 이용한 이산화 탄소 확인]

① 석회수는 이산화 탄소와 섞이면 뿌옇게 흐려집니다.

② 석회수에 숨을 불어 넣으면 석회수가 뿌옇게 되는데, 이것으로 사람이 내쉬는 숨에는 이산화 탄소가 들어 있음을 확인할 수 있습니다.

석회수가 이산화 탄소를 만나면 뿌옇게 되는 까닭

석회수에 이산화 탄소를 넣으면 탄산 칼슘이 만들어지는데, 탄산 칼슘은 물에 녹지 않는 앙금이므로 맑은 석회수가 뿌옇게 흐려집니다.

2 이산화 탄소의 이용

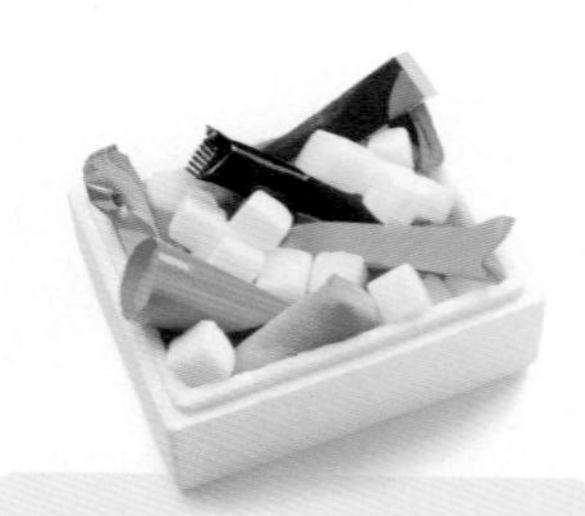

음식을 차갑게 보관하는 드라이아이스를 만들 때 이용합니다.

탄산음료의 톡 쏘는 맛을 내는 데 이용합니다.

자동 팽창식 구명조끼에 이용합니다.

물질이 탈 때 이산화 탄소를 공급하면 산소를 차단해서 물질이 타는 것을 막는 성질을 이용해 불을 끄는 소화기를 만듭니다.

식물이 양분을 만들 때 이산화 탄소가 필요합니다.

빵을 만들 때 이용하는 이산화 탄소

빵을 부드럽게 만들기 위해 밀가루 반죽을 부풀릴 때 이산화 탄소를 이용합니다.

용어사전

- **드라이아이스** 이산화 탄소 기체에 높은 압력을 가해 덩어리로 만든 것.
- **자동 팽창식 구명조끼** 위급할 때 순식간에 부풀어 오르는 구명조끼로, 물에 닿으면 자동으로 이산화 탄소가 분사되어 팽창함.
- **앙금** 액체의 바닥에 가라앉은 가루 모양의 물질.

교과서 통합 대표 실험

실험 1 이산화 탄소 발생시키기 📖 9종 공통

❶ 가지 달린 삼각 플라스크에 탄산수소 나트륨을 세 숟가락 정도 넣습니다.
❷ 유리관이 연결된 고무 마개로 가지 달린 삼각 플라스크의 입구를 막습니다.
❸ 깔때기에 식초를 반 정도 붓습니다.
❹ 핀치 집게를 조절하여 식초를 조금 흘려보낸 뒤 가지 달린 삼각 플라스크와 집기병에서 나타나는 현상을 관찰합니다.
❺ 식초를 더 흘려보내고, 집기병에 이산화 탄소가 가득 차면 유리판으로 집기병의 입구를 막고 집기병을 꺼냅니다.

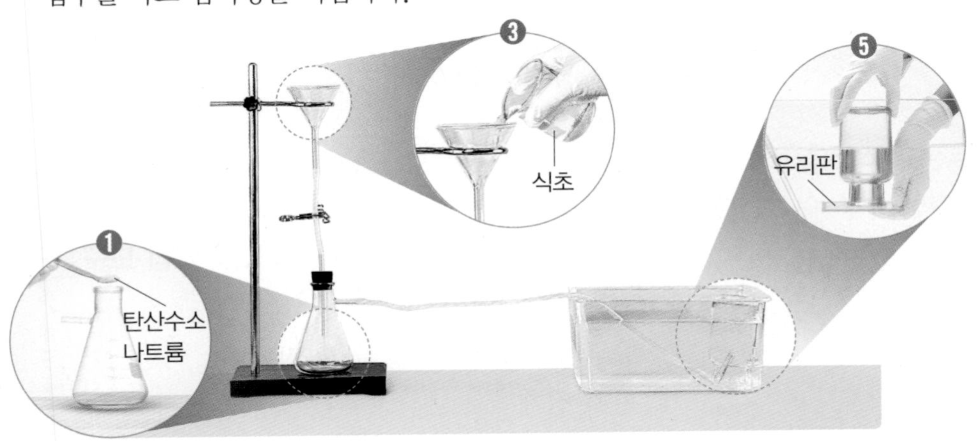

실험 결과

가지 달린 삼각 플라스크 내부에서 기포가 발생합니다.

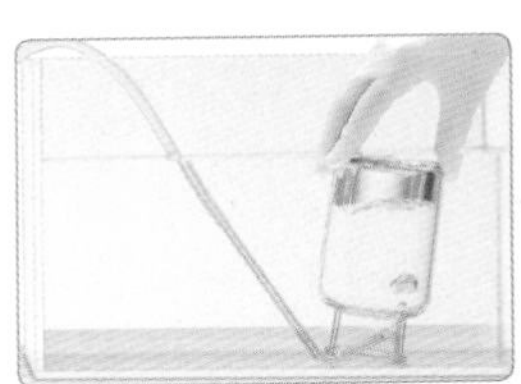

수조의 ㄱ자 유리관 끝에서 기포가 발생합니다.

정리	식초와 탄산수소 나트륨이 만나면 이산화 탄소가 발생합니다.

실험 2 이산화 탄소의 성질 알아보기 📖 9종 공통

❶ 이산화 탄소가 든 집기병 뒤에 흰 종이를 두고 색깔을 관찰합니다.
❷ 손으로 바람을 일으켜 냄새를 맡아 보고, 향불을 넣어 변화를 관찰합니다.
❸ 이산화 탄소가 든 집기병에 석회수를 $\frac{1}{3}$ 정도 넣고 흔들어 변화를 관찰합니다.

실험 결과

색깔	냄새	향불을 넣었을 때	석회수를 넣고 흔들었을 때
흰 종이			
색깔이 없음.	냄새가 없음.	향불이 꺼짐.	석회수가 뿌옇게 됨.

정리	• 이산화 탄소는 색깔과 냄새가 없으며, 물질이 타는 것을 막습니다. • 이산화 탄소는 석회수를 뿌옇게 만듭니다.

실험 TIP !

실험동영상

• 탄산수소 나트륨 대신 넣을 수 있는 물질: 달걀 껍데기, 조개껍데기, 대리석, 석회석
• 식초 대신 넣을 수 있는 물질: 구연산 용액, 시트르산 용액, 묽은 염산

실험동영상

3 단원

2 이산화 탄소의 성질

기본 개념 문제

1

이산화 탄소는 색깔과 냄새가 (　　　　　　　　).

2

기체 발생 장치에서 탄산수소 나트륨과 식초를 이용하여 (　　　　　　　　)을/를 발생시킬 수 있습니다.

3

이산화 탄소가 들어 있는 집기병에 향불을 넣으면 향불이 (　　　　　　　　).

4

(　　　　　　　　)은/는 이산화 탄소를 만나면 뿌옇게 흐려집니다.

5

(　　　　　　　　)은/는 이산화 탄소에 압력을 가해 만든 덩어리로, 음식물을 차게 보관하는 데 이용합니다.

[6-8] 다음과 같이 기체 발생 장치를 꾸미고 실험하였습니다. 물음에 답하시오.

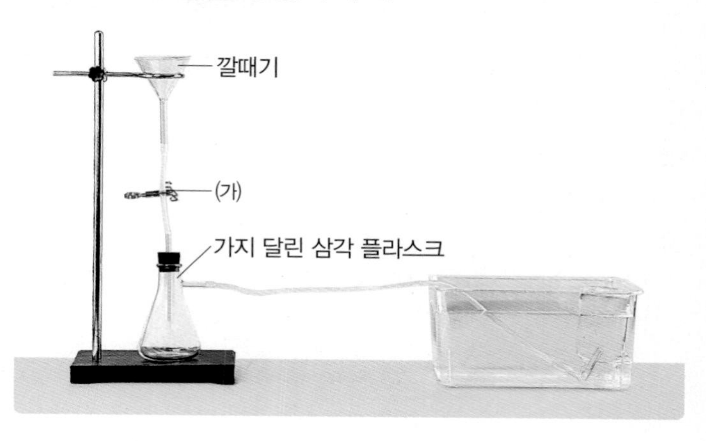

6 김영사, 미래엔, 비상, 지학사

위 기체 발생 장치를 꾸밀 때 필요한 실험 도구 (가)의 이름은 무엇입니까? (　　　)

① 고무관　　② 집기병
③ 핀치 집게　　④ ㄱ자 유리관
⑤ 플라스틱 수조

7 김영사, 미래엔, 비상, 지학사

위 6번 (가)의 역할은 무엇인지 골라 ○표 하시오.

(1) 발생된 기체를 모은다. (　　)
(2) 발생된 기체가 이동하는 통로이다. (　　)
(3) 깔때기의 액체를 조금씩 흘려보낸다. (　　)

8 9종 공통

위 기체 발생 장치를 이용하여 이산화 탄소를 발생시키려면 깔때기에는 식초를 넣고, 가지 달린 삼각 플라스크에는 어떤 물질을 넣어야 하는지 쓰시오.

(　　　　　　　　)

9 9종 공통

산소와 이산화 탄소의 성질을 옳게 비교한 것은 어느 것입니까? (   )

	산소	이산화 탄소
①	색깔과 냄새가 있음.	색깔과 냄새가 있음.
②	색깔과 냄새가 없음.	색깔과 냄새가 없음.
③	색깔과 냄새가 없음.	색깔과 냄새가 있음.
④	색깔은 없고, 냄새는 있음.	색깔은 있고, 냄새는 없음.
⑤	색깔은 있고, 냄새는 없음.	색깔은 없고, 냄새는 있음.

10 서술형 9종 공통

오른쪽과 같이 석회수에 숨을 불어 넣으면 어떤 변화가 나타나는지 쓰시오.

____

____

11 9종 공통

이산화 탄소가 들어 있는 집기병에 향불을 넣었을 때의 결과로 옳은 것에 ○표 하시오.

(1)

▲ 향불이 커짐.
(   )

(2)
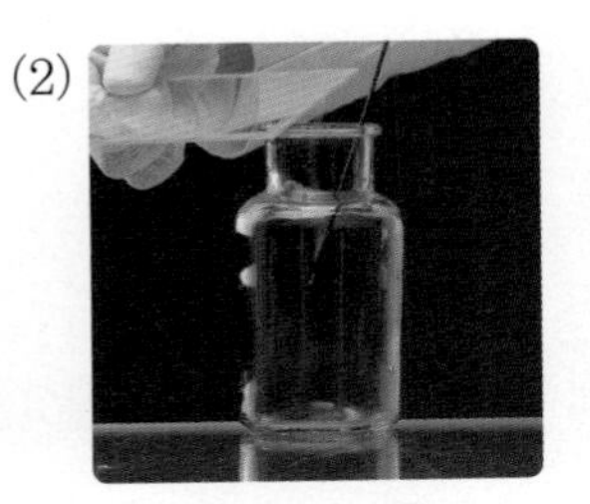
▲ 향불이 꺼짐.
(   )

12 9종 공통

이산화 탄소가 생활에서 이용되는 예로 옳지 <u>않은</u> 것은 어느 것입니까? (   )

①

▲ 연료를 태울 때

②
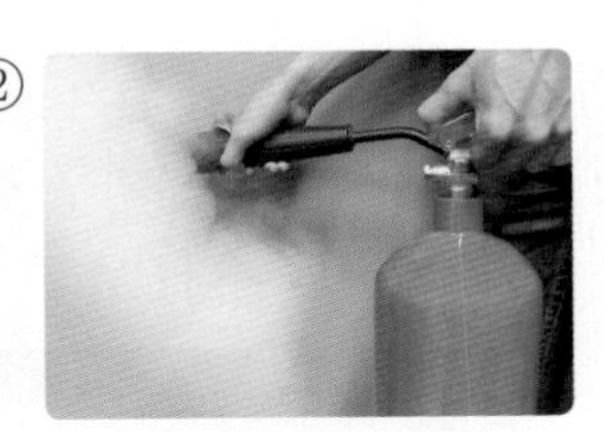
▲ 소화기

③
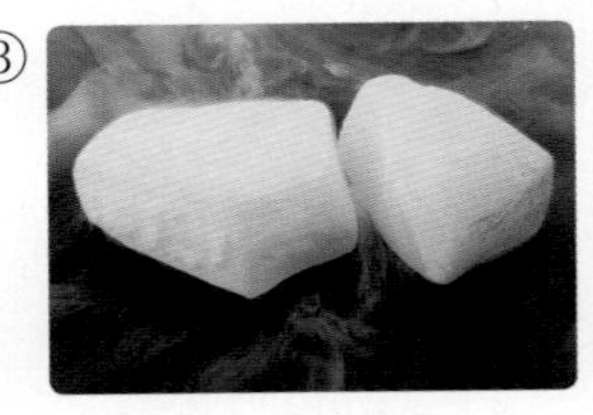
▲ 드라이아이스

④

▲ 탄산음료

13 9종 공통

이산화 탄소의 성질에 대해 <u>잘못</u> 말한 사람의 이름을 쓰시오.

- 나리: 석회수로 이산화 탄소가 있는지 확인할 수 있어.
- 가희: 이산화 탄소는 물질이 타는 것을 막는 성질이 있어.
- 우주: 이산화 탄소는 물에 잘 녹기 때문에 물속에서 모을 수 없어.

(   )

3 온도에 따른 기체의 부피 변화

1 온도 변화에 따른 기체의 부피 변화

(1) 열기구가 부풀어 오르는 까닭

① 열기구 풍선 속 공기를 가열하면 공기의 온도가 높아집니다.
② 온도가 높아지면 열기구 풍선 속 공기의 부피가 커져 열기구의 풍선이 부풉니다.
③ 가열을 멈추면 열기구 풍선 속 공기의 온도가 낮아지면서 풍선의 부피가 작아져 오그라듭니다.

열기구의 풍선 속에 공기를 넣고 가열합니다.

공기의 온도가 높아지면 공기의 부피가 커져 풍선이 부풉니다.

(2) 온도 변화에 따른 기체의 부피 변화

① 기체의 부피는 온도 변화에 따라 달라집니다.
② 온도가 높아지면 기체의 부피가 커지고, 온도가 낮아지면 기체의 부피가 작아집니다.

2 우리 생활에서 온도 변화에 따라 기체의 부피가 변하는 예

온도가 높아져 기체의 부피가 커지는 예

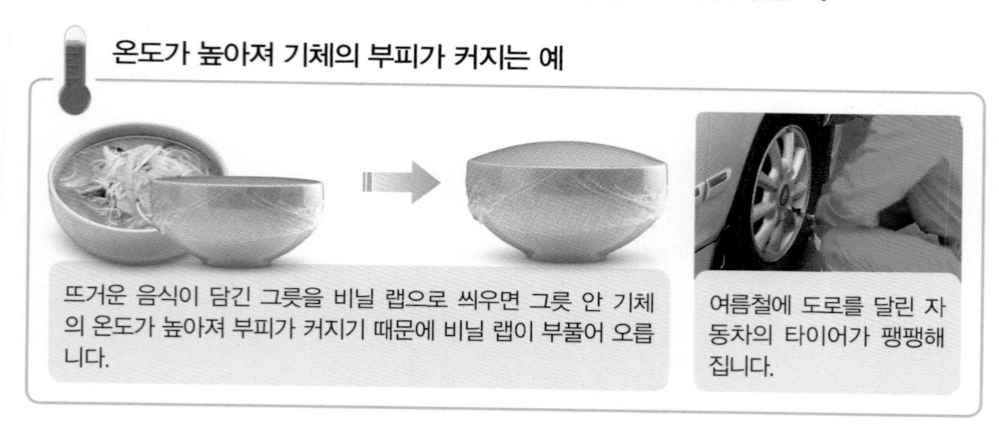

뜨거운 음식이 담긴 그릇을 비닐 랩으로 씌우면 그릇 안 기체의 온도가 높아져 부피가 커지기 때문에 비닐 랩이 부풀어 오릅니다.

여름철에 도로를 달린 자동차의 타이어가 팽팽해집니다.

온도가 낮아져 기체의 부피가 작아지는 예

따뜻한 차가 든 컵을 비닐 랩으로 씌워 냉장고에 넣어 두면 컵 안 기체의 온도가 낮아져 부피가 작아지기 때문에 비닐 랩이 오목하게 들어갑니다.

물이 조금 담긴 페트병을 마개로 막아 냉장고에 넣은 뒤 시간이 지나면 페트병이 찌그러집니다.

⊕ 딸깍이는 동전

차가운 빈 병 입구에 동전을 올려놓고 병을 두 손으로 감싸면 동전이 들썩거립니다. 이 까닭은 병을 손으로 감싸면 병 속에 있는 기체의 온도가 높아지고 병 속 기체의 부피가 커져 동전을 밀어 올리기 때문입니다.

⊕ 찌그러진 탁구공을 펴는 방법

뜨거운 물에 찌그러진 탁구공을 넣으면 탁구공 안 온도가 높아져 기체의 부피가 커지므로 찌그러진 탁구공이 둥글게 펴집니다.

용어사전

- **열기구** 기구 속의 공기를 버너로 가열하여 팽창시켜 바깥 공기와의 비중의 차이로 떠오르게 만든 기구.

교과서 통합 대표 실험

실험 1 온도 변화에 따른 고무풍선의 부피 변화 📖 동아, 미래엔, 아이스크림, 천재교과서

❶ 삼각 플라스크의 입구에 고무풍선을 씌웁니다.

❷ 수조 한 개에는 따뜻한 물을, 다른 한 개에는 얼음물을 넣습니다.

❸ ❶의 삼각 플라스크를 따뜻한 물이 든 수조와 얼음물이 든 수조에 각각 넣고 고무풍선의 변화를 관찰합니다.

실험 결과

▲ 따뜻한 물에 넣은 고무풍선

▲ 얼음물에 넣은 고무풍선

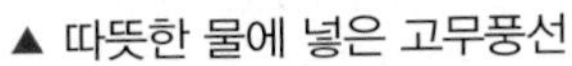

정리	온도가 높아지면 기체의 부피가 커지고, 온도가 낮아지면 기체의 부피가 작아집니다.

실험 2 온도 변화에 따른 기체의 부피 변화 📖 천재교육

색소를 탄 물에 스포이트를 넣고 살짝 눌렀다가 놓아 스포이트 관 가운데에 물방울이 오도록 합니다.

물방울이 든 스포이트를 뒤집어 뜨거운 물과 얼음물이 든 비커에 각각 넣어 물방울을 관찰합니다.

실험 결과

뜨거운 물에 넣었을 때

물방울이 위쪽 방향으로 움직임.

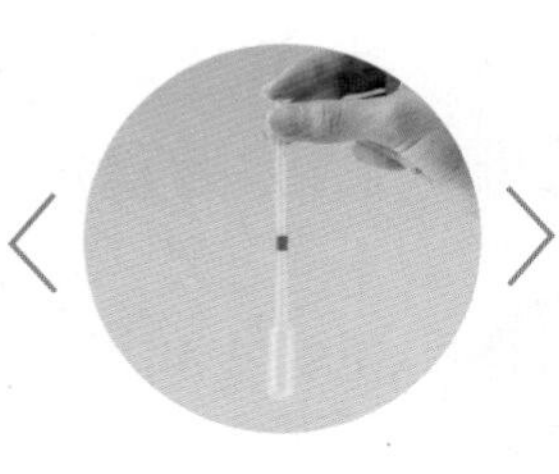

얼음물에 넣었을 때

물방울이 아래쪽 방향으로 움직임.

정리	뜨거운 물에 넣으면 스포이트 속 공기의 부피가 커져 물방울이 위로 올라가고, 얼음물에 넣으면 스포이트 속 공기의 부피가 작아져 물방울이 아래로 내려갑니다.

실험 TIP !

실험동영상

실험+ 온도에 따른 주사기 속 공기의 부피 변화 📖 비상

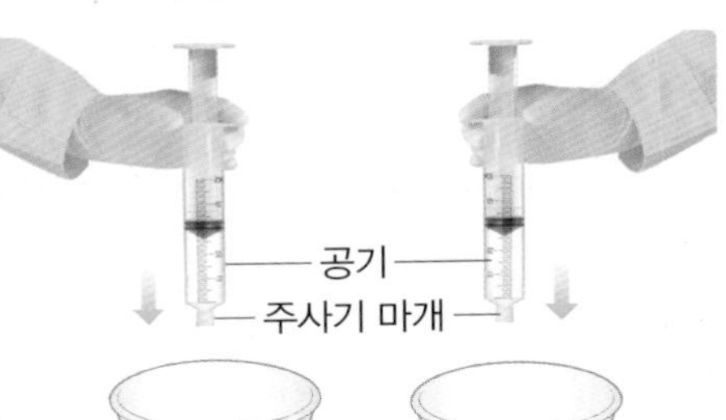

주사기 두 개에 공기를 30 mL씩 넣은 뒤 주사기 입구를 막고 뜨거운 물과 얼음물에 넣어 변화를 관찰합니다.

실험 결과

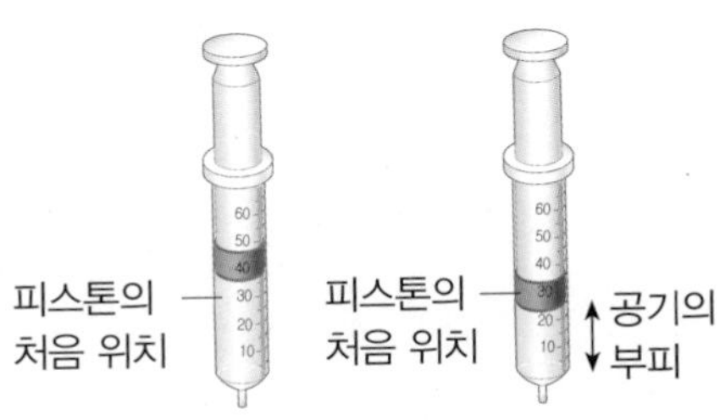

▲ 뜨거운 물에 넣었을 때 ▲ 얼음물에 넣었을 때

- 주사기를 뜨거운 물에 넣으면 공기의 부피가 커집니다.
- 주사기를 얼음물에 넣으면 공기의 부피가 작아집니다.

문제 학습

3 온도에 따른 기체의 부피 변화

기본 개념 문제

1

온도가 높아지면 기체의 부피가 (   ).

2

열기구의 입구를 가열하면 열기구가 부풀어 오르는 까닭은 풍선 속 기체의 온도가 높아지면서 기체의 (   )이/가 커졌기 때문입니다.

3

온도가 낮아지면 기체의 부피가 (   ).

4

팽팽한 과자 봉지를 냉장고에 넣으면 과자 봉지의 크기가 작아지는 까닭은 온도가 낮아지면서 봉지 속 기체의 (   )이/가 작아지기 때문입니다.

5

물이 조금 든 빈 페트병의 마개를 막아 냉장고에 넣어 두면 페트병이 찌그러지는 것은 기체의 (   ) 변화에 따른 부피 변화의 예입니다.

6 동아, 비상, 아이스크림, 지학사

오른쪽과 같이 열기구가 부풀어 올라 하늘 높이 올라갈 수 있는 까닭으로 옳은 것을 보기 에서 골라 기호를 쓰시오.

보기

㉠ 열기구의 풍선 속 공기의 온도를 낮췄기 때문이다.
㉡ 열기구의 풍선 속으로 바람을 불어 넣었기 때문이다.
㉢ 열기구 입구를 가열하여 열기구의 풍선 속 공기의 온도가 높아졌기 때문이다.

(   )

7 금성, 김영사, 미래엔, 비상, 지학사, 천재교과서, 천재교육

오른쪽과 같이 찌그러진 탁구공을 펴려면 어느 비커에 탁구공을 넣어야 하는지 기호를 쓰시오.

㉠

▲ 뜨거운 물이 든 비커

㉡

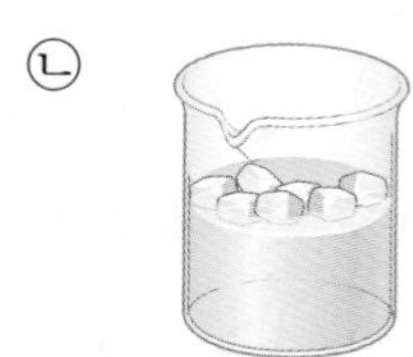

▲ 얼음물이 든 비커

(   )

8 9종 공통

온도에 따른 기체의 부피 변화와 관련된 현상으로 옳은 것에 ○표, 옳지 않은 것에 ×표 하시오.

(1) 손바닥에 얼음을 올려 놓으면 녹아 물이 된다. (   )

(2) 여름에 햇빛이 비치는 창가에 둔 과자 봉지가 부풀어 오른다. (   )

(3) 물이 든 페트병을 냉동실에 넣으면 물이 얼어 페트병이 뚱뚱해진다. (   )

[9-11] 다음과 같이 삼각 플라스크 입구에 고무풍선을 씌운 뒤 따뜻한 물과 얼음물에 각각 넣는 실험을 하였습니다. 물음에 답하시오.

9 동아, 미래엔, 아이스크림, 천재교과서

위 실험 결과 고무풍선의 크기가 더 큰 경우는 어느 것인지 기호를 쓰시오.

㉠ 따뜻한 물에 넣었을 때

㉡ 얼음물에 넣었을 때

( )

10 동아, 미래엔, 아이스크림, 천재교과서

위 실험에서 고무풍선을 씌운 삼각 플라스크를 얼음물에 넣었을 때와 관련 있는 현상을 보기 에서 골라 기호를 쓰시오.

보기
- ㉠ 여름철에 자동차 바퀴가 팽팽해진다.
- ㉡ 차가운 달걀을 끓는 물에 바로 넣으면 달걀 껍데기가 터진다.
- ㉢ 비닐 랩으로 포장한 음식이 식으면 비닐 랩이 움푹 들어간다.

( )

11 서술형 동아, 미래엔, 아이스크림, 천재교과서

위 실험 결과를 통해 알 수 있는 온도 변화와 기체의 부피 관계를 쓰시오.

[12-13] 다음 실험 과정을 보고, 물음에 답하시오.

색소를 탄 물에 스포이트를 넣고 살짝 눌렀다가 놓아 스포이트 관 가운데에 물방울이 오도록 한다.

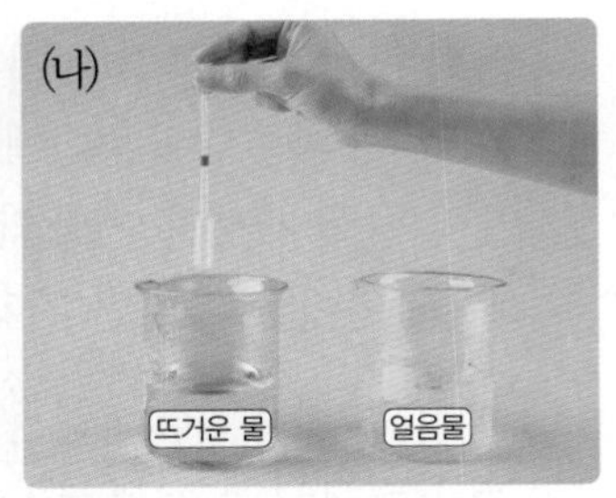

물방울이 든 스포이트를 뒤집어서 뜨거운 물이 든 비커와 얼음물이 든 비커에 넣어 변화를 관찰한다.

12 천재교육

위 (나) 과정에서 얼음물이 든 비커에 넣은 스포이트에 대한 설명으로 ( ) 안의 알맞은 말에 ○표 하시오.

얼음물이 든 비커에 넣은 스포이트 관 속 공기의 온도가 (낮아진다, 높아진다).

13 천재교육

위 (나) 과정에서 뜨거운 물이 든 비커에 넣은 스포이트 관 속 물방울의 움직임을 옳게 설명한 사람의 이름을 쓰시오.

- 시은: 물방울이 위쪽으로 움직여.
- 경서: 물방울이 아래쪽으로 움직여.
- 병헌: 물방울은 움직이지 않고 증발하여 사라져.

( )

14 9종 공통

( ) 안에 들어갈 알맞은 말은 어느 것입니까? ( )

따뜻한 차가 든 컵을 비닐 랩으로 씌워 냉장고에 넣어 두면 비닐 랩이 오목하게 들어가 있는 것을 볼 수 있다. 이것은 컵 안 기체의 ( )이/가 달라졌기 때문이다.

① 냄새 ② 온도 ③ 무게
④ 종류 ⑤ 색깔

4 압력에 따른 기체의 부피 변화, 공기를 이루는 기체

개념 강의

1 압력에 따른 기체의 부피 변화

(1) 압력 변화에 따른 기체의 부피 변화

① 기체의 부피는 압력 변화에 따라 달라집니다.

② 압력이 높아지면 기체의 부피가 작아지고, 압력이 낮아지면 기체의 부피가 커집니다.

③ 압력을 약하게 가하면 기체의 부피는 조금 작아지고, 압력을 세게 가하면 기체의 부피는 많이 작아집니다.

높은 산 위는 산 아래보다 압력이 낮아 과자 봉지의 크기가 더 커집니다.

(2) 우리 생활에서 압력 변화에 따라 기체의 부피가 변하는 예

높은 하늘을 날고 있는 비행기 안에서 마개를 막아 둔 빈 페트병은 비행기가 착륙하면 페트병 속 공기의 부피가 줄어들면서 페트병이 찌그러집니다.

운동화 바닥의 공기 주머니는 발을 디딜 때마다 가해지는 압력에 의해 부피가 작아집니다.

압력 변화에 따른 기체, 고체, 액체의 부피 변화

기체는 압력 변화에 따라 부피가 변하지만, 고체와 액체는 압력이 변해도 부피가 변하지 않습니다.

바닷속에서의 압력과 기체의 부피 변화

수면 위로 갈수록 압력이 낮아지기 때문에 바닷속에서 잠수부가 내뿜는 공기 방울은 위로 올라갈수록 커집니다.

2 공기를 이루는 여러 가지 기체

(1) 공기를 이루는 기체

① 눈에 보이지 않는 공기는 여러 가지 기체로 이루어진 혼합물입니다.

② 공기의 대부분은 질소와 산소이며, 이 밖에도 이산화 탄소, 아르곤, 헬륨, 네온, 수소 등이 있습니다.

③ 이 기체들은 우리 생활에서 다양하게 이용됩니다.

(2) 공기를 이루는 기체의 쓰임새

질소
식품을 신선하게 보관하거나 고유한 맛을 유지하는 데 이용합니다.

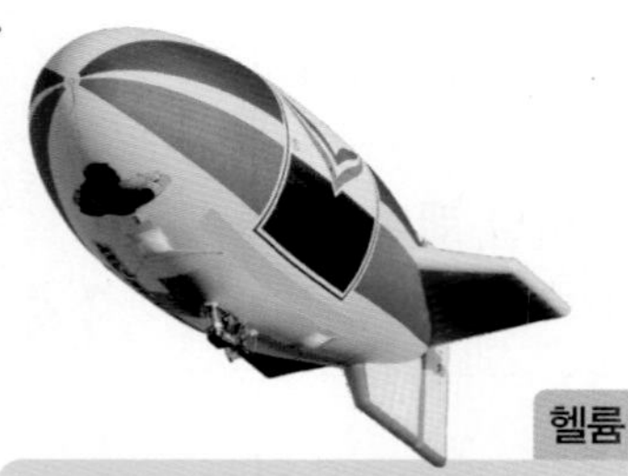
헬륨
공기보다 가벼워서 풍선이나 비행선 등을 공중에 띄우는 데 이용합니다.

아르곤 — 유리 사이에 넣어 단열재로 쓰이기도 해요.
전구 안에 넣어 전구를 오래 사용하는 데 이용합니다.

네온
광고용 간판의 불빛에 이용합니다.

수소
수소 자동차의 연료나 전기를 만드는 데 이용합니다.

공기의 구성 성분

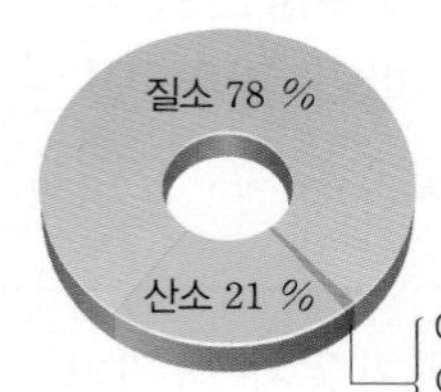

공기는 약 78 %의 질소, 약 21 %의 산소, 0.93 %의 아르곤, 0.03 %의 이산화 탄소, 그리고 적은 양의 네온, 헬륨 등으로 이루어져 있습니다.

용어 사전

- **압력** 일정한 면적에 작용하는 힘.

교과서 통합 대표 실험

실험 1 압력 변화에 따른 액체와 기체의 부피 변화 관찰하기

📖 동아, 미래엔, 비상, 아이스크림, 지학사, 천재교육

❶ 주사기 한 개에는 물 30 mL를, 다른 한 개에는 공기 30 mL를 넣고 입구를 주사기 마개로 막습니다.
❷ 주사기의 피스톤을 약하게 누를 때와 세게 누를 때 물과 공기의 부피 변화를 각각 관찰합니다.
❸ 압력 변화에 따라 액체와 기체의 부피는 어떻게 달라지는지 설명해 봅니다.

실험 결과

물이 들어 있는 주사기를 누를 때		공기가 들어 있는 주사기를 누를 때	
약하게 누를 때	세게 누를 때	약하게 누를 때	세게 누를 때
피스톤, 물		피스톤, 공기	
약하게 누를 때와 세게 누를 때 모두 피스톤이 들어가지 않고 물의 부피 변화가 없음.		• 약하게 누르면 피스톤이 조금 들어가고 공기의 부피가 약간 작아짐. • 세게 누르면 피스톤이 많이 들어가고 공기의 부피가 많이 작아짐.	

정리	액체는 압력이 높아져도 부피가 변하지 않지만, 기체는 압력이 높아지면 부피가 작아집니다.

실험 2 감압 용기를 이용하여 기체의 부피 변화 관찰하기

📖 동아

❶ 공기를 넣은 고무풍선을 감압 용기에 넣은 뒤 펌프로 공기를 빼내면서 고무풍선에서 일어나는 변화를 관찰합니다. — 감압 용기 속 공기를 빼내면 공기의 양이 줄어들므로 용기 속 압력이 낮아져요.
❷ 감압 용기의 단추를 열어 감압 용기에 공기를 넣으면서 고무풍선에서 일어나는 변화를 관찰합니다. — 다시 용기에 공기를 넣으면 반대로 용기 속 압력이 높아져요.

실험 결과

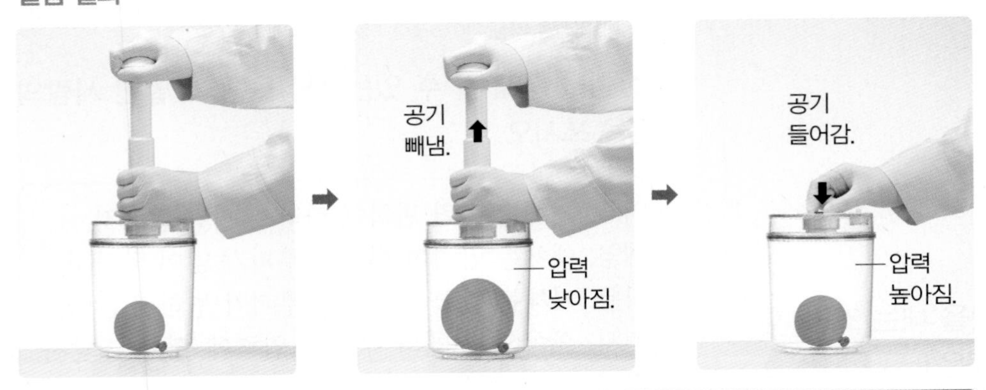

정리	감압 용기의 공기를 빼내면 압력이 낮아져 고무풍선이 커지고, 감압 용기에 공기를 넣으면 압력이 높아져 고무풍선은 작아집니다.

실험 TIP !

실험동영상

피스톤을 누르던 손을 떼면 주사기 속 공기의 부피가 원래대로 되돌아와요.

실험동영상

일정한 부피에 공기가 많을수록 공기의 압력이 높아요.

실험+ 주사기를 이용하여 기체의 부피 변화 관찰하기 📖 금성, 천재교과서

주사기에 작은 고무풍선을 넣고 주사기 마개로 막은 뒤 피스톤을 누르거나 당겨 고무풍선의 크기 변화를 관찰합니다.

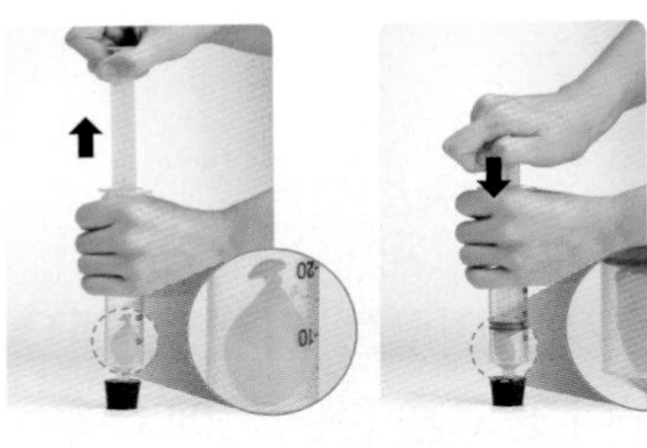

주사기 안의 공기를 빼내면 고무풍선이 커지고, 주사기 안에 공기를 넣으면 고무풍선이 작아집니다.

4 압력에 따른 기체의 부피 변화, 공기를 이루는 기체

기본 개념 문제

1

압력이 낮아지면 기체의 부피는 ( ).

2

공기를 넣은 주사기의 입구를 막고 피스톤을 누르면 주사기 속 공기의 부피는 ( ).

3

액체와 기체 중 압력 변화에 따라 부피가 변하는 것은 ( )입니다.

4

공기의 대부분을 차지하며, 식품 포장 시 모양을 유지하고, 내용물이 변하지 않도록 보관하는 데 이용하는 기체는 ( )입니다.

5

공기를 이루는 기체 중 특유의 빛을 내는 조명 기구나 광고용 간판 등에 이용하는 것은 ( ) 입니다.

[6-7] 주사기 한 개에는 물 30 mL를, 다른 한 개에는 공기 30 mL를 넣고 입구를 주사기 마개로 막은 뒤 주사기 피스톤을 누르는 실험을 하였습니다. 물음에 답하시오.

(가) — 물

(나)

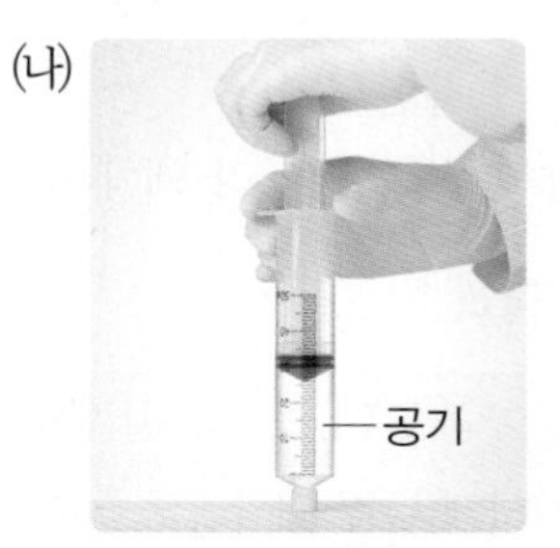

6 동아, 미래엔, 비상, 아이스크림, 지학사, 천재교육

위 (가), (나) 중 실험 결과가 다음과 같은 경우는 어느 것인지 골라 기호를 쓰시오.

- 피스톤을 약하게 누르면 피스톤이 조금 들어간다.
- 피스톤을 세게 누르면 피스톤이 많이 들어간다.

( )

7 동아, 미래엔, 비상, 아이스크림, 지학사, 천재교육

위 실험을 통해 알 수 있는 사실을 옳게 말한 사람의 이름을 쓰시오.

- 이루: 기체는 압력 변화에 따라 부피가 달라져.
- 세영: 액체는 압력이 변하면 부피가 많이 달라져.
- 바름: 기체는 압력이 변해도 부피가 변하지 않아.
- 민지: 액체와 기체의 부피는 압력에 영향을 받지 않아.

( )

[8-9] 오른쪽과 같이 공기를 넣은 고무풍선을 감압 용기에 넣은 뒤 감압 용기 속 공기를 빼내거나 공기를 넣는 실험을 하였습니다. 물음에 답하시오.

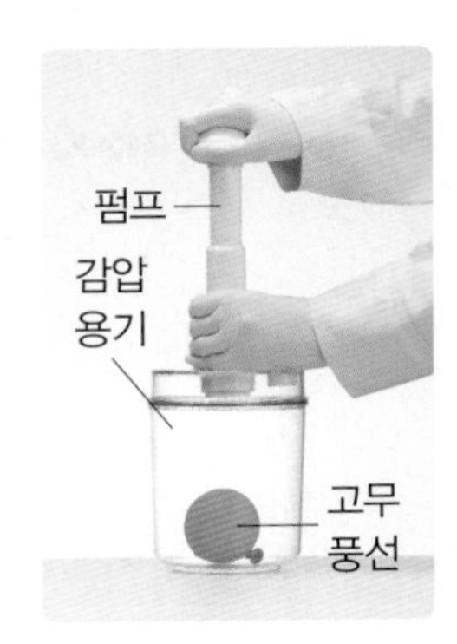

8 동아, 금성, 천재교과서

위 실험 결과로 알맞은 것끼리 선으로 이으시오.

(1)	공기를 빼냈을 때 •	• ㉠	고무풍선이 커짐.
(2)	공기를 넣었을 때 •	• ㉡	고무풍선이 작아짐.

9 서술형 동아, 금성, 천재교과서

위 실험 결과를 통해 알 수 있는 압력에 따른 기체의 부피 변화에 대해 쓰시오.

____

____

10 9종 공통

공기를 이루는 기체에 대한 설명으로 옳은 것에 ○표 하시오.

(1) 공기는 한 가지 기체로만 이루어져 있다. ( )

(2) 공기는 여러 가지 기체가 섞여 있는 혼합물이다. ( )

(3) 공기의 대부분은 이산화 탄소와 아르곤이 차지하고 있다. ( )

[11-13] 다음은 공기를 이루는 여러 가지 기체입니다. 물음에 답하시오.

보기

㉠ 질소 ㉡ 수소 ㉢ 네온 ㉣ 헬륨 ㉤ 아르곤

11 9종 공통

다음과 같이 비행선이나 풍선 등을 공중에 띄우는 데 이용되는 기체를 위 보기에서 찾아 기호를 쓰시오.

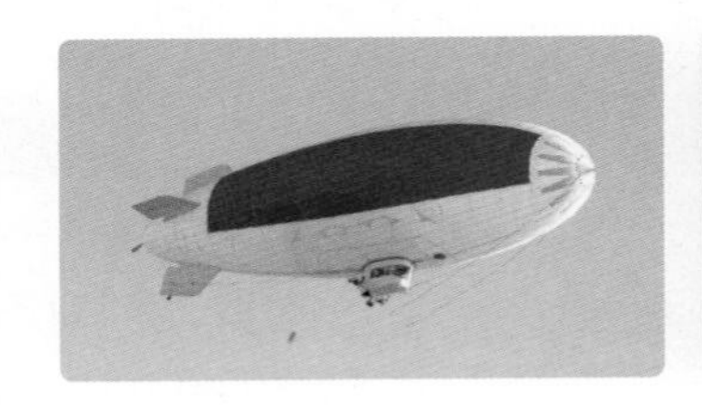

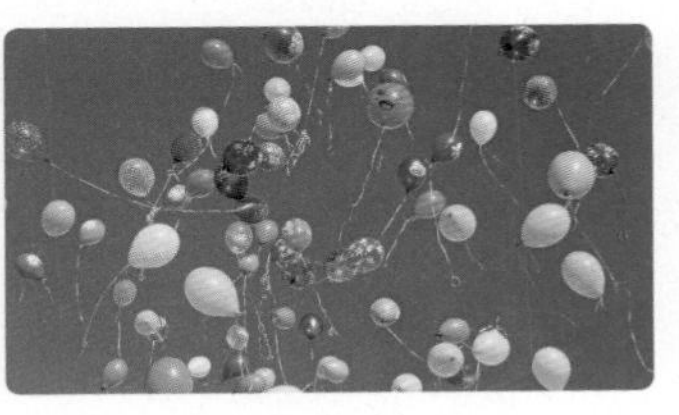

( )

12 9종 공통

식품을 신선하게 보관하거나 고유한 맛을 유지하는 데 이용되는 기체를 위 보기에서 찾아 기호를 쓰시오.

( )

13 9종 공통

특유의 빛을 내는 조명 기구나 광고용 간판의 불빛에 이용되는 기체를 위 보기에서 찾아 기호를 쓰시오.

( )

3 단원

3 여러 가지 기체

1. 기체 발생 장치

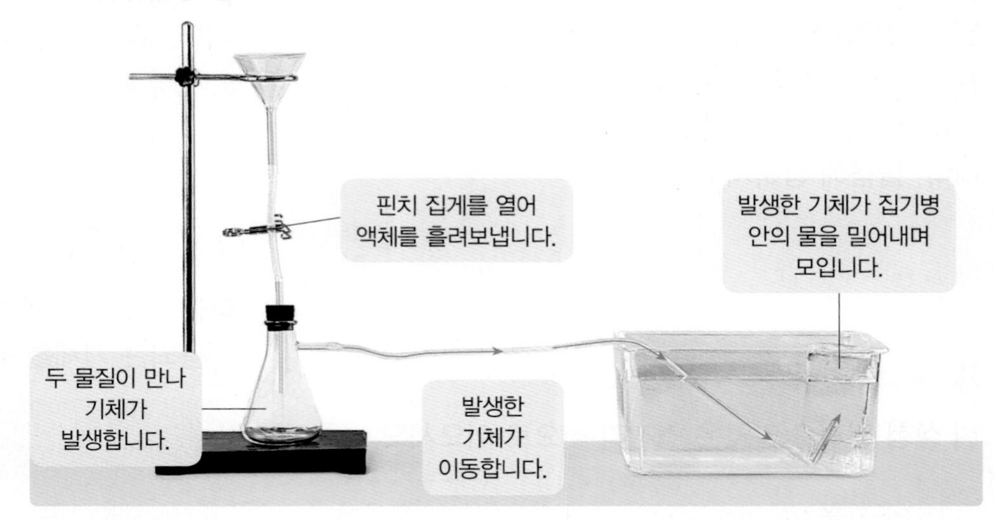

① 이산화 망가니즈와 묽은 과산화 수소수를 이용하여 ❶ ______ 를 발생시킬 수 있습니다.

② 탄산수소 나트륨과 식초를 이용하여 ❷ ______ 를 발생시킬 수 있습니다.

2. 산소의 성질

색깔	냄새	향불을 넣었을 때
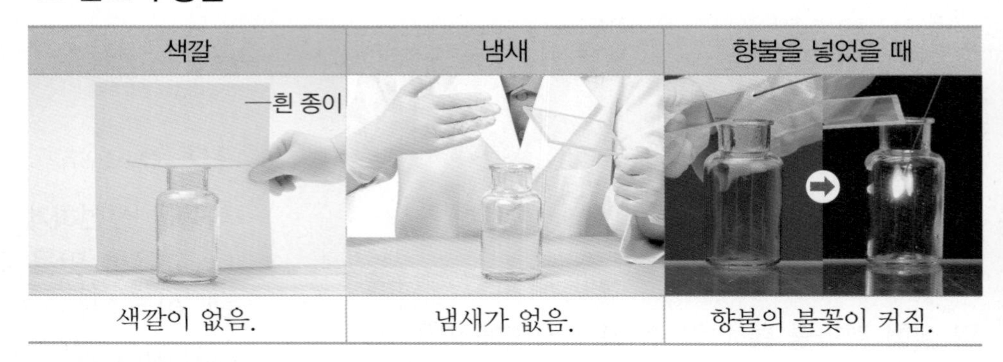		
색깔이 없음.	냄새가 없음.	향불의 불꽃이 커짐.

① 색깔과 냄새가 없습니다.

② 스스로 타지 않지만, 다른 물질이 타는 것을 돕는 성질이 있습니다.

③ 잘라 둔 과일의 색깔이 갈색으로 변하게 합니다.

④ 철이나 구리와 같은 금속을 녹슬게 하는 성질이 있습니다.

3. 이산화 탄소의 성질

색깔	냄새	향불을 넣었을 때	석회수를 넣고 흔들었을 때

색깔이 없음.	냄새가 없음.	향불의 불꽃이 꺼짐.	석회수가 뿌옇게 됨.

① 색깔과 냄새가 없습니다.

② 물질이 타는 것을 막는 성질이 있습니다.

③ ❸ ______ 가 뿌옇게 흐려지게 하는 성질이 있습니다.

★ 산소의 이용

▲ 로켓의 연료

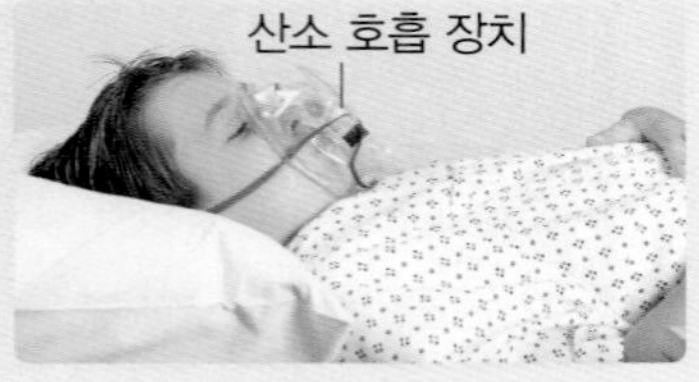

▲ 응급 환자의 호흡 장치

▲ 잠수부의 압축 공기통

★ 이산화 탄소의 이용

▲ 드라이아이스 ▲ 탄산음료

▲ 소화기

▲ 식물이 양분을 만들 때

정답과 풀이 8쪽

4. 온도에 따른 기체의 부피 변화

구분	따뜻한 물	얼음물
고무풍선의 변화	고무풍선 / 따뜻한 물	고무풍선 / 얼음물
	고무풍선이 부풀어 올라 커짐.	고무풍선이 처음보다 작아짐.

➡ 온도가 높아지면 기체의 부피가 커지고, 온도가 낮아지면 기체의 부피가 작아집니다.

5. 압력에 따른 기체의 부피 변화

물이 들어 있는 주사기를 누를 때		공기가 들어 있는 주사기를 누를 때	
약하게 누를 때	세게 누를 때	약하게 누를 때	세게 누를 때
피스톤 / 물		피스톤 / 공기	
약하게 누를 때와 세게 누를 때 모두 피스톤이 들어가지 않고 물의 부피 변화가 없음.		• 약하게 누르면 피스톤이 조금 들어가고 공기의 부피가 약간 작아짐. • 세게 누르면 피스톤이 많이 들어가고 공기의 부피가 많이 작아짐.	

➡ 액체는 압력이 높아져도 부피가 변하지 않지만, 기체는 압력이 높아지면 부피가 작아집니다.

6. 공기를 이루는 기체

① 공기의 대부분은 ❹ ____ 와 산소이며, 이 밖에도 이산화 탄소, 아르곤, 헬륨, 네온, 수소 등이 있습니다.

② 공기를 이루는 기체의 쓰임새

질소	식품을 신선하게 보관하거나 고유한 맛을 유지하는 데 이용함.
산소	응급 환자의 호흡을 돕거나 물속에서 잠수부가 숨을 쉬는 데 이용하고, 로켓의 연료나 물질을 태울 때 이용함.
이산화 탄소	소화기, 탄산음료, 드라이아이스 등의 재료로 이용함.
아르곤	전구 안에 넣어 전구를 오래 사용하는 데 이용함.
❺ ____	풍선이나 비행선 등을 공중에 띄우는 데 이용함.
네온	광고용 간판의 불빛에 이용함.
수소	수소 자동차의 연료나 전기를 만드는 데 이용함.

열기구가 부풀어 오르는 까닭

열기구 풍선 속 공기를 가열하면 공기의 온도가 높아져 부피가 커집니다.

공기를 이루는 기체의 쓰임새

질소 ▲ 과자 포장 / 아르곤 ▲ 전구

헬륨 ▲ 풍선이나 비행선 / 네온 ▲ 광고용 간판 불빛

수소 ▲ 수소 자동차의 연료

3. 여러 가지 기체

[1-3] 다음과 같이 기체 발생 장치를 꾸미고 깔때기에는 묽은 과산화 수소수를, 가지 달린 삼각 플라스크에는 물과 이산화 망가니즈를 넣었습니다. 물음에 답하시오.

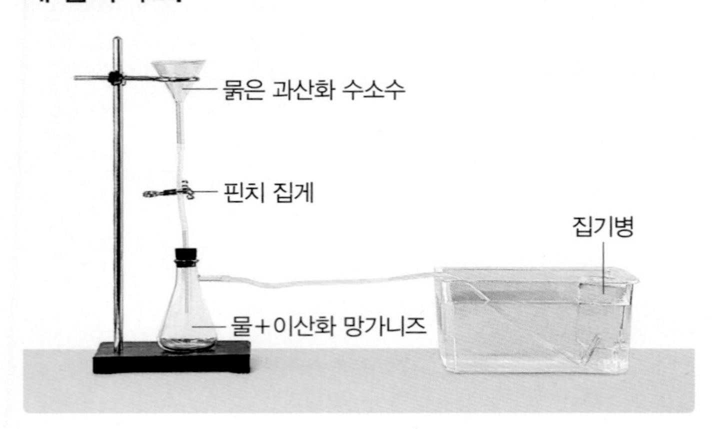

1 9종 공통

핀치 집게를 열어 묽은 과산화 수소수를 조금씩 흘려 보냈을 때 집기병에 모이는 기체는 무엇입니까? (　　　)

① 수소　② 질소　③ 산소
④ 아르곤　⑤ 이산화 탄소

2 9종 공통

위 실험에서 집기병에 모인 기체의 성질로 옳은 것에 모두 ○표 하시오.

(1) 색깔이 있다. (　　)
(2) 냄새가 없다. (　　)
(3) 철을 녹슬게 한다. (　　)
(4) 물질이 타는 것을 막는다. (　　)

3 서술형 9종 공통

위에서 발생시킨 기체가 모인 집기병에 향불을 넣었더니 향불의 불꽃이 커졌습니다. 이를 통해 알 수 있는 기체의 성질은 무엇인지 쓰시오.

4 9종 공통

우리 생활에서 산소가 이용되는 예로 옳은 것은 어느 것입니까? (　　　)

① ▲ 탄산음료
② ▲ 소화기
③ ▲ 자동 팽창식 구명조끼
④ ▲ 잠수부의 압축 공기통

[5-7] 다음은 이산화 탄소를 발생시키기 위한 장치입니다. 물음에 답하시오.

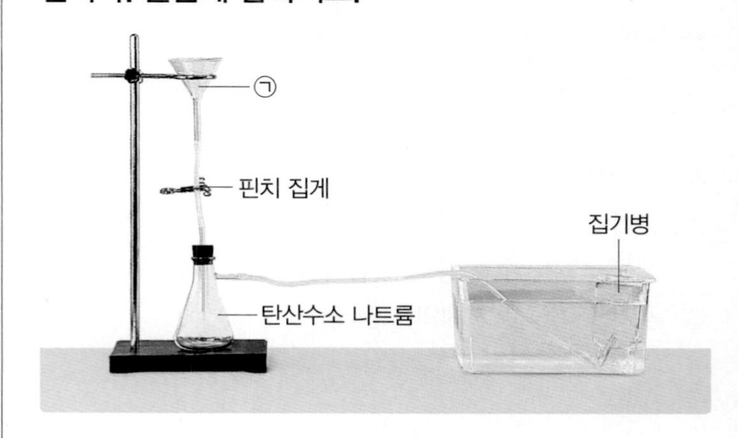

5 9종 공통

위 장치에서 이산화 탄소를 발생시키기 위해 ㉠에 넣어 주어야 하는 물질을 보기 에서 골라 쓰시오.

보기
얼음물, 식초, 묽은 과산화 수소수, 이산화 망가니즈

(　　　　　　　　)

6 9종 공통

앞 장치에서 이산화 탄소가 발생할 때 관찰할 수 있는 모습으로 옳은 것을 두 가지 고르시오. (　　　　)

① 집기병 안에서 불꽃이 일어난다.
② 집기병 속에 물이 점점 가득 찬다.
③ 수조 속 물의 높이가 점점 낮아진다.
④ ㄱ자 유리관 끝에서 기포가 발생한다.
⑤ 가지 달린 삼각 플라스크 안에서 기포가 발생한다.

7 서술형 9종 공통

앞 장치에서 발생한 이산화 탄소를 확인할 수 있는 용액의 이름과 그 방법을 쓰시오.

(1) 용액의 이름: (　　　　　　　　)
(2) 확인하는 방법

8 9종 공통

이산화 탄소의 성질에 대한 설명으로 옳은 것을 보기 에서 골라 기호를 쓰시오.

보기
㉠ 달콤한 냄새가 난다.
㉡ 향불을 넣으면 향불이 꺼진다.
㉢ 다른 물질이 타는 것을 돕는다.

(　　　　　　　　)

[9-10] 오른쪽과 같이 고무풍선을 씌운 삼각 플라스크로 온도에 따른 기체의 부피 변화를 알아보는 실험을 하였습니다. 물음에 답하시오.

9 동아, 미래엔, 아이스크림, 천재교과서

위 삼각 플라스크를 뜨거운 물이 든 비커에 넣었을 때 관찰할 수 있는 모습으로 옳은 것은 어느 것입니까? (　　　)

① 고무풍선이 작아진다.
② 고무풍선이 부풀어 오른다.
③ 고무풍선의 색깔이 바뀐다.
④ 비커에 든 물이 끓기 시작한다.
⑤ 고무풍선은 아무런 변화가 없다.

10 동아, 미래엔, 아이스크림, 천재교과서

위 9번 답과 같은 결과가 나타난 직접적인 까닭으로 가장 알맞은 것은 어느 것입니까? (　　　)

① 온도가 높아지면 기체의 부피가 커지기 때문이다.
② 온도가 낮아지면 기체의 부피가 커지기 때문이다.
③ 온도가 높아지면 기체의 부피가 작아지기 때문이다.
④ 온도가 낮아지면 기체의 부피가 작아지기 때문이다.
⑤ 온도 변화와 기체의 부피 변화는 관련이 없기 때문이다.

3 단원

11 서술형 동아, 미래엔, 비상, 아이스크림, 지학사, 천재교육

오른쪽과 같이 공기가 들어 있는 주사기의 입구를 주사기 마개로 막고, 피스톤을 눌러 압력을 가했을 때 어떤 변화가 나타나는지 쓰시오.

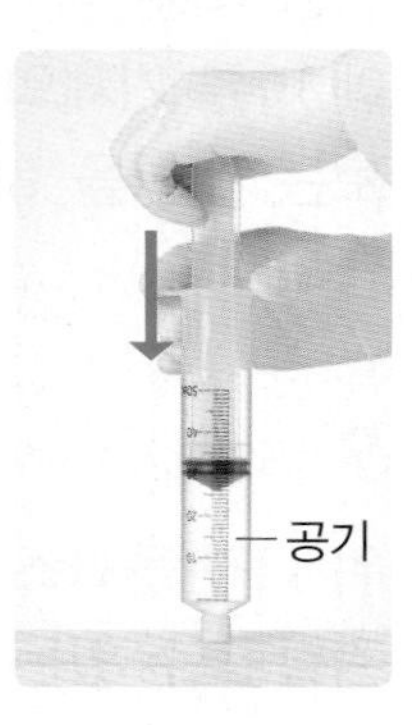

____

____

12 9종 공통

잠수부가 내뿜는 공기 방울이 수면 쪽으로 올라갈수록 커지는 까닭은 압력이 달라지기 때문입니다. 깊은 바닷속과 물 표면에서의 압력이 높은 정도를 비교하여 >, =, <로 나타내시오.

깊은 바닷속 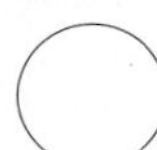 물 표면

13 9종 공통

압력에 따른 기체의 부피 변화에 대한 설명으로 ( ) 안에 들어갈 알맞은 말에 각각 ○표 하시오.

기체의 부피는 압력이 높아지면 ㉠ (작아지고, 변화가 없고, 커지고) 압력이 낮아지면 ㉡ (작아진다, 변화가 없다, 커진다).

14 9종 공통

다음은 공기의 구성 성분을 나타낸 것입니다. 공기의 대부분을 차지하는 기체인 ㉠의 이름을 쓰시오.

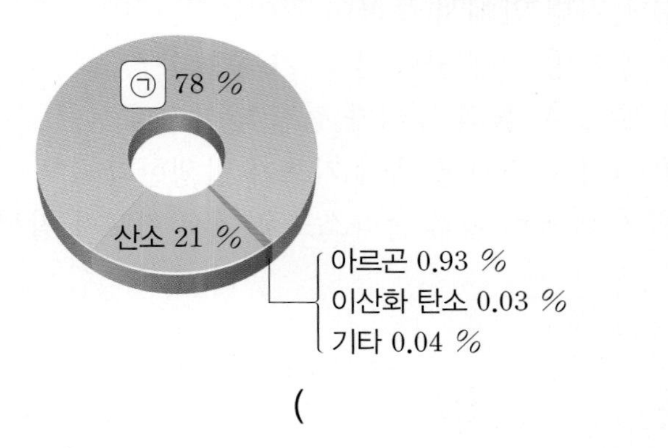

(   )

15 9종 공통

우리 생활에서 이용하는 기체와 그 쓰임새를 바르게 선으로 이으시오.

(1) 네온 • 　　　• ㉠ 전구 안에 넣어 전구를 오래 사용하는 데 이용한다.

(2) 헬륨 • 　　　• ㉡ 풍선이나 비행선을 공중에 띄우는 데 이용한다.

(3) 아르곤 • 　　　• ㉢ 광고용 간판의 불빛에 이용한다.

3. 여러 가지 기체

[1-2] 다음은 산소를 발생시키기 위한 장치입니다. 물음에 답하시오.

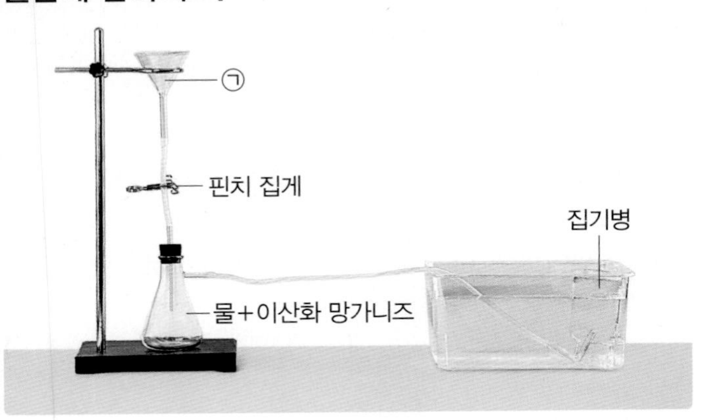

1 9종 공통

위 기체 발생 장치를 이용하여 산소를 발생시키기 위해 ㉠에 넣어야 하는 물질은 어느 것입니까? (　　　)

① 물
② 식초
③ 알코올
④ 탄산수소 나트륨
⑤ 묽은 과산화 수소수

2 9종 공통

위와 같이 산소를 모을 때 물속에서 모으는 까닭으로 옳은 것을 두 가지 고르시오. (　　　)

① 산소는 물에서만 발생하기 때문이다.
② 산소의 냄새를 없앨 수 있기 때문이다.
③ 산소는 물보다 무거워 물속에 가라앉기 때문이다.
④ 다른 기체와 섞이지 않은 산소를 얻을 수 있기 때문이다.
⑤ 집기병 속 물이 내려가는 것을 통해 산소가 발생하는 것을 쉽게 확인할 수 있기 때문이다.

3 9종 공통

산소의 성질로 옳은 것을 보기에서 모두 골라 기호를 쓰시오.

보기
㉠ 색깔이 없다.
㉡ 냄새가 난다.
㉢ 물에 잘 녹는다.
㉣ 금속을 녹슬게 한다.
㉤ 다른 물질이 타는 것을 돕는다.
㉥ 과일의 색깔이 변하지 않게 한다.

(　　　　　　　　)

4 서술형 9종 공통

산소가 우리 생활에 이용되는 예를 두 가지 쓰시오.

____

____

5 9종 공통

어떤 기체가 들어 있는 집기병에 다음과 같이 석회수를 넣고 흔들었더니 석회수가 뿌옇게 되었습니다. 집기병에 들어 있는 기체의 이름을 쓰시오.

(　　　　　　　　)

6 9종 공통

다음은 이산화 탄소가 들어 있는 집기병에 향불을 넣은 모습입니다. 이와 관련된 성질을 생활에 이용한 예로 옳은 것은 어느 것입니까? (　　　)

① 소화기를 만드는 데 이용한다.
② 탄산음료를 만드는 데 이용한다.
③ 잠수부의 압축 공기통에 이용한다.
④ 응급 환자의 호흡 장치에 이용한다.
⑤ 드라이아이스를 만드는 데 이용한다.

7 9종 공통

다음과 같이 집기병 두 개 중 하나에는 산소가 들어 있고, 다른 하나에는 이산화 탄소가 들어 있을 때, 이산화 탄소가 들어 있는 집기병이 어느 것인지 확인하는 방법으로 옳은 것에 ○표 하시오.

㉠

㉡

(1) 향불을 넣어 변화를 비교한다. (　　)
(2) 손으로 바람을 일으켜 냄새를 맡아 비교한다. (　　)
(3) 집기병 뒤에 흰 종이를 대어 색깔을 비교한다. (　　)

8 천재교육

오른쪽과 같이 플라스틱 스포이트에 든 색소 탄 물방울을 아래쪽으로 옮기는 방법으로 옳은 것을 보기 에서 골라 기호를 쓰시오.

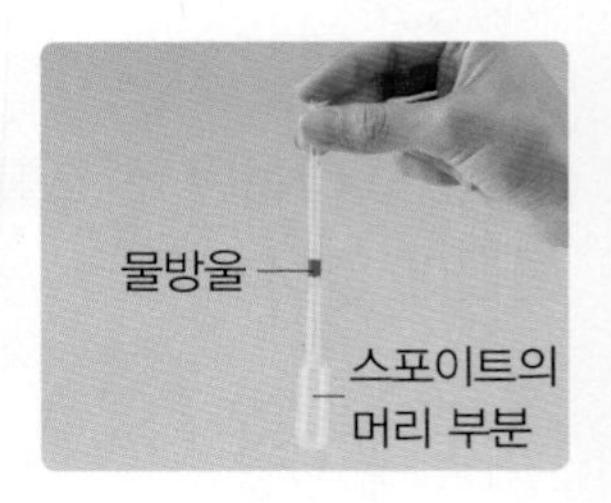

보기
㉠ 스포이트의 머리 부분을 얼음물에 넣는다.
㉡ 스포이트의 머리 부분을 뜨거운 물에 넣는다.
㉢ 스포이트의 머리 부분을 두 손가락으로 누른다.

(　　　　　　　　　　　)

9 서술형 천재교육

위 8번 답과 같이 생각한 까닭은 무엇인지 쓰시오.

10 동아, 미래엔, 아이스크림, 천재교과서

삼각 플라스크 입구에 고무풍선을 씌우고 뜨거운 물이 담긴 수조에 넣었다가 꺼내어 차가운 물에 넣었을 때 고무풍선에 일어나는 변화로 옳은 것은 어느 것입니까? (　　　)

① 아무 변화가 없다.
② 작아졌던 고무풍선이 더 작아진다.
③ 부풀어 올라 커졌던 고무풍선이 작아진다.
④ 작아졌던 고무풍선이 부풀어 올라 커진다.
⑤ 부풀어 올라 커졌던 고무풍선이 더 커진다.

11 서술형 9종 공통

오른쪽과 같은 과자 봉지를 들고 높은 산 위로 올라가면 과자 봉지의 크기가 어떻게 달라지는지 그 까닭과 함께 쓰시오.

[12-13] 다음과 같이 주사기 두 개에 각각 공기 30 mL, 물 30 mL를 넣고 주사기 입구를 막은 다음, 피스톤을 눌렀을 때의 변화를 관찰하였습니다. 물음에 답하시오.

(가)

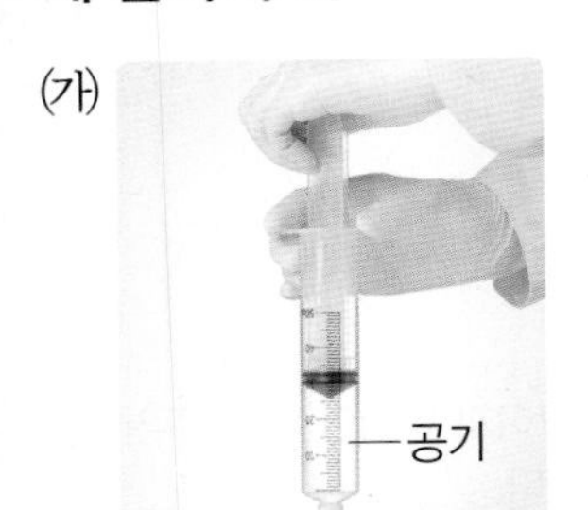

(나)

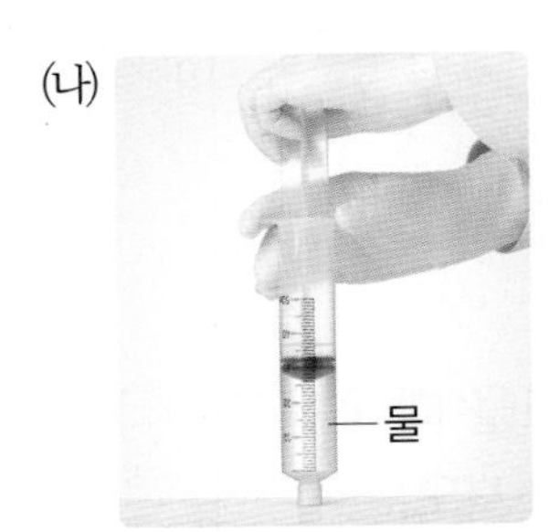

12 동아, 미래엔, 비상, 아이스크림, 지학사, 천재교육

위 (가)와 (나) 실험에서 서로 다르게 한 조건으로 옳은 것을 보기 에서 골라 기호를 쓰시오.

보기
- ㉠ 주사기의 크기
- ㉡ 주사기에 넣은 물질
- ㉢ 피스톤을 누르는 세기

( )

13 동아, 미래엔, 비상, 아이스크림, 지학사, 천재교육

앞의 실험 결과, (가)와 (나) 중 피스톤을 눌렀을 때 주사기 속 물질의 부피가 작아지는 경우의 기호를 쓰시오.

( )

14 9종 공통

공기를 이루는 기체에 대해 옳게 설명한 사람의 이름을 쓰시오.

- 희진: 공기는 여러 가지 기체로 이루어져 있어서 우리 눈에 보이는 거야.
- 채우: 공기를 이루는 기체 중에 공기의 대부분을 차지하는 기체는 질소야.
- 가을: 아니야. 우리가 숨을 쉴 때 산소가 필요하기 때문에 공기 중에 산소가 가장 많아.

( )

15 9종 공통

기체와 그 기체의 쓰임새를 잘못 짝 지은 것은 어느 것입니까? ( )

①

▲ 질소 – 과자포장

②
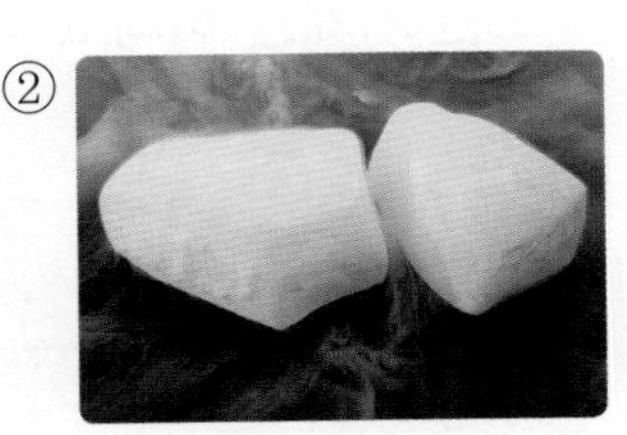
▲ 헬륨 – 드라이아이스

③

▲ 네온 – 간판

④

▲ 수소 – 자동차 연료

3 단원

3. 여러 가지 기체

정답과 풀이 10쪽

평가 주제 기체 발생 장치로 산소를 발생시키기

평가 목표 산소를 발생시키는 과정을 이해하고, 산소의 성질을 확인할 수 있다.

[1-3] 다음과 같이 기체 발생 장치를 이용하여 산소를 발생시키는 실험을 하였습니다. 물음에 답하시오.

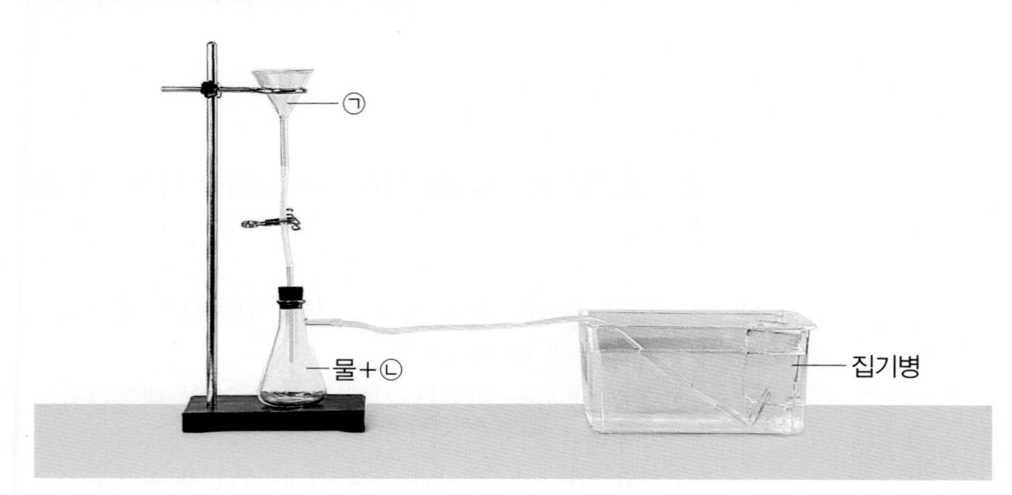

1 위 기체 발생 장치에서 산소를 발생시키려면 깔때기와 가지 달린 삼각 플라스크에 넣어야 하는 ㉠과 ㉡ 물질로 알맞은 것을 보기에서 골라 각각 쓰시오.

보기

식초, 이산화 망가니즈, 묽은 과산화 수소수, 탄산수소 나트륨

㉠ (　　　　　　　　), ㉡ (　　　　　　　　)

도움 이산화 망가니즈와 묽은 과산화 수소수를 이용하여 산소를 발생시킬 수 있습니다.

2 위 1번 답의 물질을 이용하여 발생시킨 산소를 집기병에 모을 때 처음 모인 기체는 버리고 다시 산소를 모으는 까닭은 무엇인지 쓰시오.

도움 눈에 보이지 않지만 우리 주위에는 공기가 있습니다.

3 위 장치에서 발생시킨 산소가 모인 집기병에 향불을 넣었을 때 어떤 변화가 나타나는지 쓰시오.

도움 산소는 다른 물질이 타는 것을 돕는 성질이 있습니다.

3. 여러 가지 기체

정답과 풀이 10쪽

평가 주제 온도에 따른 기체의 부피 변화 알아보기

평가 목표 온도 변화에 따라 기체의 부피가 어떻게 달라지는지 설명할 수 있다.

[1-3] 삼각 플라스크에 고무풍선을 씌우고, 따뜻한 물이 든 수조와 얼음물이 든 수조에 각각 넣고 변화를 관찰하였습니다. 물음에 답하시오.

1 위 실험 결과를 정리한 내용으로 빈칸에 들어갈 알맞은 말을 각각 골라 ○표 하시오.

> 고무풍선을 씌운 삼각 플라스크를 따뜻한 물에 넣으면 고무풍선은 ㉠(커, 작아)지고, 얼음물에 넣으면 고무풍선은 ㉡(커, 작아)진다.

도움 열기구의 입구를 가열하면 열기구가 부풀어 오르는 것을 생각해 봅니다.

2 위 1번 답과 같은 결과를 통해 알 수 있는 온도에 따른 기체의 부피 변화를 설명하시오.

도움 온도가 높아질 때와 온도가 낮아질 때 기체의 부피 변화에 대해 생각해 봅니다.

3 위 2번 답과 같이 일상생활에서 온도 변화에 따라 기체의 부피가 달라지는 예를 한 가지 쓰시오.

도움 일상생활에서 뜨겁거나 차가운 상태에 있는 기체를 생각해 봅니다.

다른 그림을 찾아보세요.

정답 10쪽

다른 곳이 15군데 있어요.

4

식물의 구조와 기능

학습 내용과 교과서별 해당 쪽수를 확인해 보세요.

학습 내용	백점 쪽수	교과서별 쪽수				
		동아출판	비상교과서	아이스크림 미디어	지학사	천재교과서
1 생물의 세포, 뿌리의 생김새와 하는 일	66~69	70~73	72~77	66~69	70~73	52~55
2 줄기의 생김새와 하는 일	70~73	74~75	78~81	70~71	74~75	56~57
3 잎의 광합성과 증산 작용	74~77	76~79		72~75	76~79	58~61
4 꽃의 생김새와 하는 일, 씨가 퍼지는 방법	78~81	80~83	82~87	76~81	80~83	62~65

★ 동아출판, 금성출판사, 김영사, 미래엔, 지학사, 천재교육의 「4. 식물의 구조와 기능」 단원에 해당합니다.

★ 비상교과서, 아이스크림미디어, 천재교과서의 「3. 식물의 구조와 기능」 단원에 해당합니다.

1 생물의 세포, 뿌리의 생김새와 하는 일

개념 강의 

1 생물의 세포

(1) 세포

① 세포는 생물체를 이루고 있는 기본 단위입니다.

② 대부분 크기가 매우 작아서 현미경을 사용해야 생김새를 관찰할 수 있습니다.

③ 세포는 종류에 따라 크기와 모양이 다양하고 하는 일도 다릅니다.
→ 하나의 생물은 크기와 모양이 다양한 수많은 세포로 이루어져 있어요.

(2) 식물 세포와 동물 세포

핵
- 유전 정보가 들어 있습니다.
- 세포가 생명 활동을 유지할 수 있도록 조절하고 통제합니다.

나의 세포들은 세포벽이 없어.

식물 세포 ▶ ◀ 동물 세포

세포벽
- 세포막 바깥쪽에 있는 두꺼운 부분입니다.
- 식물 세포의 형태를 유지할 수 있게 합니다.

세포막
- 세포를 둘러싸고 있는 얇은 막입니다.
- 세포 안과 밖의 물질 출입을 조절합니다.

(3) 광학 현미경으로 세포 관찰하기
→ 광학 현미경으로 관찰한 상은 상하좌우가 반대로 나타나요.

양파 표피 세포(180배)	입안 상피 세포(100배)
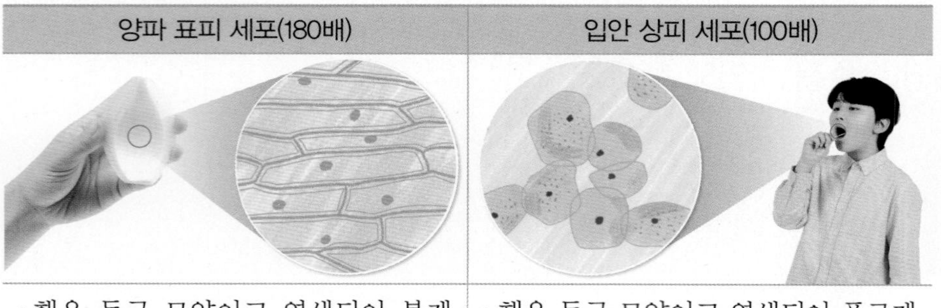	
• 핵은 둥근 모양이고 염색되어 붉게 보임. → 핵을 뚜렷하게 보려면 염색약으로 염색을 해요. • 벽돌이 쌓여 있는 것처럼 보임. • 세포들이 서로 붙어 있음. • 가장자리가 뚜렷하게 보임.	• 핵은 둥근 모양이고 염색되어 푸르게 보임. • 세포의 모양이 일정하지 않음. • 세포가 겹쳐 있는 것도 있고 떨어져 있는 것도 있음.

(4) 식물 세포와 동물 세포 비교

① 공통점
- 크기와 모양이 다양하고, 하는 일이 다릅니다.
- 핵과 세포막이 있고, 크기가 매우 작아 맨눈으로 관찰하기 어렵습니다.

② 차이점: 식물 세포는 세포벽이 있지만, 동물 세포는 세포벽이 없습니다.

⊕ 광학 현미경의 배율

회전판을 돌려 배율이 가장 낮은 대물렌즈가 가운데에 오도록 한 후, 필요에 따라 저배율에서 고배율로 바꾸어 관찰합니다.

⊕ 광학 현미경 사용 방법

1 가장 낮은 배율의 대물렌즈 선택하기

2 조리개로 빛의 양 조절하기

3 재물대에 현미경 표본 올려놓기

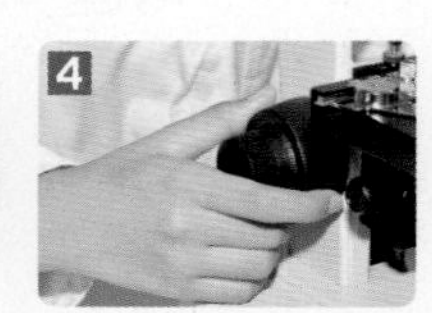
4 조동 나사로 재물대를 올린 뒤 천천히 내리면서 상 찾기

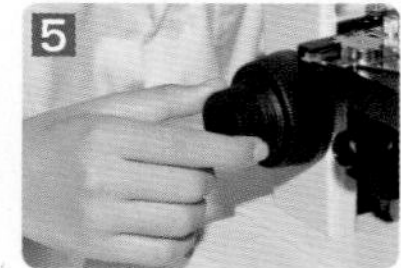
5 미동 나사로 초점 맞추고 관찰하기

용어 사전

- **유전 정보** 생물의 신체적 · 정신적 특징이 다음 세대에 전해지기 위하여 필요한 모든 정보.

2 뿌리의 생김새와 하는 일

(1) 뿌리의 생김새

곧은뿌리

굵은 뿌리에 가느다란 뿌리들이 여러 개 나 있습니다.

예 고추, 민들레, 봉선화, 해바라기

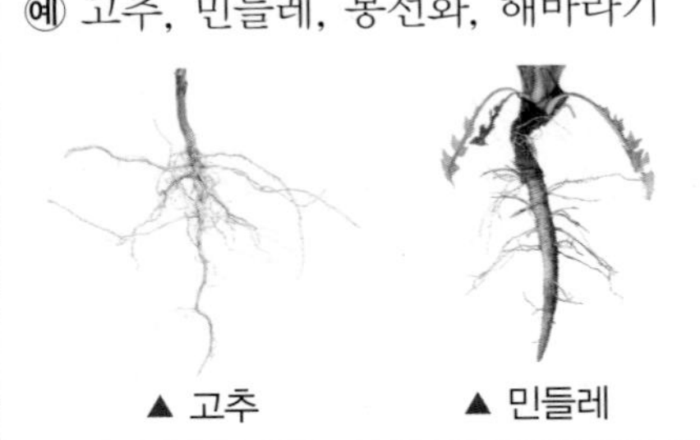

▲ 고추 ▲ 민들레

수염뿌리

길이와 굵기가 비슷한 뿌리가 수염처럼 사방으로 나 있습니다.

예 파, 강아지풀, 양파, 옥수수, 벼

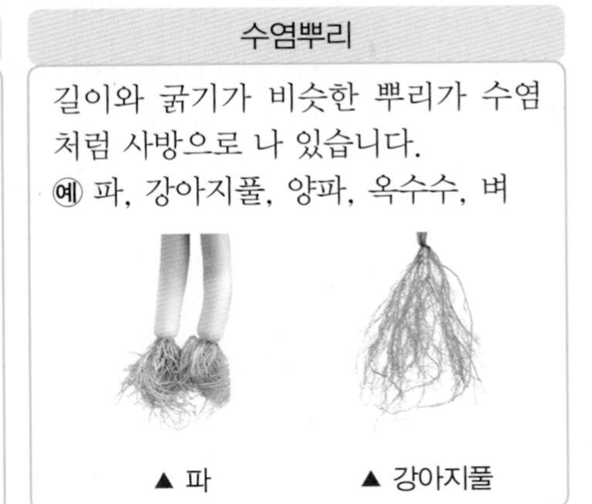

▲ 파 ▲ 강아지풀

(2) 뿌리가 하는 일

① 흡수 기능: 대부분 땅속에 있는 식물의 뿌리는 물을 흡수합니다.

② 지지 기능: 뿌리는 땅속 깊이 뻗어 있어서 식물이 쓰러지지 않도록 지지합니다.

③ 저장 기능: 고구마, 무, 당근처럼 식물의 잎에서 만든 양분을 뿌리에 저장합니다.

▲ 고구마

▲ 무

▲ 당근

(3) 뿌리의 흡수 기능 알아보기

과정

❶ 양파 한 개는 뿌리를 모두 자르고, 다른 한 개는 뿌리를 그대로 두기

❷ 같은 양의 물이 담긴 두 개의 비커에 각각의 양파를 밑부분이 물에 잠기도록 올려놓기

❸ 두 개의 비커를 햇빛이 잘 드는 곳에 2~3일 동안 두고, 물의 양 비교하기

결과

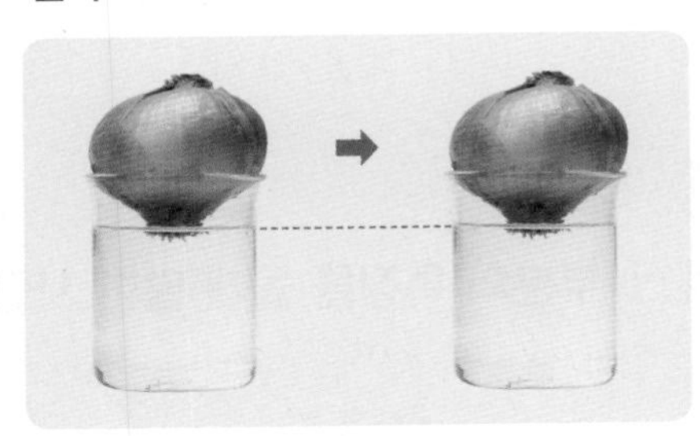

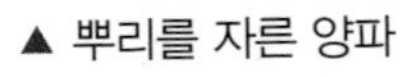

▲ 뿌리를 자른 양파

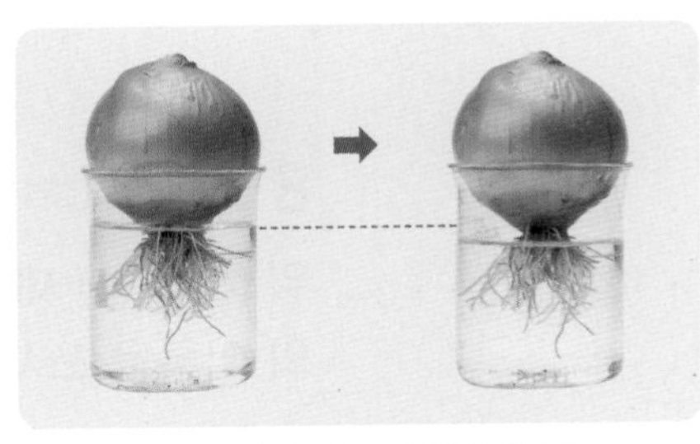

▲ 뿌리를 자르지 않은 양파

- 뿌리를 자르지 않은 양파를 올려 둔 비커의 물이 더 많이 줄어들었습니다.
- 뿌리를 자른 양파는 물을 거의 흡수하지 못했지만, 뿌리를 자르지 않은 양파는 물을 흡수하였기 때문에 두 비커에서 줄어든 물의 양이 다릅니다.

➡ 뿌리는 물을 흡수하는 일을 합니다.

+ 뿌리의 뿌리털

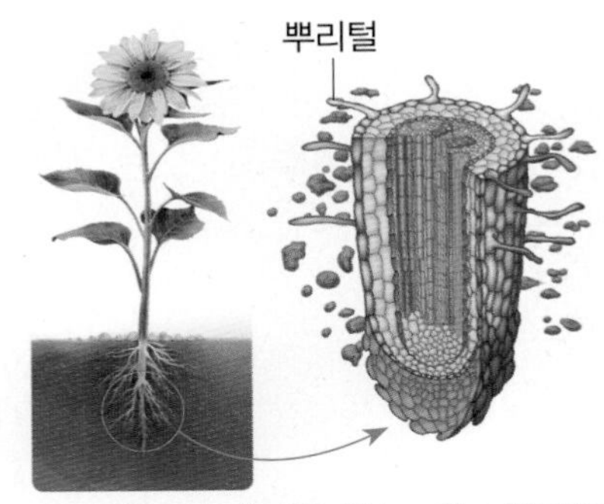

뿌리에는 솜털처럼 얇고 가는 뿌리털이 나 있습니다. 뿌리털로 흙 속의 물과 양분을 흡수합니다.

용어사전

- 지지 무거운 물건을 받치거나 버팀.

4 단원

문제 학습

1 생물의 세포, 뿌리의 생김새와 하는 일

기본 개념 문제

1

생물체를 이루고 있는 기본 단위는 (   ) 입니다.

2

식물 세포의 세포막 바깥쪽에 있는 두꺼운 (   )은/는 동물 세포에는 없습니다.

3

뿌리에는 솜털처럼 얇고 가는 (   )이/가 나 있으며, 이곳으로 흙 속의 물과 양분을 흡수합니다.

4

뿌리는 땅속 깊이 뻗어 있어서 식물이 쓰러지지 않도록 하는 (   ) 기능을 합니다.

5

당근이나 고구마는 잎에서 만든 양분을 뿌리에 (   )하기 때문에 뿌리가 굵습니다.

6 9종 공통

생물의 세포에 대한 설명으로 옳은 것에 ○표, 옳지 않은 것에 ×표 하시오.

(1) 종류에 따라 크기가 다양하다. (   )

(2) 종류가 달라도 하는 일은 모두 같다. (   )

(3) 대부분 크기가 매우 커서 눈으로 볼 수 있다. (   )

[7-8] 다음은 식물 세포와 동물 세포의 모습입니다. 물음에 답하시오.

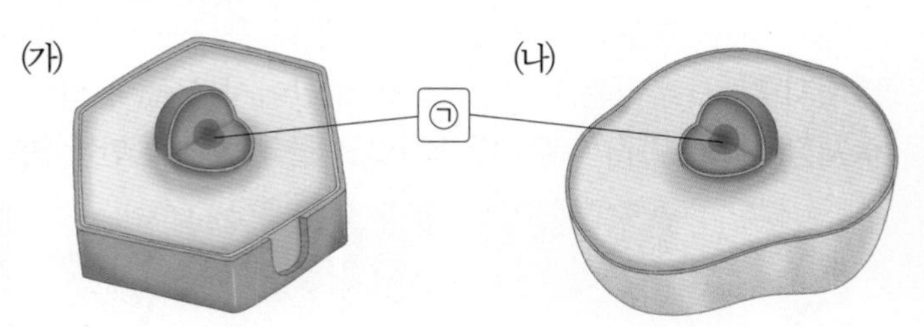

7 동아, 금성, 김영사, 지학사, 천재교육

위 (가)와 (나) 중 다음과 같은 특징이 있는 것의 기호를 쓰고 식물 세포인지, 동물 세포인지 함께 쓰시오.

> 세포막 바깥쪽에 두꺼운 부분이 있어서 세포의 형태를 유지할 수 있다.

(   )

8 동아, 금성, 김영사, 지학사, 천재교육

위 (가)와 (나) 세포의 ㉠ 부분의 특징을 옳게 말한 사람의 이름을 쓰시오.

> • 승연: 유전 정보가 들어 있어.
> • 아름: 세포를 둘러싸고 있는 얇은 막이야.
> • 제인: 세포 안과 밖의 물질 출입을 조절해.

(   )

9 9종 공통

오른쪽은 양파 표피 세포를 광학 현미경으로 관찰한 모습입니다. 양파 표피 세포의 특징으로 옳지 않은 것을 보기 에서 골라 기호를 쓰시오.

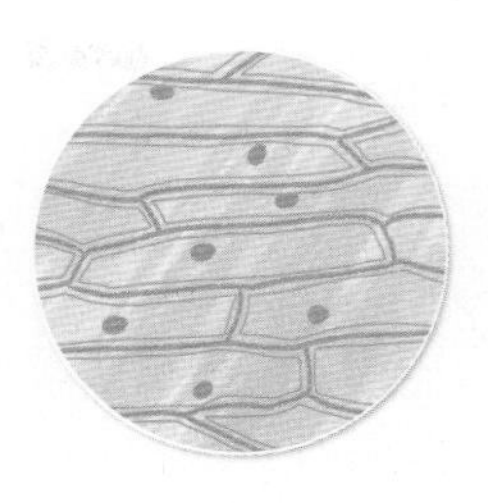

보기
㉠ 가장자리가 뚜렷하게 보인다.
㉡ 벽돌이 쌓여 있는 것처럼 보인다.
㉢ 세포가 겹쳐 있거나 떨어져 있다.

( )

10 9종 공통

식물 세포와 동물 세포를 비교한 결과로 옳은 것은 어느 것입니까? ( )

① 식물 세포와 동물 세포는 모두 세포벽이 있다.
② 식물 세포에는 핵이 있지만, 동물 세포에는 핵이 없다.
③ 식물 세포와 동물 세포에는 공통적으로 핵과 세포막이 있다.
④ 식물 세포는 모양이 일정하지 않고, 동물 세포는 모양이 일정하다.
⑤ 식물 세포는 크기가 매우 작아 맨눈으로 볼 수 없지만, 동물 세포는 크기가 커서 맨눈으로 볼 수 있다.

11 동아, 미래엔, 천재교과서, 천재교육

같은 양의 물을 담은 비커에 각각 다음 양파를 올려놓고 2～3일 뒤에 관찰하였을 때, 비커에 든 물의 양이 더 적은 것의 기호를 쓰시오.

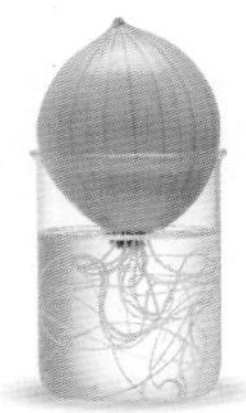
㉠ 뿌리를 그대로 둔 양파

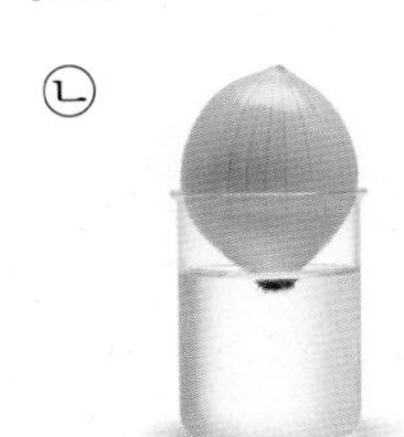
㉡ 뿌리를 자른 양파

( )

12 9종 공통

식물 뿌리에서 볼 수 있는 다음과 같은 모습은 식물 뿌리의 어떤 기능과 관련이 있는지 쓰시오.

뿌리의 끝부분에 솜털처럼 얇고 가는 뿌리털이 많이 있다.

뿌리의 ( ) 기능

13 9종 공통

다음과 같은 뿌리를 가진 식물에 ○표 하시오.

길이와 굵기가 비슷한 여러 갈래의 뿌리가 사방으로 퍼져 있는 수염뿌리를 가지고 있다.

(1) 해바라기 ( )

(2) 강아지풀 ( )

14 서술형 9종 공통

오른쪽은 무 뿌리의 모습입니다. 이러한 식물의 뿌리가 하는 기능 중 두 가지를 쓰시오.

2 줄기의 생김새와 하는 일

1 줄기의 생김새

(1) **곧은줄기**: 굵고 곧게 자라는 줄기로, 대부분의 식물이 해당합니다.

▲ 은행나무

▲ 해바라기

▲ 봉선화

(2) **감는줄기**: 줄기의 모양이 가늘고 길어 다른 물체를 감아 올라갑니다.

▲ 등나무

▲ 나팔꽃

(3) **기는줄기**: 줄기가 땅 위를 기듯이 뻗어 나갑니다.

▲ 고구마

▲ 딸기

▲ 수박

2 줄기가 하는 일

① 줄기는 잎과 뿌리를 연결하여 식물을 지지합니다.

② 잎에서 만들어진 양분을 저장하기도 합니다.
예 감자, 토란

③ 줄기는 뿌리에서 흡수한 물을 줄기의 통로를 통해 식물 전체로 운반합니다. 식물의 종류에 따라 물이 이동하는 통로의 위치가 다릅니다. ─ 줄기에는 양분이 이동하는 통로도 있어요.

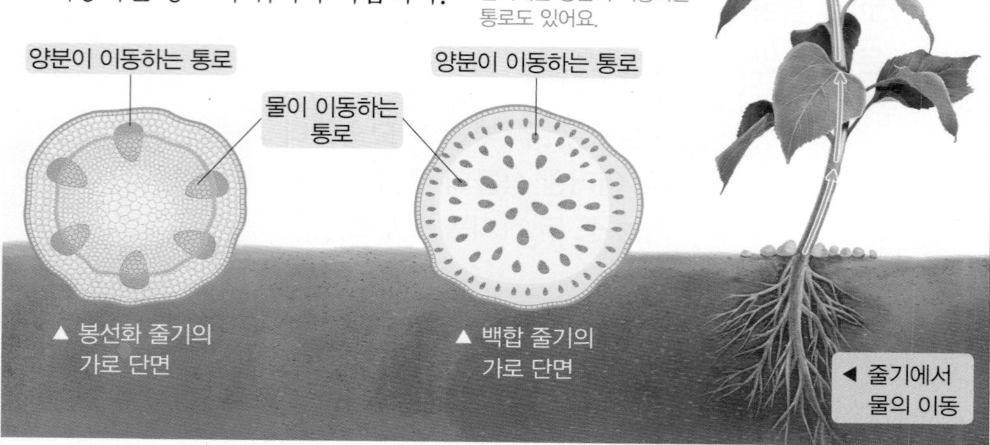

▲ 봉선화 줄기의 가로 단면
▲ 백합 줄기의 가로 단면
◀ 줄기에서 물의 이동

⊕ 식물 줄기의 껍질

식물 줄기의 겉이 매끈하거나 꺼칠꺼칠한 껍질에 싸여 있는 것은 추위와 더위로부터, 세균이나 해충으로부터 식물을 보호해 줍니다.

⊕ 줄기에 양분을 저장하는 감자

감자는 땅속에 있는 줄기 끝에 양분을 저장하여 크고 뚱뚱해진 것입니다. 이러한 줄기를 덩이줄기 또는 저장줄기라고 합니다.

용어사전

- **단면** 물체의 잘라 낸 면.
- **해충** 인간의 생활에 해를 끼치는 벌레를 통틀어 이르는 말.

교과서 통합 대표 실험

실험 1 줄기의 생김새 관찰하기 📖 아이스크림, 천재교과서

❶ 백합 줄기의 생김새를 관찰합니다.
❷ 백합 줄기를 가로와 세로로 잘라 단면을 관찰합니다.

실험 결과

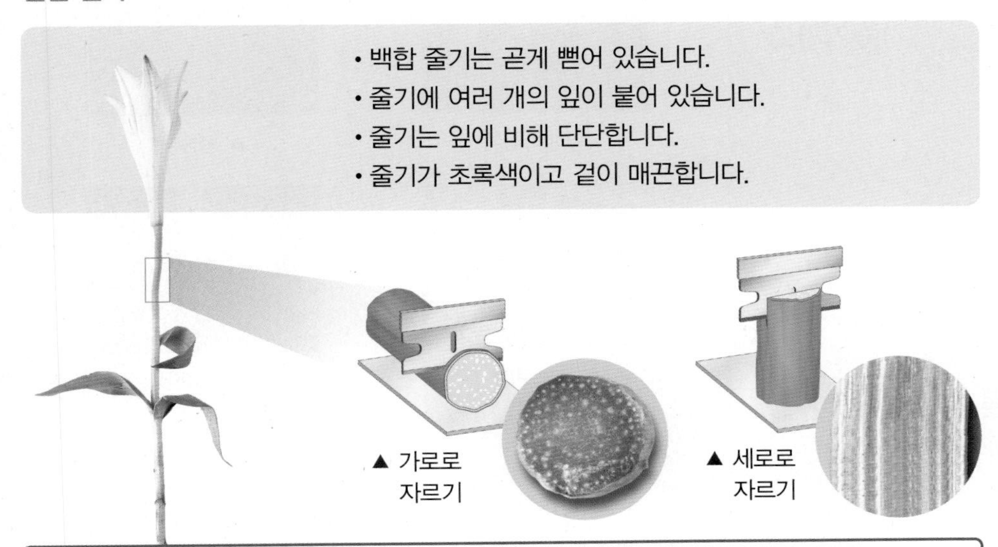

정리 | 백합 줄기는 곧게 자라는 줄기로, 잎에 비해 단단하고 겉이 매끈합니다.

실험 2 줄기가 하는 일 알아보기 📖 9종 공통

❶ 붉은 색소를 녹인 물을 삼각 플라스크에 담고 백합 줄기를 꽂아 둡니다.
❷ 몇 시간 뒤 백합 줄기를 가로와 세로로 잘라 단면을 관찰합니다.

실험 결과

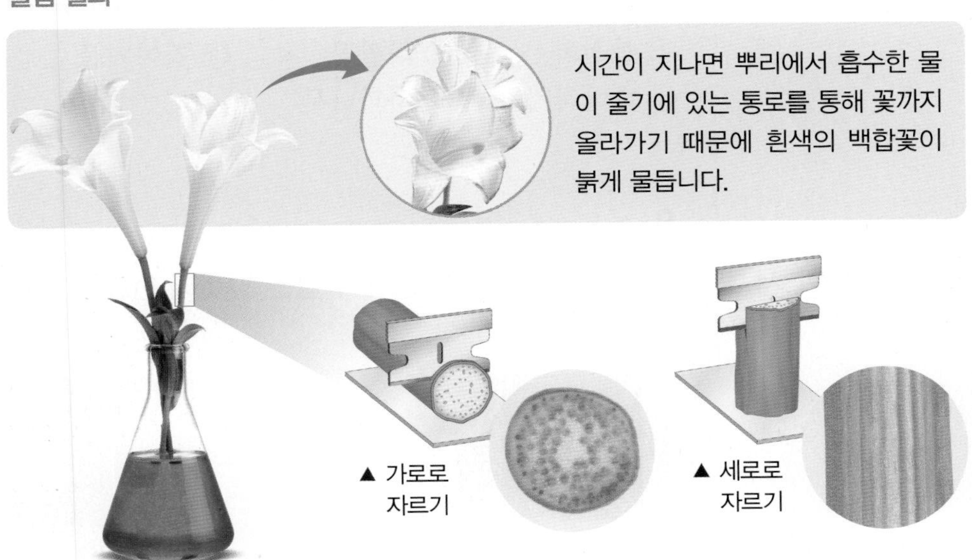

• 붉은 색소 물이 든 부분이 물이 이동한 통로로, 줄기 전체에 불규칙하게 흩어져 있습니다.
• 뿌리에서 흡수한 물이 줄기에 있는 통로를 통해 위로 올라갔습니다.

정리 | 줄기는 물이 이동하는 통로 역할을 합니다.

실험 TIP !

소나무 줄기처럼 겉이 꺼칠꺼칠한 식물도 있지만, 백합 줄기처럼 매끈매끈한 식물도 있어.

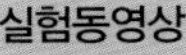

4 단원

실험⁺ 백합 줄기를 세로로 잘라 두 가지 색소 물에 넣기 📖 아이스크림, 지학사

백합 줄기의 밑부분을 반으로 잘라 푸른 색소 물과 붉은 색소 물에 각각 넣으면 흰색의 백합꽃의 반은 푸르게, 나머지 반은 붉게 물드는 것을 관찰할 수 있습니다.

2 줄기의 생김새와 하는 일

기본 개념 문제

1

굵고 곧게 자라는 줄기로, 대부분의 식물이 해당하는 줄기의 생김새는 (　　　　　　)줄기라고 합니다.

2

줄기의 모양이 가늘고 길어 다른 물체를 감아 올라가는 줄기는 (　　　　　　)줄기입니다.

3

줄기는 뿌리에서 흡수한 (　　　　　　)을/를 줄기의 통로를 통해 식물 전체로 운반합니다.

4

식물의 줄기는 잎과 뿌리를 연결하여 식물이 서 있을 수 있도록 (　　　　　　)합니다.

5

감자는 잎에서 만들어진 양분을 (　　　　　　)에 저장합니다.

6 9종 공통

식물의 구조 중 줄기의 모습으로 옳은 것은 어느 것입니까? (　　　)

① 
▲ 해바라기

② 
▲ 복숭아

③ 
▲ 고구마

④ 
▲ 소나무

7 동아, 김영사, 미래엔, 아이스크림, 지학사, 천재교과서, 천재교육

다음은 승우의 식물 관찰 일기입니다. 승우가 관찰한 식물로 알맞은 것은 어느 것입니까? (　　　)

> ○○년 ○월 ○일
> 어제 줄기가 화분에 꽂아 준 나무젓가락을 감아 올라가기 시작했다. 줄기의 가늘고 긴 모양이 신기했다.

① 봉선화　② 나팔꽃　③ 강아지풀
④ 해바라기　⑤ 사과나무

8 동아, 김영사, 미래엔, 아이스크림, 지학사, 천재교과서, 천재교육

다음 식물을 줄기의 종류가 같은 것끼리 선으로 이으시오.

(1) 
▲ 은행나무

• ㉠
▲ 딸기

(2)
▲ 고구마

• ㉡ 
▲ 해바라기

9 서술형 동아, 김영사, 지학사

식물 줄기의 겉은 매끈하거나 꺼칠꺼칠한 껍질에 싸여 있습니다. 이러한 껍질의 역할은 무엇인지 한 가지 쓰시오.

____

____

10 9종 공통

감자의 특징으로 (　　) 안에 들어갈 알맞은 말을 보기 에서 골라 쓰시오.

감자는 양분을 (　　　　)에 저장하는 식물이다.

보기

뿌리,　　줄기,　　잎

(　　　　　　　　)

11 동아, 김영사, 미래엔, 아이스크림, 지학사, 천재교과서, 천재교육

식물의 줄기에 대한 설명으로 옳지 않은 것은 어느 것입니까? (　　　)

① 물이 이동하는 통로가 있다.
② 등나무의 줄기는 곧은줄기이다.
③ 여분의 양분을 저장하기도 한다.
④ 잎과 뿌리를 연결하여 식물을 지지한다.
⑤ 식물의 종류에 따라 생김새가 다양하다.

12 9종 공통

식물의 뿌리에서 흡수한 물이 이동하는 과정에 맞게 순서대로 기호를 쓰시오.

㉠ 잎　　㉡ 줄기　　㉢ 뿌리

(　　　　) → (　　　　) → (　　　　)

13 9종 공통

붉은 색소 물을 삼각 플라스크에 담고 백합 줄기를 꽂아 두었습니다. 몇 시간이 지난 뒤 백합 줄기를 세로로 자른 단면으로 알맞은 것의 기호를 쓰시오.

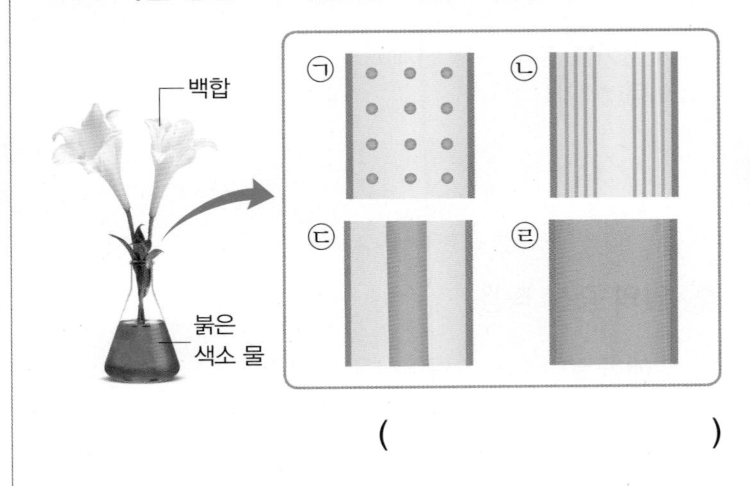

(　　　　　　　　)

14 9종 공통

위 13번 답과 같이 줄기가 붉게 물든 까닭을 옳게 말한 사람의 이름을 쓰시오.

- 성준: 꽃이 물을 흡수하기 때문이야.
- 소영: 잎에서 만든 물이 이동하기 때문이야.
- 예나: 물이 줄기를 따라 이동하기 때문이야.

(　　　　　　　　)

3 잎의 광합성과 증산 작용

1 잎의 광합성

(1) 양분을 얻는 방법

① 동물은 다른 생물을 먹어서 양분을 얻습니다.

② 식물은 빛을 이용해 스스로 양분을 만듭니다. — 뿌리에서 흡수되는 양분도 있어요.

(2) 광합성

① 식물이 뿌리에서 흡수한 물, 공기 중의 이산화 탄소, 빛을 이용하여 스스로 양분을 만드는 과정을 광합성이라고 합니다. — 녹말과 같은 양분이 만들어져요.

② 광합성은 주로 잎에서 일어나는데, 잎에서 만든 양분은 줄기를 거쳐 뿌리, 줄기, 열매 등 식물 전체로 이동하여 식물이 자라는 데 사용되거나 저장됩니다.

▲ 광합성과 양분의 이동 과정

잎의 생김새

- 초록색을 띠는 납작한 잎몸이 잎자루에 연결되어 줄기에 붙어 있습니다.
- 잎몸에는 선처럼 보이는 잎맥이 퍼져 있습니다.

2 잎의 증산 작용

(1) 잎에 도달한 물의 이동: 식물의 뿌리에서 흡수한 물은 줄기를 거쳐 잎으로 전달되어 광합성에 이용되고, 나머지는 식물 밖으로 나갑니다.

(2) 증산 작용

① 기공: 식물의 잎에 있는 작은 구멍으로, 물과 공기가 드나들 수 있습니다. 주로 잎의 뒷면에 많이 있습니다.

② 증산 작용: 식물체 속의 물이 잎 표면에 있는 기공을 통해 식물체 밖으로 빠져나가는 현상입니다.

(3) 증산 작용의 역할

① 증산 작용은 뿌리에서 흡수한 물을 잎까지 끌어 올릴 수 있게 해 줍니다.

② 식물 안의 물의 양을 일정하게 유지시켜 줍니다.

③ 식물의 온도를 조절해 줍니다.

▲ 기공이 열렸을 때 (1000배)

▲ 잎의 증산 작용을 통한 물의 이동

증산 작용 알아보기

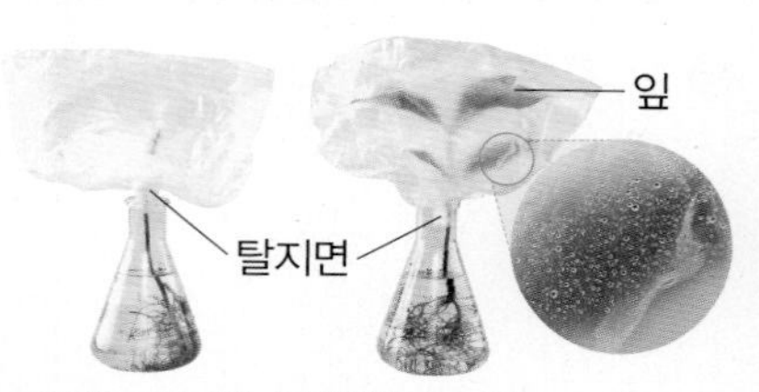

잎을 제거한 봉선화와 잎을 그대로 둔 봉선화를 각각 물이 담긴 삼각 플라스크에 넣은 뒤 비닐봉지를 씌워 햇빛이 잘 드는 곳에 놓아둡니다.

➡ 잎을 그대로 둔 봉선화를 씌운 비닐봉지 안에만 물방울이 많이 맺혔습니다.

용어 사전

- **녹말** 녹색식물에서 광합성으로 만들어져 뿌리, 줄기, 씨앗 등에 저장되는 탄수화물.

교과서 통합 대표 실험

실험 잎에서 만드는 양분 확인하기 9종 공통

❶

봉선화 잎 한 개에 알루미늄박을 씌운 다음, 햇빛이 잘 드는 곳에 하루 동안 놓아둡니다.

❷

알루미늄박을 씌운 잎과 씌우지 않은 잎을 각각 따서 알코올이 든 작은 비커에 넣습니다.

❸

작은 비커를 뜨거운 물이 들어 있는 큰 비커에 넣은 뒤 유리판으로 덮습니다. → 알코올은 직접 가열하면 화재의 위험이 있으므로 뜨거운 물에 중탕해요.

❹

핀셋을 이용하여 비커에서 두 잎을 꺼내 따뜻한 물로 헹군 뒤 서로 다른 페트리 접시에 각각 놓습니다.

잎을 딸 때 알루미늄박을 씌운 잎은 잎자루를 길게, 씌우지 않은 잎은 잎자루를 짧게 하면 두 잎을 구별하기 쉬워요.

❺ 각각의 잎에 아이오딘 - 아이오딘화 칼륨 용액을 떨어뜨리고 색깔 변화를 관찰합니다.

❻ 이 실험을 통해 알게 된 점을 이야기해 봅니다.

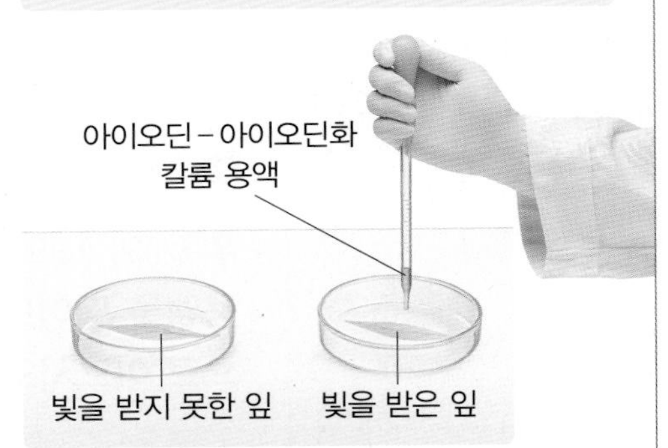

실험 결과

빛을 받지 못한 잎 (알루미늄박을 씌운 잎)	빛을 받은 잎 (알루미늄박을 씌우지 않은 잎)
아무런 변화가 없음.	청람색으로 변함.

➡ 알루미늄박을 씌워 빛을 받지 못한 잎은 녹말이 없고, 알루미늄박을 씌우지 않아 빛을 받은 잎은 녹말이 있습니다.

정리	• 빛을 받은 잎에서만 녹말이 만들어집니다. • 식물이 녹말을 만들기 위해서는 빛이 필요합니다.

실험 TIP !

실험동영상

하나의 잎에만 알루미늄박을 씌우는 까닭은 빛을 받지 못하게 해서 빛을 받지 못한 잎과 빛을 받은 잎을 비교하기 위한 거예요.

알코올이 든 비커에 잎을 넣는 까닭은 잎의 엽록소를 제거하여 잎에서 만든 녹말이 아이오딘 - 아이오딘화 칼륨 용액과 만났을 때 색깔 변화를 뚜렷하게 관찰하기 위한 거예요.

아이오딘 - 아이오딘화 칼륨 용액은 녹말과 반응하여 청람색으로 변해요.

녹말의 확인

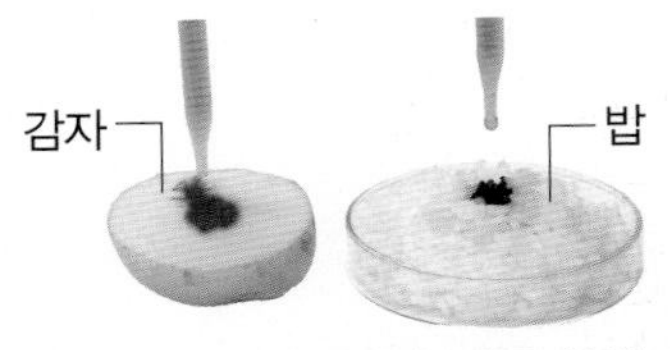

아이오딘 - 아이오딘화 칼륨 용액이 녹말과 반응하여 청람색으로 변하는 성질을 이용해 녹말을 확인할 수 있습니다. 감자, 밥, 식빵 등에 아이오딘 - 아이오딘화 칼륨 용액을 떨어뜨려도 청람색으로 변합니다.

3 잎의 광합성과 증산 작용

기본 개념 문제

1

식물이 물, 이산화 탄소, 빛을 이용하여 스스로 양분을 만드는 과정을 (   )(이)라고 합니다.

2

광합성은 식물의 잎, 줄기, 뿌리, 꽃, 열매 중 주로 (   )에서 일어납니다.

3

빛을 받아서 녹말을 만든 식물의 잎에 아이오딘-아이오딘화 칼륨 용액을 떨어뜨리면 (   ) 색으로 변합니다.

4

식물의 잎에는 물과 공기가 드나들 수 있는 작은 구멍인 (   )이/가 있습니다.

5

뿌리에서 흡수한 물이 잎을 통해 밖으로 빠져나가는 현상을 (   )(이)라고 합니다.

[6-8] 다음과 같이 봉선화 잎 한 개에 알루미늄박을 씌운 다음, 햇빛이 잘 드는 곳에 하루 동안 놓아두었습니다. 물음에 답하시오.

6 ⊕ 9종 공통

위 실험에 대한 설명으로 (   ) 안에 공통으로 들어갈 알맞은 말을 쓰시오.

> ㈏ 잎에만 알루미늄박을 씌운 까닭은 (   )을/를 받지 못하게 해서 (   )을/를 받지 못한 잎과 (   )을/를 받은 잎을 비교하기 위해서이다.

(   )

7 ⊕ 9종 공통

위 ㈎와 ㈏의 잎에 각각 아이오딘-아이오딘화 칼륨 용액을 떨어뜨렸을 때의 모습으로 알맞은 것끼리 선으로 이으시오.

㈎ •		• ㉠
㈏ •		• ㉡

8 ⊕ 9종 공통

위 **7**번 답과 같은 결과를 통해 알 수 있는 식물의 잎에서 만들어진 양분은 무엇인지 쓰시오.

(   )

9 9종 공통

광합성에 대한 설명으로 옳지 않은 것은 어느 것입니까? (　　　)

① 광합성에는 빛이 필요하다.
② 주로 식물의 잎에서 일어난다.
③ 식물이 스스로 양분을 만드는 과정이다.
④ 광합성을 통해 이산화 탄소가 만들어진다.
⑤ 광합성으로 만들어진 양분은 뿌리, 줄기, 열매 등으로 이동한다.

10 9종 공통

오른쪽과 같은 식물의 기공에 대해 잘못 설명한 사람의 이름을 쓰시오.

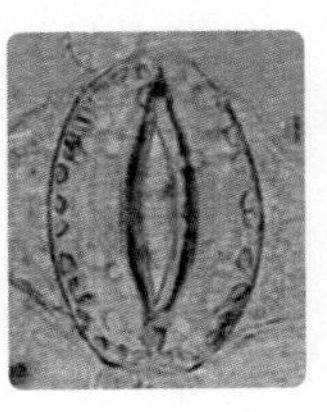

- 현주: 잎에 있는 작은 구멍이야.
- 성민: 주로 잎의 앞면에 많이 있어.
- 다은: 물이 잎에 도달하여 식물 밖으로 빠져나가는 곳이야.

(　　　　　　　　)

11 9종 공통

다음 (　) 안에 들어갈 알맞은 말끼리 옳게 짝 지은 것은 어느 것입니까? (　　　)

(㉠)에서 흡수된 물이 식물의 (㉡)을/를 따라 이동하여 (㉢)에 도달한 후, 기공을 통해 식물 밖으로 빠져나가는 것을 증산 작용이라고 한다.

	㉠	㉡	㉢
①	줄기	뿌리	잎
②	줄기	잎	뿌리
③	뿌리	줄기	잎
④	뿌리	잎	줄기
⑤	잎	뿌리	줄기

[12-14] 잎을 그대로 둔 봉선화와 잎을 제거한 봉선화를 각각 같은 양의 물이 담긴 삼각 플라스크에 넣고 비닐봉지를 씌워 햇빛이 잘 드는 곳에 놓아두었습니다. 물음에 답하시오.

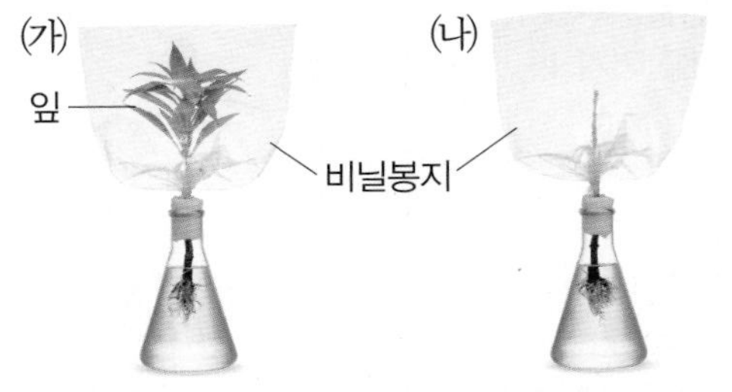

▲ 잎을 그대로 둔 봉선화　▲ 잎을 제거한 봉선화

12 9종 공통

위 실험에서 알아보고자 하는 것은 무엇입니까?

(　　　)

① 잎의 증산 작용　② 뿌리의 흡수 작용
③ 줄기의 호흡 작용　④ 뿌리의 광합성 작용
⑤ 줄기의 광합성 작용

13 9종 공통

위 (가)와 (나) 중 몇 시간 뒤 관찰하였을 때 비닐봉지 안에 물방울이 더 많이 맺힌 것은 어느 것인지 기호를 쓰시오.

(　　　　　　　　)

14 서술형 9종 공통

위 12번 답이 식물에서 어떤 역할을 하는지 두 가지 쓰시오.

4 단원

4 꽃의 생김새와 하는 일, 씨가 퍼지는 방법

1 꽃의 생김새와 하는 일

(1) 꽃의 생김새

① 꽃은 대부분 암술, 수술, 꽃잎, 꽃받침으로 이루어져 있습니다.

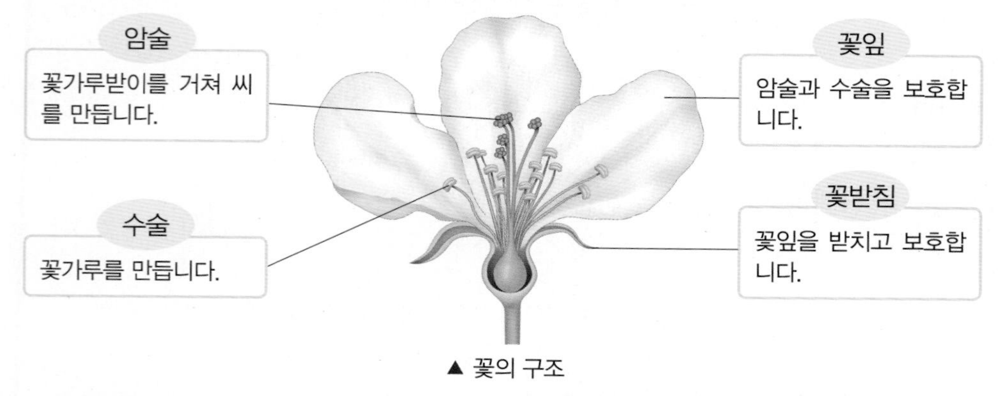

▲ 꽃의 구조

② 백합꽃처럼 꽃받침이 없고, 암술, 수술, 꽃잎으로만 이루어진 것도 있습니다.

③ 수세미오이꽃이나 호박꽃처럼 암꽃과 수꽃이 따로 있어서 암꽃에는 암술만 있고, 수꽃에는 수술만 있는 것도 있습니다.

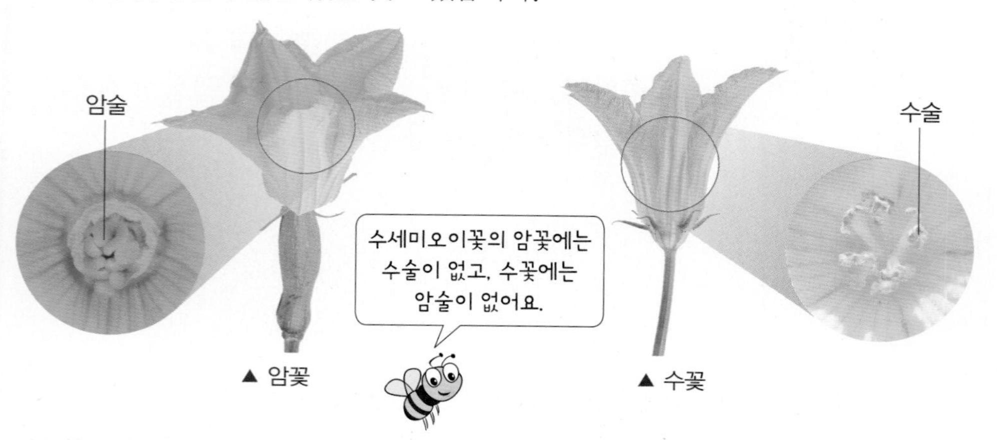

▲ 암꽃 ▲ 수꽃

(2) 꽃이 하는 일

① 꽃은 씨를 만듭니다.

② 꽃가루받이(수분): 씨를 만들기 위해 수술에서 만든 꽃가루가 암술로 옮겨지는 것을 꽃가루받이 또는 수분이라고 합니다.

③ 꽃가루받이는 곤충이나 새 같은 동물, 바람, 물 등의 도움을 받아 이루어집니다.

▲ 꽃가루받이

꽃잎의 색깔이 화려한 까닭

새나 곤충을 유인해 꽃가루받이를 하기 위해서입니다.

꽃가루받이 방법에 따른 식물의 종류

- 충매화: 사과나무, 코스모스, 무궁화, 민들레, 붓꽃, 장미, 국화, 연꽃 등
- 조매화: 동백나무, 바나나, 겨우살이 등
- 풍매화: 벼, 옥수수, 부들, 밤나무, 소나무 등
- 수매화: 물수세미, 검정말, 나사말 등

용어 사전

- **유인** 주의나 흥미를 일으켜, 있던 곳에서 어느 곳으로 나오게 함.

2 씨가 퍼지는 방법

(1) 열매가 자라는 과정

① 꽃가루받이가 이루어지면 암술 속에서 씨가 만들어집니다.

② 씨가 자랄 때 암술의 일부나 꽃받침 등이 함께 자라면서 열매가 만들어집니다.

사과 열매가 자라는 과정

(2) 열매의 생김새와 하는 일

① 씨와 씨를 보호하는 껍질 부분을 합해 열매라고 합니다.

② 열매의 생김새는 사과, 참외, 수박 등과 같이 식물의 종류에 따라 다양합니다.

③ 열매는 씨를 보호하고, 씨가 익으면 멀리 퍼뜨립니다.

(3) 여러 가지 식물의 씨가 퍼지는 방법

바람에 날려서

- 단풍나무의 씨는 얇은 날개 모양의 껍질에 싸여 있어서 바람에 잘 날림.
- 민들레의 씨에는 가벼운 털이 달려 있어서 바람에 쉽게 날릴 수 있음.

동물의 털이나 사람의 옷에 붙어서

도꼬마리와 도깨비바늘은 열매 끝에 갈고리 모양의 가시가 있어서 동물의 털이나 사람의 옷에 잘 붙음.

동물에게 먹혀서

머루와 벚나무는 열매가 동물에게 먹힌 뒤 씨는 똥과 함께 나와 퍼짐.

물에 떠서

야자나무 연꽃

연꽃의 씨는 크고 가벼워서 물에 떠서 물살을 따라 퍼짐.

꼬투리가 터지면서 씨가 밖으로 튀어 나가서

- 봉선화의 열매는 건드리면 터지는 특징이 있어서 껍질이 돌돌 말리면서 씨가 멀리 튀어 나감.
- 제비꽃의 열매는 건조되면서 꼬투리가 벌어지고 안쪽 공간이 좁아져 씨가 밖으로 튀어 나감.

씨와 열매의 차이

열매는 씨와 씨를 둘러싸고 있는 과육, 껍질 등을 모두 포함하는 말입니다. 씨는 열매에 둘러싸여 있는 경우가 많습니다.

감의 꽃과 열매

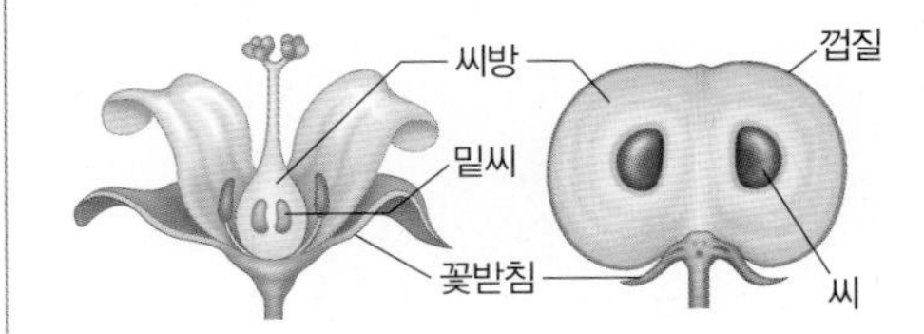

씨가 퍼지는 방법을 활용하여 생활용품 만들기

- 봉선화의 열매가 터지면서 씨가 멀리 퍼져 나가는 것을 활용하여 폭죽을 만들 수 있습니다.
- 도꼬마리와 도깨비바늘 같은 식물의 씨가 동물의 털이나 사람의 옷에 붙어서 퍼지는 것을 활용하여 옷에 붙일 수 있는 장식용 브로치를 만들 수 있습니다.

용어 사전

- **건조** 물기나 습기가 말라서 없어짐.
- **꼬투리** 콩과 식물의 씨앗을 싸고 있는 껍질.
- **과육** 열매에서 씨를 둘러싸고 있는 살.

4 꽃의 생김새와 하는 일, 씨가 퍼지는 방법

기본 개념 문제

1

꽃은 대부분 (   ), 수술, 꽃잎, 꽃받침으로 이루어져 있습니다.

2

꽃의 기본 구조 중 (   )은/는 꽃가루를 만듭니다.

3

꽃의 암술에 (   )이/가 옮겨지는 것을 꽃가루받이라고 합니다.

4

동백나무와 바나나는 (   )에 의한 꽃가루받이가 이루어집니다.

5

단풍나무, 도깨비바늘, 봉선화 중 꼬투리가 터지면서 씨가 밖으로 튀어 나가서 퍼지는 식물은 (   )입니다.

[6-7] 다음 꽃의 생김새를 보고, 물음에 답하시오.

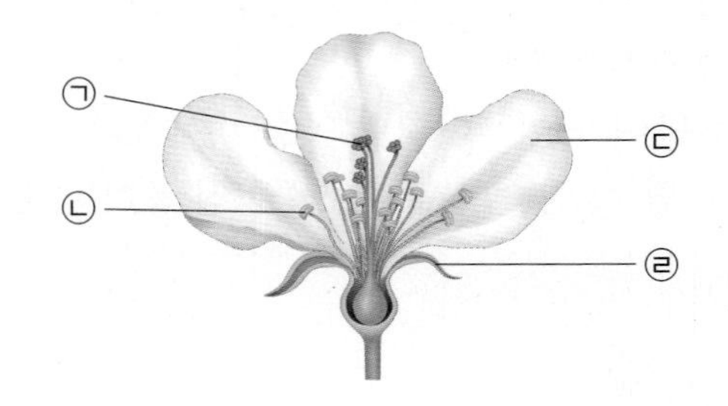

6 9종 공통

위 꽃의 구조에서 암술과 수술을 보호하고, 곤충을 유인하여 꽃가루받이가 잘 이루어지도록 하는 부분의 기호와 이름을 쓰시오.

(   )

7 9종 공통

다음은 꽃가루받이에 대한 설명입니다. (   ) 안에 들어갈 꽃의 구조는 어느 것인지 위에서 찾아 각각 기호를 쓰시오.

> 씨를 만들기 위해 (   )에서 만든 꽃가루가 (   )(으)로 옮겨지는 것을 꽃가루받이라고 한다.

8 9종 공통

꽃의 구조에 대해 잘못 말한 사람의 이름을 쓰시오.

> - 유진: 꽃받침이 없는 식물도 있어.
> - 서빈: 암꽃과 수꽃이 따로 있는 식물도 있어.
> - 태희: 모든 꽃은 암술, 수술, 꽃잎, 꽃받침으로 이루어져 있어.

(   )

9 9종 공통

다음 식물의 꽃가루받이가 무엇의 도움으로 이루어지는지 알맞은 것끼리 선으로 이으시오.

(1)  바나나 • • ㉠ 물

(2)  물수세미 • • ㉡ 새

(3)  옥수수 • • ㉢ 바람

[10-11] 다음은 다 자란 감과 사과의 열매 단면을 나타낸 모습입니다. 물음에 답하시오.

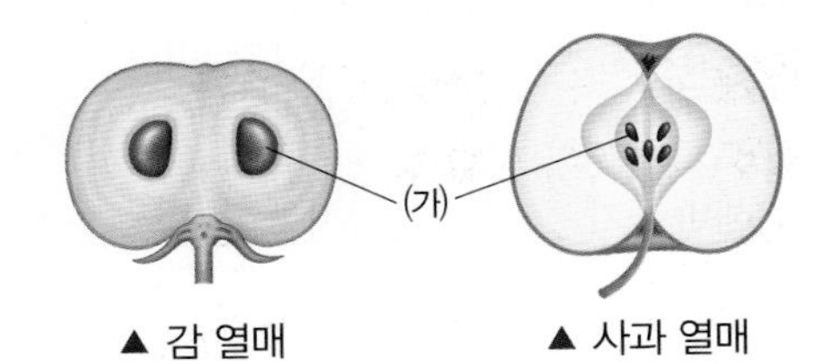

▲ 감 열매 ▲ 사과 열매

10 9종 공통

위 감과 사과 열매에서 (가)를 무엇이라고 하는지 쓰시오.

( )

11 9종 공통

위와 같은 열매가 자라는 과정에 대한 설명으로 옳은 것에 ○표 하시오.

(1) 꽃가루받이가 이루어지면 수술 속에서 씨가 만들어진다. ( )

(2) 씨가 자랄 때 암술의 일부나 꽃받침 등이 함께 자라면서 열매가 만들어진다. ( )

12 서술형 9종 공통

식물에서 열매의 역할은 무엇인지 두 가지 쓰시오.

____

____

[13-14] 다음은 여러 가지 식물의 열매 모습입니다. 물음에 답하시오.

(가) 
▲ 연꽃

(나) 
▲ 도꼬마리

(다) 
▲ 민들레

(라) 
▲ 제비꽃

13 9종 공통

위 (가)~(라) 중 가벼운 털이 달려 있어서 바람에 쉽게 날려서 씨가 퍼지는 식물을 골라 기호를 쓰시오.

( )

14 9종 공통

위 (가)~(라) 중 열매 끝에 갈고리 모양의 가시가 있어서 동물의 털이나 사람의 옷에 잘 붙어서 씨가 퍼지는 식물을 골라 기호를 쓰시오.

( )

4 식물의 구조와 기능

★ 현미경으로 세포 관찰하기

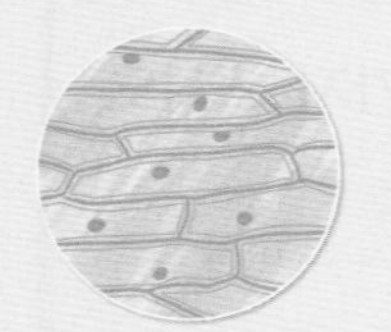
▲ 양파 표피 세포

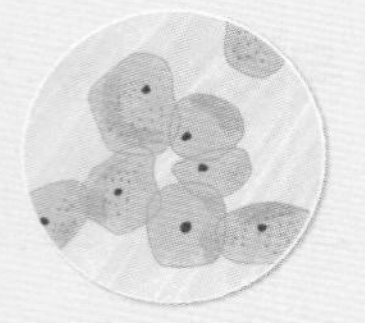
▲ 입안 상피 세포

1. 생물의 세포

	식물 세포	동물 세포
구분	핵, 세포벽, 세포막	핵, 세포막
공통점	• 핵과 세포막이 있고, 크기가 매우 작아 맨눈으로 관찰하기 어려움. • 크기와 모양이 다양하고, 하는 일이 다름.	
차이점	식물 세포는 ❶ ______ 이 있지만, 동물 세포는 ❷ ______ 이 없음.	

2. 뿌리의 생김새와 하는 일

(1) 뿌리의 생김새

	곧은뿌리	❸ ______
구분	▲ 고추 ▲ 민들레	▲ 파 ▲ 강아지풀
특징	굵은 뿌리에 가느다란 뿌리들이 여러 개 나 있음.	길이와 굵기가 비슷한 뿌리가 수염처럼 사방으로 나 있음.
예	고추, 민들레, 봉선화, 해바라기	파, 강아지풀

(2) 뿌리가 하는 일

흡수 기능	대부분 땅속에 있는 식물의 뿌리는 물을 흡수함.
지지 기능	뿌리는 땅속 깊이 뻗어 있어서 식물이 쓰러지지 않도록 지지함.
저장 기능	고구마나 무처럼 식물의 잎에서 만든 양분을 뿌리에 저장함.

★ 곧은줄기

해바라기

★ 감는줄기

등나무

★ 기는줄기

고구마

3. 줄기의 생김새와 하는 일

(1) 줄기의 생김새

곧은줄기	굵고 곧게 자람. 예 은행나무, 해바라기, 봉선화
❹ ______	다른 물체를 감아 올라감. 예 등나무, 나팔꽃
기는줄기	땅 위를 기듯이 뻗어 나감. 예 고구마, 딸기, 수박

(2) 줄기가 하는 일

① 뿌리에서 흡수한 물을 줄기의 통로를 통해 식물 전체로 운반합니다.
② 잎과 뿌리를 연결하여 식물을 지지합니다.
③ 잎에서 만들어진 양분을 저장하기도 합니다. 예 감자

4. 잎의 광합성과 증산 작용

(1) 광합성

① 식물이 뿌리에서 흡수한 물, 공기 중의 이산화 탄소, 빛을 이용하여 스스로 양분을 만드는 과정으로, 주로 잎에서 일어납니다.

② 잎에서 만든 양분은 줄기를 거쳐 뿌리, 줄기, 열매 등 식물 전체로 이동하여 식물이 자라는 데 사용되거나 저장됩니다.

(2) 증산 작용

① 뿌리에서 흡수한 물이 잎 표면에 있는 ❺ ______ 을 통해 식물체 밖으로 빠져나가는 현상을 증산 작용이라고 합니다.

② 증산 작용은 뿌리에서 흡수한 물을 잎까지 끌어 올릴 수 있게 해 주고, 식물 안의 물의 양을 일정하게 유지시켜 주며, 식물의 온도를 조절해 줍니다.

★ 광합성

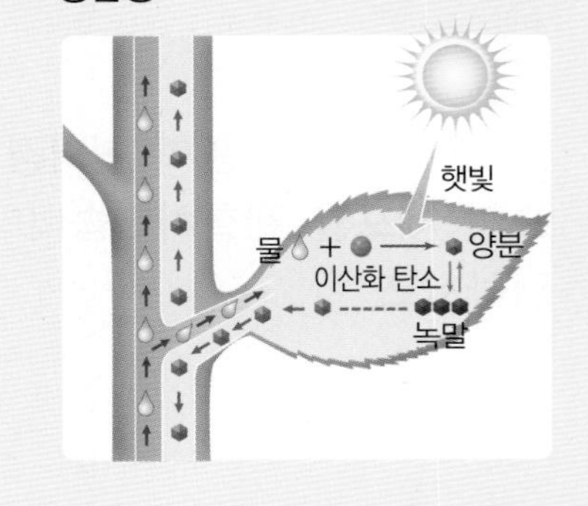

5. 꽃의 생김새와 하는 일

(1) 꽃의 생김새: 꽃은 대부분 암술, 수술, 꽃잎, 꽃받침으로 이루어져 있습니다.

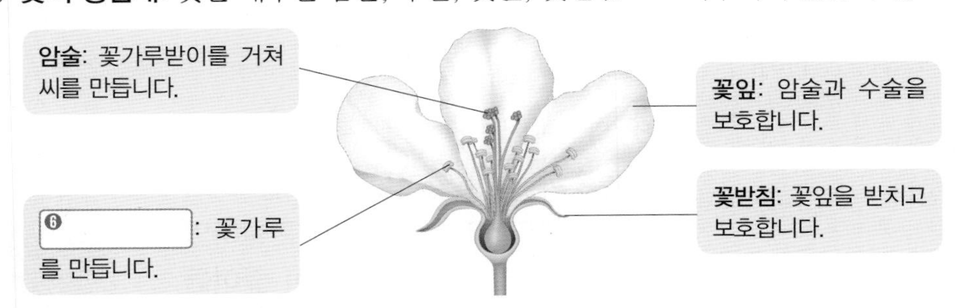

(2) 꽃이 하는 일: 꽃가루받이를 거쳐 씨를 만듭니다.

(3) 꽃가루받이 방법

곤충에 의한 꽃가루받이(충매화)	새에 의한 꽃가루받이(조매화)	바람에 의한 꽃가루받이(풍매화)	물에 의한 꽃가루받이(수매화)

6. 씨가 퍼지는 방법

씨가 바람에 날려서 퍼지는 식물	단풍나무, 민들레, 박주가리, 버드나무 등
씨가 동물의 털이나 사람의 옷에 붙어서 퍼지는 식물	도꼬마리, 도깨비바늘, 우엉, 가막사리 등
씨가 동물에게 먹혀서 퍼지는 식물	머루, 벚나무, 딸기, 참외 등
씨가 물에 떠서 퍼지는 식물	야자나무, 연꽃, 수련, 마름 등
꼬투리가 터지면서 씨가 밖으로 튀어 나가서 퍼지는 식물	봉선화, 제비꽃, 괭이밥 등

★ 씨가 퍼지는 방법

▲ 바람에 날려서

▲ 동물의 털에 붙어서

▲ 동물에게 먹혀서

▲ 물에 떠서

▲ 꼬투리가 터지면서

[1-2] 오른쪽 광학 현미경으로 양파 표피 세포를 관찰하였습니다. 물음에 답하시오.

1 9종 공통

위 광학 현미경에 대한 설명으로 옳지 않은 것을 보기 에서 골라 기호를 쓰시오.

보기
- ㉠ 크기가 작아 맨눈으로는 볼 수 없는 세포 등을 관찰할 때 이용한다.
- ㉡ 광학 현미경으로 관찰한 세포의 모습은 상하좌우가 반대로 나타난다.
- ㉢ 회전판을 돌려 배율이 가장 높은 대물렌즈가 가운데에 오도록 한 후 관찰을 시작한다.

( )

2 서술형 동아, 금성, 김영사, 지학사, 천재교육

오른쪽은 위 광학 현미경으로 관찰한 양파 표피 세포의 모습입니다. ㉠의 이름을 쓰고, 세포에서 ㉠의 역할은 무엇인지 쓰시오.

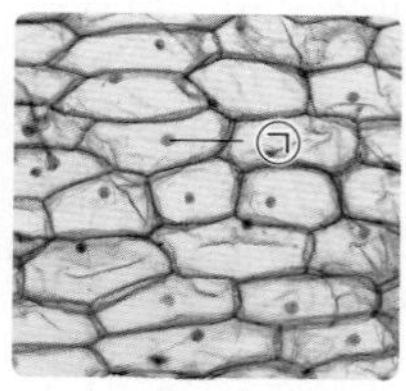

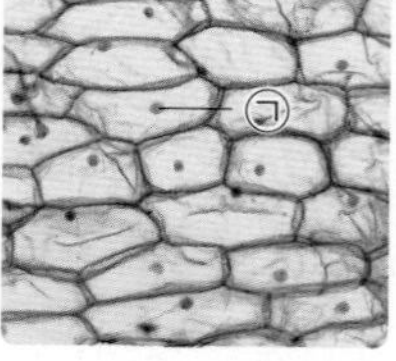

(1) 이름: ( )

(2) 역할

3 9종 공통

다음은 식물을 이루는 부분 중 무엇의 모습입니까? ( )

고추 강아지풀 민들레

① 잎 ② 꽃 ③ 줄기
④ 뿌리 ⑤ 열매

4 동아, 미래엔, 천재교과서, 천재교육

오른쪽과 같이 양파를 물이 든 비커에 올려놓고 2~3일 뒤에 관찰하였더니 비커에 담긴 물의 양이 줄어들었습니다. 이것은 뿌리의 어떤 기능을 확인하는 실험인지 쓰시오.

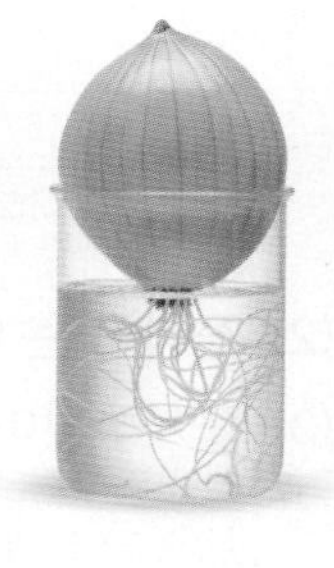

( )

5 9종 공통

오른쪽과 같이 붉은 색소를 녹인 물에 백합 줄기를 꽂아 두고, 몇 시간 뒤 꽃 부분의 모습으로 알맞은 것의 기호를 쓰시오.

㉠

변화 없음.

㉡

붉게 물듦.

( )

6 9종 공통

앞 5번 답과 같은 결과를 통해 알 수 있는 줄기의 역할을 옳게 말한 사람의 이름을 쓰시오.

- 가윤: 줄기는 식물을 지지하는 역할을 해.
- 서빈: 줄기는 뿌리에서 흡수한 물이 이동하는 통로야.
- 태형: 줄기는 잎에서 만들어진 양분을 저장하는 역할을 해.
- 하랑: 줄기는 식물이 번식할 수 있도록 씨를 만드는 역할을 해.

( )

[7-8] 다음 여러 가지 식물 줄기의 모습을 보고, 물음에 답하시오.

(가) 
등나무

(나) 
해바라기

(다) 
고구마

(라) 
딸기

(마)  
은행나무

(바) 
나팔꽃

7 동아, 금성, 김영사, 미래엔, 아이스크림, 지학사, 천재교과서, 천재교육

위 (가)~(바) 중 줄기의 모양이 가늘고 길어 다른 물체를 감아 올라가는 특징을 가진 식물을 두 가지 골라 기호를 쓰시오.

( )

8 동아, 금성, 김영사, 미래엔, 아이스크림, 지학사, 천재교과서, 천재교육

위 (라) 줄기와 같이 땅 위를 기듯이 뻗어 나가는 줄기를 무엇이라고 하는지 쓰시오.

( )

[9-10] 다음은 잎에서 만드는 양분을 확인하기 위한 실험 과정입니다. 물음에 답하시오.

(가)

봉선화 잎 한 개에 알루미늄박을 씌우고 햇빛이 잘 드는 곳에 놓아두기

(나) 

알루미늄박을 씌운 잎과 씌우지 않은 잎을 따서 알코올이 든 작은 비커에 넣기

(다) 

작은 비커를 뜨거운 물이 든 큰 비커에 넣고 유리판으로 덮기

(라) 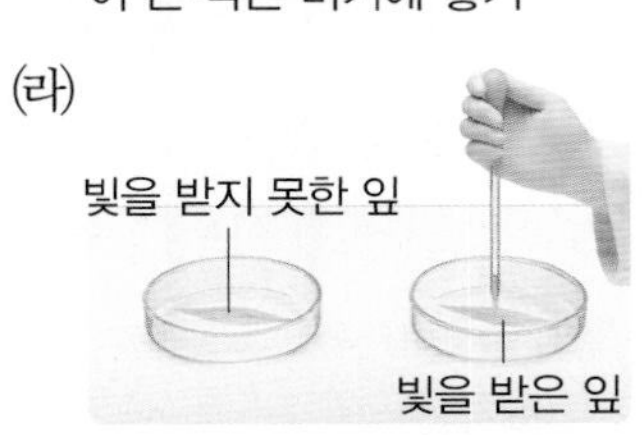

두 잎을 꺼내 물로 헹군 뒤 각각의 잎에 (㉠) 용액을 떨어뜨리기

9 9종 공통

위 (라) 과정의 ㉠에 들어갈 용액의 이름은 무엇인지 쓰시오.

( )

10 9종 공통

위 실험을 통해 알 수 있는 사실로 ( ) 안에 들어갈 알맞은 말을 골라 각각 ○표 하시오.

빛을 받은 잎만 (붉은색, 청람색)으로 변하는 것으로 보아 식물이 녹말을 만들기 위해서는 (물, 빛)이 필요하다는 것을 알 수 있다.

11 서술형 ✚ 9종 공통

다음 그림과 관련된 식물의 잎이 하는 일은 무엇인지 보기 의 용어를 모두 사용하여 설명하시오.

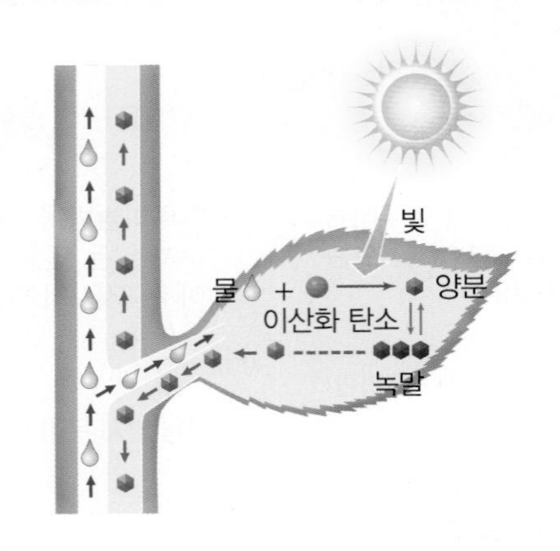

보기

물, 이산화 탄소, 빛, 양분, 광합성

---

12 ✚ 9종 공통

증산 작용이 식물에서 하는 역할로 옳은 것을 두 가지 고르시오. (　　　　)

① 양분을 많이 만든다.
② 잎과 꽃을 받쳐 준다.
③ 식물의 온도를 조절한다.
④ 공기 중의 물을 흡수한다.
⑤ 뿌리에서 흡수한 물을 식물 꼭대기까지 끌어 올린다.

13 ✚ 9종 공통

다음 꽃의 구조 중 꽃가루받이를 하는 데 꼭 필요한 부분을 두 가지 골라 기호를 쓰시오.

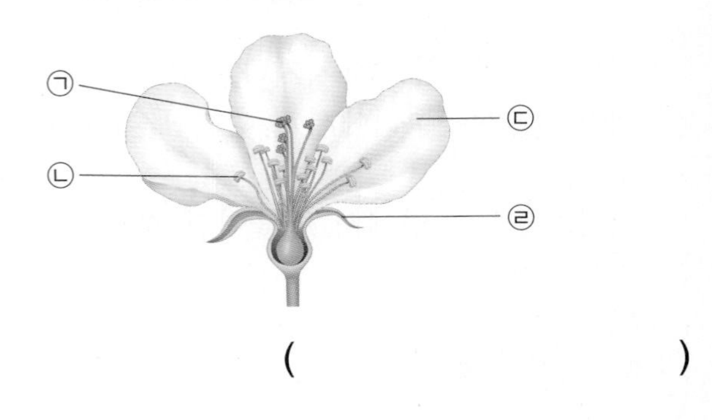

(　　　　　　　　)

14 ✚ 9종 공통

다음 식물들은 공통적으로 무엇의 도움을 받아 꽃가루받이가 이루어지는지 쓰시오.

벼　　옥수수　　소나무

(　　　　　　　　)

15 ✚ 9종 공통

물에 떠서 물살을 따라 씨가 퍼지는 식물은 어느 것입니까? (　　　)

① 민들레　② 벚나무

③ 제비꽃

④ 연꽃

2회

4. 식물의 구조와 기능

1 9종 공통

다음은 무엇에 대한 설명인지 쓰시오.

- 생물체를 이루고 있는 기본 단위이다.
- 종류에 따라 크기와 모양이 다양하고 하는 일도 다르다.
- 대부분 크기가 매우 작아서 현미경을 사용해야 관찰할 수 있다.

( )

2 9종 공통

식물 세포와 동물 세포를 비교한 내용으로 옳은 것에 ○표, 옳지 않은 것에 ×표 하시오.

(1) 식물 세포와 동물 세포에는 모두 세포막이 있다. ( )

(2) 식물 세포에는 핵이 있고, 동물 세포에는 핵이 없다. ( )

(3) 식물 세포에는 세포벽이 있지만, 동물 세포에는 세포벽이 없다. ( )

3 9종 공통

식물의 뿌리에 대한 설명으로 옳은 것은 어느 것입니까? ( )

① 뿌리의 생김새는 모두 같다.
② 모든 뿌리는 양분을 저장한다.
③ 뿌리는 물을 식물체 밖으로 내보낸다.
④ 뿌리는 식물이 쓰러지지 않도록 지지한다.
⑤ 뿌리는 땅속 깊이 뻗기 때문에 나무가 많으면 산사태가 일어나기 쉽다.

4 9종 공통

다음 식물의 구조 중 줄기는 어느 것인지 찾아 기호를 쓰시오.

( )

5 서술형 9종 공통

오른쪽과 같이 백합 줄기를 붉은 색소 물에 꽂아 두고 몇 시간 후 백합 줄기를 자른 단면이 다음과 같이 나타난 까닭을 물의 이동과 관련지어 쓰시오.

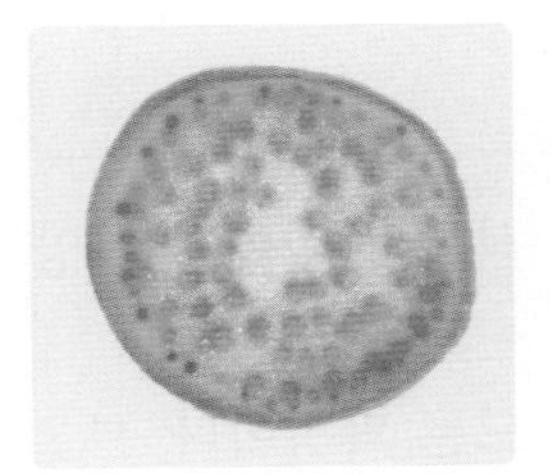
가로로 자른 단면

세로로 자른 단면

4 단원

6 서술형 9종 공통

오른쪽과 같이 감자의 줄기가 다른 식물의 줄기에 비해 크고 뚱뚱한 까닭은 무엇인지 줄기가 하는 일과 관련지어 쓰시오.

7 9종 공통

다음은 잎에서 만드는 양분을 확인하기 위한 실험 과정입니다. 이 실험에 대한 설명으로 옳지 않은 것은 어느 것입니까? (　　　)

> 1 하루 동안 햇빛이 잘 드는 곳에 둔 식물의 잎을 하나 딴다.
> 2 잎을 알코올에 넣고, 알코올이 담긴 비커를 뜨거운 물에 담가 둔다.
> 3 잎을 꺼내 물로 헹군 뒤 아이오딘-아이오딘화 칼륨 용액을 떨어뜨린다.

① 1의 햇빛이 잘 드는 곳에 둔 식물의 잎에서는 양분이 만들어진다.
② 2는 잎의 초록색을 연하게 만드는 과정이다.
③ 3에서 확인할 수 있는 양분은 녹말이다.
④ 3에서 잎은 청람색으로 변한다.
⑤ 1에서 햇빛을 받지 못한 식물로 실험을 해도 3의 결과는 같다.

8 9종 공통

식물이 양분을 얻는 방법에 대한 설명으로 (　　) 안에 들어갈 알맞은 말을 각각 쓰시오.

> 식물이 (　　㉠　　), 빛, 물을 이용하여 스스로 양분을 만드는 작용을 (　　㉡　　)(이)라고 한다.

㉠ (　　　　　　　　), ㉡ (　　　　　　　　)

9 9종 공통

다음과 같이 식물의 잎의 개수만 다르게 하여 비닐봉지를 씌우고 각각 물이 담긴 삼각 플라스크에 넣어 1～2일 뒤 관찰했을 때, 비닐봉지 안에 생긴 물방울이 가장 많은 것부터 순서대로 기호를 쓰시오.

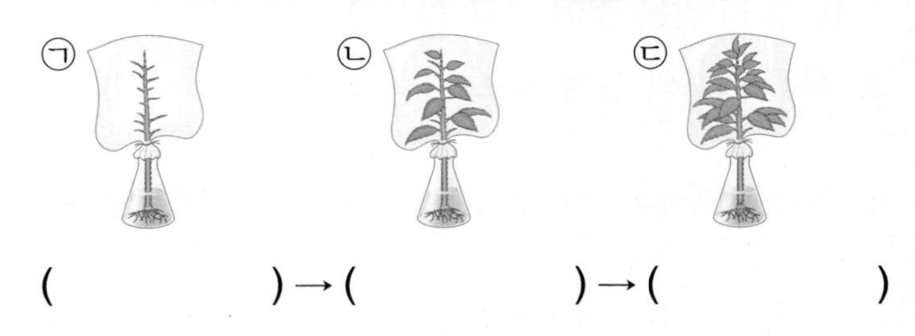

(　　　　) → (　　　　) → (　　　　)

10 9종 공통

위 9번 답과 같은 결과가 나타난 까닭을 옳게 말한 사람의 이름을 쓰시오.

> • 민석: 식물의 잎에서 양분을 만들기 때문이야.
> • 설아: 식물의 잎에서 물을 흡수하기 때문이야.
> • 주희: 식물의 잎에서 증산 작용이 일어나기 때문이야.

(　　　　　　　　)

[11-12] 다음 꽃의 구조를 보고, 물음에 답하시오.

11 서술형 ⊕ 9종 공통

위 ㉠~㉣ 중 꽃잎을 나타낸 것의 기호를 쓰고, 꽃잎이 하는 일을 한 가지 쓰시오.

---

12 ⊕ 9종 공통

위 ㉠~㉣ 중 꽃가루를 만드는 역할을 하는 수술은 어느 것인지 기호를 쓰시오.

( )

13 ⊕ 9종 공통

오른쪽 식물은 무엇의 도움을 받아 꽃가루받이가 이루어지는지 보기 에서 찾아 쓰시오.

보기

새, 물, 바람, 곤충

( )

14 ⊕ 9종 공통

다음에서 설명하는 '이것'은 무엇인지 쓰시오.

- '이것'은 씨와 씨를 보호하는 껍질 부분을 모두 포함하는 말이다.
- 씨가 자랄 때 암술의 일부나 꽃받침 등이 함께 자라면서 '이것'이 만들어진다.
- '이것'은 씨를 보호하고, 씨가 익으면 멀리 퍼뜨리는 역할을 한다.
- 사과, 수박 등과 같이 식물의 종류에 따라 '이것'의 생김새가 다르다.

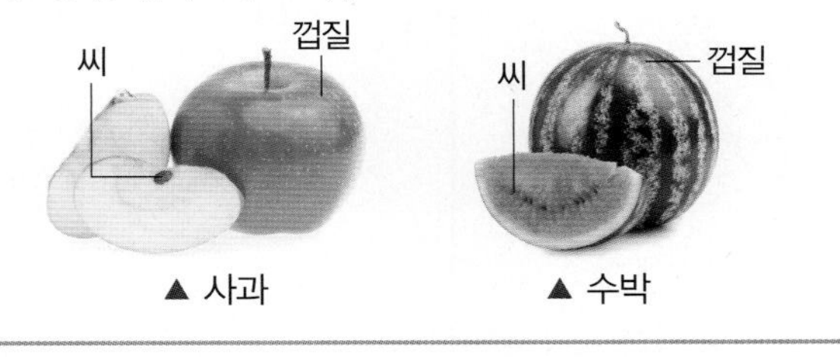

▲ 사과 ▲ 수박

( )

15 ⊕ 9종 공통

다음 두 식물이 공통적으로 씨를 퍼뜨리는 방법으로 옳은 것은 어느 것입니까? ( )

봉선화

제비꽃

① 바람에 날린다.
② 동물에게 먹힌다.
③ 꼬투리가 터진다.
④ 물에 떠서 이동한다.
⑤ 동물의 털에 붙어서 이동한다.

1회

4. 식물의 구조와 기능

정답과 풀이 15쪽

평가 주제	식물 세포와 동물 세포 관찰하기
평가 목표	식물 세포와 동물 세포의 공통점과 차이점을 설명할 수 있다.

[1-3] 다음은 광학 현미경으로 양파 표피 세포와 사람 입안 상피 세포를 관찰한 결과를 그림으로 나타낸 것입니다. 물음에 답하시오.

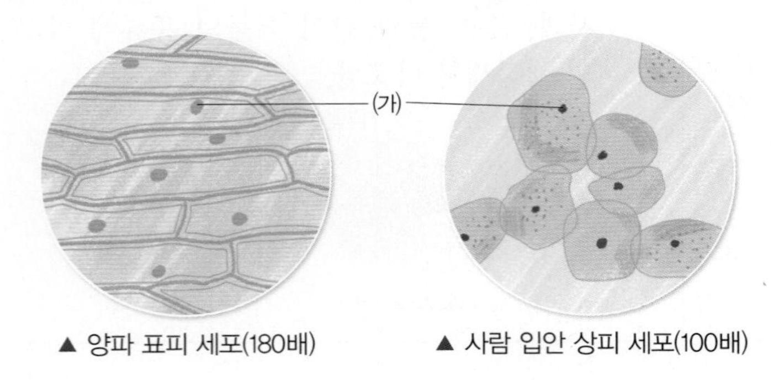

▲ 양파 표피 세포(180배)　▲ 사람 입안 상피 세포(100배)

1 위 (가)의 이름을 쓰고, 세포에서 (가)의 역할은 무엇인지 쓰시오.

도움 식물 세포와 동물 세포의 공통적인 구조입니다.

2 다음 보기 중 동물 세포에 있는 세포의 구조를 모두 골라 기호를 쓰시오.

보기

㉠ 핵　㉡ 세포벽　㉢ 세포막

(　　　　　　)

도움 식물 세포에는 있지만, 동물 세포에는 없는 구조가 있습니다.

3 위와 같은 식물 세포와 동물 세포의 차이점을 한 가지 쓰시오.

도움 식물 세포는 동물 세포에 비해 가장자리가 뚜렷하게 보이는 까닭을 생각해 봅니다.

2회

4. 식물의 구조와 기능

● 정답과 풀이 15쪽

평가 주제	잎에서 만드는 양분 확인하기
평가 목표	잎에서 만드는 양분을 확인하기 위한 실험을 설계하고, 양분이 무엇인지 설명할 수 있다.

[1-3] 다음은 잎에서 만드는 양분을 확인하기 위한 실험 과정입니다. 물음에 답하시오.

1 봉선화 잎 한 개에만 알루미늄박을 씌운 다음, 햇빛이 잘 드는 곳에 하루 동안 놓아두기
2 알루미늄박을 씌운 잎과 씌우지 않은 잎을 각각 따서 알코올이 든 작은 비커에 넣기
3 작은 비커를 뜨거운 물이 들어 있는 큰 비커에 넣은 뒤 유리판으로 덮기
4 비커에서 두 잎을 꺼내 따뜻한 물로 헹군 뒤 페트리 접시에 각각 놓고, (　　　㉠　　　) 용액을 떨어뜨린 후 색깔 변화 관찰하기

1 위의 실험 과정 4에서 ㉠에 들어갈 용액의 이름을 쓰시오.

(　　　　　　　　　)

도움 잎에서 만드는 양분을 확인할 수 있는 용액이 무엇인지 생각해 봅니다.

2 위 1번 답과 같은 용액을 떨어뜨렸을 때 잎에 나타나는 결과를 쓰시오.

도움 양분이 만들어진 잎에서만 변화가 나타납니다.

3 위 2번 답과 같은 결과를 통해 알 수 있는 사실은 무엇인지 쓰시오.

도움 식물이 뿌리에서 흡수한 물, 공기 중의 이산화 탄소, 빛을 이용하여 스스로 양분을 만드는 것을 광합성이라고 합니다.

숨은 그림을 찾아보세요.

정답과 풀이 15쪽

5

빛과 렌즈

학습 내용과 교과서별 해당 쪽수를 확인해 보세요.

<table>
<tr><th rowspan="2">학습 내용</th><th rowspan="2">백점 쪽수</th><th colspan="5">교과서별 쪽수</th></tr>
<tr><th>동아출판</th><th>비상교과서</th><th>아이스크림
미디어</th><th>지학사</th><th>천재교과서</th></tr>
<tr><td>1 프리즘을 통과한 햇빛,
유리를 통과하는 빛</td><td>94～97</td><td>94～97</td><td rowspan="3">100～105</td><td rowspan="2">94～97</td><td rowspan="2">94～99</td><td rowspan="2">100～105</td></tr>
<tr><td>2 물을 통과하는 빛,
물속에 있는 물체의 모습</td><td>98～101</td><td>98～99</td></tr>
<tr><td>3 볼록 렌즈의 특징,
볼록 렌즈를 통과한 햇빛</td><td>102～105</td><td>100～101</td><td>98～99</td><td>100～103</td><td>106～109</td></tr>
<tr><td>4 볼록 렌즈로 관찰한 물체의 모습,
볼록 렌즈의 쓰임새</td><td>106～109</td><td>102～105</td><td>106～109</td><td>100～105</td><td>104～107</td><td>110～113</td></tr>
</table>

★ 동아출판, 김영사, 미래엔, 지학사, 천재교과서, 천재교육의 「5. 빛과 렌즈」 단원에 해당합니다.

★ 비상교과서, 아이스크림미디어의 「4. 빛과 렌즈」 단원에 해당합니다.

★ 금성출판사의 「3. 빛과 렌즈」 단원에 해당합니다.

1 프리즘을 통과한 햇빛, 유리를 통과하는 빛

1 프리즘을 통과한 햇빛

(1) 프리즘을 통과한 햇빛의 특징

① 햇빛이 프리즘을 통과하면 여러 가지 빛깔로 나타납니다.

② 햇빛은 아무 색깔이 없는 것처럼 보이지만, 사실 여러 가지 색의 빛으로 되어 있습니다.

▲ 햇빛이 프리즘을 통과하는 모습

(2) 유리 주변에서 햇빛이 여러 가지 빛깔로 보였던 경험

① 비 온 뒤 햇빛이 비칠 때 하늘에 무지개가 뜹니다.

② 물이 담긴 유리컵에 비스듬히 햇빛이 비칠 때 컵 주위에 여러 가지 빛깔이 나타납니다.

③ 유리 장식을 햇빛이 비치는 곳에 놓으면 주위에 여러 가지 빛깔이 보일 때가 있습니다.

비 온 뒤 볼 수 있는 무지개
└• 공기 중에 떠다니는 물방울이 프리즘 역할을 해요.

물이 담긴 유리컵 주위의 무지갯빛

유리 장식 주변에 생긴 무지갯빛

2 유리를 통과하는 빛

(1) 유리를 통과하는 빛 관찰하기

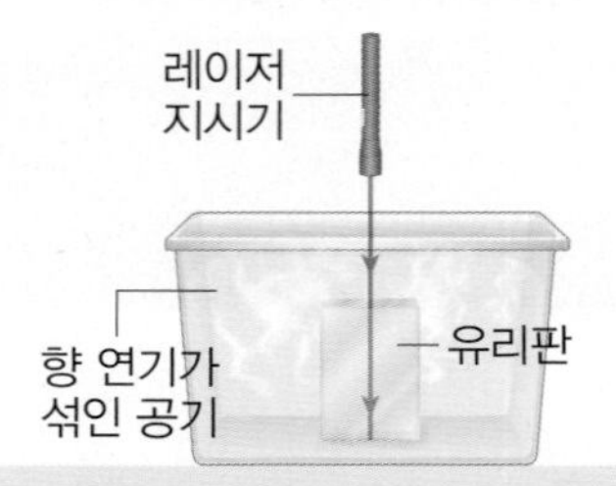

빛이 공기 중에서 유리의 경계와 수직으로 나아갈 때에는 꺾이지 않고 그대로 나아갑니다.

빛이 공기 중에서 유리로 비스듬히 나아갈 때 공기와 유리의 경계면에서 꺾여 나아갑니다.

(2) 빛의 굴절

① 빛이 서로 다른 물질의 경계면을 지날 때 꺾여 나아가는 현상을 빛의 굴절이라고 합니다.

② 햇빛이 프리즘을 통과하면 무지갯빛으로 보이는 까닭: 햇빛이 프리즘에서 굴절할 때 빛의 색에 따라 굴절하는 정도가 달라서, 햇빛이 프리즘을 통과하면 무지갯빛으로 퍼져 보입니다.

⊕ 프리즘

유리나 플라스틱 등으로 만든 투명한 삼각기둥 모양의 기구를 프리즘이라고 합니다.

⊕ 빛이 굴절하는 까닭

각 물질에서 빛이 나아가는 속도가 다르기 때문에 두 물질의 경계면에서 빛이 나아가는 방향이 꺾입니다.

용어사전

- **수직** 직선과 직선, 직선과 평면, 평면과 평면 따위가 서로 만나 직각을 이루는 상태.
- **경계면** 서로 다른 상태 사이에 구분되는 한계 지점의 면.

학습

교과서 통합 대표 실험

실험 TIP !

실험 1 프리즘을 통과한 햇빛 관찰하기 9종 공통

실험동영상

❶ 스탠드에 프리즘을 고정하고, 햇빛이 잘 비치는 곳에 놓습니다.
❷ 프리즘을 통과한 햇빛이 닿는 곳에 흰색 종이를 놓습니다.
❸ 햇빛을 프리즘에 통과시키면 햇빛이 흰색 종이에 어떤 모습으로 나타나는지 관찰합니다.

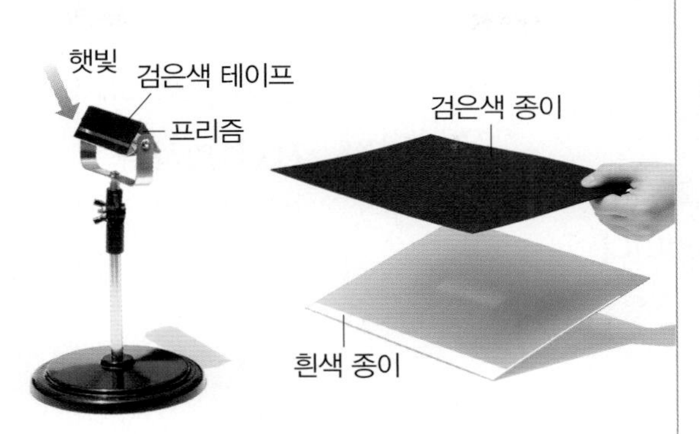

실험 결과

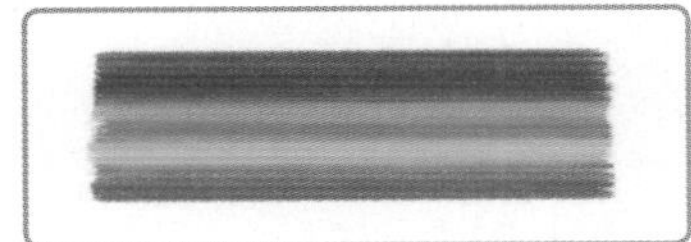

프리즘이 놓이는 모습에 따라 빨간색이 위로 오는 모습이 나타날 수도 있어요.

- 햇빛이 프리즘을 통과하며 다양한 색의 빛으로 나타납니다.
- 여러 가지 색의 빛이 띠처럼 이어진 모습입니다.

정리 | 햇빛은 여러 가지 색의 빛으로 되어 있습니다.

실험 2 유리를 통과하는 빛 관찰하기 9종 공통

실험동영상

❶ 흰색 종이 위에 사각 유리판을 올려놓습니다.
❷ 레이저 지시기의 빛이 공기에서 유리로 나아가도록 여러 각도에서 비추고, 빛이 나아가는 모습을 관찰하여 화살표로 나타내 봅니다.

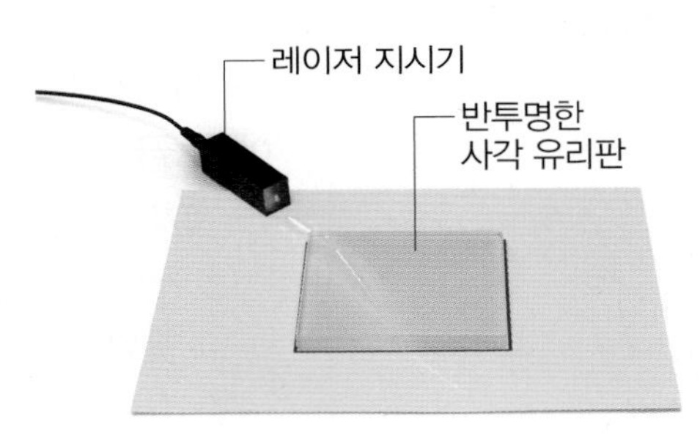

향 연기를 채운 수조에 반투명한 유리판을 세우고, 레이저 지시기의 빛을 비추면서 실험할 수도 있어요.

실험 결과

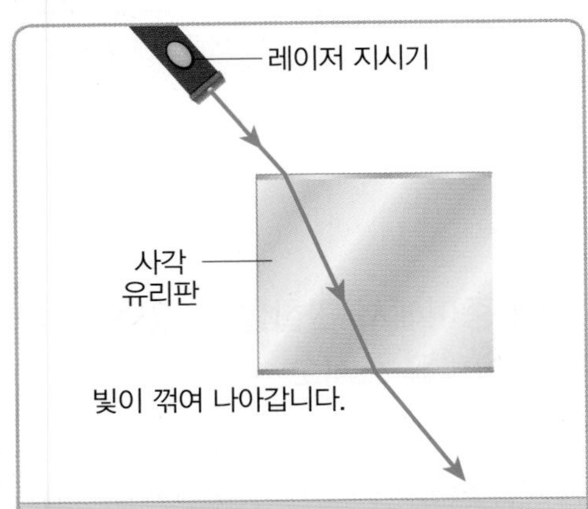

빛을 공기에서 유리로 비스듬하게 비추면 빛이 공기와 유리의 경계에서 꺾여 나아갑니다.

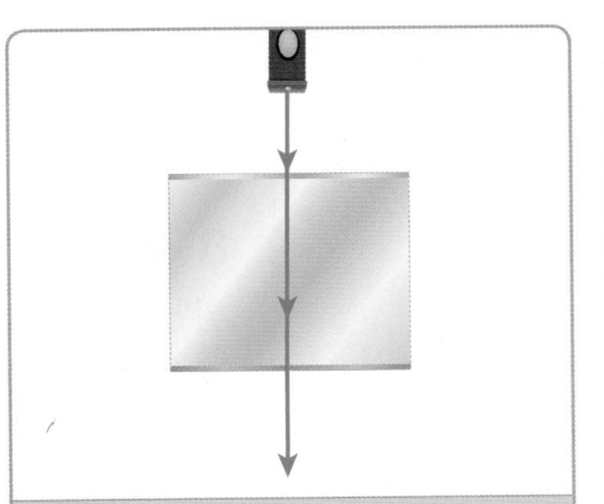

빛을 공기에서 유리로 수직으로 비추면 빛이 공기와 유리의 경계에서 꺾이지 않고 그대로 나아갑니다.

정리 | 빛이 공기 중에서 유리로 비스듬히 나아갈 때 공기와 유리의 경계에서 꺾입니다.

5 단원

1 프리즘을 통과한 햇빛, 유리를 통과하는 빛

기본 개념 문제

1

(　　　　　)은/는 유리나 플라스틱 등으로 만든 투명한 삼각기둥 모양의 기구입니다.

2

햇빛은 (　　　　　) 가지 빛깔로 되어 있습니다.

3

비 온 뒤 햇빛이 비칠 때 하늘에 무지개가 뜨는 것은 공기 중에 떠다니는 물방울이 (　　　　　) 역할을 하기 때문입니다.

4

빛이 공기 중에서 유리의 경계와 (　　　　　)(으)로 나아갈 때에는 공기와 유리의 경계면에서 꺾이지 않고 그대로 나아갑니다.

5

빛이 서로 다른 물질의 경계면을 지날 때 꺾여 나아가는 현상을 (　　　　　)(이)라고 합니다.

6 9종 공통

프리즘에 대한 설명으로 옳은 것에 ○표, 옳지 않은 것에 ×표 하시오.

(1) 투명하다. (　　)

(2) 유리나 플라스틱으로 되어 있다. (　　)

(3) 원기둥, 삼각기둥 등 모양이 다양하다. (　　)

[7-9] 운동장에 다음과 같이 장치하고 프리즘을 통과하는 햇빛을 관찰하였습니다. 물음에 답하시오.

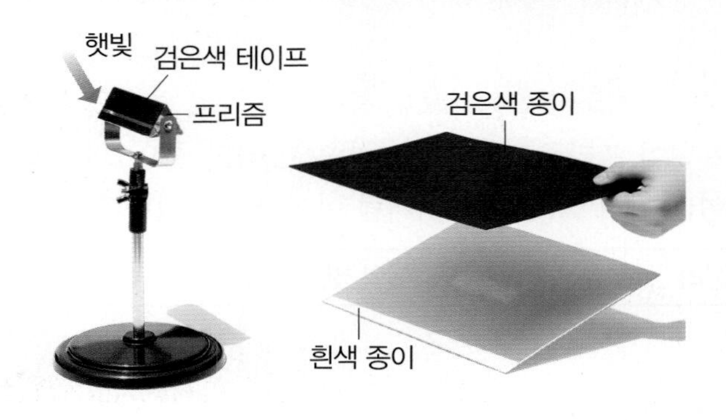

7 9종 공통

위 실험을 할 때 주의할 점으로 옳지 않은 것을 보기에서 골라 기호를 쓰시오.

보기
- ㉠ 구름이 많은 흐린 날에 관찰한다.
- ㉡ 햇빛이 눈에 직접 닿지 않도록 주의한다.
- ㉢ 검은색 종이로 프리즘을 통과한 햇빛 외의 다른 햇빛이 흰색 종이에 닿지 않도록 한다.

(　　　　　)

8 9종 공통

위 실험 결과로 흰색 종이에서 관찰할 수 있는 모습을 옳게 말한 사람의 이름을 쓰시오.

- 누리: 아무 색의 빛도 나타나지 않아.
- 소원: 흰색 종이에 빨간색 빛만 나타나.
- 아랑: 흰색 종이에 무지개색의 여러 가지 빛깔이 나타나.

(　　　　　)

9 서술형 9종 공통

앞 8번 답을 통해 알 수 있는 햇빛의 특징은 무엇인지 쓰시오.

____

____

10 9종 공통

햇빛이 여러 가지 빛깔로 나뉘어 보이는 경우의 기호를 쓰시오.

㉠

무지개

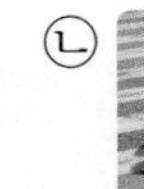

그림자

(　　　　　　　　)

11 9종 공통

다음에서 설명하는 것은 무엇인지 쓰시오.

- 빛이 서로 다른 물질의 경계면을 지날 때 꺾여 나아가는 현상이다.
- 햇빛이 프리즘을 통과할 때에도 이 현상을 관찰할 수 있다.

빛의 (　　　　　　　　)

12 9종 공통

빛이 공기 중에서 유리로 비스듬히 나아갈 때 빛이 나아가는 모습으로 옳은 것은 어느 것입니까?

(　　　)

①
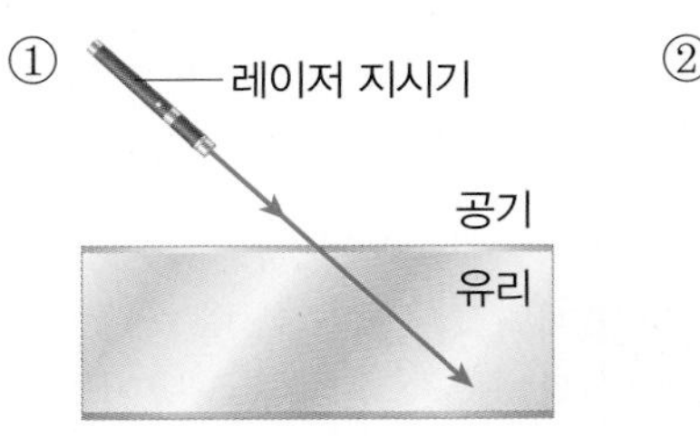

②
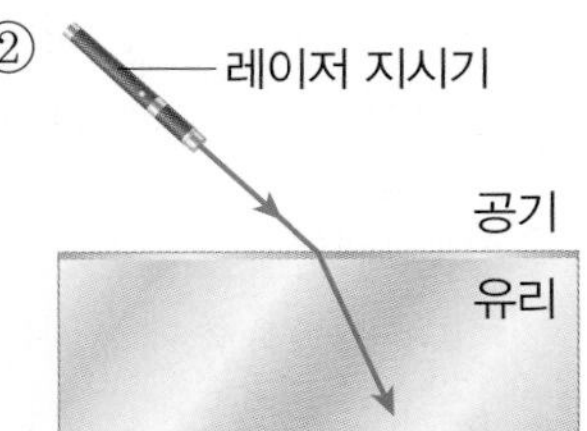

③
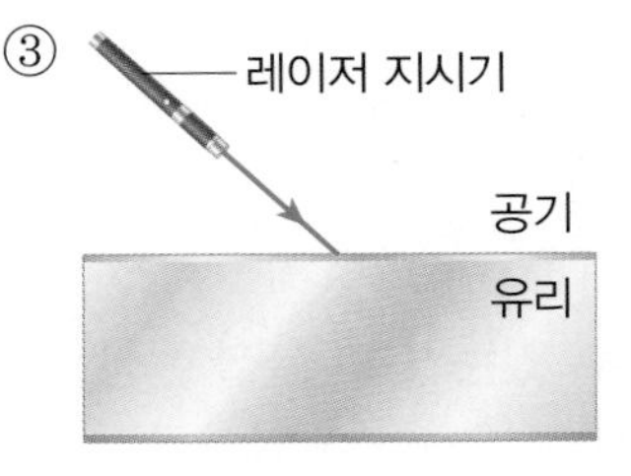

④
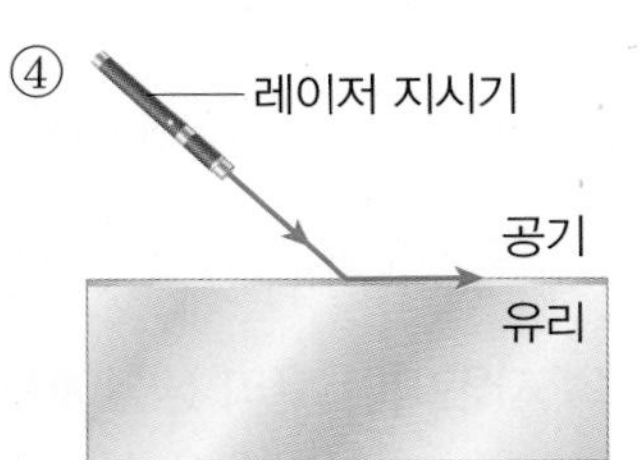

13 9종 공통

빛이 굴절하지 않는 경우를 보기 에서 두 가지 골라 기호를 쓰시오.

보기

㉠ 빛이 공기 중에서 나아갈 때
㉡ 빛이 공기 중에서 유리로 비스듬히 나아갈 때
㉢ 빛이 유리에서 공기 중으로 비스듬히 나아갈 때
㉣ 빛이 공기 중에서 유리의 경계와 수직으로 나아갈 때

(　　　　　　　　)

5 단원

2 물을 통과하는 빛, 물속에 있는 물체의 모습

1 물을 통과하는 빛

(1) 물을 통과하는 빛 관찰하기

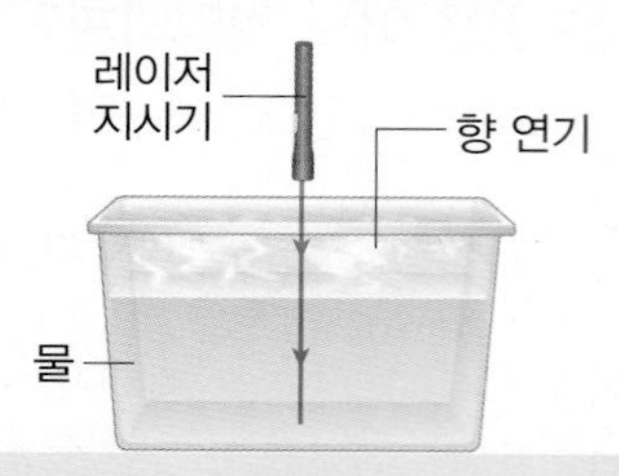

빛이 공기 중에서 물의 경계와 수직으로 나아갈 때에는 꺾이지 않고 그대로 나아갑니다.

빛이 공기 중에서 물로 비스듬히 나아갈 때에는 공기와 물의 경계면에서 꺾여 나아갑니다.

➡ 빛이 공기 중에서 유리로 비스듬히 나아갈 때 공기와 유리의 경계에서 굴절하는 것처럼 빛이 물을 통과하면서 굴절합니다.

(2) 자연이나 우리 생활에서 볼 수 있는 빛의 굴절 현상

① 햇빛이 물방울을 통과하면서 무지개가 생깁니다.

② 햇빛이 공기 중에서 비스듬히 나아가다가 식용유를 만나면 굴절합니다.

2 물속에 있는 물체의 모습

(1) 물속에 있는 물체의 모습

물속에 잠긴 다리가 짧아 보입니다.

물에 반쯤 잠긴 인형이 둘로 나뉘어 보입니다.

물속에 넣은 빨대가 꺾여 보입니다.

➡ 물속에 있는 물체는 실제와 다른 위치에 있는 것처럼 보입니다.

(2) 물속에 있는 물체가 실제 모습과 다르게 보이는 까닭

① 물속에 있는 물체가 실제와 다르게 보이는 것은 공기와 물의 경계면에서 빛이 굴절하기 때문입니다.

② 사람은 눈으로 들어온 빛의 연장선에 물체가 있다고 생각하기 때문에 물체로부터 오는 빛이 굴절하면 그 빛을 보는 사람에게는 물체가 실제와 다른 위치에 있는 것처럼 보입니다.

동전에서 오는 빛이 물과 공기의 경계면에서 굴절하면, 그 빛을 보는 사람은 눈으로 들어온 빛의 연장선에 동전이 있다고 생각하게 됩니다. 그래서 동전이 실제 동전의 위치와는 다르게 떠 보이는 것입니다.

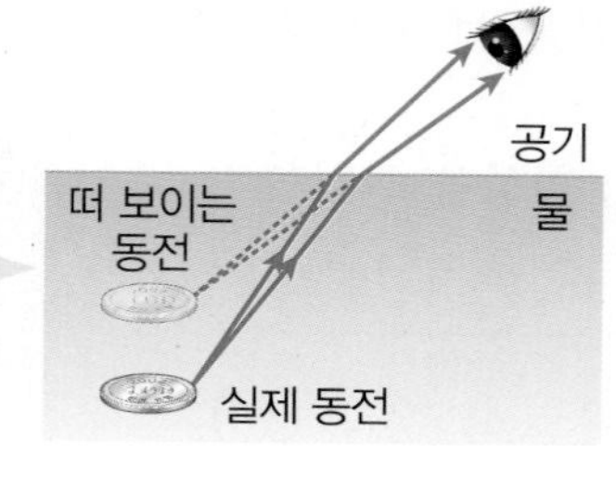

빛을 물에서 공기로 비스듬하게 비추었을 때 빛이 나아가는 모습

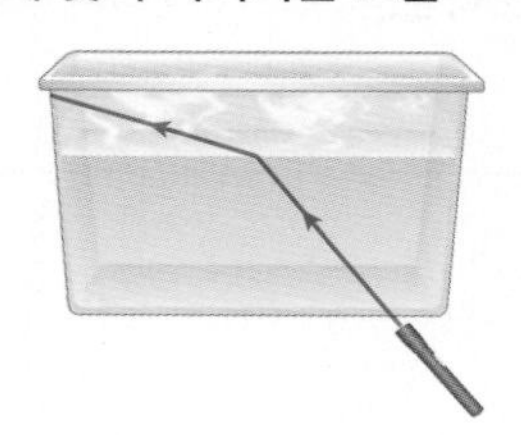

빛이 물에서 나아가다가 공기를 통과할 때 꺾여 나아갑니다.

서로 다른 물질의 경계에서 빛의 굴절

빛은 공기 중에서 식용유로 들어갈 때 그 경계에서 꺾이고, 식용유 속에서 물속으로 들어갈 때 그 경계에서 또 한 번 꺾입니다.

용어 사전

- **연장선** 어떤 직선의 한끝에서 그 방향으로 계속 이어서 만든 선.

교과서 통합 대표 실험

실험 1 물을 통과하는 빛 관찰하기 9종 공통

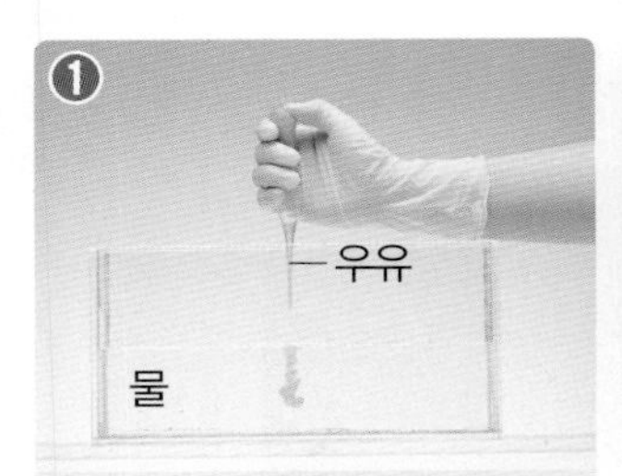

수조에 물을 채우고, 스포이트로 우유를 서너 방울 떨어뜨린 다음 유리 막대로 젓습니다.

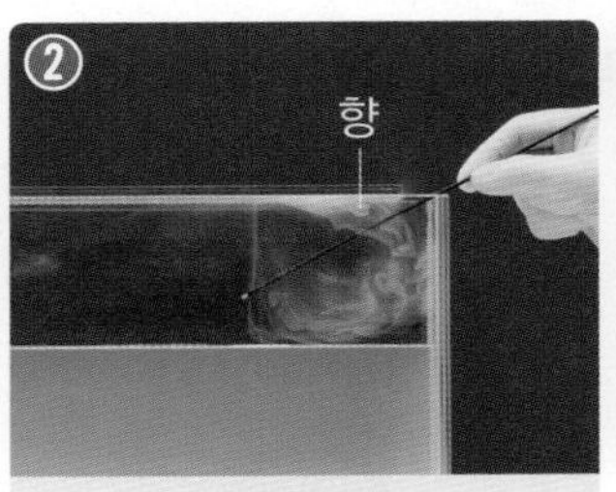

향을 피워 물 위에 넣고 투명한 플라스틱 판으로 수조를 덮어 향 연기를 채웁니다.

레이저 빛이 공기에서 물로 나아가도록 여러 각도에서 비추고, 빛이 나아가는 모습을 관찰합니다.

실험 결과

빛을 공기에서 물로 비스듬하게 비추면 빛이 공기와 물의 경계에서 꺾여 나아갑니다.

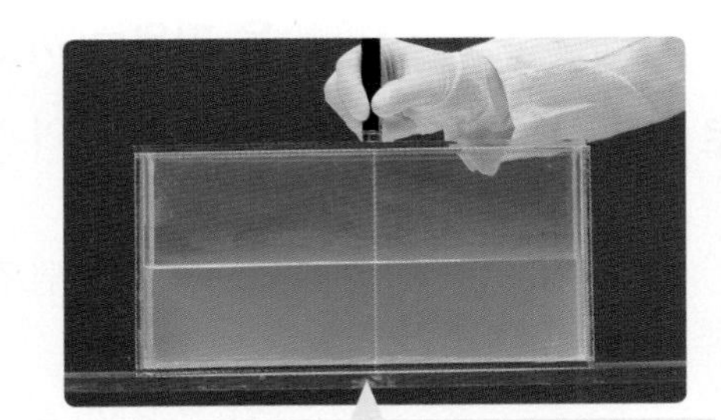

빛을 공기에서 물로 수직으로 비추면 빛이 공기와 물의 경계에서 꺾이지 않고 그대로 나아갑니다.

정리 | 빛이 공기 중에서 물로 비스듬히 나아갈 때 공기와 물의 경계에서 꺾입니다.

실험 2 물속에 있는 물체의 모습 관찰하기 동아, 지학사

❶ 물이 담긴 수조의 옆면에 자석 다트 핀 두 개를 수조 안팎으로 붙입니다.
❷ 위에서 비스듬히 바라보며 바깥쪽 자석 다트 핀을 천천히 앞뒤로 움직이면서 자석 다트 핀의 모습을 관찰합니다.

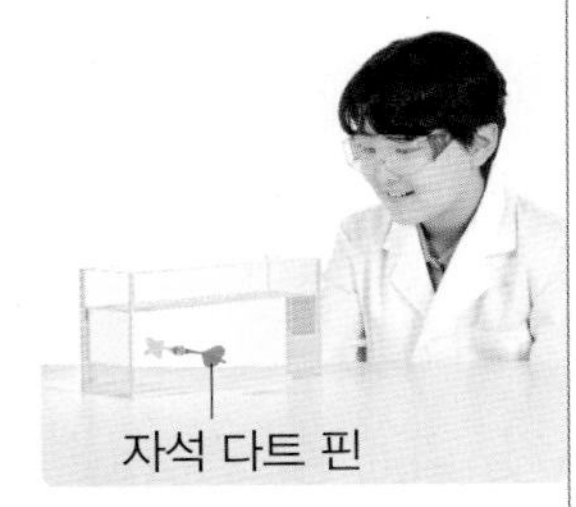

실험 결과

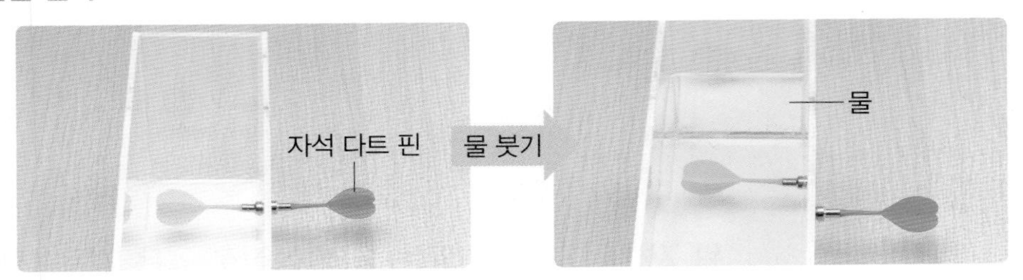

➡ 수조에 물이 없을 때는 두 자석 다트 핀이 같은 위치에 붙어 있지만, 수조에 물이 있을 때는 두 자석 다트 핀의 위치가 서로 어긋나 보입니다.

정리 | 공기와 물의 경계면에서 빛이 굴절하기 때문에 물 밖에서 물속에 있는 물체를 보면 실제와 다른 위치에 있는 것처럼 보입니다.

실험 TIP !

실험동영상

사각 수조 안에 우유를 넣고, 향을 피우면 레이저 지시기의 빛이 나아가는 모습을 잘 관찰할 수 있어요.

실험+ 컵 속의 동전 관찰하기
금성, 김영사

물을 붓지 않았을 때 / 물을 부었을 때

컵에 물을 부으면 물을 붓지 않았을 때 보이지 않던 동전이 보입니다. 이것은 동전에서 반사한 빛이 물에서 공기 중으로 나오면서 굴절하기 때문입니다.

5 단원

2 물을 통과하는 빛, 물속에 있는 물체의 모습

기본 개념 문제

1

빛이 공기 중에서 물로 비스듬히 나아갈 때에는 공기와 (　　　　　)의 경계면에서 꺾여 나아갑니다.

2

빛이 공기 중에서 물의 경계와 (　　　　　)(으)로 나아갈 때에는 꺾이지 않고 그대로 나아갑니다.

3

물속에 잠긴 빨대나 젓가락이 꺾여 보이는 까닭은 빛의 (　　　　　) 때문입니다.

4

물속에 있는 물체가 실제와 다른 위치에 있는 것처럼 보이는 까닭은 공기와 물의 경계면에서 빛이 (　　　　　)하기 때문입니다.

5

사람은 눈으로 들어온 빛의 (　　　　　)에 물체가 있다고 생각합니다.

[6-8] 다음과 같이 물을 통과하는 빛이 나아가는 모습을 관찰하기 위해 다음과 같이 실험 장치를 꾸몄습니다. 물음에 답하시오.

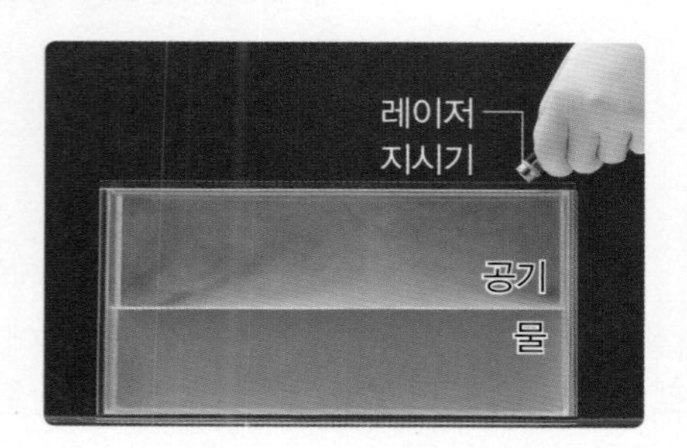

6 9종 공통

위 실험에서 물에 우유를 서너 방울 떨어뜨리고, 향을 피우는 까닭으로 옳은 것에 ○표 하시오.

(1) 빛이 나아가는 모습을 잘 관찰할 수 있기 때문이다. (　　)

(2) 수조에 담긴 물의 양을 쉽게 알 수 있기 때문이다. (　　)

(3) 우유와 향 연기가 없으면 빛이 나아가지 않기 때문이다. (　　)

7 9종 공통

위 실험에서 레이저 지시기의 빛이 공기 중에서 물로 나아가는 모습으로 옳은 것을 골라 기호를 쓰시오.

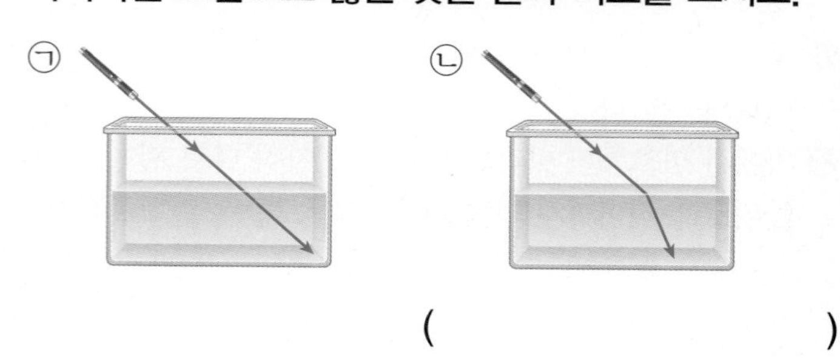

(　　　　　　　　)

8 9종 공통

위 7번 답과 관련 있는 빛의 성질로 옳은 것은 어느 것입니까? (　　　)

① 빛의 반사　② 빛의 흡수
③ 빛의 회전　④ 빛의 굴절
⑤ 빛의 축소

9 9종 공통

다음과 같이 수조 위쪽에서 수직으로 수면을 향해 레이저 지시기의 빛을 비추었을 때 빛이 나아가는 모습으로 옳은 것의 기호를 쓰시오.

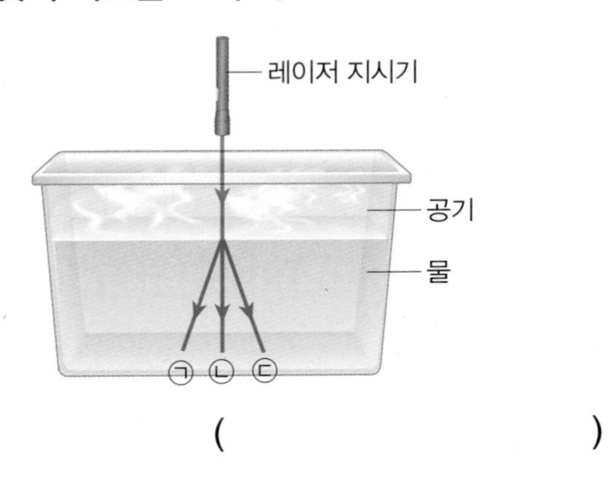

( )

[10-11] 오른쪽과 같이 사각 수조의 옆면에 자석 다트 핀 두 개를 수조 안팎으로 붙였습니다. 물음에 답하시오.

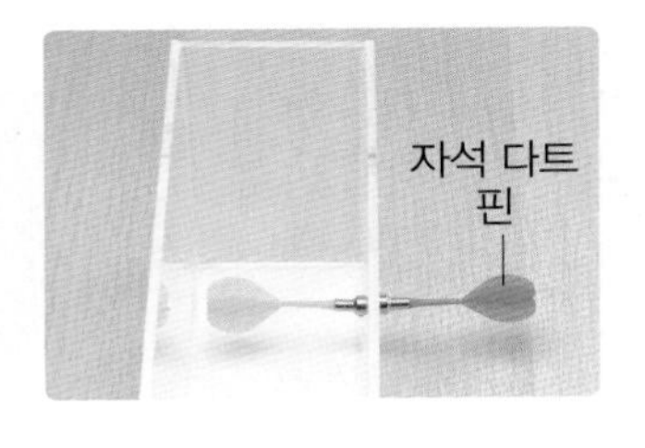

10 동아, 지학사

위 수조에 물을 부으면 두 자석 다트 핀이 어떻게 보이는지 옳은 것에 ○표 하시오.

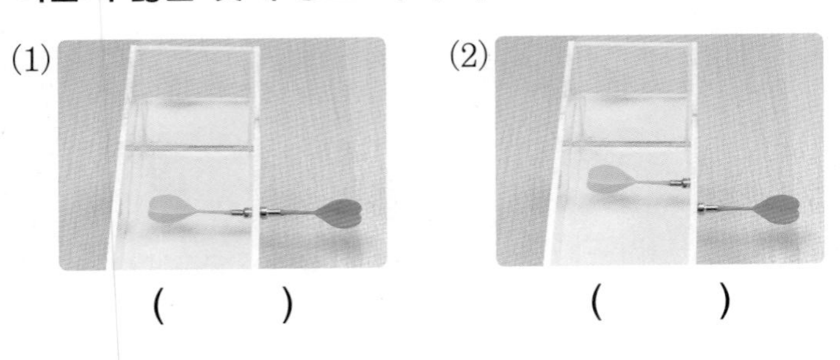

(1) ( ) (2) ( )

11 서술형 동아, 지학사

앞 10번 답과 같이 보이는 까닭을 빛의 성질과 관련지어 쓰시오.

12 동아, 금성, 김영사, 미래엔, 지학사, 천재교과서, 천재교육

빛의 굴절 때문에 나타나는 현상을 잘못 말한 사람의 이름을 쓰시오.

- 소이: 물속에 넣은 빨대가 꺾여 보여.
- 해민: 잔잔한 호수에 하늘의 구름이 비쳐 보여.
- 연지: 물에 반쯤 잠긴 인형이 둘로 나뉘어 보여.
- 주형: 수영장에 서 있는 친구의 다리가 실제보다 짧게 보여.

( )

13 동아, 금성, 김영사, 미래엔, 지학사, 천재교육

다음은 동전을 넣은 컵에 물을 붓지 않았을 때와 물을 부었을 때의 모습입니다. 이와 관련된 빛의 성질은 무엇인지 쓰시오.

물을 붓지 않았을 때의 모습

➡

물을 부었을 때의 모습

( )

5 단원

3 볼록 렌즈의 특징, 볼록 렌즈를 통과한 햇빛

1 볼록 렌즈의 특징

(1) 볼록 렌즈의 모양

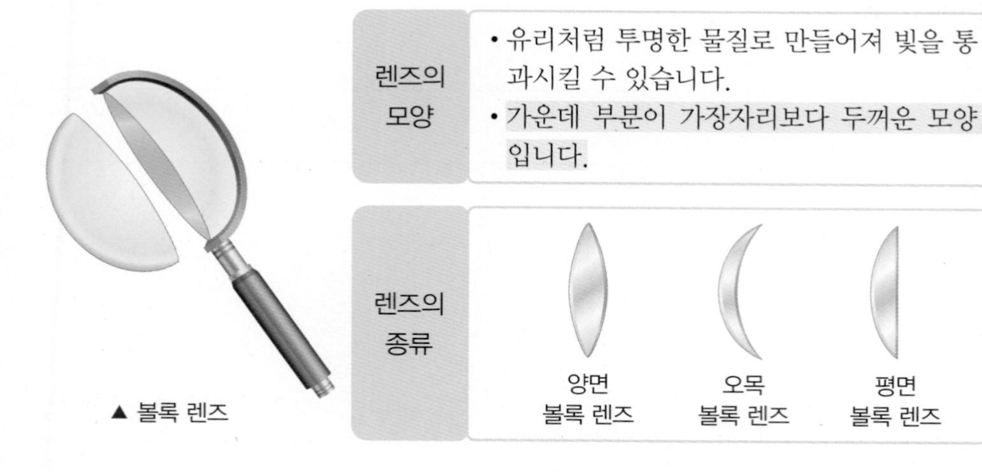

▲ 볼록 렌즈

렌즈의 모양	• 유리처럼 투명한 물질로 만들어져 빛을 통과시킬 수 있습니다. • 가운데 부분이 가장자리보다 두꺼운 모양입니다.
렌즈의 종류	양면 볼록 렌즈 / 오목 볼록 렌즈 / 평면 볼록 렌즈

(2) 볼록 렌즈와 평면 유리를 통과하는 빛 관찰하기

볼록 렌즈

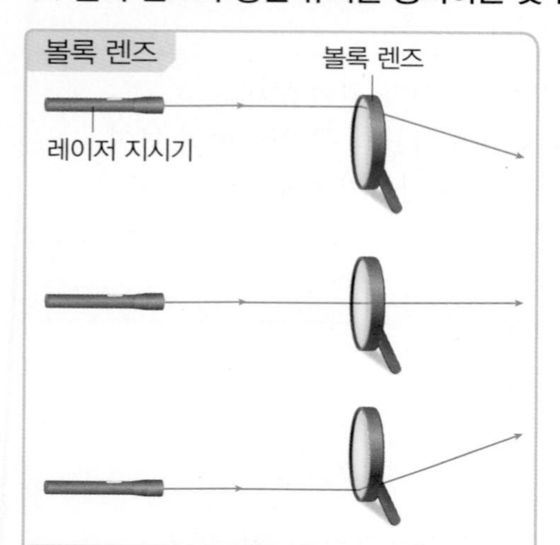

빛이 곧게 나아가다가 볼록 렌즈의 가장자리 부분을 통과하면 빛은 두꺼운 가운데 부분으로 꺾여 나아가고, 볼록 렌즈의 가운데 부분을 통과하면 빛은 꺾이지 않고 그대로 나아갑니다.

평면 유리

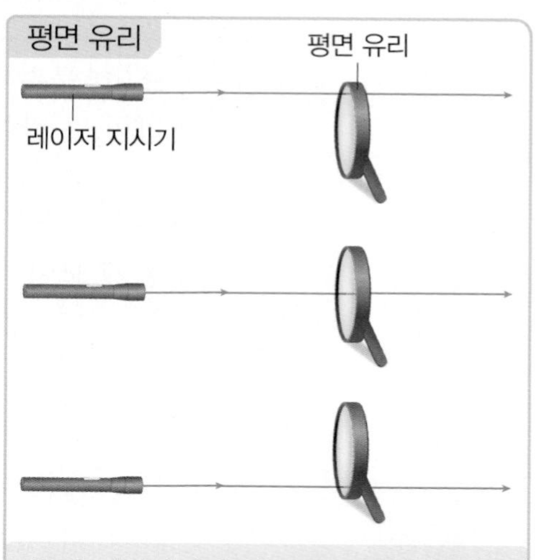

곧게 나아가다가 평면 유리의 가장자리 부분이나 가운데 부분을 통과하면 빛은 꺾이지 않고 그대로 나아갑니다.

(3) 볼록 렌즈에서 빛의 굴절

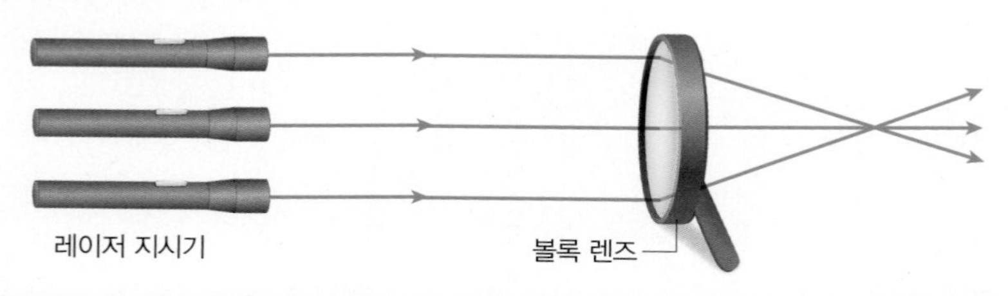

➡ 나란하게 나아가는 빛이 볼록 렌즈를 통과하면 굴절하여 한 점에 모였다가 다시 퍼져 나갑니다.

다양한 볼록 렌즈의 모양

양쪽 표면이 모두 볼록하지 않아도 가운데가 가장자리보다 두꺼운 모양이면 볼록 렌즈입니다.

코끼리를 상자에 넣는 방법

❶ 손전등과 코끼리 모양판, 스크린을 순서대로 놓고 손전등을 켭니다.
❷ 스크린에 나타난 코끼리 모양이 원의 크기에 맞도록 손전등과 코끼리 모양 판의 위치를 조절합니다.

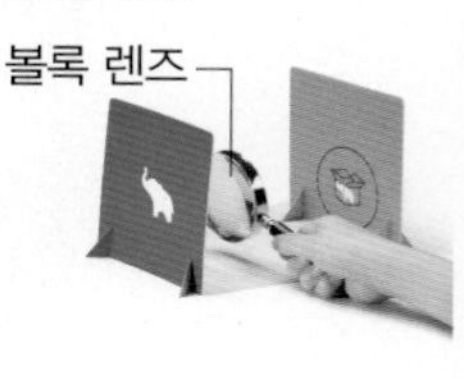

❸ 볼록 렌즈를 이용해 코끼리 모양을 상자 속으로 넣어 봅니다.

[결과]

코끼리 모양 판과 스크린 사이에 볼록 렌즈를 두면 빛을 모을 수 있기 때문에 코끼리 모양이 작아져서 상자 속으로 들어갑니다.

용어 사전

• **평면 유리** 표면에 굴곡이 없이 평평한 유리.

2 볼록 렌즈를 통과한 햇빛

(1) 볼록 렌즈와 평면 유리를 통과한 햇빛

① 볼록 렌즈와 평면 유리에서 각각 흰 종이를 점점 멀리 하면서 햇빛이 흰 종이에 만든 원의 모습

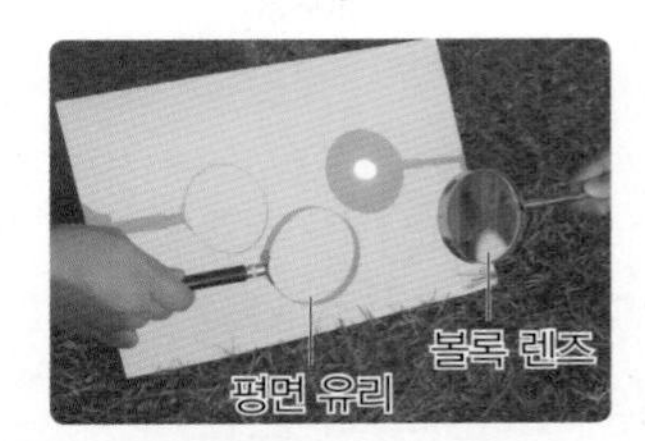

구분	볼록 렌즈와 흰 종이 사이의 거리			평면 유리와 흰 종이 사이의 거리		
흰 종이에 나타난 원의 모습	5 cm	25 cm	45 cm	5 cm	25 cm	45 cm

➡ 볼록 렌즈는 흰 종이와의 거리가 멀어지면 햇빛이 만든 원의 크기가 작아졌다가 다시 커지고, 평면 유리는 흰 종이와의 거리가 달라져도 원의 크기가 같습니다.

② 볼록 렌즈와 평면 유리에서 각각 흰 종이의 거리가 25 cm일 때 햇빛이 흰 종이에 만든 원 안의 밝기와 온도

구분	볼록 렌즈		평면 유리	
햇빛이 만든 원 안의 밝기	주변보다 밝음.		주변과 비슷함.	
온도(℃)	원 안	원 밖	원 안	원 밖
	약 50.0	약 25.0	약 24.5	약 25.0

➡ 볼록 렌즈로 햇빛을 모은 원 안의 밝기는 주변보다 밝고 온도가 높지만, 평면 유리는 햇빛을 모을 수 없어 주변과 밝기와 온도가 비슷합니다.

(2) 볼록 렌즈의 역할을 평면 유리와 비교하기

▲ 볼록 렌즈를 통과한 햇빛

▲ 평면 유리를 통과한 햇빛

① 볼록 렌즈에서는 굴절 현상이 일어나 평면 유리와 다르게 햇빛을 모을 수 있습니다.

② 볼록 렌즈로 햇빛을 모은 곳은 주변보다 밝기가 밝고, 온도가 높습니다.

(3) 볼록 렌즈를 이용해 그림 그리기

볼록 렌즈로 햇빛을 모아 열변색 종이에 비추면 햇빛을 모은 곳의 온도가 올라가 열변색 종이의 색깔이 변하기 때문에 그림을 그릴 수 있습니다.

얼음으로 불 붙이기

옛날에는 얼음을 볼록 렌즈 모양으로 다듬어 불을 붙이기도 했습니다. 나뭇가지나 마른 나뭇잎과 같이 탈 물질을 놓아둔 곳에 얼음으로 햇빛을 모으면 불을 붙일 수 있습니다.

볼록 렌즈로 그림 그리기

볼록 렌즈를 이용해 햇빛을 모아 검은색 도화지를 태워 그림을 그릴 수도 있습니다.

용어 사전

열변색 종이 온도에 따라 잉크 배열이 달라지면서 색깔이 변해 온도 변화를 확인할 수 있는 종이.

3 볼록 렌즈의 특징, 볼록 렌즈를 통과한 햇빛

기본 개념 문제

1

(　　　　　)은/는 유리처럼 투명한 물질을 사용해 가운데가 가장자리보다 두꺼운 모양으로 만든 기구입니다.

2

레이저 지시기의 빛이 곧게 나아가다가 볼록 렌즈의 (　　　　　) 부분을 통과하면 빛은 꺾이지 않고 그대로 나아갑니다.

3

레이저 지시기의 빛이 곧게 나아가다가 볼록 렌즈의 (　　　　　) 부분을 통과하면 빛은 두꺼운 가운데 부분으로 꺾여 나아갑니다.

4

평면 유리는 햇빛을 모을 수 (　　　　　).

5

볼록 렌즈로 햇빛을 모은 곳은 주변보다 밝기가 밝고, 온도가 (　　　　　).

[6-7] 다음은 여러 가지 렌즈의 모습입니다. 물음에 답하시오.

(가)　　　　(나)　　　　(다)

6 9종 공통

위 (가)~(다) 중 가운데 부분이 가장자리보다 두꺼운 렌즈를 두 가지 골라 기호를 쓰시오.

(　　　　　　　　)

7 9종 공통

위 **6**번 답과 같은 렌즈의 이름은 무엇인지 쓰시오.

(　　　　　　　　)

[8-9] 다음과 같이 볼록 렌즈에 레이저 지시기의 빛을 비추는 실험을 하였습니다. 물음에 답하시오.

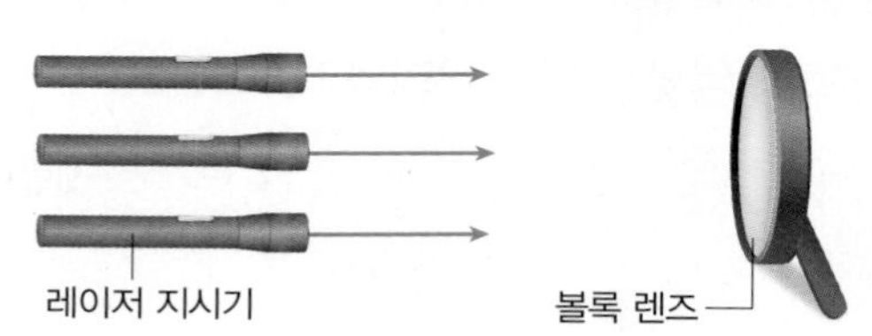

8 9종 공통

위 실험에 대한 설명으로 옳은 것은 어느 것입니까?

(　　　)

① 빛은 볼록 렌즈를 통과하지 못한다.
② 빛이 볼록 렌즈를 통과하면 항상 직진한다.
③ 빛이 볼록 렌즈의 가운데 부분을 통과하면 꺾여 나아간다.
④ 위 실험에서 볼록 렌즈를 거울로 바꾸어도 실험 결과는 같다.
⑤ 빛이 볼록 렌즈의 가장자리 부분을 통과하면 가운데 부분으로 꺾여 나아간다.

9 9종 공통

앞 실험에서 빛이 볼록 렌즈를 통과하여 나아가는 모습으로 옳은 것을 보기 에서 골라 기호를 쓰시오.

보기

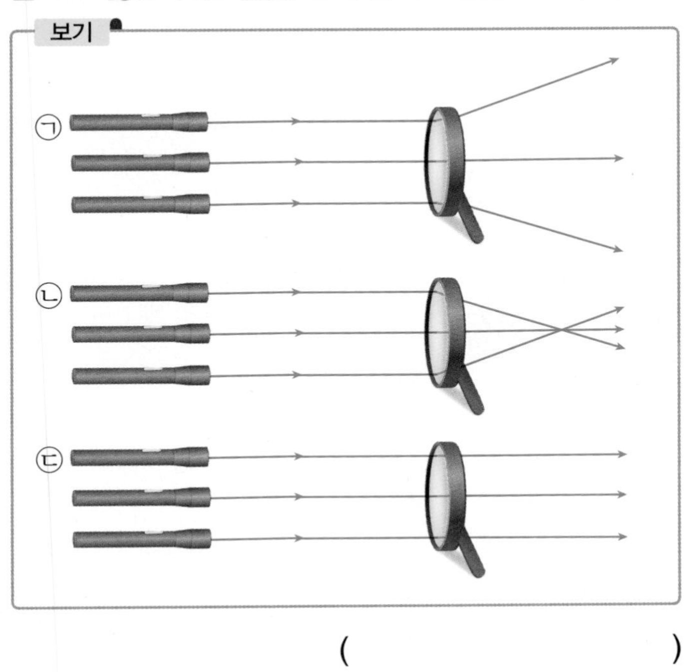

( )

[10-11] 볼록 렌즈를 통과한 햇빛을 관찰하는 실험을 하였습니다. 물음에 답하시오.

10 금성, 지학사, 천재교과서, 천재교육

위 실험에서 볼록 렌즈를 흰색 종이에서 점점 멀리하면서 흰 종이에 나타난 원의 모습을 옳게 그린 것에 ○표 하시오.

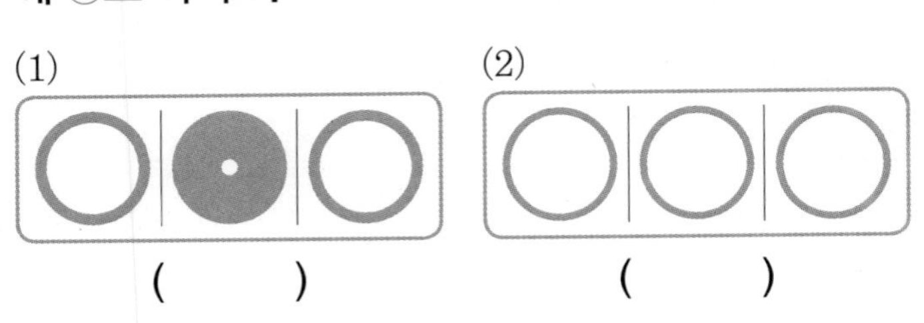

(1) ( ) (2) ( )

11 금성, 지학사, 천재교과서, 천재교육

앞 10번 답과 같은 결과가 나타난 까닭을 옳게 설명한 사람의 이름을 쓰시오.

- 선미: 볼록 렌즈를 통과한 햇빛은 모이지 않고 퍼지기 때문이야.
- 기강: 볼록 렌즈를 통과한 햇빛은 굴절하지 않고 직진하기 때문이야.
- 형주: 볼록 렌즈를 통과한 햇빛은 굴절해서 한곳으로 모이기 때문이야.

( )

12 금성, 지학사, 천재교과서, 천재교육

평면 유리를 통과한 햇빛을 나타낸 것은 어느 것인지 기호를 쓰시오.

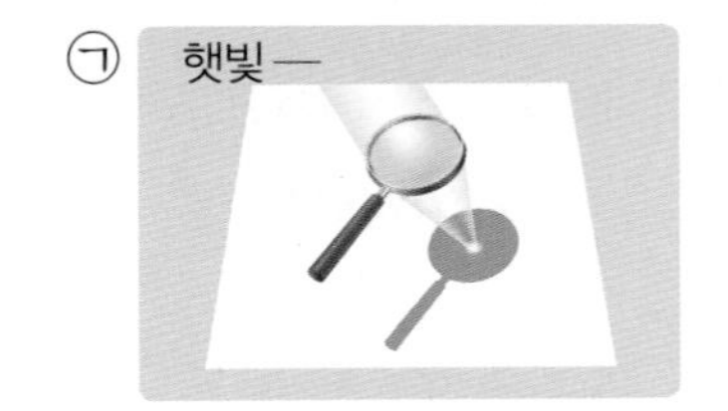

( )

13 서술형 금성, 지학사, 천재교과서, 천재교육

볼록 렌즈로 햇빛을 모은 원 안의 밝기와 온도는 어떠한지 원 밖과 비교하여 쓰시오.

4 볼록 렌즈로 관찰한 물체의 모습, 볼록 렌즈의 쓰임새

1 볼록 렌즈로 관찰한 물체의 모습

(1) 볼록 렌즈로 여러 가지 물체를 관찰한 모습

① 볼록 렌즈에서 빛의 굴절이 일어나기 때문에 볼록 렌즈로 물체를 관찰하면 실제 모습과 다르게 보입니다.

② 볼록 렌즈로 본 물체의 모습은 실제보다 크게 보이거나 작게 보입니다.

③ 볼록 렌즈로 물체를 보면 상하좌우가 바뀌어 보이기도 합니다.

실제보다 크게 보입니다.

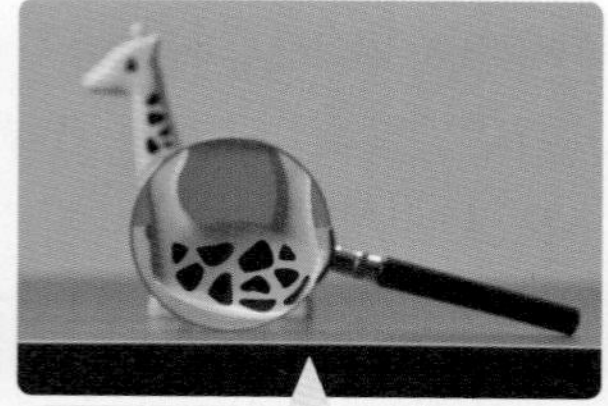

실제보다 크고 상하좌우가 바뀌어 보입니다.

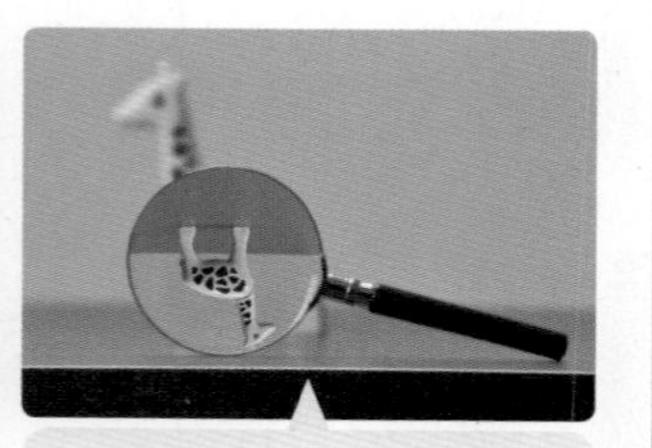

실제보다 작고 상하좌우가 바뀌어 보입니다.

(2) 볼록 렌즈와 같은 구실을 하는 물체

① 볼록 렌즈와 같은 구실을 하는 물체에는 물방울, 둥근 유리 막대, 물이 담긴 둥근 어항, 둥근 플라스크, 눈금 실린더, 유리구슬 등이 있습니다.

② 볼록 렌즈와 같은 구실을 하는 물체는 가운데 부분이 가장자리보다 두껍고, 투명해서 빛을 통과시킬 수 있다는 공통점이 있습니다.

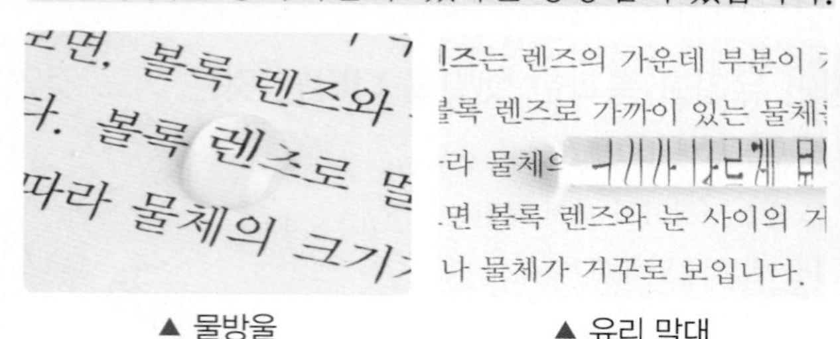

▲ 물방울　　▲ 유리 막대

▲ 유리구슬

볼록 렌즈와 같은 구실을 하는 물체

물이 담긴 둥근 어항도 가운데가 가장자리보다 두껍고 투명하기 때문에 볼록 렌즈와 같은 구실을 할 수 있습니다.

2 볼록 렌즈를 이용한 간이 사진기

(1) 간이 사진기 만들기

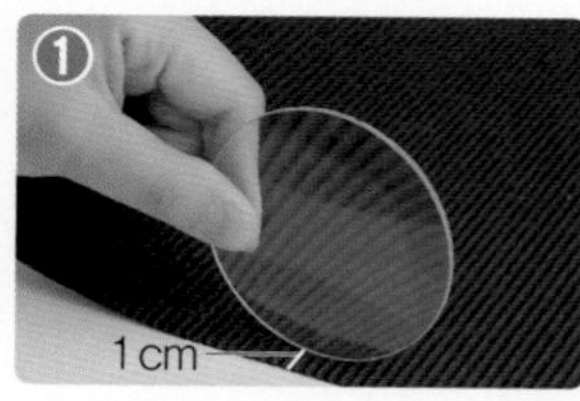

골판지의 1 cm 안쪽으로 자를 대고 볼록 렌즈로 길게 홈을 냅니다.

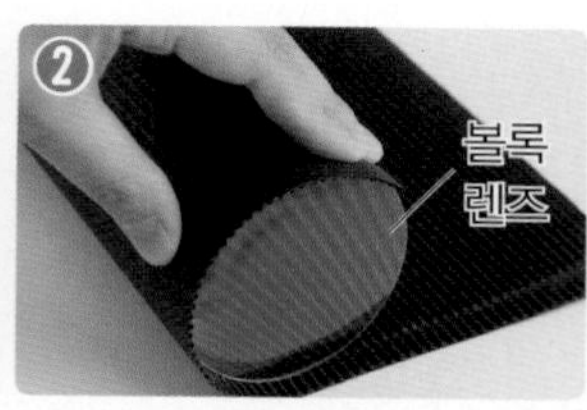

홈에 볼록 렌즈를 끼우고 둥글게 말아 고무줄로 고정합니다.

큰 원통에 끼울 작은 원통을 둥글게 말아 고무줄로 고정합니다.

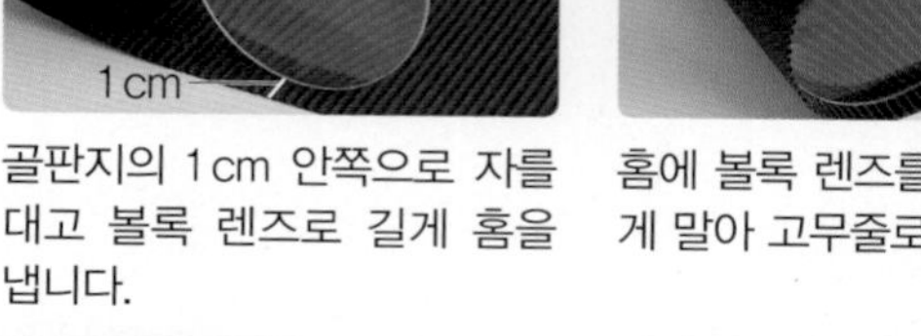

작은 원통 한쪽에 비닐을 씌워 고무줄로 고정합니다.

큰 원통에 작은 원통을 끼워 간이 사진기를 완성합니다.

완성한 원통형 간이 사진기

용어 사전

눈금 실린더 액체의 부피를 잴 수 있도록 만든, 눈금이 새겨진 원통형의 시험관.

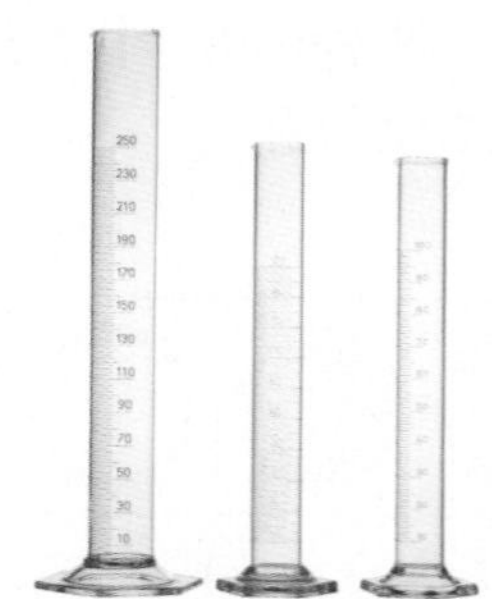

(2) 간이 사진기로 물체를 본 모습

① 간이 사진기로 관찰한 물체의 모습은 실제 모습과 다르게 보입니다.

② 간이 사진기로 물체를 관찰하면 물체의 모습이 상하좌우가 바뀌어 보입니다.

➡ 이것은 간이 사진기에 있는 볼록 렌즈에서 빛이 굴절하여 반투명한 비닐에 상하좌우가 바뀐 물체의 모습을 만들기 때문입니다.

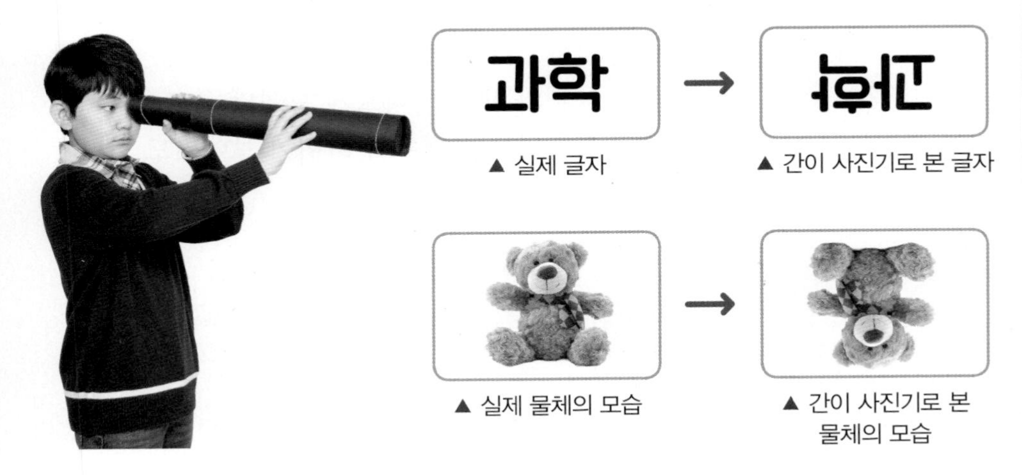

▲ 실제 글자

▲ 간이 사진기로 본 글자

▲ 실제 물체의 모습

▲ 간이 사진기로 본 물체의 모습

간이 사진기의 구조

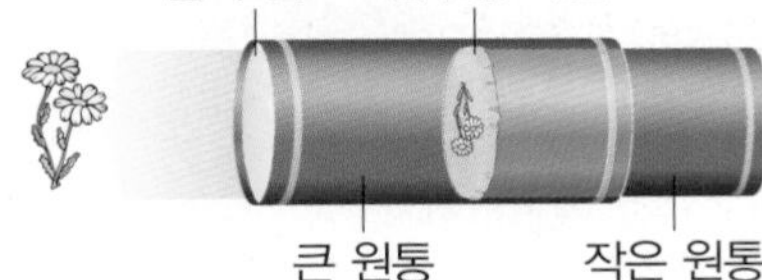

큰 원통은 볼록 렌즈를 붙여 빛을 굴절시켜 모으는 역할을 하고, 작은 원통은 앞에 반투명 비닐이나 종이를 붙여 스크린 역할을 합니다.

3 우리 생활에서 볼록 렌즈를 이용하는 예

① 빛을 모아 사진이나 영상을 촬영할 때 볼록 렌즈를 이용합니다.

② 멀리 있는 물체를 확대하여 자세히 관찰할 때 볼록 렌즈를 이용합니다.

③ 작은 물체를 확대하여 자세히 관찰할 때 볼록 렌즈를 이용합니다.

④ 빛을 모아 멀리까지 빛을 비출 때 볼록 렌즈를 이용합니다.

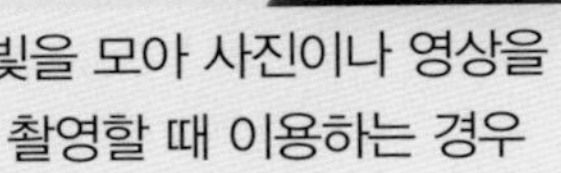

빛을 모아 사진이나 영상을 촬영할 때 이용하는 경우

멀리 있는 물체를 확대하여 자세히 관찰할 때 이용하는 경우

작은 물체를 확대하여 자세히 관찰할 때 이용하는 경우

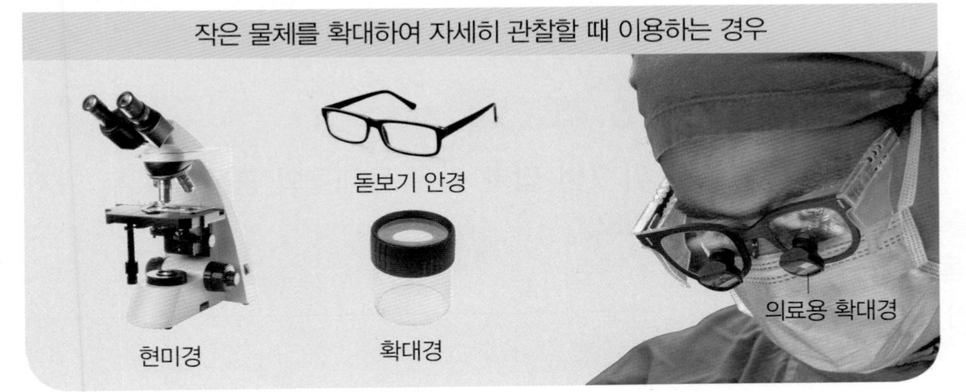

자동차 전조등과 등대에 쓰인 볼록 렌즈

▲ 자동차 전조등

▲ 등대

자동차 전조등과 등대는 전구에서 나온 빛을 모아 멀리까지 빛을 비추는 데 쓰입니다.

5 단원

용어 사전

- **전조등** 자동차나 기차의 앞에 달아 앞에 빛을 비추어 멀리 볼 수 있도록 만든 등.

4 볼록 렌즈로 관찰한 물체의 모습, 볼록 렌즈의 쓰임새

기본 개념 문제

1

볼록 렌즈에서 빛의 (   )이/가 일어나기 때문에 볼록 렌즈로 물체를 관찰하면 실제 모습과 다르게 보입니다.

2

볼록 렌즈와 같은 구실을 하는 물체에는 유리 막대, 유리구슬, (   ) 등이 있습니다.

3

볼록 렌즈와 같은 구실을 하는 물체는 투명하고, 가운데 부분이 가장자리보다 (   )은/는 공통점이 있습니다.

4

볼록 렌즈를 이용해 만든 간이 사진기로 물체를 관찰하면 물체의 모습이 (   )이/가 바뀌어 보입니다.

5

볼록 렌즈를 이용해 작은 물체를 확대하여 자세히 관찰할 때 이용하는 도구에는 돋보기 안경, 의료용 확대경, (   ) 등이 있습니다.

6 9종 공통

볼록 렌즈로 관찰한 물체의 모습에 대한 설명으로 옳은 것을 두 가지 고르시오. (   )

① 항상 실제 물체와 똑같이 보인다.
② 항상 실제 물체보다 작게 보인다.
③ 실제 물체보다 크게 보이기도 한다.
④ 실제 물체와 색깔만 다르게 보인다.
⑤ 실제 물체와 상하좌우가 바뀌어 보이기도 한다.

7 9종 공통

볼록 렌즈와 같은 구실을 하는 물체를 보기 에서 모두 골라 기호를 쓰시오.

보기		
㉠ 거울	㉡ 물방울	㉢ 유리구슬
㉣ 평면 유리	㉤ 물이 담긴 둥근 어항	

(   )

8 서술형 9종 공통

위 7번 답과 같은 물체들의 공통점을 두 가지 쓰시오.

____

____

[9-11] 다음은 간이 사진기를 만드는 과정입니다. 물음에 답하시오.

> (가) 골판지의 1 cm 안쪽으로 길게 홈을 낸다.
> (나) 홈에 (㉠)을/를 끼우고 둥글게 말아 고무줄로 고정한다.
> (다) 큰 원통에 끼울 작은 원통을 둥글게 말아 고무줄로 고정한다.
> (라) 작은 원통 한쪽에 반투명한 비닐을 씌워 고무줄로 고정한 뒤 큰 원통에 작은 원통을 끼운다.

9 금성, 김영사, 미래엔, 지학사, 천재교육

위 과정 (나)에서 홈에 끼우는 물체 ㉠은 무엇인지 쓰시오.

( )

10 금성, 김영사, 미래엔, 지학사, 천재교육

위 과정을 통해 완성한 간이 사진기로 오른쪽 글자를 관찰했을 때 볼 수 있는 모습으로 옳은 것은 어느 것입니까? ( )

과학

① 과학
②
③
④

11 금성, 김영사, 미래엔, 지학사, 천재교육

위 10번 답과 같이 보이는 까닭으로 ( )에 들어갈 알맞은 말을 각각 쓰시오.

> 간이 사진기에 있는 볼록 렌즈에서 빛이 (㉠) 하여 물체의 (㉡)이/가 바뀌어 보이기 때문이다.

㉠ ( ), ㉡ ( )

12 ✚ 9종 공통

우리 생활에서 볼록 렌즈를 이용하는 경우가 아닌 것은 어느 것입니까? ( )

① 천체 망원경으로 밤하늘을 관찰할 때 쓰인다.
② 세면대에서 내 얼굴을 거울에 비춰 볼 때 쓰인다.
③ 운동장에서 확대경으로 개미를 관찰할 때 쓰인다.
④ 할아버지께서 돋보기 안경으로 신문을 읽으실 때 쓰인다.
⑤ 야구 경기장에서 쌍안경으로 멀리 있는 선수를 볼 때 쓰인다.

13 ✚ 9종 공통

다음 물체들을 볼록 렌즈의 쓰임새에 알맞게 선으로 이으시오.

(1) 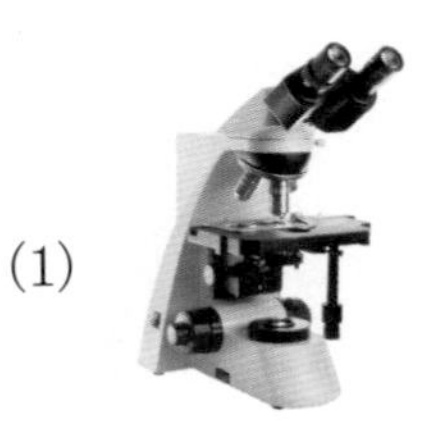
현미경
• 　　• ㉠ 빛을 모아 사진이나 영상을 촬영할 때

(2) 
사진기
• 　　• ㉡ 작은 물체를 확대하여 자세히 관찰할 때

(3) 
자동차 전조등
• 　　• ㉢ 빛을 모아 멀리까지 빛을 비출 때

5 단원

5 빛과 렌즈

1. 빛의 성질

(1) 프리즘을 통과한 햇빛

① 햇빛이 프리즘을 통과하면 여러 가지 빛깔로 나타납니다.

② 햇빛은 여러 가지 색의 빛으로 되어 있습니다.

★ 프리즘을 통과한 햇빛

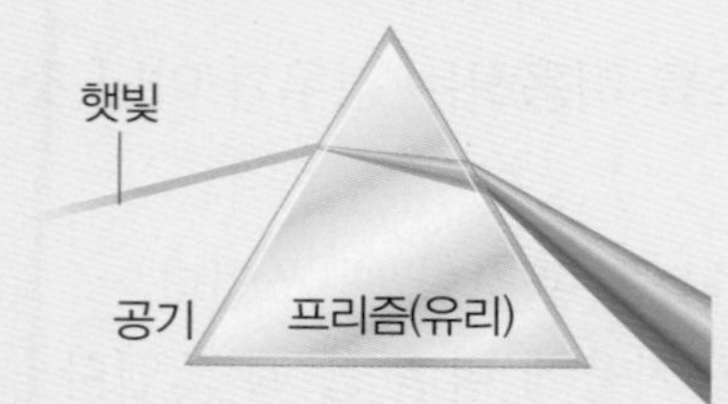

프리즘을 통과한 햇빛은 여러 가지 빛깔로 나타납니다.

(2) 유리와 물을 통과하는 빛

구분	빛이 공기 중에서 유리나 물로 비스듬히 나아갈 때	빛이 공기 중에서 유리나 물로 수직으로 나아갈 때
빛이 나아가는 모습	유리 판 / 물	유리 판 / 물
	빛이 공기 중에서 유리나 물로 비스듬히 나아갈 때에는 공기와 물의 경계면에서 꺾여 나아감.	빛이 공기 중에서 유리나 물로 수직으로 나아갈 때에는 꺾이지 않고 그대로 나아감.

(3) 빛의 ❶ ________ : 빛이 서로 다른 물질의 경계면을 지날 때 꺾여 나아가는 현상을 말합니다.

(4) 물속에 있는 물체의 모습

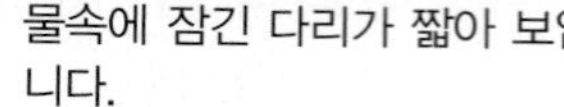
물속에 잠긴 다리가 짧아 보입니다.

물에 반쯤 잠긴 인형이 둘로 나뉘어 보입니다.

물속에 넣은 빨대가 꺾여 보입니다.

➡ 물속에 있는 물체가 실제와 다른 위치에 있는 것처럼 보이는 까닭은 공기와 물의 경계면에서 빛이 굴절하기 때문입니다.

★ 물속의 동전 관찰하기

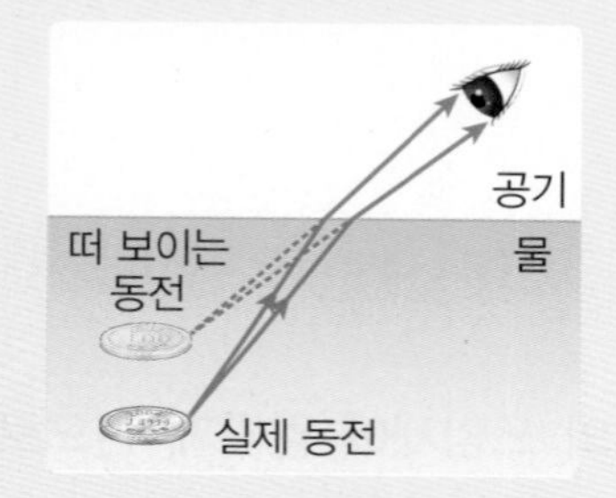

동전에서 오는 빛이 물과 공기의 경계면에서 굴절하면, 그 빛을 보는 사람은 눈으로 들어온 빛의 연장선에 동전이 있다고 생각하게 됩니다. 그래서 동전이 실제 동전의 위치와는 다르게 떠 보입니다.

2. 볼록 렌즈

(1) 볼록 렌즈의 특징

① 유리처럼 투명한 물질로 만들어져 빛을 통과시킬 수 있습니다.

② 가운데 부분이 가장자리보다 두꺼운 모양입니다.

(2) 볼록 렌즈에서 빛의 굴절

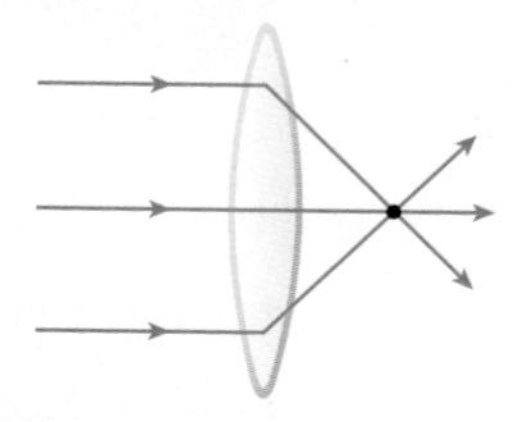

빛이 곧게 나아가다가 볼록 렌즈의 가장자리 부분을 통과하면 빛은 두꺼운 가운데 부분으로 꺾여 나아가고, 볼록 렌즈의 가운데 부분을 통과하면 빛은 꺾이지 않고 그대로 나아갑니다.

➡ 나란하게 나아가는 빛이 볼록 렌즈를 통과하면 굴절하여 한 점에 모였다가 다시 퍼져 나갑니다.

★ 다양한 볼록 렌즈의 종류

양쪽 표면이 모두 볼록하지 않아도 가운데가 가장자리보다 두꺼운 모양이면 볼록 렌즈입니다.

(3) 볼록 렌즈를 통과한 햇빛

① 볼록 렌즈에서는 굴절 현상이 일어나 평면 유리와 다르게 햇빛을 모을 수 있습니다.

② 볼록 렌즈로 햇빛을 모은 곳은 주변보다 밝기가 ❷ ______, 온도가 ❸ ______.

★ 평면 유리를 통과한 햇빛

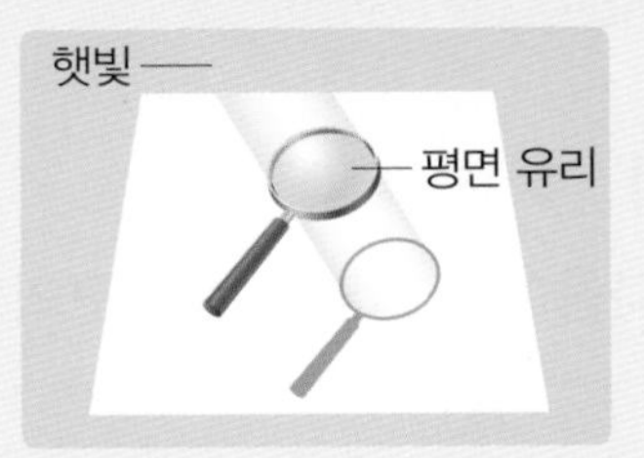

평면 유리는 햇빛을 모을 수 없어 밝기와 온도가 주변과 비슷합니다.

3. 볼록 렌즈로 관찰한 물체의 모습

(1) 볼록 렌즈로 관찰한 물체의 모습

① 볼록 렌즈로 본 물체의 모습은 실제보다 크게 보이거나 작게 보입니다.

② 볼록 렌즈로 물체를 보면 상하좌우가 바뀌어 보이기도 합니다.

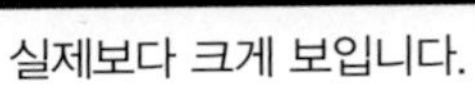
실제보다 크게 보입니다.

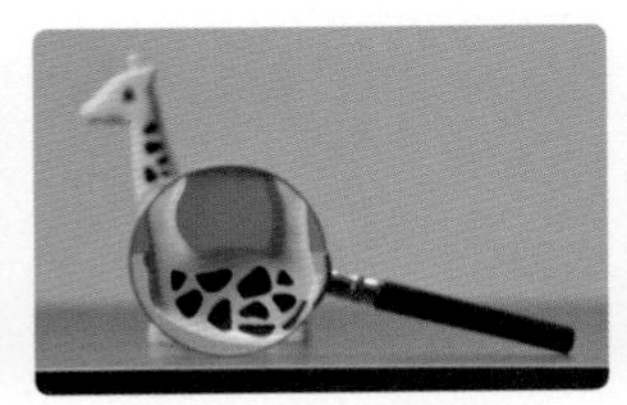
실제보다 크고 상하좌우가 바뀌어 보입니다.

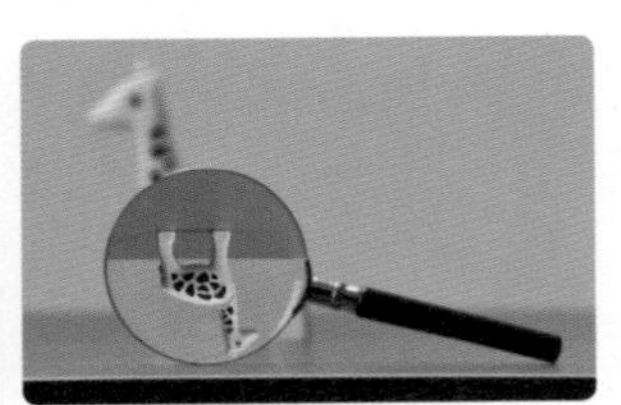
실제보다 작고 상하좌우가 바뀌어 보입니다.

(2) 볼록 렌즈와 같은 구실을 하는 물체

① 볼록 렌즈와 같은 구실을 하는 물체에는 물방울, 둥근 유리 막대, 물이 담긴 둥근 어항, 둥근 플라스크, 눈금 실린더, 유리구슬 등이 있습니다.

② 공통점: 가운데 부분이 가장자리보다 두껍고, ❹ ______해서 빛을 통과시킬 수 있습니다.

(3) 볼록 렌즈를 이용한 간이 사진기

① 간이 사진기로 물체를 관찰하면 물체의 모습이 ❺ ______가 바뀌어 보입니다.

▲ 실제 글자

→

▲ 간이 사진기로 본 글자

② 이것은 간이 사진기에 있는 볼록 렌즈에서 빛이 굴절하여 반투명한 비닐에 상하좌우가 바뀐 물체의 모습을 만들기 때문입니다.

★ 볼록 렌즈와 같은 구실을 하는 물체

▲ 물방울

▲ 유리구슬

▲ 물이 든 둥근 어항

4. 볼록 렌즈의 쓰임새

사진기	망원경	현미경	자동차 전조등
빛을 모아 사진이나 영상을 촬영함.	멀리 있는 물체를 확대하여 자세히 관찰함.	작은 물체를 확대하여 자세히 관찰함.	전구의 빛을 모아 멀리까지 빛을 비춤.

5 단원

5. 빛과 렌즈

1 9종 공통

다음에서 설명하는 기구의 이름을 쓰시오.

유리나 플라스틱 등으로 만든 투명한 삼각기둥 모양의 기구이다.

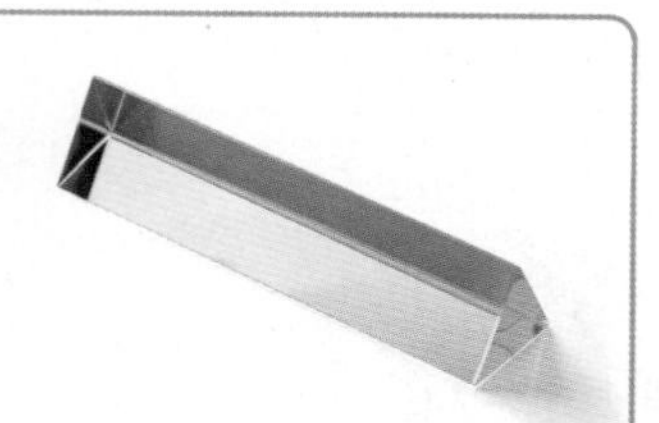

( )

2 9종 공통

햇빛을 프리즘에 통과시켰을 때, 햇빛이 흰 종이에 나타난 모습으로 옳은 것의 기호를 쓰시오.

㉠ 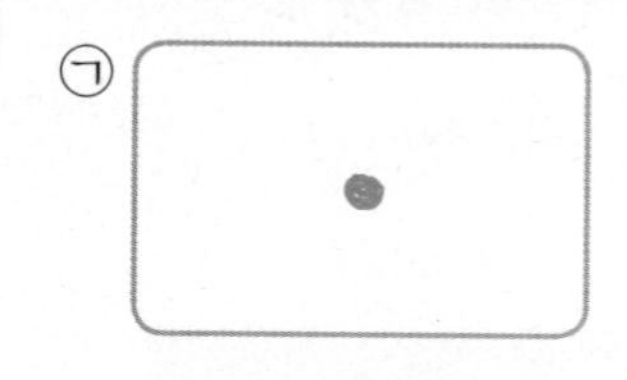

㉡ 

( )

3 서술형 9종 공통

오른쪽은 빛이 공기 중에서 나아가다가 유리를 통과하는 모습입니다. 이 실험 결과를 통해 알 수 있는 사실은 무엇인지 쓰시오.

4 9종 공통

레이저 지시기의 빛을 물이 든 수조의 위쪽과 아래쪽에서 각각 비출 때, 빛이 나아가는 모습으로 옳은 것을 두 가지 고르시오. ( )

① 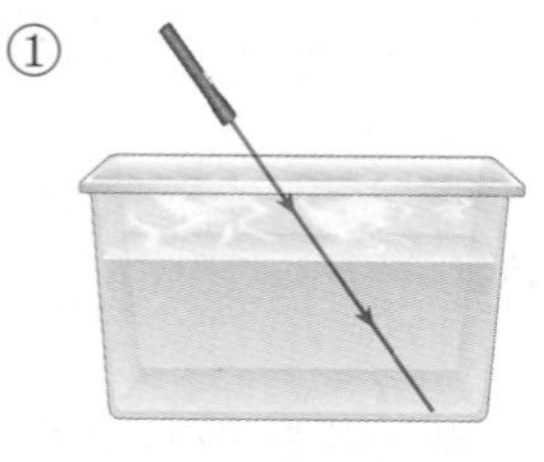

② 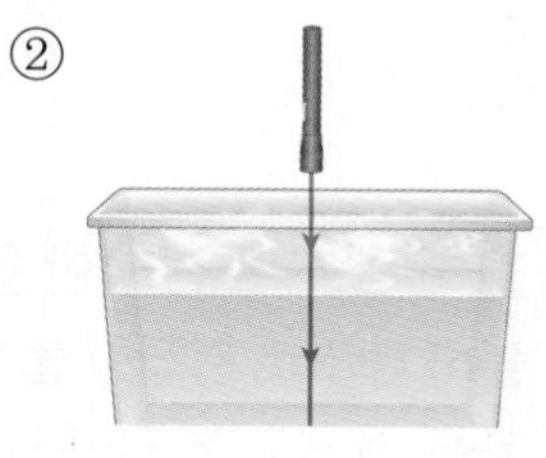

③ 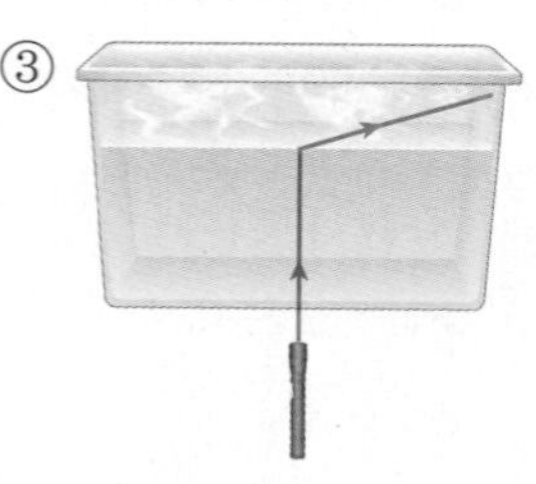

④ 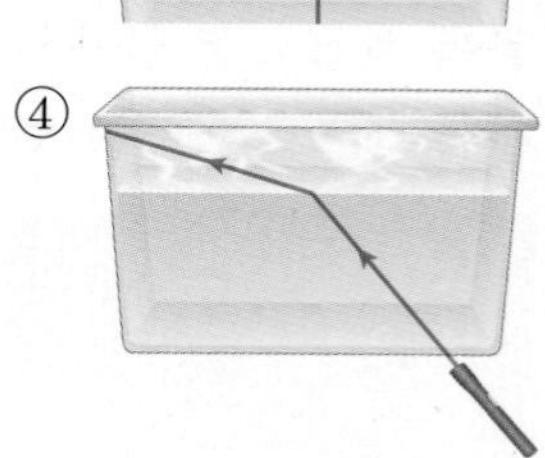

5 동아, 금성, 김영사, 미래엔, 지학사, 천재교과서, 천재교육

오른쪽과 같이 물속에 넣은 빨대가 꺾여 보이는 것은 빛의 어떤 성질 때문인지 보기 에서 골라 기호를 쓰시오.

보기

㉠ 빛의 직진　　㉡ 빛의 반사
㉢ 빛의 굴절　　㉣ 빛의 분산

( )

6 동아, 금성, 김영사, 미래엔, 지학사, 천재교과서, 천재교육

빛의 굴절로 나타나는 현상을 잘못 말한 사람의 이름을 쓰시오.

- 지수: 수영장 물의 깊이가 실제보다 얕아 보여.
- 선규: 물속에 잠긴 다리가 실제보다 짧아 보여.
- 보아: 거울에 비친 물체의 모습이 좌우가 바뀌어 보여.
- 의진: 비가 온 뒤 햇빛이 비칠 때 하늘에 무지개가 생겨.

( )

7 ⊕ 9종 공통

볼록 렌즈가 아닌 것을 두 가지 고르시오. ( )

① 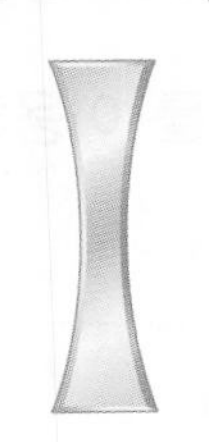

② 

③ 

④ 

[8-10] 다음은 햇빛이 볼록 렌즈와 평면 유리를 통과하여 흰 종이에 나타난 모습입니다. 물음에 답하시오.

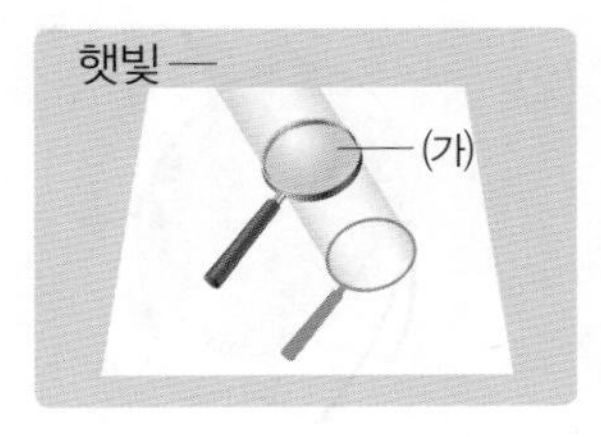

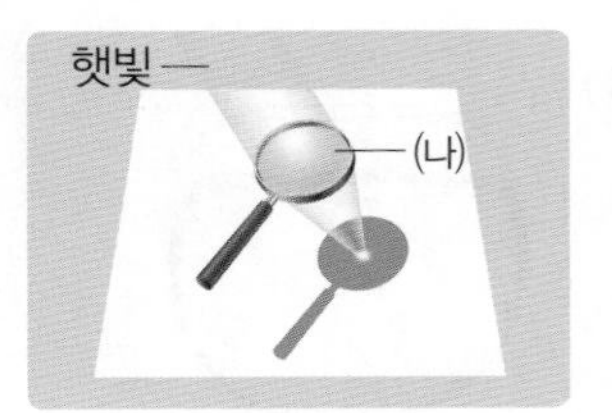

8 금성, 지학사, 천재교과서, 천재교육

위 실험에서 (가)와 (나)는 볼록 렌즈와 평면 유리 중 어느 것인지 각각 쓰시오.

(가) ( ), (나) ( )

9 금성, 지학사, 천재교과서, 천재교육

위 (가)와 (나) 중 열변색 종이 위에서 움직였을 때 오른쪽과 같은 그림을 그릴 수 있는 것은 어느 것인지 기호를 쓰시오.

( )

10 서술형 금성, 지학사, 천재교과서, 천재교육

위 9번 답과 같은 결과가 나타난 까닭은 무엇인지 보기 의 단어를 모두 사용하여 쓰시오.

보기

볼록 렌즈, 햇빛, 온도, 열변색 종이

5 단원

11 9종 공통

볼록 렌즈와 같은 구실을 하는 물체를 모두 골라 ○표 하시오.

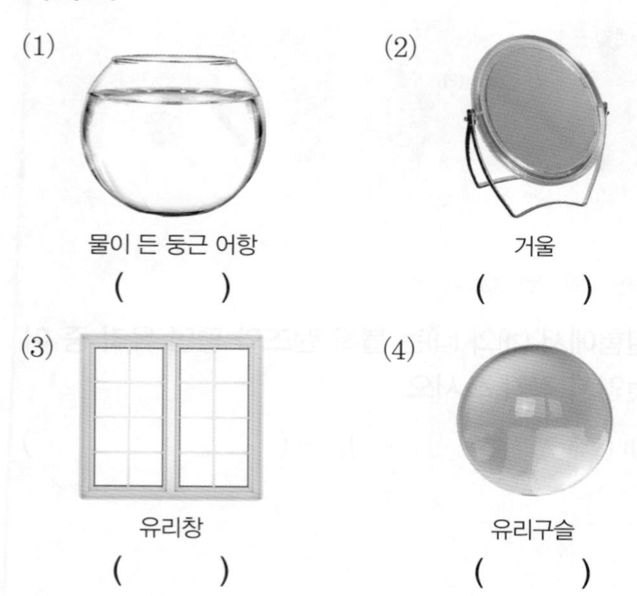

12 9종 공통

위 11번 답과 같은 물체들의 공통점을 두 가지 고르시오. (   )

① 투명해서 빛을 통과시킬 수 있다.
② 가운데 부분이 가장자리보다 두껍다.
③ 가장자리 부분이 가운데보다 두껍다.
④ 빛을 모두 반사시키기 때문에 빛을 통과시키지 못한다.
⑤ 빛을 모두 흡수하기 때문에 그림자를 진하게 만든다.

[13-14] 오른쪽과 같이 볼록 렌즈를 이용하여 간이 사진기를 만들었습니다. 물음에 답하시오.

13 금성, 김영사, 미래엔, 지학사, 천재교육

위 간이 사진기로 다음 글자를 관찰하면 어떻게 보이는지 그리시오.

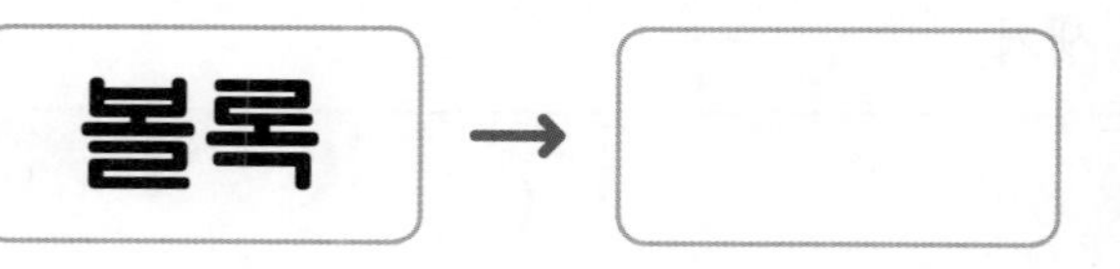

14 서술형 금성, 김영사, 미래엔, 지학사, 천재교육

위 13번 답과 같이 보이는 까닭은 무엇인지 쓰시오.

____

____

15 9종 공통

다음 보기 중 우리 생활에서 볼록 렌즈를 이용하는 경우가 아닌 것을 골라 기호를 쓰시오.

보기
㉠ 햇빛을 가려 그늘을 만들 때
㉡ 천체 망원경으로 달을 관찰할 때
㉢ 현미경으로 세포를 자세히 관찰할 때
㉣ 돋보기 안경을 착용하고 책을 읽을 때

(   )

5. 빛과 렌즈

1 9종 공통

다음은 햇빛이 프리즘을 통과하면 여러 가지 빛깔로 나타나는 까닭을 정리한 것입니다. ( ) 안에 공통으로 들어갈 알맞은 말을 쓰시오.

햇빛이 프리즘에서 (   )할 때 빛의 색에 따라 (   )하는 정도가 달라서, 햇빛이 프리즘을 통과하면 무지갯빛으로 퍼져 보인다.

(   )

2 9종 공통

다음과 같이 수조에 유리판을 넣고 향 연기를 채운 다음 레이저 지시기의 빛을 비스듬히 비추고, 수직으로 비추었을 때 빛이 나아가는 방향을 화살표로 나타내시오.

(1)

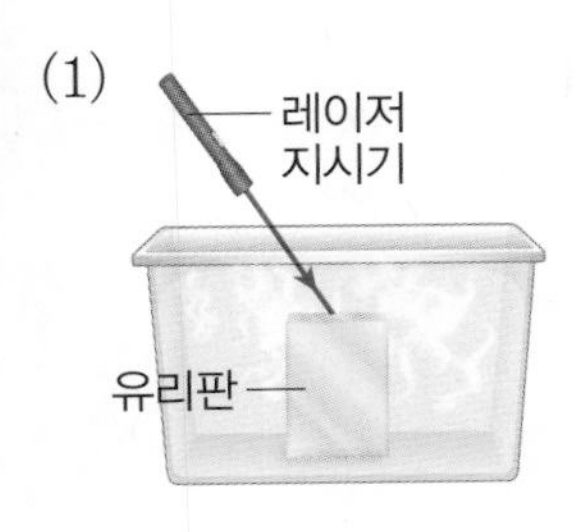

(2)

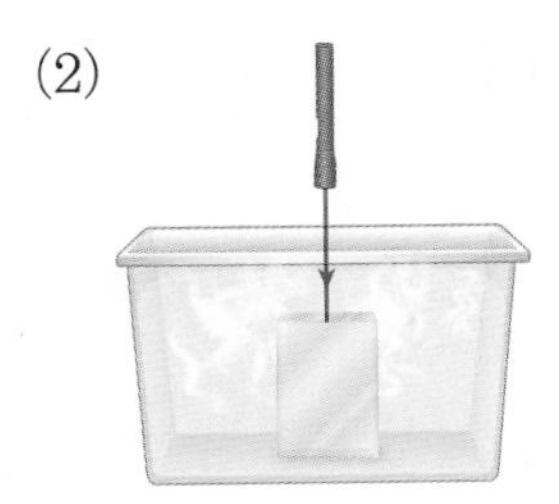

3 9종 공통

위 2번 답과 같은 결과가 나타나는 까닭으로 옳은 것에 ○표 하시오.

(1) 빛이 공기 중에서 유리판으로 비스듬히 나아가면 경계면에서 반사되기 때문이다. ( )

(2) 빛이 공기 중에서 유리판으로 수직으로 나아가면 꺾이지 않고 그대로 나아가기 때문이다. ( )

4 서술형 동아, 금성, 김영사, 미래엔, 지학사, 천재교과서, 천재교육

다음과 같이 물속에 있는 물고기의 실제 위치와 사람의 눈에 보이는 물고기의 위치가 다른 까닭은 무엇인지 쓰시오.

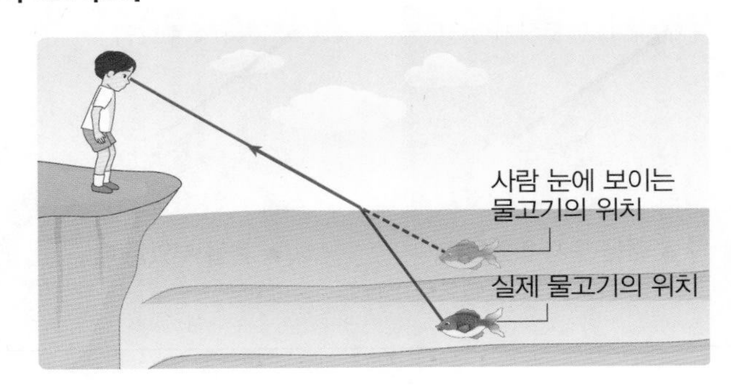

5 동아, 지학사

수조 옆면에 자석 다트 핀 두 개를 수조 안팎으로 붙이고 물을 부었더니 자석 다트 핀이 어긋나 보였습니다. 그 까닭으로 옳은 것을 보기 에서 찾아 기호를 쓰시오.

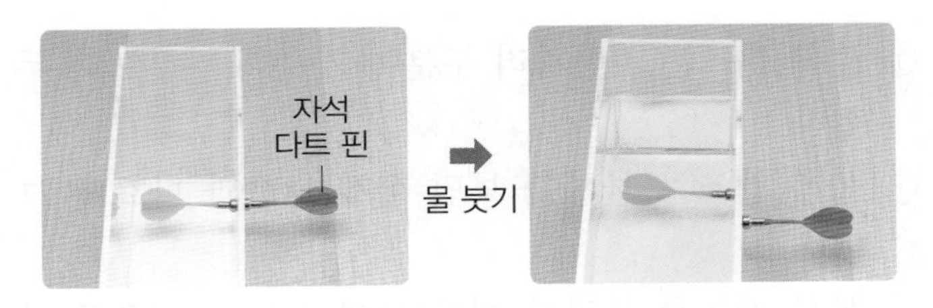

보기
㉠ 자석 다트 핀이 물에 뜨기 때문이다.
㉡ 물을 부으면 자석의 힘이 사라지기 때문이다.
㉢ 공기와 물의 경계에서 빛이 굴절하기 때문이다.

(   )

6 서술형 동아, 금성, 김영사, 미래엔, 지학사, 천재교과서, 천재교육

다음과 같이 젓가락이 들어 있는 컵에 물을 부었을 때 젓가락의 물에 잠긴 부분이 꺾여 보이는 까닭은 무엇인지 쓰시오.

▲ 물을 붓지 않았을 때 ▲ 물을 부었을 때

____

____

7 9종 공통

볼록 렌즈에 대한 설명으로 옳은 것은 어느 것입니까? ( )

① 볼록 렌즈는 가장자리 부분이 가운데 부분보다 두껍다.
② 볼록 렌즈로 물체를 보면 실제 모습과 다르게 보인다.
③ 볼록 렌즈를 통과한 햇빛은 여러 가지 색으로 나타난다.
④ 볼록 렌즈는 빛을 통과시키지 못해 그림자가 진하게 생긴다.
⑤ 레이저 지시기의 빛을 볼록 렌즈에 비추면 빛이 항상 꺾여 나아간다.

8 9종 공통

다음과 같이 레이저 지시기의 빛을 볼록 렌즈의 가장자리와 가운데 부분에 비추었을 때, 빛이 나아가는 모습을 화살표로 나타내시오.

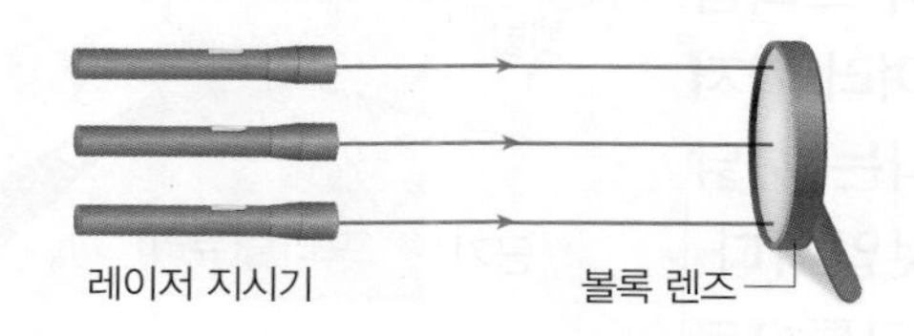

9 9종 공통

다음은 빛이 볼록 렌즈를 통과할 때 나아가는 모습을 정리한 것입니다. ( ) 안에 들어갈 말을 골라 각각 쓰시오.

- 빛이 볼록 렌즈의 가운데 부분을 통과하면 빛은 ㉠ (꺾여, 꺾이지 않고) 나아간다.
- 빛이 볼록 렌즈의 가장자리 부분을 통과하면 빛은 ㉡ (꺾여, 꺾이지 않고) 나아간다.

㉠ ( ), ㉡ ( )

10 금성, 김영사, 미래엔, 지학사, 천재교육

볼록 렌즈를 통과한 햇빛에 대한 설명에는 '볼록', 평면 유리를 통과한 햇빛에 대한 설명에는 '평면'이라고 쓰시오.

(1) 통과한 햇빛이 만든 원 안의 빛의 밝기가 주변보다 밝다. ( )
(2) 통과한 햇빛이 만든 원 안의 온도가 주변의 온도와 비슷하다. ( )

[11-12] 오른쪽과 같이 물이 담긴 둥근 어항의 뒤쪽에 물체를 놓고 관찰하였습니다. 물음에 답하시오.

11 ✚ 9종 공통

위에서 물체를 관찰했을 때 보이는 모습으로 옳지 않은 것을 골라 ×표 하시오.

(1) 상하좌우가 바뀌어 보이기도 한다. ( )
(2) 실제 물체의 모습과 똑같이 보인다. ( )
(3) 실제보다 크게 보이거나 작게 보인다. ( )

12 ✚ 9종 공통

위 11번 답과 같이 물이 담긴 둥근 어항으로 관찰한 물체의 모습이 실제 모습과 다르게 보이는 까닭으로 빈칸에 들어갈 알맞은 말을 쓰시오.

> 물이 담긴 둥근 어항이 가운데가 가장자리보다 두껍고 투명하기 때문에 ( ) 렌즈와 같은 구실을 하기 때문이다.

( )

13 ✚ 9종 공통

오른쪽 간이 사진기에 대해 옳게 말한 사람의 이름을 쓰시오.

> • 유리: 간이 사진기로 물체를 관찰하면 실제 물체와 색깔만 다르게 보여.
> • 다니: 평면 유리에서 빛의 굴절이 일어나 물체의 모습이 반투명한 비닐 위에 나타나.
> • 희찬: 큰 원통에 볼록 렌즈를 끼우고, 작은 원통에 반투명한 비닐을 씌워서 만든 거야.

( )

14 금성, 김영사, 미래엔, 지학사, 천재교육

볼록 렌즈를 이용하여 만든 간이 사진기로 오른쪽 그림을 관찰하였을 때 보이는 모습으로 옳은 것은 어느 것입니까? ( )

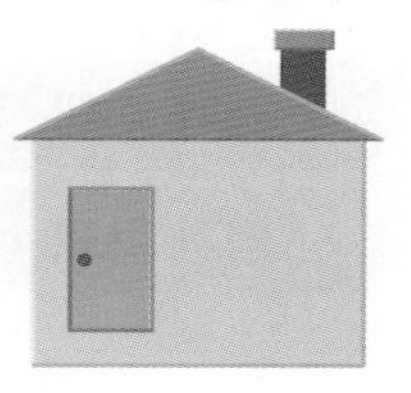

①

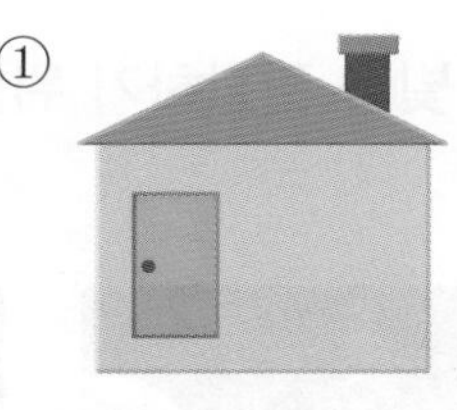

②

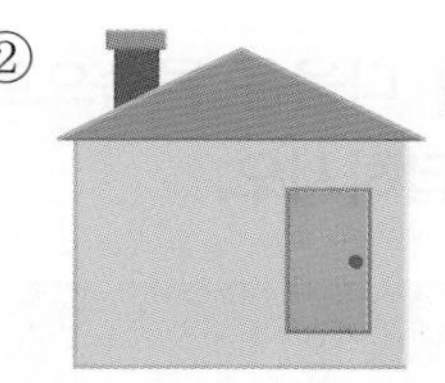

③

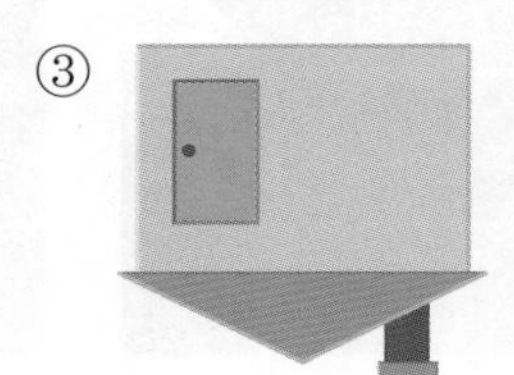

④

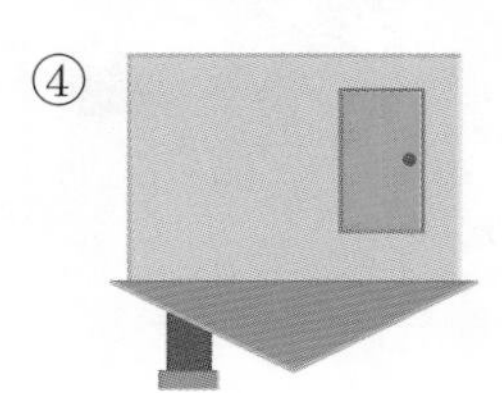

15 서술형 ✚ 9종 공통

오른쪽은 볼록 렌즈를 이용한 망원경으로 멀리 있는 천체를 관찰하는 모습입니다. 이처럼 우리 생활에서 볼록 렌즈를 이용한 도구의 쓰임새를 한 가지 쓰시오.

5. 빛과 렌즈

● 정답과 풀이 20쪽

평가 주제	빛이 물을 통과하면서 나아가는 모습 알기
평가 목표	빛이 공기와 물의 경계에서 나아가는 모습을 알 수 있다.

[1-2] 다음은 물속으로 들어가는 빛을 관찰하기 위한 실험 과정입니다. 물음에 답하시오.

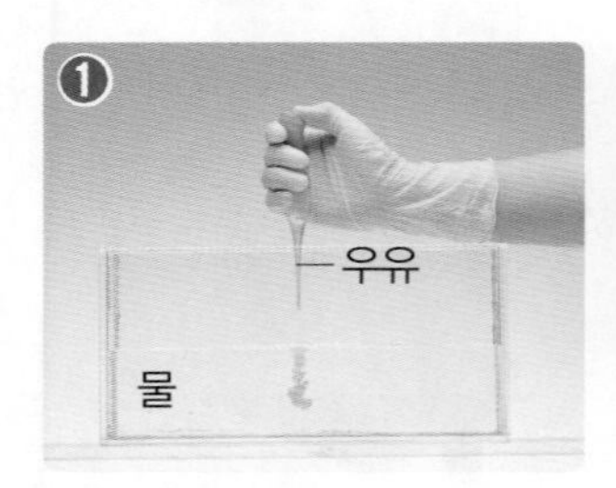

수조에 물을 채우고, 우유를 떨어뜨린 다음 유리 막대로 젓는다.

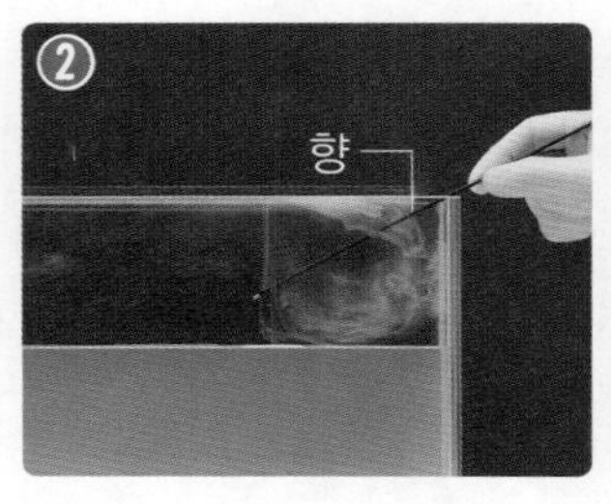

향을 피워 물 위에 넣고 수조 안에 향 연기를 채운다.

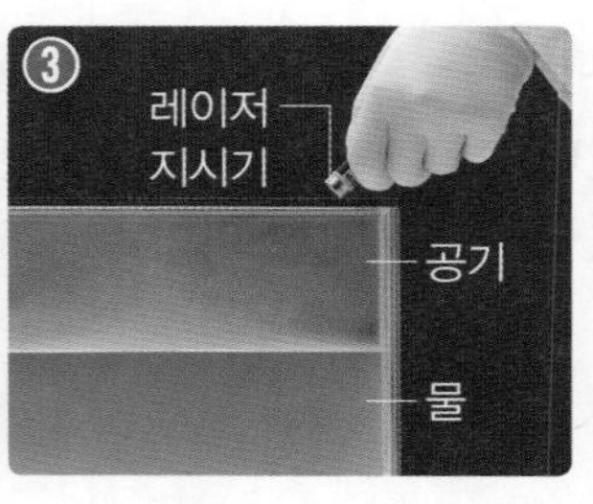

레이저 빛이 공기에서 물로 나아가도록 여러 각도에서 비춘다.

1 위 실험에서 다음과 같이 여러 각도에서 레이저 빛을 비추었을 때 물속에서 빛이 나아가는 방향을 화살표로 나타내시오.

(1)

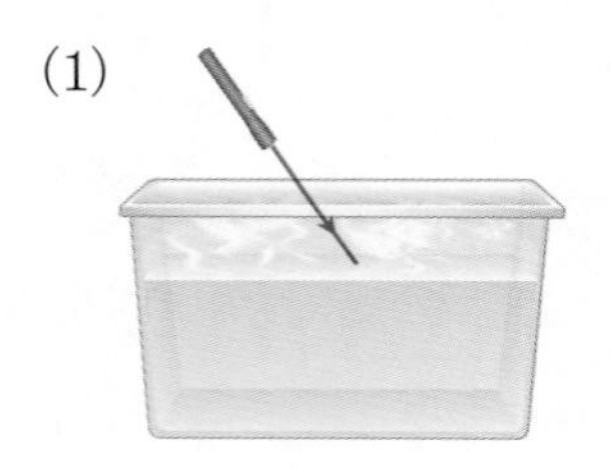

(2)

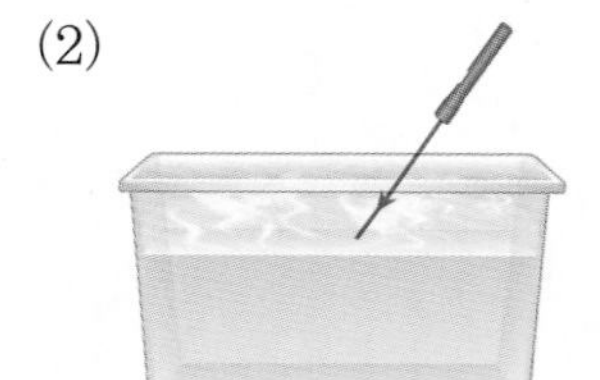

(3)

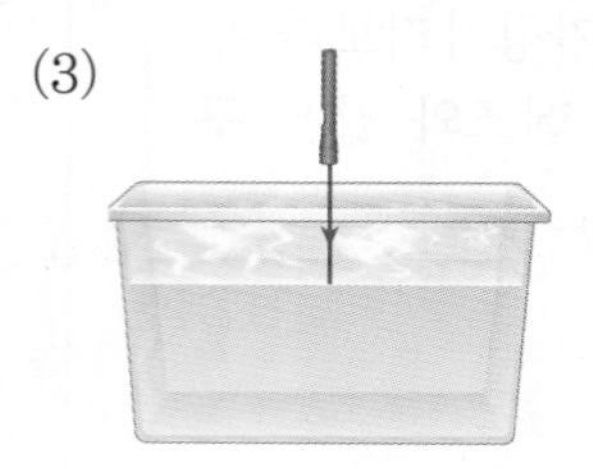

도움 (1)과 (2)는 레이저 빛을 공기에서 물로 비스듬히 비춘 실험이고, (3)은 수직으로 비춘 실험입니다.

2 위 실험으로 알 수 있는 공기와 물의 경계에서 빛이 나아가는 모습을 쓰시오.

도움 빛이 서로 다른 물질의 경계면을 지날 때 빛이 굴절합니다.

2회

5. 빛과 렌즈

● 정답과 풀이 20쪽

평가 주제	빛이 볼록 렌즈를 통과하면서 나아가는 모습 알기
평가 목표	빛이 볼록 렌즈를 통과하여 나아가는 모습을 통해 볼록 렌즈의 특징을 설명할 수 있다.

[1-2] 다음과 같이 볼록 렌즈를 통과하여 빛이 나아가는 모습을 관찰하기 위한 실험을 하였습니다. 물음에 답하시오.

볼록 렌즈에 레이저 지시기의 빛을 비추고, 빛이 지나가는 길에 분무기로 물을 뿌려 빛이 나아가는 모습을 관찰한다.

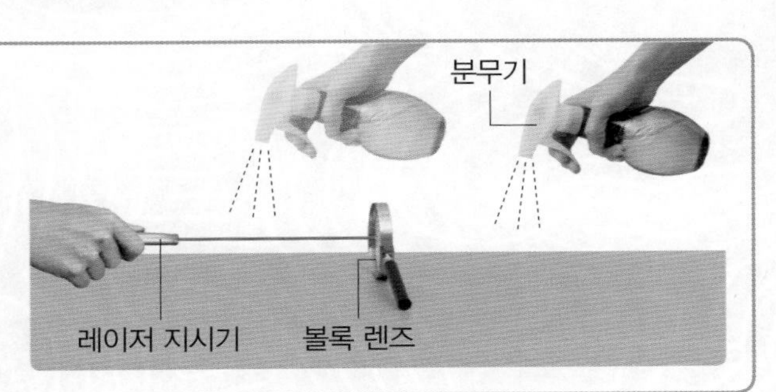

1 위 실험에서 레이저 빛을 볼록 렌즈의 가장자리에 비출 때와 가운데에 비출 때 빛이 나아가는 모습을 화살표로 나타내시오.

(1) 볼록 렌즈의 가장자리에 비출 때	(2) 볼록 렌즈의 가운데에 비출 때

도움 볼록 렌즈는 가운데 부분이 가장자리보다 두꺼운 렌즈입니다.

2 위 실험으로 알 수 있는 볼록 렌즈를 통과하여 빛이 나아가는 모습을 쓰시오.

도움 빛은 공기 중에서 나아가다가 볼록 렌즈를 통과하면 굴절합니다.

5 단원

쉬어 가기

미로를 따라 길을 찾아보세요.

● 정답과 풀이 20쪽

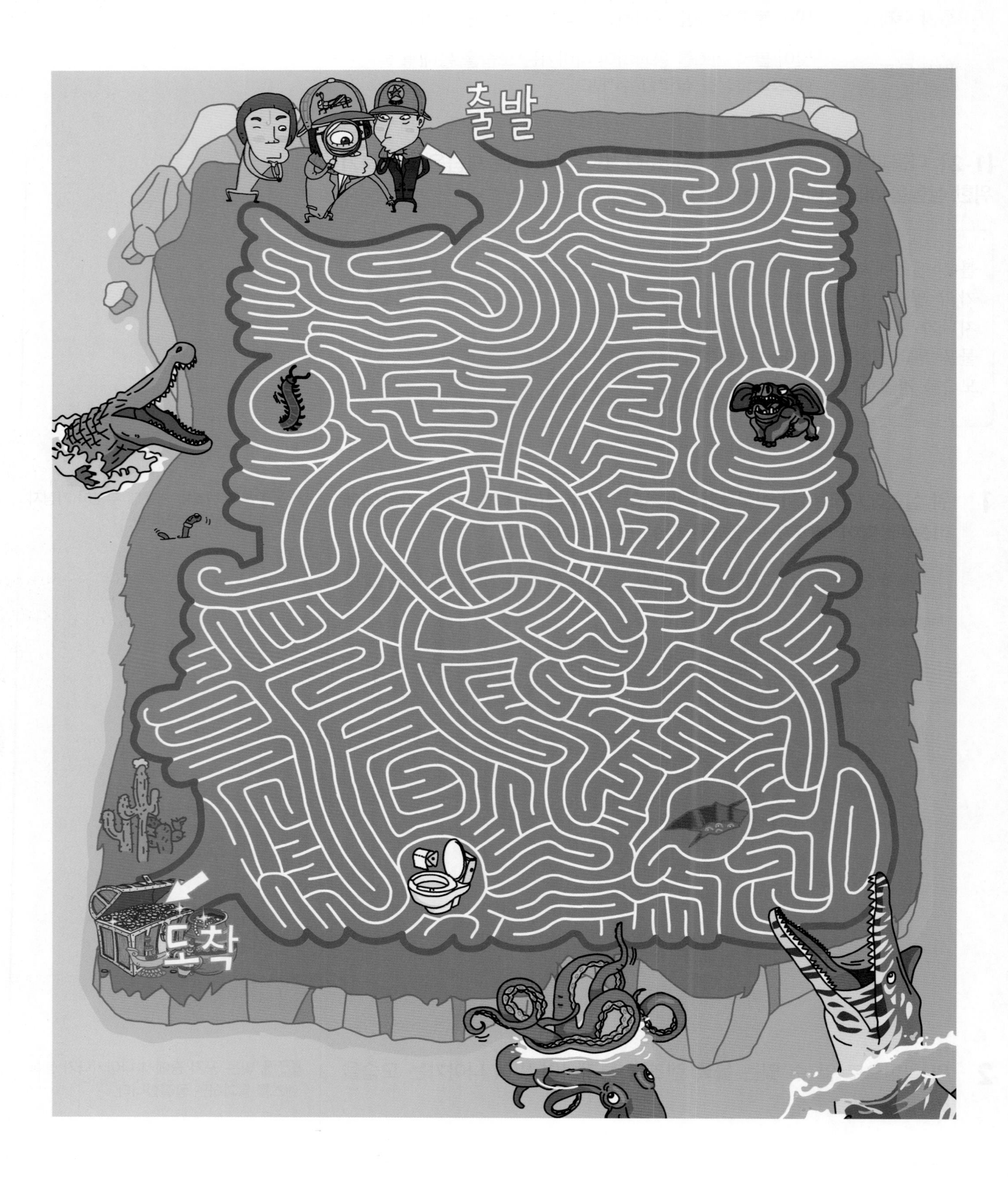

동아출판

동아출판 초등 무료 **스마트러닝**

동아출판 초등 **무료 스마트러닝**으로
초등 전 과목 · 전 영역을 쉽고 재미있게!

과목별 · 영역별 특화 강의

전 과목 개념 강의

국어 독해 지문 분석 강의

구구단 송

그림으로 이해하는 비주얼씽킹 강의

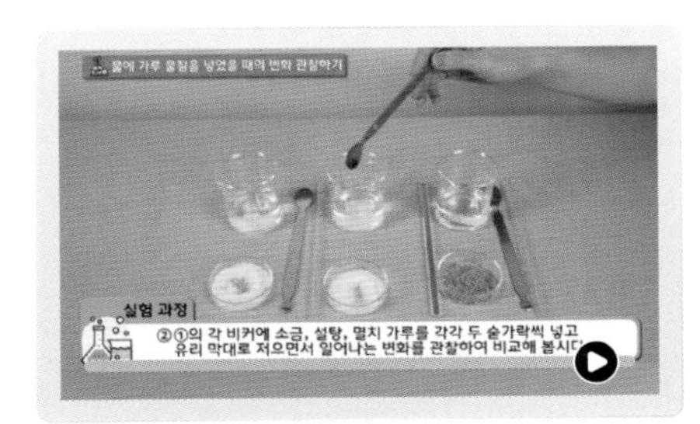

과학 실험 동영상 강의

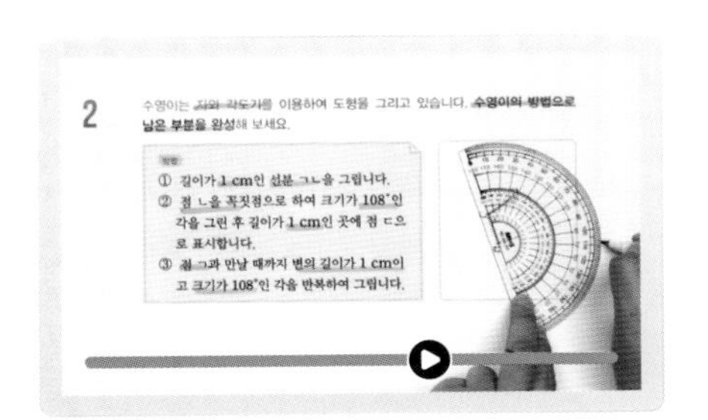

과목별 문제 풀이 강의

서비스 제공 교재 동아전과 | 백점 시리즈 | 큐브수학 | 빠작 초등 국어 | 초능력 | 초고필 | 하이탑 초등 과학

강의가 더해진, **교과서 맞춤 학습**

백점

과학 6·1

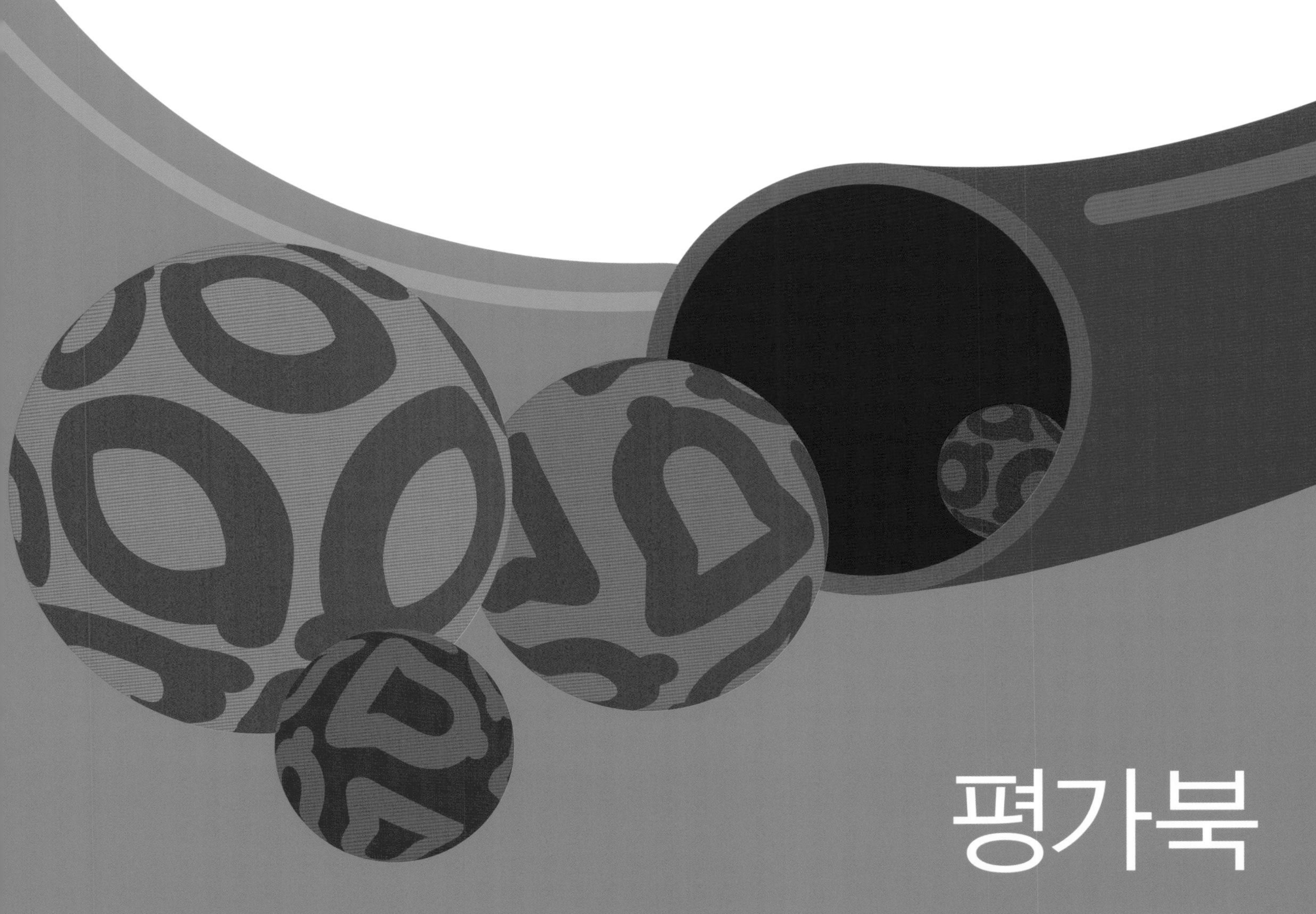

평가북

- 묻고 답하기
- 단원 평가
- 수행 평가

동아출판

평가북 구성과 특징

1 **단원별 개념 정리**가 있습니다.

- **묻고 답하기**: 단원의 핵심 내용을 묻고 답하기로 빠르게 정리할 수 있습니다.

2 **단원별 다양한 평가**가 있습니다.

- **단원 평가, 수행 평가**: 다양한 유형의 문제를 풀어봄으로써 수시로 실시되는 학교 시험을 완벽하게 대비할 수 있습니다.

백점

BOOK 2 평가북

차례

과학 6·1

묻고 답하기 1회 2. 지구와 달의 운동

정답과 풀이 21쪽

빈칸에 알맞은 답을 쓰세요.

1 지구의 북극과 남극을 이은 가상의 직선을 무엇이라고 합니까?

2 지구의 자전 방향은 시계 방향입니까, 시계 반대 방향입니까?

3 태양은 하루 동안 어느 쪽에서 어느 쪽으로 움직이는 것처럼 보입니까?

4 지구가 자전하면서 태양 빛을 받지 못하는 쪽은 낮이 됩니까, 밤이 됩니까?

5 지구는 태양을 중심으로 일 년에 몇 바퀴 회전합니까?

6 옛날 사람들이 밤하늘에 무리 지어 있는 별을 연결하여 이름을 붙인 것을 무엇이라고 합니까?

7 봄철의 대표적인 별자리인 사자자리를 볼 수 없는 계절은 언제입니까?

8 계절에 따라 보이는 별자리가 달라지는 까닭은 지구의 자전과 지구의 공전 중 어떤 운동 때문입니까?

9 음력 15일 저녁 7시 무렵에 동쪽 하늘에서 볼 수 있는 달의 이름은 무엇입니까?

10 약 30일을 주기로 하여 바뀌는 달의 모양을 무엇이라고 합니까?

정답과 풀이 21쪽

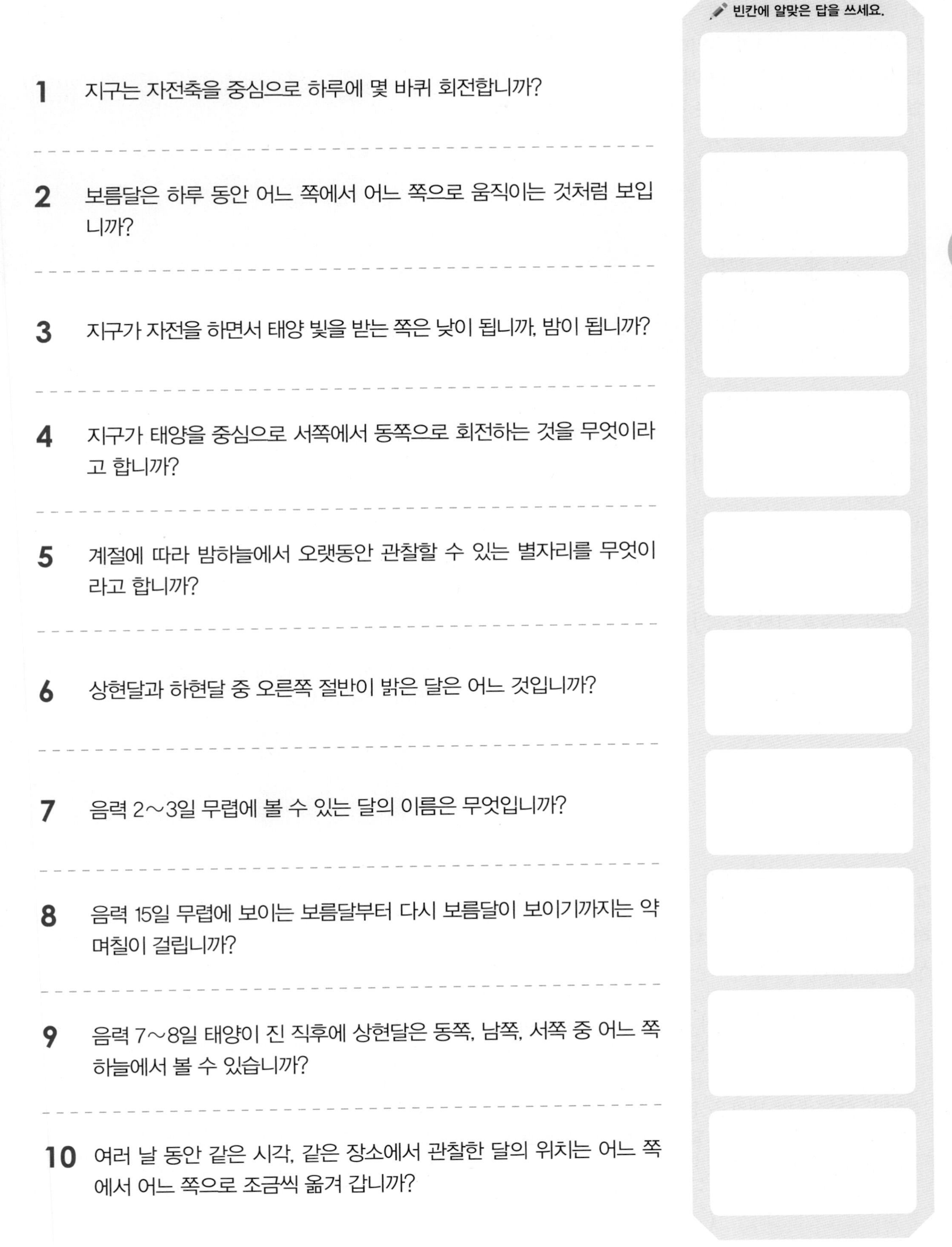

1 지구는 자전축을 중심으로 하루에 몇 바퀴 회전합니까?

2 보름달은 하루 동안 어느 쪽에서 어느 쪽으로 움직이는 것처럼 보입니까?

3 지구가 자전을 하면서 태양 빛을 받는 쪽은 낮이 됩니까, 밤이 됩니까?

4 지구가 태양을 중심으로 서쪽에서 동쪽으로 회전하는 것을 무엇이라고 합니까?

5 계절에 따라 밤하늘에서 오랫동안 관찰할 수 있는 별자리를 무엇이라고 합니까?

6 상현달과 하현달 중 오른쪽 절반이 밝은 달은 어느 것입니까?

7 음력 2~3일 무렵에 볼 수 있는 달의 이름은 무엇입니까?

8 음력 15일 무렵에 보이는 보름달부터 다시 보름달이 보이기까지는 약 며칠이 걸립니까?

9 음력 7~8일 태양이 진 직후에 상현달은 동쪽, 남쪽, 서쪽 중 어느 쪽 하늘에서 볼 수 있습니까?

10 여러 날 동안 같은 시각, 같은 장소에서 관찰한 달의 위치는 어느 쪽에서 어느 쪽으로 조금씩 옮겨 갑니까?

1 동아, 금성, 비상, 지학사, 천재교과서, 천재교육

다음과 같이 지구본의 우리나라 위치에 관측자 모형을 붙이고, 지구본을 서쪽에서 동쪽으로 회전시키는 실험에 대한 설명으로 옳은 것을 두 가지 고르시오.

( )

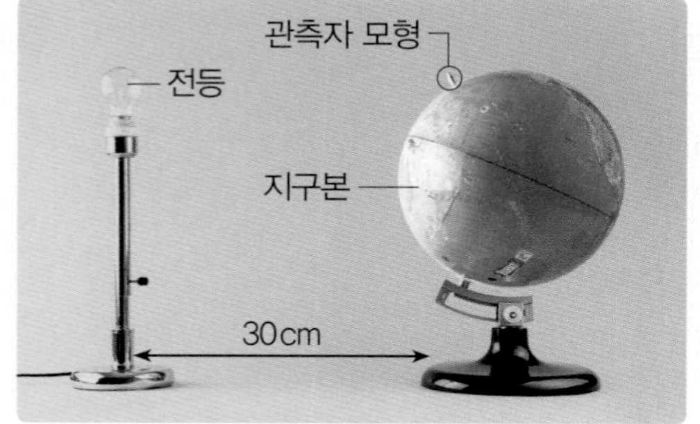

① 지구의 공전을 알아보는 실험이다.
② 실험에서 전등은 실제의 태양에 해당한다.
③ 계절에 따라 날씨가 달라지는 까닭을 알아보는 실험이다.
④ 관측자 모형이 볼 때 전등은 서쪽에서 동쪽으로 움직이는 것처럼 보인다.
⑤ 지구본을 서쪽에서 동쪽으로 회전시키는 것은 지구의 자전을 나타낸 것이다.

2 9종 공통

하루 동안 태양과 달의 위치 변화에 대해 잘못 말한 사람의 이름을 쓰시오.

- 채성: 실제로 태양과 달이 움직이는 것은 아니야.
- 서린: 하루 동안 태양과 달의 위치가 달라지는 까닭은 지구가 자전하기 때문이야.
- 하이: 하루 동안 태양은 동쪽에서 서쪽으로 움직이는 것처럼 보이지만, 달은 서쪽에서 동쪽으로 움직이는 것처럼 보여.

( )

[3-5] 다음은 낮과 밤이 생기는 까닭을 나타낸 그림입니다. 물음에 답하시오.

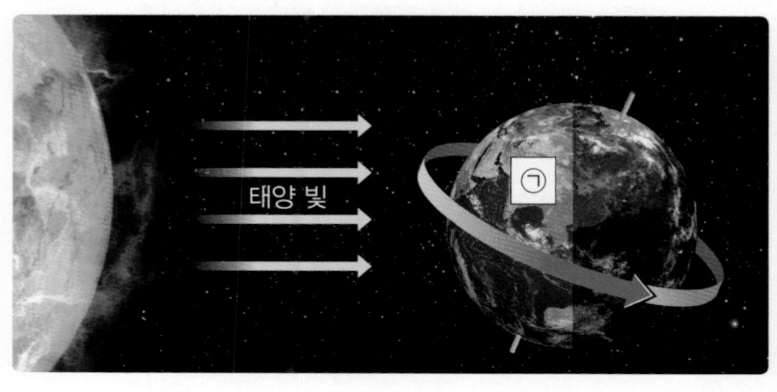

3 9종 공통

위 ㉠ 지역은 현재 낮과 밤 중 언제인지 쓰시오.

( )

4 9종 공통

위 ㉠ 지역에서 현재 볼 수 있는 모습은 어느 것인지 골라 ○표 하시오.

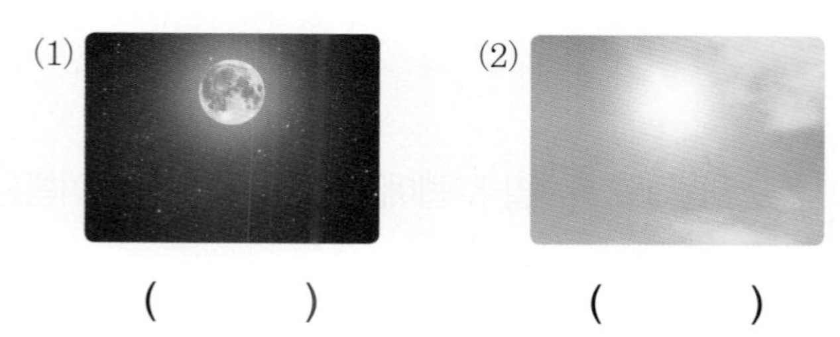

(1) ( ) (2) ( )

5 서술형 9종 공통

위 3번 답과 같이 생각한 까닭은 무엇인지 쓰시오.

6 ⊕ 9종 공통

낮과 밤에 대한 설명으로 옳지 않은 것은 어느 것입니까? (　　　)

① 지구에서 태양을 향하는 쪽이 낮이 된다.
② 지구에서 태양을 향하지 않는 쪽이 밤이 된다.
③ 낮과 밤이 생기는 까닭은 지구가 공전하기 때문이다.
④ 낮은 태양이 지평선 위로 떠오를 때부터 지평선 아래로 질 때까지의 시간이다.
⑤ 밤은 태양이 지평선 아래로 져서 이튿날 태양이 지평선 위로 떠서 밝아지기 전까지의 시간이다.

7 ⊕ 9종 공통

다음 그림에 지구의 공전 방향을 화살표로 그리시오.

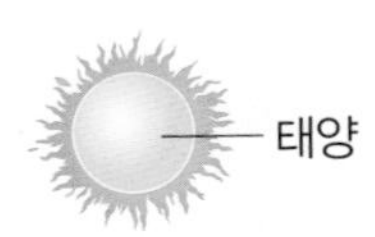

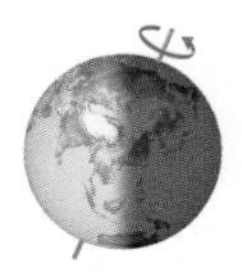

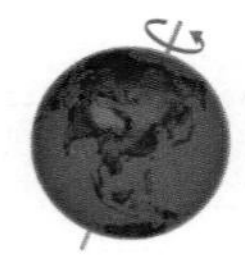

[8-10] 다음은 태양을 중심으로 계절 순서에 맞게 계절별 대표적인 별자리를 든 모습입니다. 물음에 답하시오.

8 ⊕ 9종 공통

지구 역할을 맡은 친구가 정면에 페가수스자리가 보이는 계절은 언제인지 쓰시오.

(　　　　　　　　　　)

9 서술형 ⊕ 9종 공통

위 ㉠~㉢ 별자리 중 8번 답의 계절에 볼 수 없는 별자리를 골라 기호를 쓰고, 그 까닭을 쓰시오.

10 ⊕ 9종 공통

위 활동을 통해 알 수 있는 사실로 옳은 것을 보기 에서 골라 기호를 쓰시오.

보기
㉠ 지구의 자전 때문에 항상 같은 별자리만 보인다.
㉡ 별자리의 공전 때문에 항상 같은 별자리만 보인다.
㉢ 지구의 공전 때문에 계절에 따라 보이는 별자리가 달라진다.
㉣ 태양의 공전 때문에 계절에 따라 보이는 별자리가 달라진다.

(　　　　　　　　　　)

11 9종 공통

지구의 공전으로 인해 나타나는 현상을 두 가지 고르시오. (　　　　)

① 계절에 따라 지구의 위치가 달라진다.
② 하루 동안 보름달의 위치가 달라진다.
③ 계절에 따라 보이는 별자리가 달라진다.
④ 낮과 밤이 하루에 한 번씩 번갈아 나타난다.
⑤ 우리나라가 한낮일 때, 지구 정반대 편에 있는 우루과이는 한밤중이다.

12 9종 공통

여러 날 동안 달을 관찰할 계획을 세우려고 할 때 가장 알맞지 않은 것은 어느 것입니까? (　　　)

관찰 계획서
- 관찰 기간: ○○년 ○월 ○○일~○○년 ○월 ○○일
- 관찰 시간: 매일 저녁 7시
- 관찰 장소: 마을 시계탑
- 준비물: 나침반, 관찰 기록장, 필기 도구, 스마트 기기
- 기록 방법
  - 관찰 기록장에 달의 모양과 위치를 글과 그림으로 기록한다.
  - 사진이나 동영상을 찍는다.

① 하늘이 넓게 보이는 곳이 적당하다.
② 주변에 높은 건물이 없는 곳을 선택한다.
③ 음력 15일 이후부터 관찰하는 것이 좋다.
④ 남쪽을 바라보고 서서 달의 위치와 모양을 관찰한다.
⑤ 안전을 위해 저녁 7시 무렵에 부모님과 함께 관찰하도록 한다.

13 9종 공통

다음 일기에서 설명하는 달의 이름을 쓰시오.

오늘 저녁 7시쯤에 동쪽 하늘에서 쟁반 같이 둥근 달을 보았다. 달을 자세히 보니 어두운 부분이 마치 토끼가 떡방아를 찧고 있는 모습 같았다.

(　　　　　　　　　　)

14 9종 공통

다음은 어느 날 저녁 7시 무렵에 관찰한 달의 모습을 나타낸 것입니다. 약 30일 뒤 저녁 7시 무렵에 볼 수 있는 달의 이름과 위치를 옳게 짝 지은 것은 어느 것입니까? (　　　)

① 초승달 – 동쪽 하늘
② 초승달 – 서쪽 하늘
③ 보름달 – 동쪽 하늘
④ 보름달 – 서쪽 하늘
⑤ 그믐달 – 서쪽 하늘

15 서술형 9종 공통

위 14번 답과 같이 생각한 까닭은 무엇인지 쓰시오.

[16-18] 다음은 음력 1～15일 동안 같은 시각에 관찰한 달의 위치와 모양을 그림으로 나타낸 것입니다. 물음에 답하시오.

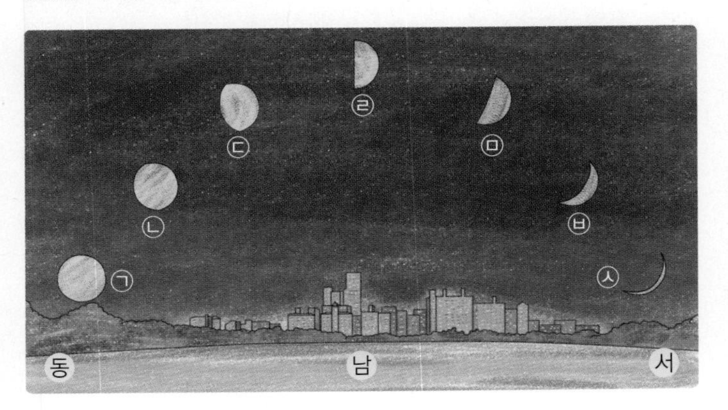

16 9종 공통

위 ㉠～㉦ 중 가장 먼저 관찰한 달의 기호를 쓰시오.

( )

17 9종 공통

위 ㉣ 달의 이름으로 옳은 것은 어느 것입니까? ( )

① 그믐달
② 하현달
③ 상현달
④ 초승달
⑤ 보름달

18 서술형 9종 공통

위와 같이 여러 날 동안 같은 시각, 같은 장소에서 관찰한 달은 보이는 위치가 어떻게 달라지는지 쓰시오.

[19-20] 다음 여러 가지 달의 모양을 보고, 물음에 답하시오.

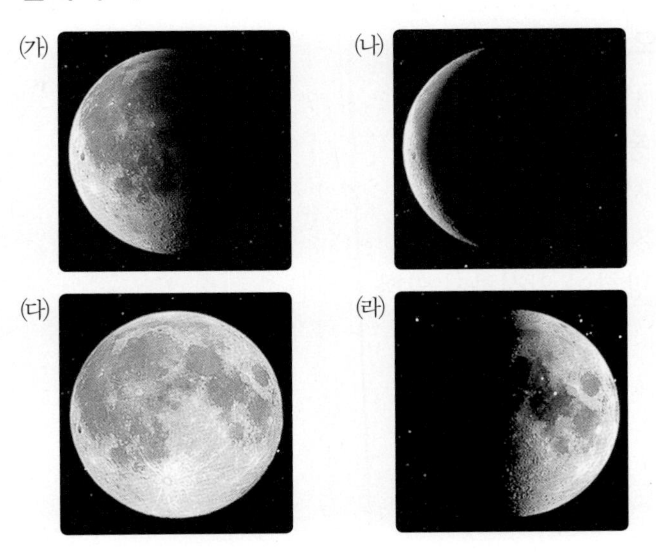

19 9종 공통

위 (가)～(라) 중 음력 22～23일 무렵에 볼 수 있는 달은 어느 것인지 골라 기호와 이름을 쓰시오.

( )

20 9종 공통

어느 날 저녁 위 (다) 달을 보았다면, 약 7일 후에 볼 수 있는 달은 어느 것인지 골라 ○표 하시오.

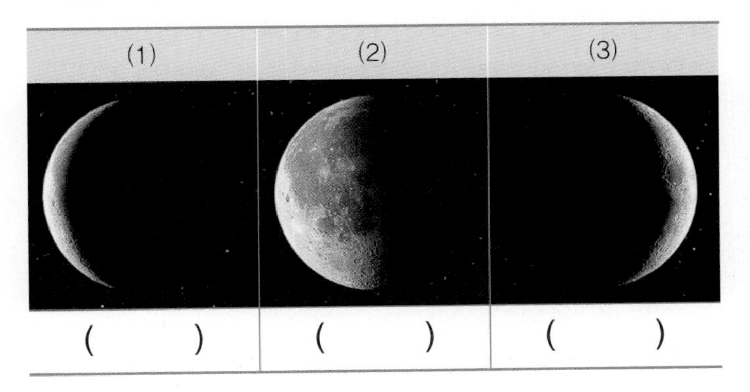

( )	( )	( )

1 9종 공통

지구의 자전 방향을 옳게 나타낸 것을 두 가지 고르시오. (   )

① 시계 방향
② 동쪽 → 서쪽
③ 서쪽 → 동쪽
④ 시계 반대 방향
⑤ 방향이 일정하지 않다.

2 9종 공통

다음과 같이 하루 동안 태양의 위치 변화를 관측하여 그림으로 기록하였습니다. 먼저 관측한 태양부터 순서대로 기호를 쓰시오.

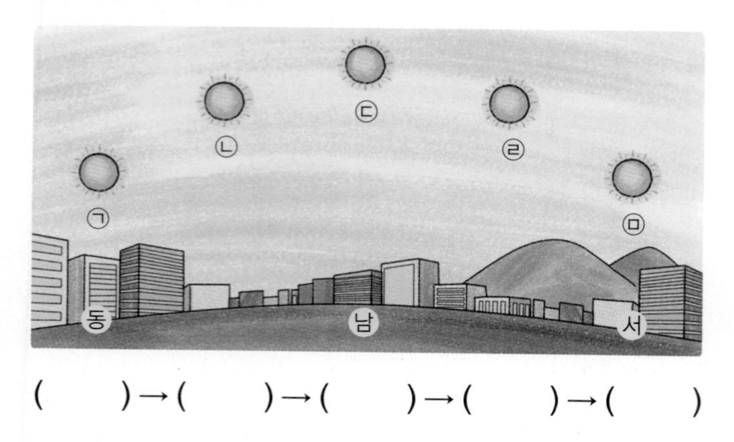

(   ) → (   ) → (   ) → (   ) → (   )

3 9종 공통

위 **2**번과 같이 하루 동안 태양의 위치가 달라지는 까닭은 무엇인지 보기 에서 골라 기호를 쓰시오.

보기
㉠ 달의 공전
㉡ 지구의 공전
㉢ 지구의 자전

(   )

[4-5] 다음 태양과 지구의 모습을 보고, 물음에 답하시오.

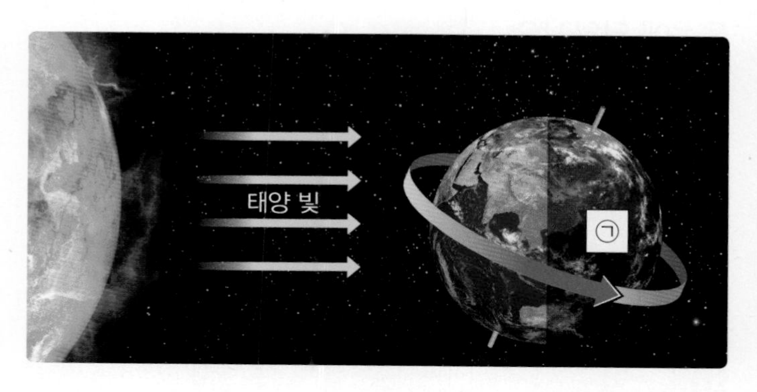

4 9종 공통

위 ㉠ 지역에 대한 설명으로 옳은 것은 어느 것입니까? (   )

① 항상 낮이다.
② 현재 밤이다.
③ 항상 밤이다.
④ 12시간 후에 밤이 된다.
⑤ 24시간 후에 낮이 된다.

5 서술형 9종 공통

위와 같이 낮과 밤이 생기는 원리를 실험으로 알아보고자 할 때, 보기 의 준비물을 모두 활용하여 실험 과정을 설명하시오.

보기
전등, 지구본, 관측자 모형

6 ⊕ 9종 공통

빈칸에 들어갈 알맞은 말을 보기 에서 골라 각각 쓰시오.

보기
달, 태양, 자전축, 하루, 한 달, 일 년

지구가 (㉠)을/를 중심으로 (㉡)에 한 바퀴씩 시계 반대 방향으로 회전하는 것을 지구의 공전이라고 한다.

㉠ (   ), ㉡ (   )

7 서술형 ⊕ 9종 공통

다음은 계절에 따라 보이는 별자리를 나타낸 것입니다. 지구가 ㉠ 위치에 있을 때 오리온자리를 볼 수 없는 까닭은 무엇인지 쓰시오.

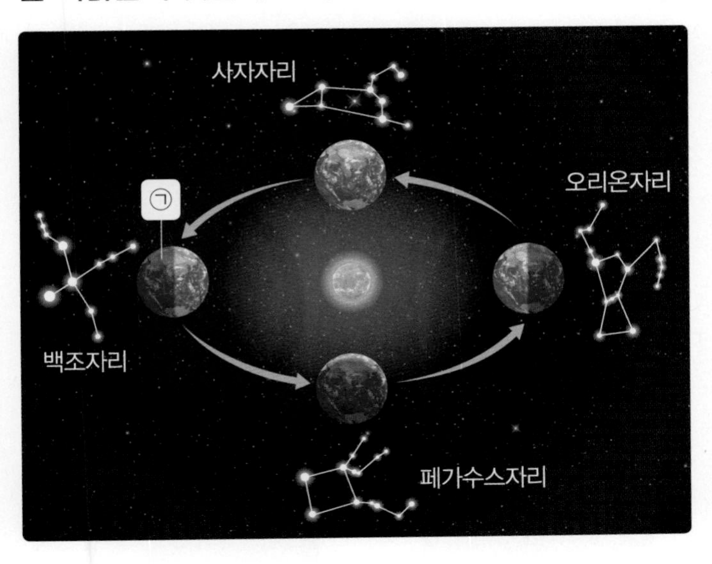

[8-10] 다음은 봄철(4월 15일) 저녁 9시 무렵에 관찰한 별자리의 모습입니다. 물음에 답하시오.

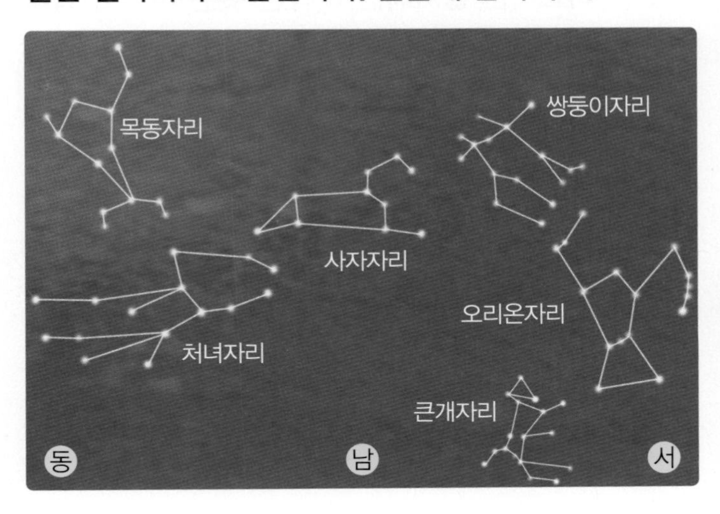

8 ⊕ 9종 공통

위 남쪽 하늘에서 보이는 사자자리는 여름철 저녁 9시 무렵에는 어느 쪽 하늘에서 보이는지 쓰시오.

(   )

9 ⊕ 9종 공통

위와 같이 계절에 따라 보이는 별자리가 달라지는 까닭으로 옳은 것을 두 가지 고르시오. (   )

① 지구가 공전하기 때문이다.
② 지구가 자전하기 때문이다.
③ 태양이 공전하기 때문이다.
④ 별자리가 공전하기 때문이다.
⑤ 계절에 따라 지구의 위치가 달라지기 때문이다.

10 ⊕ 9종 공통

봄, 여름, 가을, 겨울 중 한밤중에 위 사자자리를 볼 수 없는 계절은 언제인지 쓰시오.

(   )

11 9종 공통

가을철 대표적인 별자리를 나타낸 것은 어느 것입니까? (　　　)

① 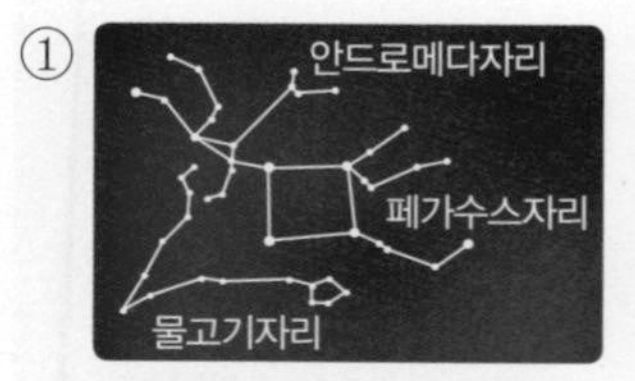

② 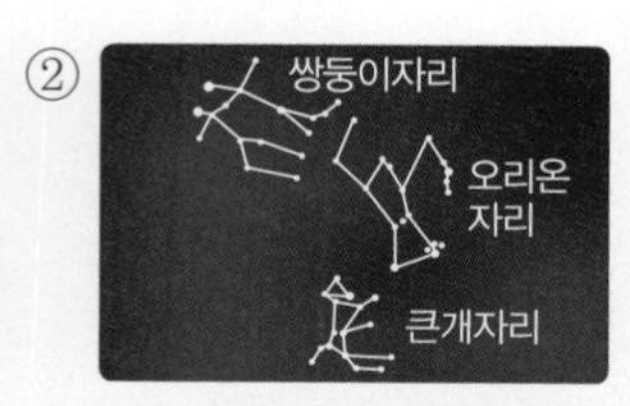

③ 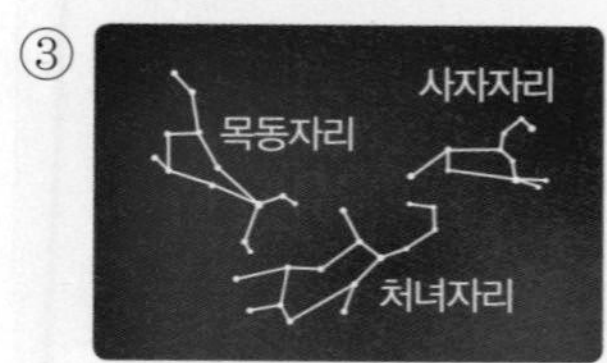

④ 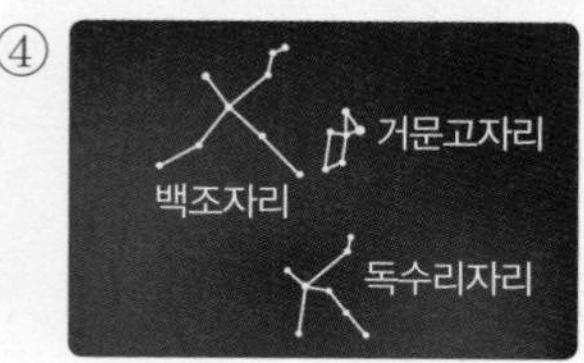

12 9종 공통

다음은 어느 계절의 밤하늘에서 오랜 시간 볼 수 있는 별자리인지 쓰시오.

쌍둥이자리, 큰개자리, 오리온자리

(　　　　　　　　　　)

13 서술형 9종 공통

하루 동안 별들이 보이는 위치는 어떻게 달라지는지 그 까닭과 함께 쓰시오.

____

____

14 9종 공통

음력 1일부터 여러 날 동안 관찰한 달의 모양 변화 순서로 옳은 것은 어느 것입니까? (　　　)

① 초승달 → 상현달 → 하현달 → 그믐달 → 보름달
② 초승달 → 상현달 → 보름달 → 하현달 → 그믐달
③ 초승달 → 하현달 → 보름달 → 상현달 → 그믐달
④ 그믐달 → 상현달 → 보름달 → 하현달 → 초승달
⑤ 그믐달 → 하현달 → 보름달 → 상현달 → 초승달

15 9종 공통

여러 날 동안 태양이 진 직후에 같은 장소에서 달을 관찰했을 때 동쪽 하늘에서 볼 수 있는 달로 옳은 것은 어느 것입니까? (　　　)

① 

② 

③ 

④ 

[16-17] 다음은 여러 날 동안 달의 모양과 위치 변화를 나타낸 것입니다. 물음에 답하시오.

16 9종 공통

위 ㉠과 ㉡에 들어갈 알맞은 방위를 각각 쓰시오.

㉠ (　　　　　　), ㉡ (　　　　　　)

17 9종 공통

위 달의 관찰 결과를 통해 알 수 있는 사실을 정리한 것입니다. 빈칸에 들어갈 알맞은 말을 순서대로 짝 지은 것은 어느 것입니까? (　　　)

- 태양이 진 직후, (　　　)은 서쪽 하늘에서 볼 수 있다.
- 태양이 진 직후, 보름달은 (　　　) 하늘에서 볼 수 있다.

① 초승달, 동쪽　② 초승달, 서쪽
③ 그믐달, 동쪽　④ 그믐달, 서쪽
⑤ 하현달, 동쪽

18 9종 공통

여러 날 동안 달의 모양과 위치 변화에 대한 설명으로 옳은 것을 보기 에서 모두 고른 것은 어느 것입니까?

(　　　)

보기

㉠ 음력 15일 무렵에는 보름달을 볼 수 있다.
㉡ 달의 모양 변화는 약 15일을 주기로 반복된다.
㉢ 태양이 진 직후 초승달은 서쪽 하늘에서 볼 수 있다.
㉣ 달이 보이는 위치는 동쪽에서 서쪽으로 날마다 옮겨 간다.

① ㉠, ㉡　② ㉡, ㉢
③ ㉠, ㉢　④ ㉠, ㉡, ㉢
⑤ ㉡, ㉢, ㉣

19 9종 공통

달의 이름과 그 달을 볼 수 있는 날짜를 옳게 짝 지은 것은 어느 것입니까? (　　　)

① 하현달 - 음력 2~3일 무렵
② 그믐달 - 음력 7~8일 무렵
③ 보름달 - 음력 15일 무렵
④ 초승달 - 음력 22~23일 무렵
⑤ 상현달 - 음력 27~28일 무렵

20 서술형 9종 공통

여러 날 동안 달의 모양과 위치 변화를 관찰할 때 음력 2일 무렵부터 15일 무렵까지 관찰하는 것이 좋은 까닭은 무엇인지 쓰시오.

정답과 풀이 23쪽

평가 주제 낮과 밤이 생기는 까닭 알아보기

평가 목표 낮과 밤이 생기는 까닭을 지구의 자전으로 설명할 수 있다.

[1-3] 오른쪽과 같이 지구본의 우리나라 위치에 관측자 모형을 붙이고, 전등 앞에 놓은 후 낮과 밤이 생기는 까닭을 알아보는 실험을 하였습니다. 물음에 답하시오.

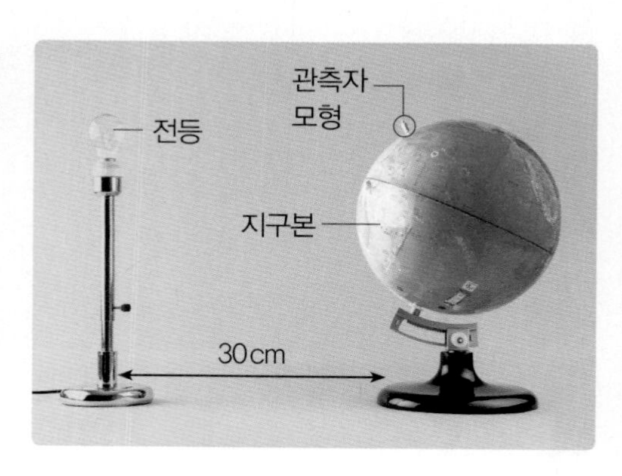

1 위 실험에서 지구의 자전을 나타내기 위해서 지구본을 어떻게 해야 하는지 쓰시오.

____

____

2 위 실험 결과, 관측자 모형의 위치가 다음과 같을 때 우리나라가 낮과 밤 중 언제에 해당하는지 각각 쓰시오.

(1)

(   )

(2)

(   )

3 위 실험 결과를 통해 알 수 있는 낮과 밤이 생기는 까닭은 무엇인지 쓰시오.

____

____

정답과 풀이 23쪽

평가 주제 계절별 대표적인 별자리 알아보기

평가 목표 지구의 위치가 달라지면 계절에 따라 보이는 별자리가 달라짐을 설명할 수 있다.

[1-3] 다음과 같이 계절별 대표적인 별자리를 알아보는 활동을 하였습니다. 물음에 답하시오.

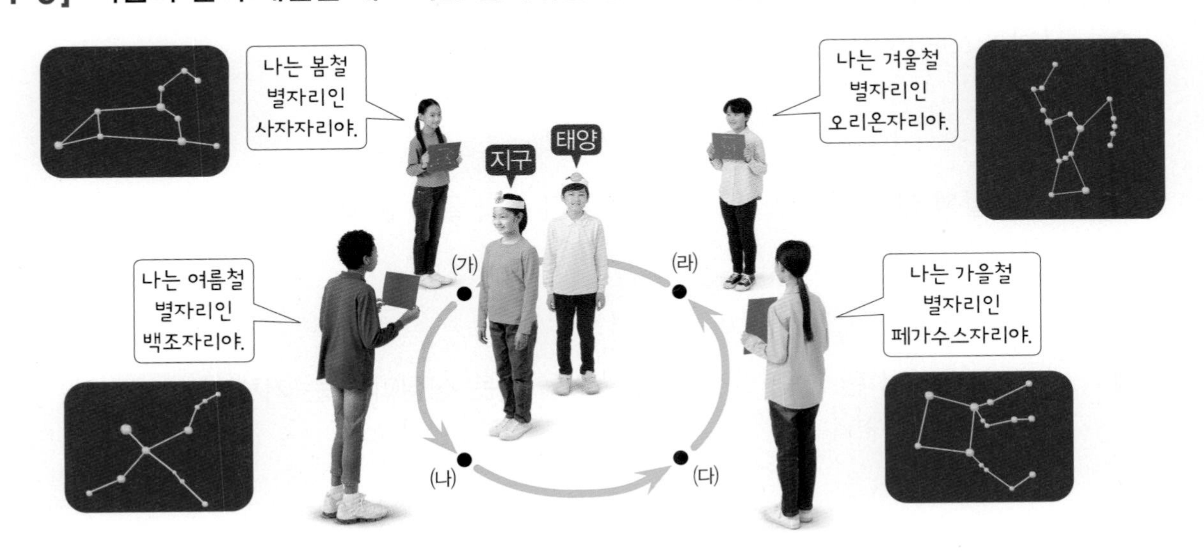

1 지구 역할을 맡은 사람이 (가)~(라)의 위치에서 태양을 등지고 서 있을 때, 가장 잘 보이는 별자리의 이름을 각각 쓰시오.

(가) ( ), (나) ( ), (다) ( ), (라) ( )

2 위 (라)는 우리나라가 겨울철일 때 지구의 위치를 나타냅니다. 이때 밤하늘에서 관찰하기 힘든 별자리를 위에서 찾아 쓰고, 그렇게 생각한 까닭을 설명하시오.

3 위와 같이 계절에 따라 대표적인 별자리가 달라지는 까닭을 쓰시오.

● 정답과 풀이 24쪽

빈칸에 알맞은 답을 쓰세요.

1 기체 발생 장치에서 이산화 망가니즈와 묽은 과산화 수소수가 만났을 때 발생하는 기체는 무엇입니까?

2 산소는 색깔이 있습니까, 없습니까?

3 기체 발생 장치에서 산소를 모을 때 공기 중과 물속 중 어느 곳에서 모읍니까?

4 산소와 이산화 탄소 중 물질이 타는 것을 막는 성질이 있는 기체는 어느 것입니까?

5 이산화 탄소가 모인 집기병에 향불을 넣었을 때 향불이 어떻게 됩니까?

6 이산화 탄소와 만나면 뿌옇게 흐려지는 성질이 있어 이산화 탄소를 확인할 수 있는 용액은 무엇입니까?

7 온도가 높아지면 기체의 부피는 커집니까, 작아집니까?

8 삼각 플라스크의 입구에 씌운 고무풍선이 부풀어 올라 커지게 하려면 삼각 플라스크를 따뜻한 물과 얼음물 중 어디에 넣어야 합니까?

9 압력이 높아지면 기체의 부피는 어떻게 됩니까?

10 공기의 약 78 %를 차지하며, 식품을 보관하는 데 이용하는 기체는 무엇입니까?

정답과 풀이 24쪽

빈칸에 알맞은 답을 쓰세요.

1 산소가 모인 집기병에 향불을 넣었을 때 향불의 불꽃은 어떻게 됩니까?

2 기체 발생 장치에서 탄산수소 나트륨과 식초가 만났을 때 발생하는 기체는 무엇입니까?

3 석회수에 빨대를 꽂고 숨을 불어 넣으면 석회수가 어떻게 됩니까?

4 산소와 이산화 탄소 중 다른 물질이 타는 것을 돕는 성질이 있는 기체는 어느 것입니까?

5 탄산음료를 컵에 따를 때 생기는 거품은 어떤 기체입니까?

6 찌그러진 탁구공을 펴려면 뜨거운 물과 얼음물 중 어디에 넣어야 합니까?

7 온도가 높아질 때와 온도가 낮아질 때 중 기체의 부피가 작아지는 경우는 언제입니까?

8 액체와 기체 중 압력 변화에 따라 부피가 변하는 것은 어느 것입니까?

9 높은 산 위와 산 아래 중 압력이 더 낮은 곳은 어디입니까?

10 헬륨과 네온 중 풍선이나 비행선 등을 공중에 띄우는 데 이용하는 기체는 어느 것입니까?

[1-2] 다음 기체 발생 장치를 이용하여 산소를 발생시키려고 합니다. 물음에 답하시오.

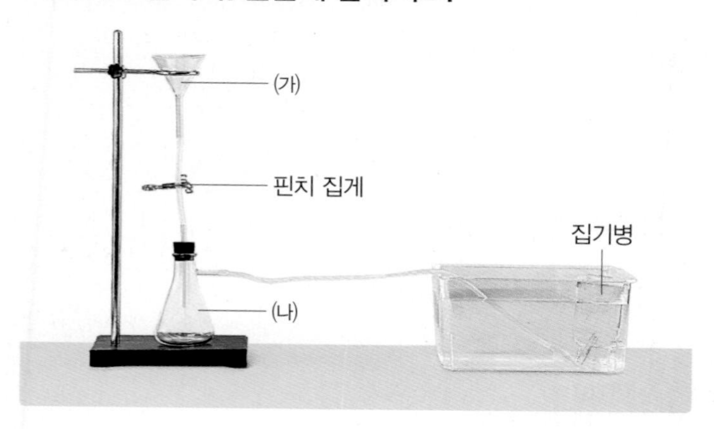

1 9종 공통

위 기체 발생 장치의 (가)와 (나)에 넣어야 하는 물질을 찾아 선으로 이으시오.

(1) (가) • • ㉠ 묽은 과산화 수소수

(2) (나) • • ㉡ 이산화 망가니즈

2 9종 공통

위 실험에 대한 설명으로 옳지 않은 것은 어느 것입니까? (   )

① 집기병에 처음 모인 기체가 가장 순수한 산소이다.
② 산소가 발생할수록 집기병 속 물의 높이가 낮아진다.
③ 산소가 발생할 때 수조의 ㄱ자 유리관 끝에서 기포가 발생한다.
④ 산소가 발생할 때 가지 달린 삼각 플라스크 내부에서 기포가 발생한다.
⑤ 이산화 망가니즈 대신 아이오딘화 칼륨을 넣어도 산소를 발생시킬 수 있다.

[3-4] 다음과 같이 산소의 성질을 알아보기 위한 실험을 하였습니다. 물음에 답하시오.

(가) 
색깔 관찰하기

(나) 
냄새 맡아 보기

(다) 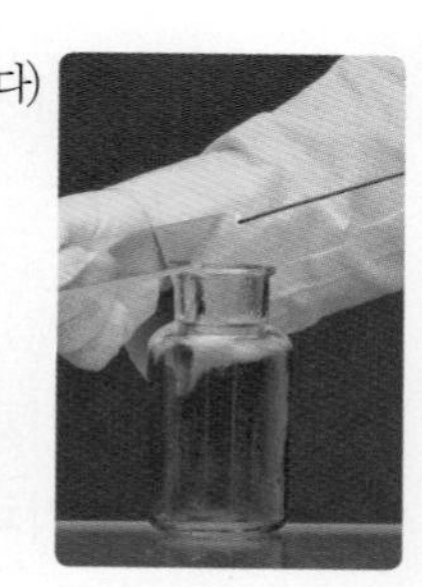
향불 넣어 보기

3 9종 공통

위 실험 결과로 옳은 것에 모두 ○표 하시오.

(1) 색깔이 없다. (   )
(2) 시큼한 냄새가 난다. (   )
(3) 흰색이라 눈에 보인다. (   )
(4) 아무런 냄새가 나지 않는다. (   )

4 서술형 9종 공통

위 (다)와 같이 산소가 모인 집기병에 향불을 넣었을 때 어떤 변화가 나타나는지 쓰시오.

____

____

5 동아

다음과 같은 현상이 일어난 까닭과 가장 관계 깊은 기체는 어느 것입니까? (   )

아침에 사과를 먹으려고 반으로 잘랐는데, 등교할 시간이 되어 그대로 두고 학교에 갔다. 수업이 끝나고 집에 돌아 오니 사과가 갈색으로 변해 있었다. 왜 이렇게 되었을까?

① 네온 ② 산소 ③ 수소
④ 헬륨 ⑤ 이산화 탄소

6 서술형 9종 공통

다음 기체 발생 장치에서 발생한 기체의 이름을 쓰고, 집기병에 모인 그 기체를 확인하는 방법을 한 가지 쓰시오.

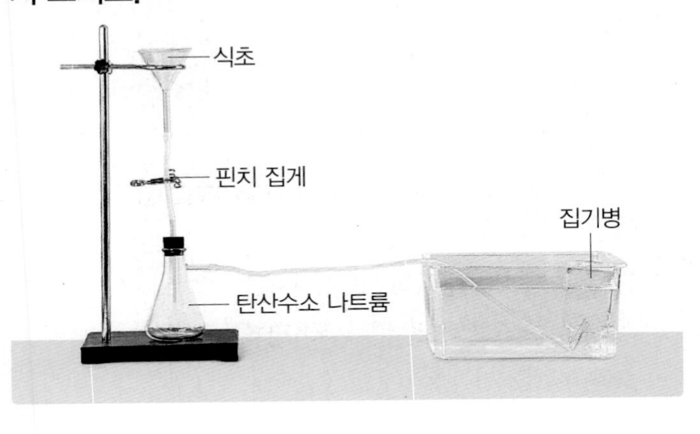

---

7 9종 공통

다음 대화를 보고, 시연이와 희찬이가 이야기하고 있는 기체는 무엇인지 쓰시오.

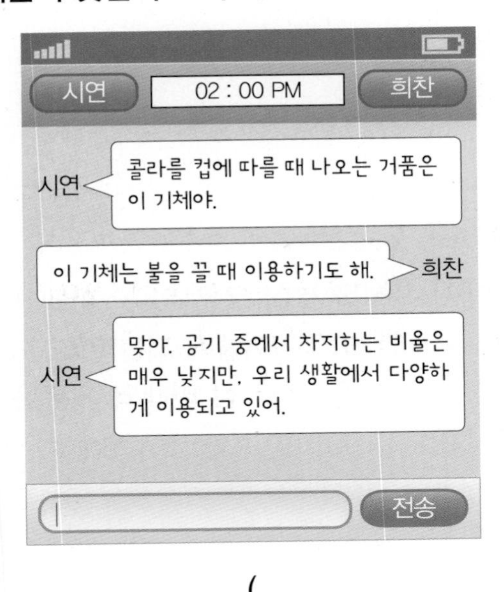

(　　　　　　　　　　)

8 9종 공통

기체 발생 장치를 이용해 이산화 탄소를 발생시킬 때 이산화 탄소를 물속에서 모으는 까닭을 옳게 말한 사람의 이름을 쓰시오.

- 경우: 이산화 탄소가 물에 잘 녹기 때문이야.
- 다정: 이산화 탄소에서 달콤한 냄새가 나기 때문이야.
- 서율: 이산화 탄소가 모이는 것을 쉽게 확인할 수 있기 때문이야.

(　　　　　　　　　　)

9 9종 공통

산소와 이산화 탄소의 공통점으로 옳은 것은 어느 것입니까? (　　　)

① 색깔과 냄새가 없다.
② 금속을 녹슬게 한다.
③ 석회수를 뿌옇게 만든다.
④ 다른 물질이 잘 타게 도와준다.
⑤ 공기 중에서 약 50 %를 차지한다.

10 9종 공통

다음 (　　) 안에 들어갈 알맞은 기체를 보기 에서 찾아 쓰시오.

보기
수소, 질소, 산소, 아르곤, 이산화 탄소

(1) 음식물을 차갑게 보관하는 데 필요한 드라이아이스에는 (　　　　　　　)이/가 이용된다.
(2) 우리가 숨을 쉴 때 필요하며, 잠수부의 압축 공기통이나 환자의 호흡 장치와 같은 생명 유지와 관련된 일에 이용되는 기체는 (　　　　　)이다.

[11-12] 삼각 플라스크에 고무풍선을 씌운 뒤 각각 따뜻한 물이 든 수조와 얼음물이 든 수조에 넣고 고무풍선의 변화를 관찰하였습니다. 물음에 답하시오.

(가)

따뜻한 물에 넣었을 때

(나)

얼음물에 넣었을 때

11 동아, 미래엔, 아이스크림, 천재교과서

위 실험에서 고무풍선의 변화를 통해 알아보려고 하는 것은 무엇인지 보기 에서 골라 기호를 쓰시오.

보기
- ㉠ 온도 변화에 따른 기체의 부피 변화
- ㉡ 온도 변화에 따라 얼음이 녹는 빠르기 변화
- ㉢ 온도 변화에 따른 삼각 플라스크의 무게 변화

( )

12 동아, 미래엔, 아이스크림, 천재교과서

다음은 위 (가), (나)의 결과를 통해 알 수 있는 사실을 정리한 것입니다. 빈칸에 들어갈 알맞은 말을 각각 쓰시오.

온도가 높아지면 기체의 부피가 (㉠), 온도가 낮아지면 기체의 부피가 (㉡).

㉠ ( ), ㉡ ( )

13 9종 공통

생활 속에서 온도에 따라 기체의 부피가 변하는 예로 옳지 않은 것은 어느 것입니까? ( )

① 여름철에 자동차 안에 둔 과자 봉지가 부풀어 오른다.
② 여름철에 도로를 달린 자동차의 타이어가 팽팽해진다.
③ 찌그러진 탁구공을 뜨거운 물에 넣으면 탁구공이 펴진다.
④ 뜨거운 음식을 비닐 랩으로 씌우면 비닐 랩이 볼록하게 부풀어 오른다.
⑤ 하늘을 날고 있는 비행기 안의 빈 페트병이 비행기가 착륙하면 찌그러진다.

14 9종 공통

깊은 바닷속에서 잠수부가 내뿜는 공기 방울은 수면 위로 갈수록 크기가 어떻게 변하는지 쓰시오.

( )

15 서술형 9종 공통

높은 산에서 풍선을 불어 묶은 뒤 산 아래로 가지고 내려오면 풍선의 크기가 어떻게 되는지 그 까닭과 함께 쓰시오. (단, 높은 산과 산 아래의 기온은 고려하지 않습니다.)

[16-17] 다음과 같이 주사기 한 개에는 공기 40 mL, 다른 한 개에는 물 40 mL를 넣고 입구를 막은 뒤, 피스톤을 눌러 보았습니다. 물음에 답하시오.

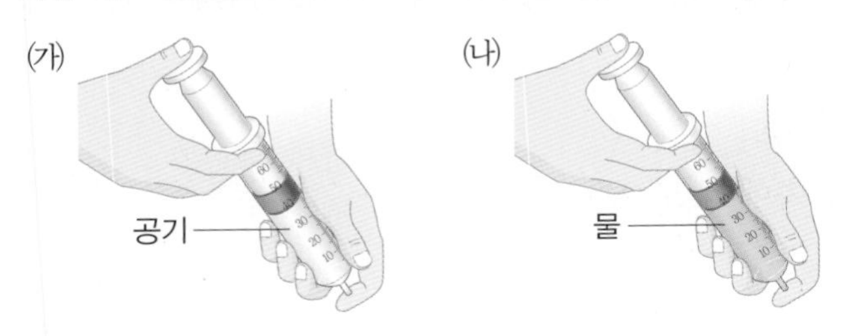

16 동아, 미래엔, 비상, 아이스크림, 지학사, 천재교육

위 (가)와 (나) 중 피스톤이 들어가는 경우는 어느 것인지 기호를 쓰시오.

( )

17 서술형 동아, 미래엔, 비상, 아이스크림, 지학사, 천재교육

위 **16**번 답과 같은 결과를 통해 알 수 있는 압력에 따른 기체와 액체의 부피 변화를 쓰시오.

____

____

18 ⊕ 9종 공통

조명 기구에 이용되는 기체로, 전구 안에 넣어서 전구의 수명을 길게 해주는 데 쓰이는 기체는 어느 것입니까? ( )

① 산소 ② 헬륨 ③ 수소
④ 아르곤 ⑤ 이산화 탄소

[19-20] 다음은 공기를 이루는 기체의 다양한 쓰임새를 나타낸 것입니다. 물음에 답하시오.

▲ 비행선 ▲ 과자 포장 ▲ 소화기 ▲ 광고용 간판

19 ⊕ 9종 공통

위 (가)~(라) 중 공기의 대부분을 차지하는 기체의 쓰임새로 옳은 것을 골라 기호를 쓰시오.

( )

20 ⊕ 9종 공통

위 (다)에 이용되는 기체의 다른 쓰임새를 골라 ○표 하시오.

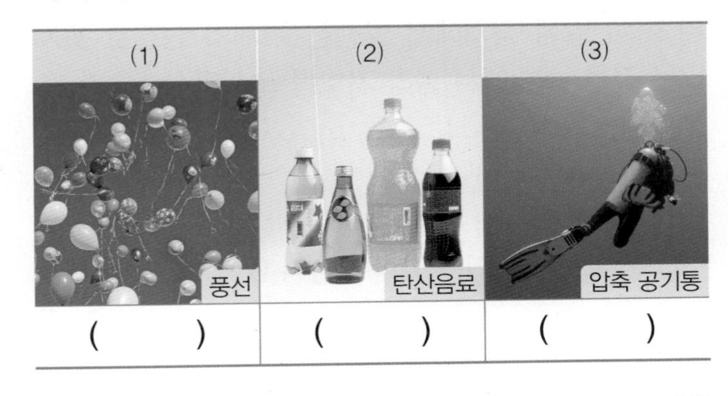

(1)	(2)	(3)
풍선	탄산음료	압축 공기통
( )	( )	( )

[1-4] 다음 기체 발생 장치를 보고, 물음에 답하시오.

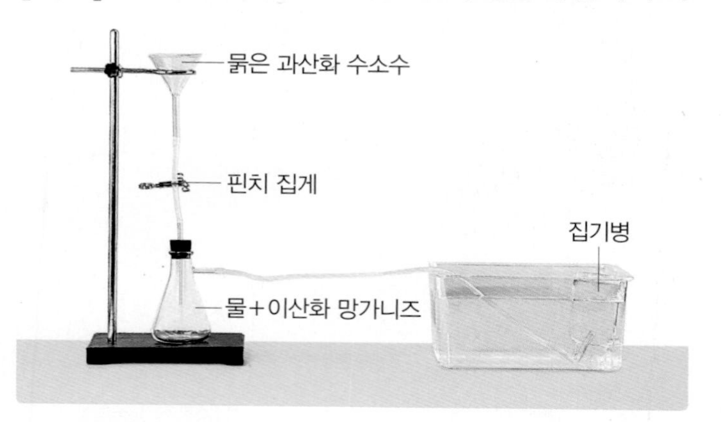

1 9종 공통

위 기체 발생 장치에서 기체가 발생할 때 관찰할 수 있는 현상으로 옳은 것은 어느 것입니까? (　　　)

① 수조 속 물이 부글부글 끓는다.
② 집기병 속 물의 색깔이 변한다.
③ 깔때기 안의 물질이 고체로 변한다.
④ ㄱ자 유리관 끝에서 기포가 발생한다.
⑤ 집기병 속에 흰색 가루 물질이 생긴다.

2 9종 공통

위 기체 발생 장치에서 발생한 기체가 모인 집기병 속에 향불을 넣었을 때의 결과로 옳은 것에 ○표 하시오.

(1) 향불의 불꽃이 꺼진다. (　　)
(2) 향불의 불꽃이 커진다. (　　)

3 9종 공통

위 기체 발생 장치에서 발생한 기체의 성질로 옳지 않은 것을 보기 에서 골라 기호를 쓰시오.

보기
㉠ 냄새와 색깔이 없다.
㉡ 금속을 녹슬게 한다.
㉢ 잘라 둔 과일의 색깔이 변하지 않게 한다.

(　　　　　　　　)

4 서술형 9종 공통

앞의 기체 발생 장치에서 발생하는 기체의 이름을 쓰고, 기체를 모을 때 물속에서 모으는 까닭은 무엇인지 쓰시오.

(1) 기체의 이름: (　　　　　　　　)
(2) 물속에서 모으는 까닭

5 9종 공통

생활 속에서 다음과 같은 산소의 성질을 이용한 것은 어느 것인지 보기 에서 골라 기호를 쓰시오.

다른 물질이 타는 것을 돕는다.

보기

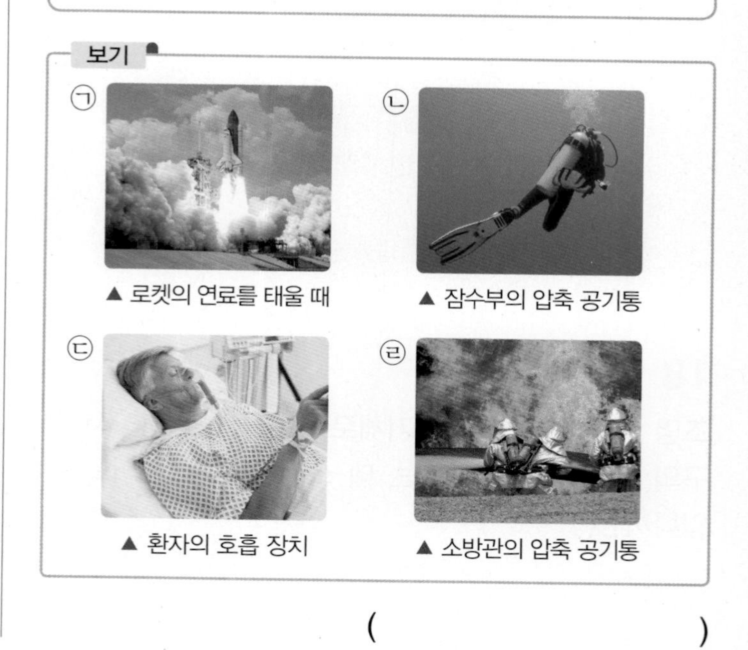

㉠ ▲ 로켓의 연료를 태울 때
㉡ ▲ 잠수부의 압축 공기통
㉢ ▲ 환자의 호흡 장치
㉣ ▲ 소방관의 압축 공기통

(　　　　　　　　)

[6-7] 다음 기체 발생 장치를 보고, 물음에 답하시오.

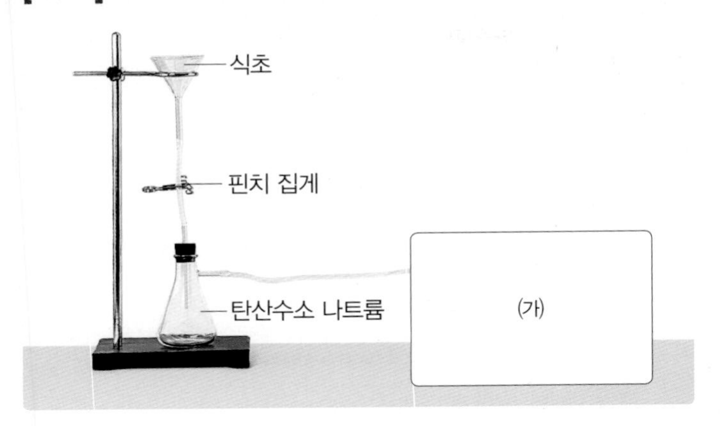

6 ⊕ 9종 공통

위 기체 발생 장치에서 핀치 집게를 조절하여 식초를 조금씩 흘려보냈을 때 발생하는 기체는 무엇입니까? ( )

① 산소 ② 수소
③ 질소 ④ 헬륨
⑤ 이산화 탄소

7 ⊕ 9종 공통

위 기체 발생 장치에서 발생하는 기체가 모이는 것을 쉽게 확인할 수 있도록 (가)에 들어갈 실험 장치의 모습으로 옳은 것을 골라 ○표 하시오.

(1)	(2)	(3)
집기병, 물	집기병	집기병
( )	( )	( )

8 ⊕ 9종 공통

이산화 탄소가 들어 있는 집기병에 어떤 액체를 넣고 흔들었더니 오른쪽과 같이 뿌옇게 변했습니다. 집기병에 넣은 액체는 무엇입니까? ( )

① 물 ② 식초 ③ 석회수
④ 우유 ⑤ 묽은 과산화 수소수

[9-10] 다음과 같이 이산화 탄소의 성질을 알아보기 위한 실험을 하였습니다. 물음에 답하시오.

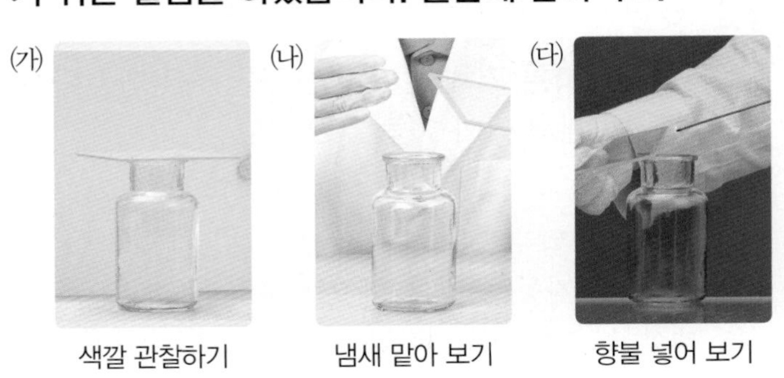

(가) 색깔 관찰하기 (나) 냄새 맡아 보기 (다) 향불 넣어 보기

9 ⊕ 9종 공통

위 실험 결과로 옳은 것에 모두 ○표 하시오.

(1) 냄새가 없다. ( )
(2) 연한 노란색이다. ( )
(3) 달걀 썩는 냄새가 난다. ( )
(4) 투명해서 눈에 보이지 않는다. ( )

10 서술형 ⊕ 9종 공통

위 (다)와 같이 이산화 탄소가 모인 집기병에 향불을 넣었을 때 어떤 변화가 나타나는지 쓰시오.

11 9종 공통

더운 여름날 차 안에 과자 봉지를 두고, 햇빛이 비치는 주차장에 주차를 했다면 한 시간 후 과자 봉지는 어떻게 변했을지 (　　) 안에 들어갈 알맞은 말에 ○표 하시오.

> 과자 봉지의 크기가 ㉠ (커질, 작아질) 것이다. 자동차 안의 온도가 높아지면 과자 봉지 속 기체의 부피가 ㉡ (커지기, 작아지기) 때문이다.

12 9종 공통

온도 변화에 따른 기체의 부피 변화를 알맞게 이용한 경우를 보기 에서 골라 기호를 쓰시오.

> 보기
> ㉠ 찌그러진 탁구공을 펴기 위해 얼음물에 넣는다.
> ㉡ 여름에는 자동차 타이어에 기체를 더 채워 넣는다.
> ㉢ 냉장고 속에서 찌그러진 페트병을 펴기 위해 냉장고 밖에 꺼내 놓는다.

(　　　　　　　　　　)

13 동아, 미래엔, 아이스크림, 천재교과서

삼각 플라스크에 고무풍선을 씌운 뒤 뜨거운 물이 든 수조와 얼음물이 든 수조에 각각 넣었을 때 고무풍선의 변화를 옳게 말한 사람의 이름을 쓰시오.

(　　　　　　　　　　)

[14-15] 다음과 같이 주사기에 공기 30 mL를 넣고 입구를 막은 뒤, 피스톤을 누르는 세기를 다르게 하였습니다. 물음에 답하시오.

(가)
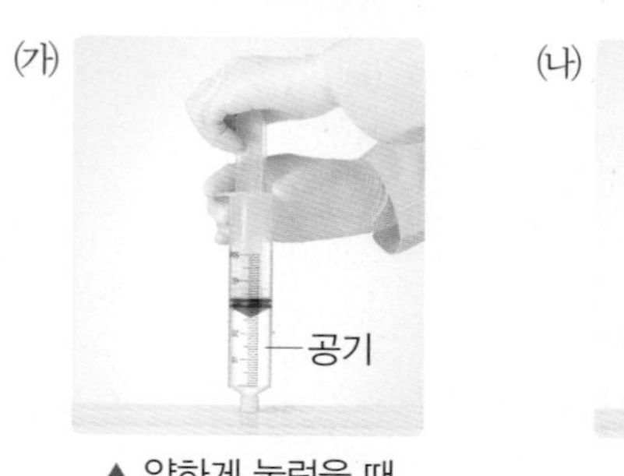

▲ 약하게 눌렀을 때

(나)
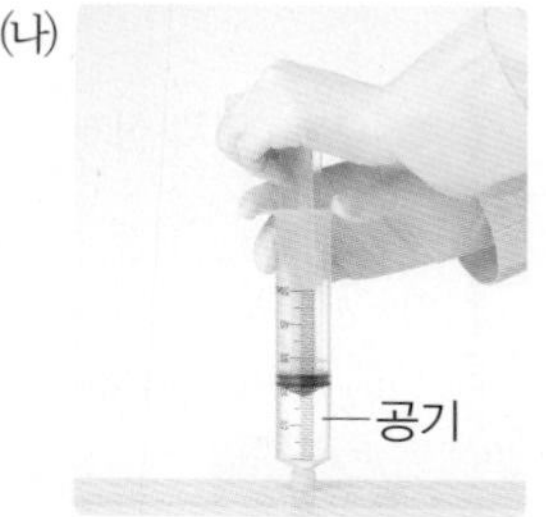

▲ 세게 눌렀을 때

14 서술형 동아, 미래엔, 비상, 아이스크림, 지학사, 천재교육

위 (가)와 (나)의 실험 결과는 어떠한지 쓰시오.

____

____

15 동아, 미래엔, 비상, 아이스크림, 지학사, 천재교육

위 **14**번 답과 같은 결과를 통해 알 수 있는 압력과 기체의 부피와의 관계를 옳게 말한 사람의 이름을 쓰시오.

> • 연두: 기체는 압력이 높아지면 부피가 작아져.
> • 래원: 기체는 압력이 낮아지면 부피가 작아져.
> • 다미: 기체는 압력이 높아지거나 낮아져도 부피에 변화가 없어.

(　　　　　　　　　　)

[16-17] 다음과 같이 감압 용기에 고무풍선을 넣은 뒤 펌프로 공기를 빼내거나 넣으면서 고무풍선의 변화를 관찰하였습니다. 물음에 답하시오.

(가)

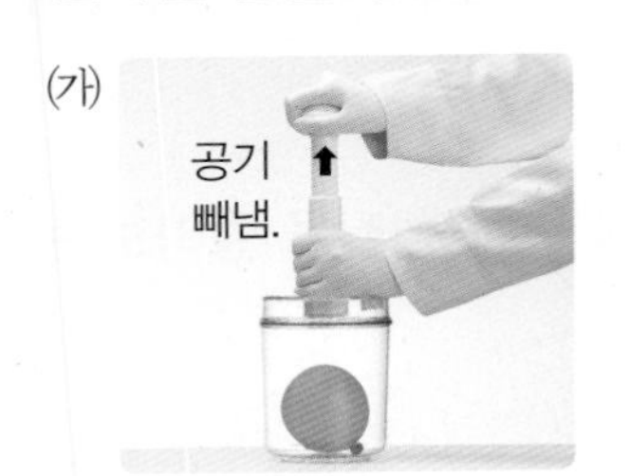

(나)

16 동아, 금성, 천재교과서

위 (가), (나) 감압용기 속 압력 변화를 옳게 짝 지은 것은 어느 것입니까? (   )

	(가)	(나)
①	높아진다.	높아진다.
②	낮아진다.	낮아진다.
③	높아진다.	낮아진다.
④	낮아진다.	높아진다.
⑤	변화 없다.	변화 없다.

17 동아, 금성, 천재교과서

하늘을 날고 있는 비행기 안에서 마개를 막아 둔 빈 페트병은 땅에 착륙하면 페트병이 오른쪽과 같이 찌그러집니다. 위 (가)와 (나) 중 이 현상과 관련 있는 것의 기호를 쓰시오.

(   )

18 9종 공통

오른쪽은 공기를 이루는 여러 가지 기체의 양을 나타낸 것입니다. 공기 중의 약 21 %를 차지하는 기체로, 두 번째로 많은 ㉠ 기체의 이름을 쓰시오.

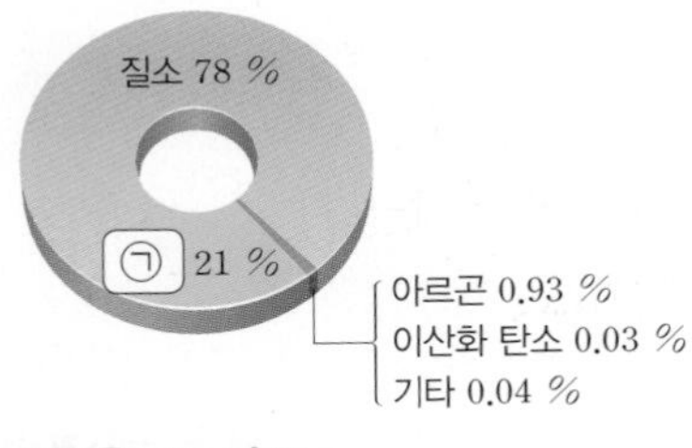

(   )

19 9종 공통

다음과 같은 성질이 있는 기체와 기체의 쓰임새를 옳게 짝 지은 것은 어느 것입니까? (   )

> 식품을 신선하게 보관하거나
> 고유한 맛을 유지하는 성질이 있다.

① 수소 – 연료
② 아르곤 – 전구
③ 질소 – 과자 포장
④ 네온 – 광고용 간판
⑤ 이산화 탄소 – 소화기

20 서술형 9종 공통

공기를 이루는 기체 중 헬륨을 우리 생활에서 이용하는 예를 한 가지 쓰시오.

정답과 풀이 26쪽

평가 주제	기체 발생 장치로 이산화 탄소를 발생시키기
평가 목표	이산화 탄소를 발생시키는 과정을 이해하고, 이산화 탄소의 성질을 확인할 수 있다.

[1-2] 다음과 같이 기체 발생 장치를 꾸미고, 발생하는 기체를 집기병에 모아 성질을 알아보는 실험을 하였습니다. 물음에 답하시오.

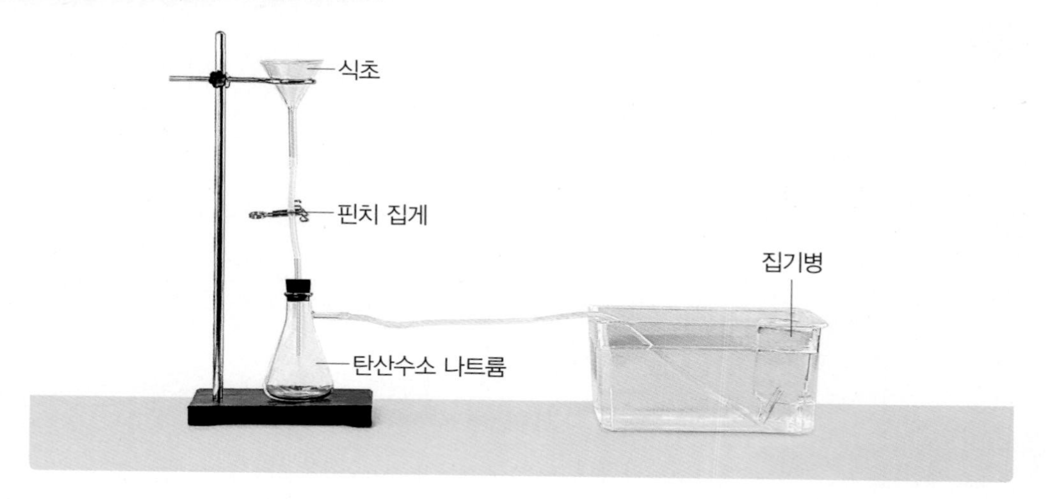

1 위 기체 발생 장치의 핀치 집게를 조절하여 식초를 조금씩 흘려보내면 가지 달린 삼각 플라스크 안과 수조의 ㄱ자 유리관 끝에서 어떤 변화가 나타나는지 쓰고, 이때 발생하는 기체의 이름을 쓰시오.

(1) 가지 달린 삼각 플라스크 안의 변화: ______________________

(2) ㄱ자 유리관 끝부분의 변화: ______________________

(3) 발생하는 기체: (   )

2 위 기체 발생 장치에서 발생한 기체의 성질을 알아보기 위해 다음과 같이 실험하였을 때, 각각의 결과를 쓰시오.

구분	향불을 넣었을 때	석회수를 넣고 흔들었을 때
실험 방법	위 기체 발생 장치에서 발생한 기체가 든 집기병에 향불을 넣어 변화를 관찰한다.	위 기체 발생 장치에서 발생한 기체가 든 집기병에 석회수를 넣고 흔들어 변화를 관찰한다.
실험 결과	(1)	(2)

수행 평가 2회 3. 여러 가지 기체

정답과 풀이 26쪽

평가 주제	압력에 따른 기체의 부피 변화 알기
평가 목표	압력 변화에 따라 기체의 부피가 어떻게 달라지는지 설명할 수 있다.

[1-3] 다음과 같이 주사기에 공기 30 mL를 넣고 입구를 주사기 마개로 막은 뒤, 주사기의 피스톤을 누르는 세기를 다르게 하는 실험을 했습니다. 물음에 답하시오.

(가)

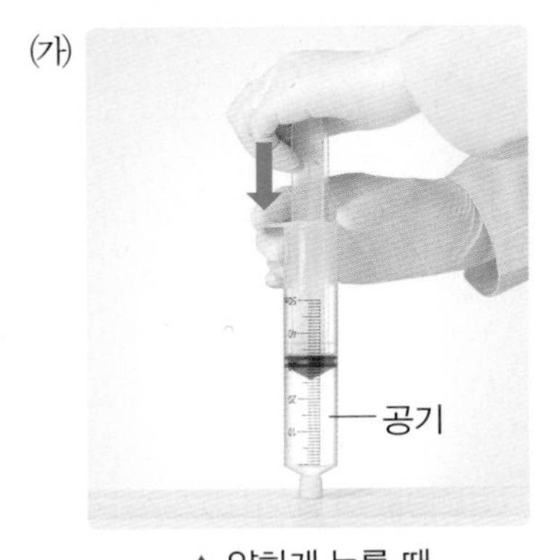

▲ 약하게 누를 때

(나)

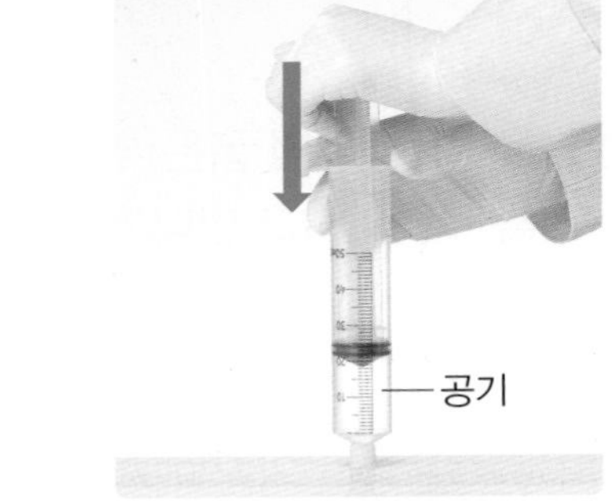

▲ 세게 누를 때

1 위 실험 (가)와 (나)에서 주사기의 피스톤이 어떻게 되는지 쓰시오.

(가) 약하게 누를 때	(1)
(나) 세게 누를 때	(2)

2 위 실험 (가)와 (나)에서 주사기 속 기체의 부피 변화를 쓰시오.

(가) 약하게 누를 때	(1)
(나) 세게 누를 때	(2)

3 우리 생활에서 압력 변화에 따라 기체의 부피가 변하는 예를 찾아 두 가지 쓰시오.

정답과 풀이 27쪽

빈칸에 알맞은 답을 쓰세요.

1 생물체를 이루고 있는 기본 단위는 무엇입니까?

2 세포벽, 세포막, 핵 중에서 식물 세포에는 있지만 동물 세포에는 없는 것은 어느 것입니까?

3 봉선화와 민들레처럼 굵은 뿌리에 가느다란 뿌리들이 여러 개 나 있는 뿌리를 무엇이라고 합니까?

4 감자나 토란은 식물의 잎에서 만든 양분을 어디에 저장합니까?

5 딸기의 줄기는 곧은줄기, 감는줄기, 기는줄기 중 어느 것에 해당합니까?

6 식물이 빛과 이산화 탄소, 뿌리에서 흡수한 물을 이용하여 스스로 양분을 만드는 과정을 무엇이라고 합니까?

7 식물의 잎에 있는 작은 구멍으로, 물과 공기가 드나들 수 있는 부분을 무엇이라고 합니까?

8 꽃의 기본적인 구조인 네 가지는 무엇입니까?

9 씨를 만들기 위해 수술에서 만든 꽃가루가 암술로 옮겨지는 것을 무엇이라고 합니까?

10 씨와 씨를 보호하는 껍질 부분을 합쳐서 무엇이라고 합니까?

정답과 풀이 27쪽

빈칸에 알맞은 답을 쓰세요.

1 세포의 구조 중 세포가 생명 활동을 유지할 수 있도록 조절하고, 유전 정보가 들어 있는 것은 무엇입니까?

2 고구마나 무는 식물의 잎에서 만든 양분을 어디에 저장합니까?

3 은행나무, 나팔꽃, 고구마 중 줄기의 모양이 가늘고 길어 다른 물체를 감아 올라가는 감는줄기를 가진 식물은 어느 것입니까?

4 뿌리에서 흡수한 물은 어느 곳에 있는 통로를 통해 식물 전체로 이동합니까?

5 식물이 스스로 양분을 만들기 위해 필요한 세 가지는 무엇입니까?

6 식물체 속의 물이 잎 표면에 있는 기공을 통해 식물체 밖으로 빠져나가는 현상을 무엇이라고 합니까?

7 녹말과 반응하여 청람색으로 변하는 성질이 있는 용액은 무엇입니까?

8 꽃의 구조 중 꽃가루를 만드는 부분은 무엇입니까?

9 민들레, 도깨비바늘, 벚나무, 제비꽃 중에서 동물의 털이나 사람의 옷에 붙어서 씨가 퍼지는 식물은 어느 것입니까?

10 식물의 구조 중 씨를 보호하고, 씨가 익으면 멀리 퍼뜨리는 역할을 하는 것은 무엇입니까?

[1-2] 다음은 식물 세포를 나타낸 그림입니다. 물음에 답하시오.

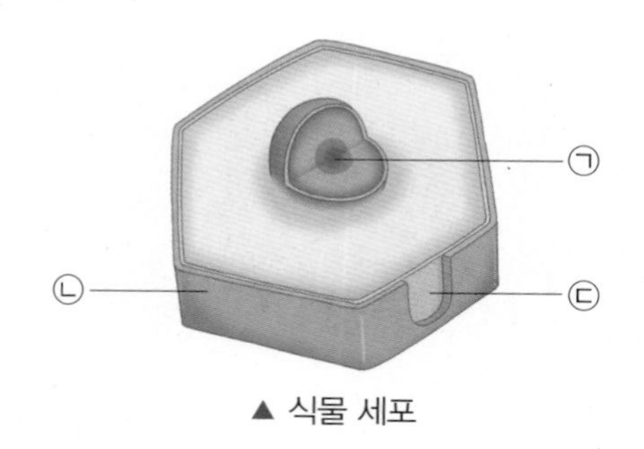

▲ 식물 세포

1 9종 공통

위 ㉠~㉢ 중 세포막 바깥쪽에 있는 두꺼운 부분으로, 식물 세포에만 있는 구조를 찾아 기호와 이름을 쓰시오.

( )

2 동아, 금성, 김영사, 지학사, 천재교육

위 ㉠~㉢ 중 각종 유전 정보가 들어 있고, 세포가 생명 활동을 유지할 수 있도록 조절하는 구조를 찾아 기호와 이름을 쓰시오.

( )

3 9종 공통

뿌리의 기능에 대해 옳게 말한 사람의 이름을 쓰시오.

- 선아: 뿌리에서 주로 증산 작용이 일어나.
- 수현: 뿌리에 난 뿌리털은 물을 더 잘 흡수할 수 있게 해.
- 우성: 뿌리는 빛을 이용해서 식물에게 필요한 양분을 만들어.

( )

[4-5] 다음과 같이 뿌리를 자른 양파와 뿌리를 자르지 않은 양파를 같은 양의 물이 담긴 비커에 올려놓고, 햇빛이 잘 드는 곳에 2~3일 동안 두고 관찰하였습니다. 물음에 답하시오.

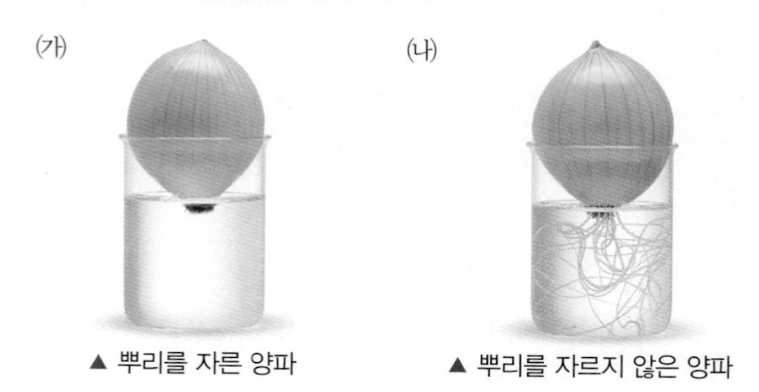

▲ 뿌리를 자른 양파 ▲ 뿌리를 자르지 않은 양파

4 동아, 미래엔, 천재교과서, 천재교육

위 실험은 식물의 어떤 기능을 알아보기 위한 것입니까? ( )

① 줄기가 물을 흡수하는 기능
② 뿌리가 물을 흡수하는 기능
③ 뿌리가 양분을 저장하는 기능
④ 열매가 양분을 저장하는 기능
⑤ 뿌리가 식물을 지지하는 기능

5 서술형 동아, 미래엔, 천재교과서, 천재교육

위 실험에서 2~3일 뒤에 (가)와 (나) 비커에 들어 있는 물의 양을 비교하여 쓰시오.

[6-7] 오른쪽과 같이 붉은 색소 물이 들어 있는 삼각 플라스크에 백합 줄기를 꽂아 두었습니다. 물음에 답하시오.

6 9종 공통

위 실험에서 몇 시간 뒤의 변화로 옳은 것을 보기 에서 골라 기호를 쓰시오.

보기
㉠ 백합꽃이 그대로 흰색이다.
㉡ 백합꽃의 가장자리가 붉은색으로 물든다.
㉢ 삼각 플라스크 안의 붉은 색소 물이 투명하게 변한다.

(　　　　　　　　)

7 9종 공통

위 백합 줄기를 꺼내 가로로 자른 단면을 옳게 그린 것은 어느 것입니까? (　　　)

①
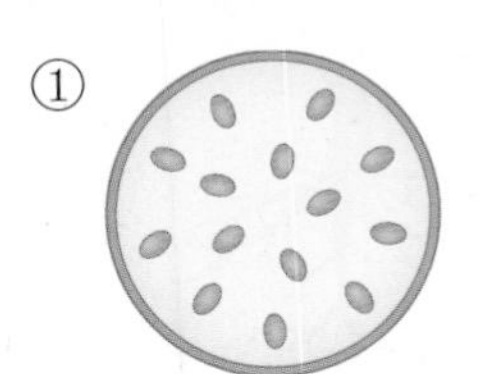
②
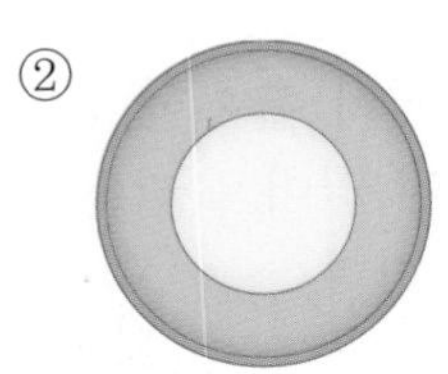
③
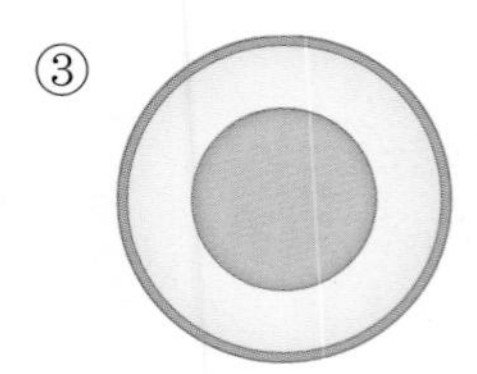
④
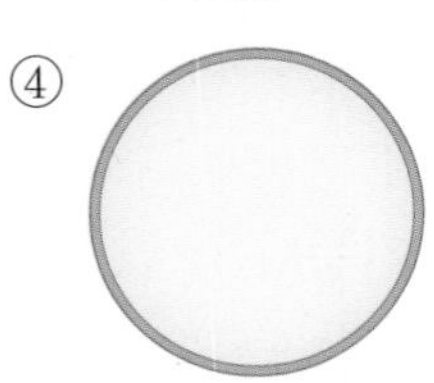

8 동아, 김영사, 지학사, 천재교과서

식물의 줄기에 대한 설명으로 옳은 것을 두 가지 고르시오. (　　　)

① 줄기는 물이 이동하는 통로이다.
② 줄기는 씨를 만드는 역할을 한다.
③ 줄기는 양분을 저장하는 기능은 없다.
④ 식물의 종류가 달라도 줄기의 생김새는 같다.
⑤ 줄기의 껍질은 추위와 더위로부터 식물을 보호한다.

[9-10] 다음은 생김새에 따른 줄기의 종류입니다. 물음에 답하시오.

㉠ 곧은줄기　㉡ 감는줄기　㉢ 기는줄기

9 동아, 금성, 김영사, 미래엔, 아이스크림, 지학사, 천재교과서, 천재교육

다음은 위 ㉠~㉢ 중 어느 것에 대한 설명인지 찾아 각각 기호를 쓰시오.

(1) 줄기가 땅 위를 기듯이 뻗어 나간다. (　　)
(2) 대부분의 식물이 해당하며, 줄기가 굵고 곧게 자란다. (　　)
(3) 줄기의 모양이 가늘고 길어 다른 물체를 감아 올라간다. (　　)

10 동아, 금성, 김영사, 미래엔, 아이스크림, 지학사, 천재교과서, 천재교육

다음 식물들은 위 ㉠~㉢ 중 어느 것에 해당하는지 기호를 쓰시오.

▲ 고구마

▲ 딸기

▲ 수박

(　　　　　　　　)

4 단원

[11-12] 다음은 잎에서 만드는 양분을 확인하기 위해 알루미늄박을 씌운 잎과 알루미늄박을 씌우지 않은 잎에 아이오딘-아이오딘화 칼륨 용액을 떨어뜨린 결과입니다. 물음에 답하시오.

(가) 색깔이 변하지 않은 잎

(나)

청람색으로 변한 잎

11 9종 공통

위 (가)와 (나) 중 알루미늄박을 씌운 잎을 골라 기호를 쓰시오.

( )

12 9종 공통

위 실험에 대한 설명으로 옳은 것에 ○표 하시오.

(1) 빛을 받은 잎에서만 녹말이 만들어진다. ( )

(2) 식물이 녹말을 만들기 위해서 빛이 꼭 필요한 것은 아니다. ( )

13 서술형 9종 공통

오른쪽 감자에 아이오딘-아이오딘화 칼륨 용액을 떨어뜨렸을 때 나타나는 변화를 쓰고, 그 까닭을 쓰시오.

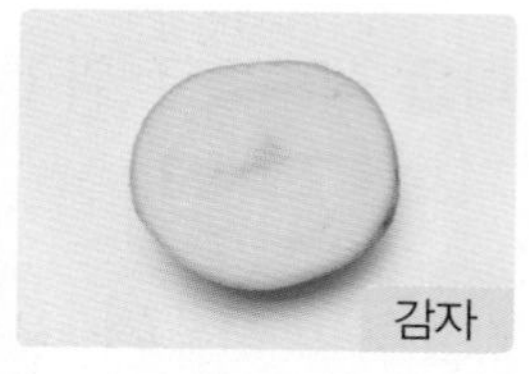

감자

(1) 변화: ______________________

(2) 까닭: ______________________

____

14 9종 공통

다음에서 설명하는 것이 무엇인지 쓰시오.

- 식물의 잎에 있는 작은 구멍이다.
- 주로 잎의 뒷면에 많이 있다.
- 물과 공기가 드나들 수 있다.

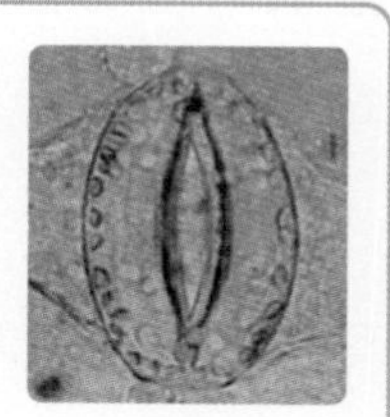

( )

15 9종 공통

다음은 무엇에 대한 설명입니까? ( )

- 뿌리에서 흡수한 물이 식물체 밖으로 빠져나가는 현상이다.
- 식물의 온도를 조절한다.
- 뿌리에서 흡수한 물을 잎까지 끌어 올리는 역할을 한다.

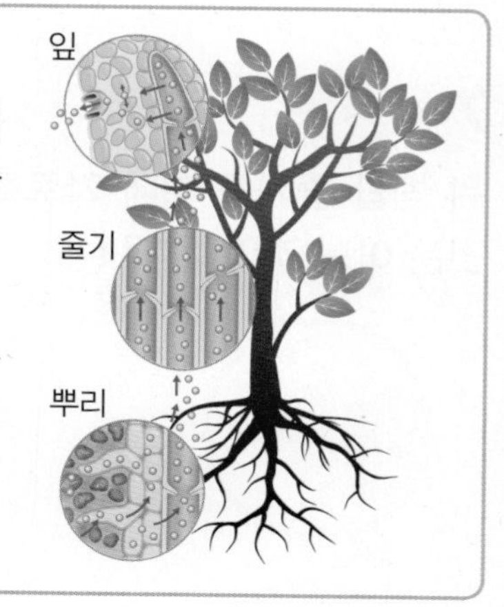

① 광합성
② 흡수 기능
③ 지지 기능
④ 증산 작용
⑤ 저장 기능

16 9종 공통

다음 꽃의 구조를 보고, ㉠~㉣의 각 부분의 이름을 쓰시오.

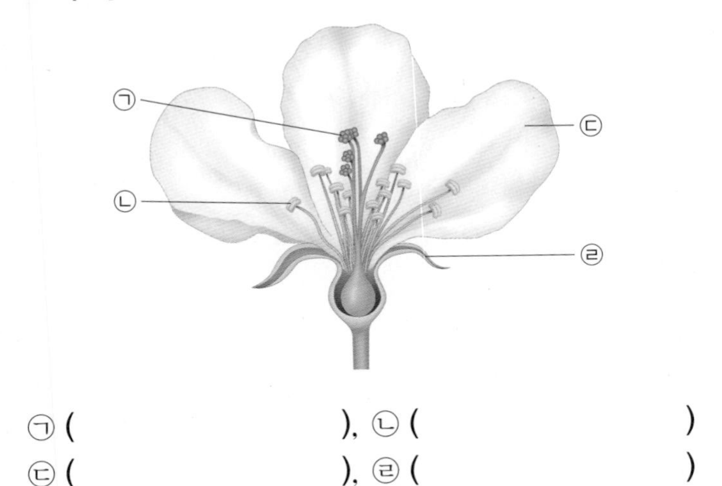

㉠ (　　　　　　), ㉡ (　　　　　　)
㉢ (　　　　　　), ㉣ (　　　　　　)

17 9종 공통

식물의 각 부분이 주로 하는 일을 찾아 선으로 이으시오.

(1)	꽃	㉠	땅속의 물을 흡수하고, 식물을 지지한다.
(2)	잎	㉡	씨를 만든다.
(3)	줄기	㉢	물이 이동하는 통로이다.
(4)	뿌리	㉣	양분을 만들고, 물을 식물 밖으로 내보낸다.

18 9종 공통

새의 도움을 받아 꽃가루받이가 이루어지는 식물은 어느 것입니까? (　　　)

19 9종 공통

열매가 자라는 과정에 맞게 순서대로 기호를 쓰시오.

㉠ 씨가 만들어진다.
㉡ 꽃가루받이가 이루어진다.
㉢ 씨와 씨를 싸고 있는 부분이 자라 열매가 된다.

(　　　　) → (　　　　) → (　　　　)

20 서술형 9종 공통

다음 식물의 씨가 퍼지는 방법을 쓰시오.

▲ 민들레

4 단원

1 9종 공통

다음 중 세포에 세포벽이 있는 생물은 어느 것입니까? (　　　)

① 

▲ 북극곰

②

▲ 다람쥐

③ 

▲ 개구리

④ 

▲ 토끼풀

2 서술형 9종 공통

위 1번 답과 같이 답한 까닭은 무엇인지 쓰시오.

3 9종 공통

다음 광학 현미경으로 관찰한 세포 그림을 보고, 양파 표피 세포에는 '양파', 사람 입안 상피 세포에는 '사람'이라고 쓰시오.

(1) 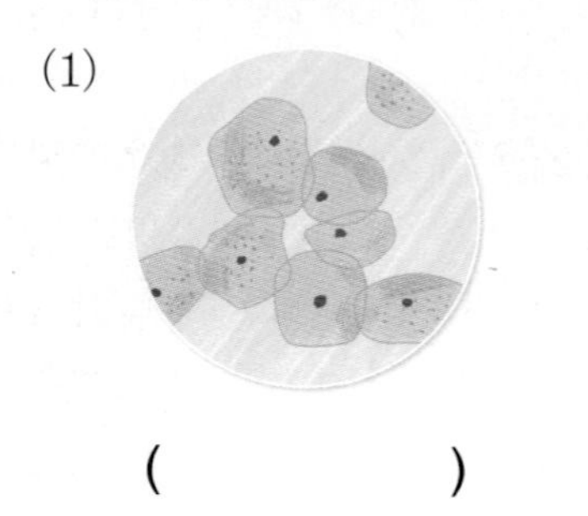

(　　　　　)

(2) 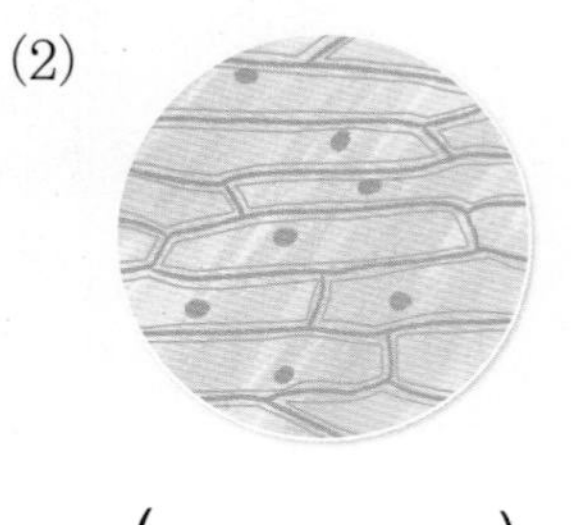

(　　　　　)

[4-5] 다음과 같이 뿌리의 흡수 기능을 알아보기 위한 실험을 하였습니다. 물음에 답하시오.

(가)

▲ 뿌리를 자르지 않은 양파

(나) 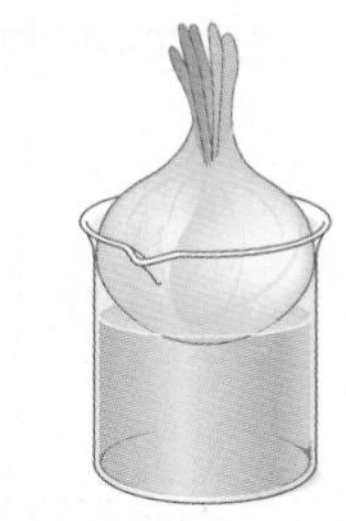

▲ 뿌리를 자른 양파

4 동아, 미래엔, 천재교과서, 천재교육

위 실험에서 다르게 한 조건은 무엇인지 보기 에서 골라 기호를 쓰시오.

보기
- ㉠ 비커의 크기
- ㉡ 비커 속 물의 양
- ㉢ 양파 뿌리의 유무
- ㉣ 비커를 두는 장소

(　　　　　　　　　　)

5 동아, 미래엔, 천재교과서, 천재교육

위 (가)와 (나)를 햇빛이 잘 드는 곳에 두었다가 2～3일 후에 관찰한 결과로 옳은 것에 ○표 하시오.

(1) (가)는 비커 속 물의 양에 변화가 없다. (　　)

(2) (나)는 (가)보다 비커 속 물의 양이 많이 줄어든다. (　　)

(3) (가)는 (나)보다 비커 속 물의 양이 많이 줄어든다. (　　)

6 9종 공통

다음 ( ) 안에 들어갈 알맞은 말을 쓰시오.

식물의 종류에 따라 뿌리의 생김새는 다양하다. 뿌리에는 솜털처럼 얇고 가는 ( )이/가 나 있어 흙 속의 물과 양분을 흡수한다.

( )

7 9종 공통

오른쪽은 붉은 색소 물에 꽂아 두었던 백합 줄기를 가로로 자른 단면입니다. 붉게 물든 부분이 의미하는 것은 무엇입니까? ( )

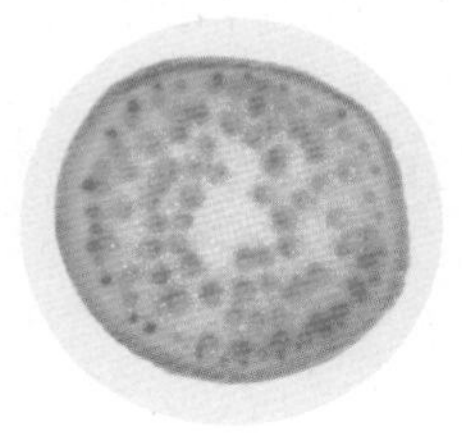

① 물이 이동하는 통로
② 양분을 만드는 위치
③ 양분이 이동하는 통로
④ 양분이 저장되는 장소
⑤ 식물체에서 물이 빠져나가는 구멍

8 8종 공통

줄기에 양분을 저장하는 식물을 골라 기호를 쓰시오.

㉠ 
감자

㉡ 
고구마

㉢ 
무

( )

9 아이스크림, 지학사

오른쪽과 같이 백합 줄기의 밑부분을 반으로 잘라 줄기의 반은 푸른 색소 물에, 나머지 반은 붉은 색소 물에 넣으면 꽃의 색깔이 어떻게 변하는지 쓰시오.

____

10 9종 공통

식물의 줄기에 대해 잘못 설명한 사람의 이름을 쓰시오.

- 다현: 줄기는 잎과 뿌리를 연결하고 있어.
- 소민: 줄기에 있는 껍질은 모두 꺼칠꺼칠해.
- 강태: 식물의 종류에 따라 물이 이동하는 통로의 위치가 달라.
- 재욱: 줄기의 모양은 굵고 곧은 것도 있고, 가늘고 길어 다른 식물을 감거나 땅 위를 기는 것도 있어.

( )

4 단원

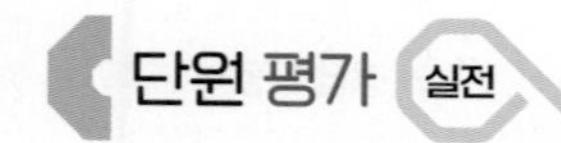

11 ⊕ 9종 공통

다음과 같이 장치하고 빛이 잘 드는 곳에 하루 동안 놓아 두었을 때, 잎에 아이오딘－아이오딘화 칼륨 용액을 떨어뜨리면 청람색으로 변하는 것은 어느 것인지 기호를 쓰시오.

㉠

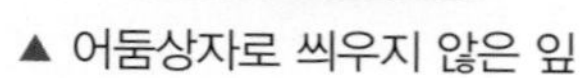
▲ 어둠상자로 씌우지 않은 잎

㉡

▲ 어둠상자로 씌운 잎

(　　　　　　　　　　)

12 서술형 ⊕ 9종 공통

위 11번 답을 통해 알 수 있는 사실을 보기 의 용어를 모두 포함하여 쓰시오.

보기

녹말,　빛,　양분,　잎

13 ⊕ 9종 공통

위 12번 답과 관련 있는 식물의 작용을 무엇이라고 하는지 쓰시오.

(　　　　　　　　　　)

14 ⊕ 9종 공통

식물이 스스로 만드는 양분에 대한 설명으로 옳은 것을 두 가지 고르시오. (　　　　　)

① 만들어진 양분은 모두 잎에 저장된다.
② 주로 식물의 잎에서 양분이 만들어진다.
③ 잎에서 만든 양분은 잎의 기공으로 빠져나간다.
④ 양분을 만들 때 빛, 이산화 탄소, 물이 필요하다.
⑤ 햇빛을 가리면 잎에서 양분이 더 많이 만들어진다.

15 ⊕ 9종 공통

다음과 같이 두 식물을 물이 들어 있는 삼각 플라스크에 넣고 비닐봉지를 씌운 다음, 햇빛이 잘 드는 곳에 1～2일 동안 놓아두었습니다. 이 실험을 통해 알 수 있는 사실로 옳은 것은 어느 것입니까? (　　　)

㉠

▲ 잎을 그대로 둠.

㉡

▲ 잎을 제거함.

① ㉠은 ㉡보다 물이 조금 줄어든다.
② ㉠보다 ㉡에서 광합성이 활발하게 일어난다.
③ ㉠보다 ㉡에서 증산 작용이 활발하게 일어난다.
④ ㉠은 비닐봉지에 물방울이 많이 맺히고, ㉡은 물방울이 거의 맺히지 않는다.
⑤ ㉡은 뿌리에서 흡수한 물이 잎 밖으로 빠져나가기 때문에 비닐봉지 안에 물방울이 맺힌다.

16 9종 공통

꽃에 대한 설명으로 옳지 않은 것은 어느 것입니까? ( )

① 암술은 씨를 만든다.
② 수술은 꽃가루를 만든다.
③ 꽃잎은 꽃받침을 보호한다.
④ 꽃받침은 꽃잎을 받치고 보호한다.
⑤ 꽃가루받이는 동물, 바람, 물 등의 도움을 받아 이루어진다.

17 9종 공통

오른쪽 코스모스와 같이 곤충의 도움을 받아 꽃가루받이가 이루어지는 식물은 어느 것입니까? ( )

코스모스

① 
민들레

② 
바나나

③ 
옥수수

④ 
물수세미

18 9종 공통

( ) 안에 공통으로 들어갈 알맞은 말을 쓰시오.

- 꽃가루받이가 이루어지면 암술 속에 ( ) 이/가 만들어진다.
- ( )와/과 ( )을/를 보호하는 껍질 부분을 합해 열매라고 한다.

( )

19 서술형 9종 공통

다음 두 식물의 씨가 퍼지는 방법을 생김새의 특징과 관련지어 쓰시오.

▲ 도깨비바늘

▲ 도꼬마리

20 9종 공통

오른쪽 식물의 씨가 퍼지는 방법으로 옳은 것을 보기 에서 골라 기호를 쓰시오.

머루

보기
㉠ 바람에 날려서 퍼진다.
㉡ 동물에게 먹혀서 퍼진다.
㉢ 동물의 털에 달라붙어서 퍼진다.
㉣ 강이나 호수의 물살을 따라 퍼진다.

( )

4 단원

정답과 풀이 29쪽

평가 주제	뿌리의 기능을 알아보는 실험하기
평가 목표	실험을 통해 뿌리가 하는 일을 설명할 수 있다.

[1-3] 다음과 같이 뿌리를 자른 양파와 뿌리를 자르지 않은 양파를 같은 양의 물이 담긴 비커에 올려놓은 뒤 햇빛이 잘 드는 곳에 두고 관찰하였습니다. 물음에 답하시오.

(가)

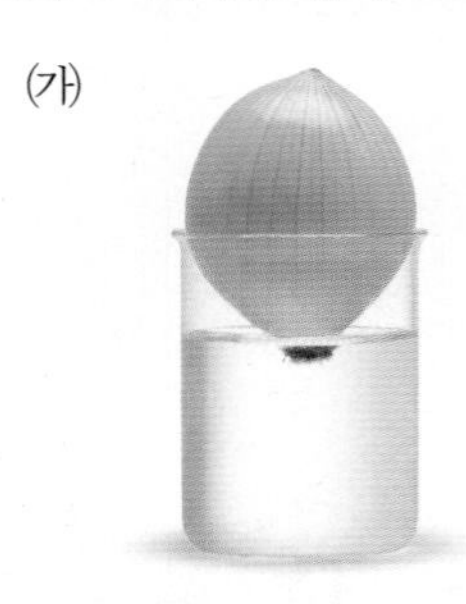

뿌리를 자른 양파

(나)

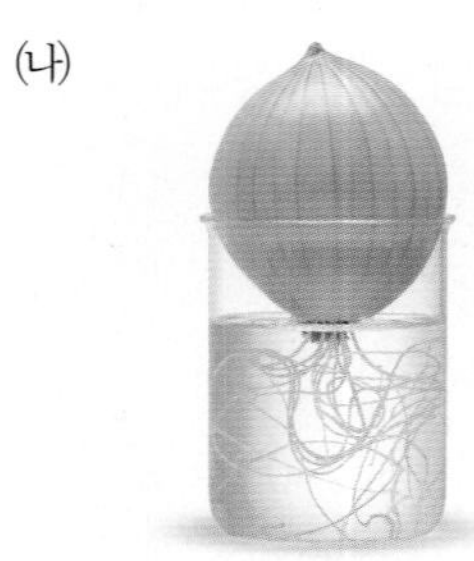

뿌리를 자르지 않은 양파

1 2～3일 뒤에 위 (가)와 (나)를 관찰한 결과, 비커 속 물의 양이 어떻게 변하는지 비교하여 쓰시오.

2 위 **1**번 답과 같이 두 비커에서 줄어든 물의 양이 다른 까닭은 무엇인지 쓰시오.

3 위 실험 결과를 통해 알 수 있는 뿌리의 기능은 무엇인지 쓰시오.

정답과 풀이 29쪽

평가 주제	줄기의 기능을 알아보는 실험하기
평가 목표	실험을 통해 줄기가 하는 일을 설명할 수 있다.

[1-3] 다음과 같이 백합 줄기를 붉은 색소를 녹인 물에 넣어 두었다가, 다음 날 백합 줄기를 가로와 세로로 잘라 단면을 관찰하였습니다. 물음에 답하시오.

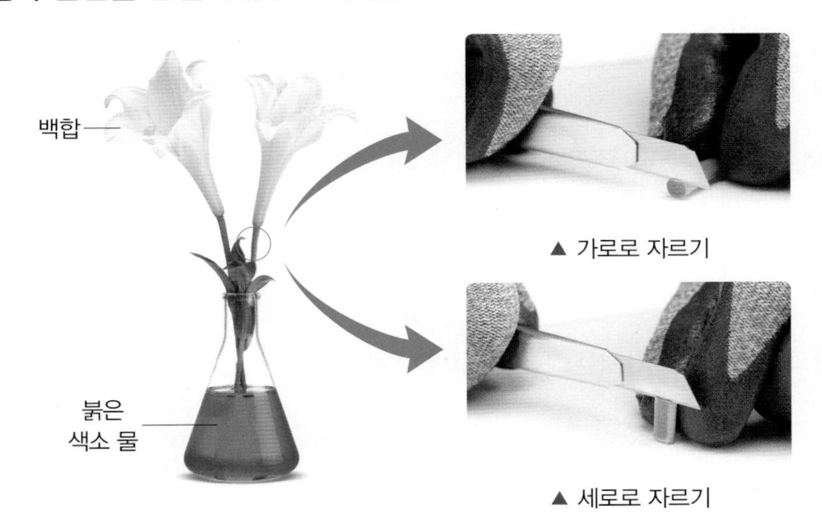

1 위 실험 결과 백합 줄기를 가로로 자른 단면과 세로로 자른 단면의 모습은 어떠한지 글로 표현하시오.

가로로 자른 단면	(1)
세로로 자른 단면	(2)

2 위 실험 결과 백합꽃의 모습은 어떻게 달라지는지 쓰시오.

3 위 실험 결과를 통해 알 수 있는 줄기의 기능은 무엇인지 쓰시오.

5. 빛과 렌즈

정답과 풀이 30쪽

빈칸에 알맞은 답을 쓰세요.

1 유리나 플라스틱 등으로 만든 투명한 삼각기둥 모양의 기구는 무엇입니까?

2 빛이 공기 중에서 유리로 비스듬히 나아갈 때 공기와 유리의 경계면에서 어떻게 나아갑니까?

3 빛이 서로 다른 물질의 경계면을 지날 때 꺾여 나아가는 현상을 무엇이라고 합니까?

4 가운데 부분이 가장자리보다 두꺼운 렌즈를 무엇이라고 합니까?

5 볼록 렌즈를 통과한 햇빛이 만든 원 안의 밝기는 주변보다 밝습니까, 어둡습니까?

6 볼록 렌즈와 평면 유리 중 햇빛을 이용해 불을 붙일 수 있는 것은 어느 것입니까?

7 볼록 렌즈와 같은 구실을 하는 물체의 가운데 부분과 가장자리 부분 중 더 두꺼운 부분은 어디입니까?

8 볼록 렌즈와 같은 구실을 하는 물체를 한 가지 쓰시오.

9 볼록 렌즈를 이용해 만든 간이 사진기로 물체를 관찰하면 물체의 무엇이 바뀌어 보입니까?

10 볼록 렌즈를 이용한 도구 중 작은 물체를 확대하여 자세히 관찰할 때 이용하는 것을 한 가지 쓰시오.

빈칸에 알맞은 답을 쓰세요.

1 프리즘은 원기둥 모양입니까, 삼각기둥 모양입니까?

2 프리즘을 통과한 햇빛은 한 가지 빛깔로 나타납니까, 여러 가지 빛깔로 나타납니까?

3 물이 든 수조 위쪽에서 수직으로 빛을 비추었을 때 빛은 공기와 물의 경계면에서 어떻게 나아갑니까?

4 물속에 있는 물체가 실제와 다르게 보이는 까닭은 빛의 어떤 성질 때문입니까?

5 볼록 렌즈와 평면 유리 중 햇빛을 모을 수 있는 것은 어느 것입니까?

6 볼록 렌즈를 통과한 햇빛이 만든 원 안의 온도는 주변보다 높습니까, 낮습니까?

7 볼록 렌즈와 같은 구실을 하는 물체는 불투명합니까, 투명합니까?

8 물방울, 거울, 물이 담긴 둥근 어항 중 볼록 렌즈와 같은 구실을 할 수 없는 물체는 어느 것입니까?

9 'ㄱ', 'ㄷ', 'ㅁ', 'ㅎ' 중 볼록 렌즈를 이용해 만든 간이 사진기로 관찰했을 때, 실제 모습과 똑같이 보이는 자음은 어느 것입니까?

10 돋보기 안경, 현미경, 망원경 중에 멀리 있는 물체를 확대하여 관찰할 때 볼록 렌즈를 이용하는 도구는 어느 것입니까?

1 9종 공통

다음은 햇빛을 어떤 기구에 통과시킨 후 여러 가지 빛깔로 나타난 모습입니다. 빈칸에 들어갈 기구를 보기 에서 골라 기호를 쓰시오.

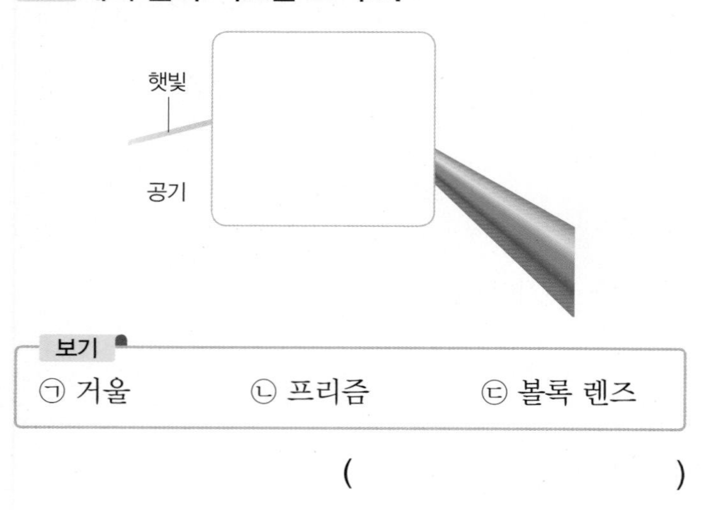

보기
㉠ 거울 ㉡ 프리즘 ㉢ 볼록 렌즈

( )

2 서술형 9종 공통

비가 온 뒤 햇빛이 비칠 때 하늘에 무지개가 뜨는 까닭을 보기 의 단어를 모두 사용하여 쓰시오.

보기
물방울, 프리즘, 햇빛, 빛깔

3 9종 공통

공기와 유리의 경계에서 빛이 나아가는 모습을 옳게 말한 사람의 이름을 쓰시오.

- 인우: 빛은 어떤 상황에서도 항상 곧게 나아가.
- 채령: 빛은 공기 중에서 유리를 만나면 나아가지 못해.
- 현준: 빛을 공기 중에서 유리로 비스듬히 비추면 공기와 유리의 경계에서 꺾여 나아가.

( )

4 9종 공통

빛이 직진하다가 서로 다른 물질의 경계를 지나면서 꺾이는 현상은 무엇입니까? ( )

① 빛의 직진 ② 빛의 반사
③ 빛의 굴절 ④ 빛의 통과
⑤ 빛의 흡수

5 9종 공통

빛은 공기와 물의 경계에서 어떻게 나아가는지 선으로 이으시오.

(1)	빛을 공기에서 물로 수직으로 비추었을 때 •	• ㉠	빛이 공기와 물의 경계에서 꺾여 나아감.
(2)	빛을 공기에서 물로 비스듬히 비추었을 때 •	• ㉡	빛이 공기와 물의 경계에서 꺾이지 않고 그대로 나아감.

6 서술형 동아, 금성, 김영사, 미래엔, 지학사, 천재교과서

다음과 같이 물속에서 다리가 짧게 보이거나 인형의 물에 잠긴 부분이 나뉘어 보이는 까닭은 무엇인지 빛의 성질과 관련지어 쓰시오.

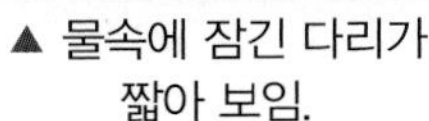

▲ 물속에 잠긴 다리가 짧아 보임.

▲ 물에 반쯤 잠긴 인형이 둘로 나뉘어 보임.

____

____

7 동아, 금성, 김영사, 미래엔, 비상, 지학사, 천재교과서, 천재교육

다음과 같이 투명한 플라스틱 수조에 빨대를 넣고, 물을 붓기 전과 물을 부은 후 빨대의 모습을 비교하는 실험에 대한 설명으로 옳은 것을 두 가지 고르시오.
( )

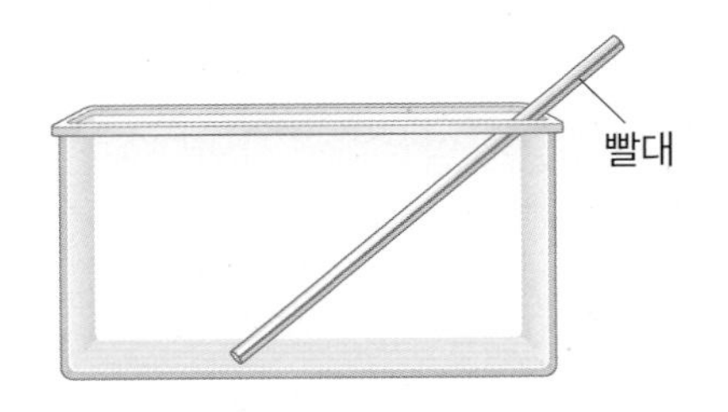

① 물을 부으면 빨대가 꺾여 보인다.
② 물을 부으면 빨대가 보이지 않는다.
③ 물을 부으면 빨대의 색깔만 달라져 보인다.
④ 물을 붓지 않았을 때와 물을 부었을 때 보이는 빨대의 모습은 같다.
⑤ 물을 부으면 빨대가 실제 모습과 다르게 보이는 것은 빛의 굴절 때문이다.

8 9종 공통

다음 그림을 보고 동전에서 오는 빛이 굴절하는 부분을 찾아 ○표 하시오.

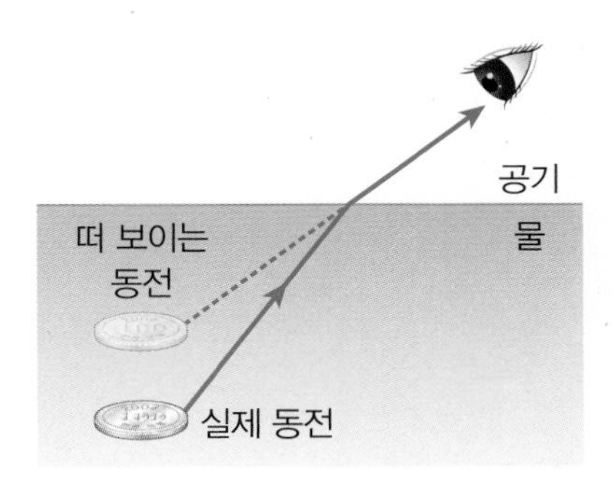

9 9종 공통

다음은 볼록 렌즈의 특징을 설명한 것입니다. 빈칸에 들어갈 알맞은 말을 보기 에서 찾아 쓰시오.

볼록 렌즈는 가운데 부분이 가장자리보다 ( ).

보기
얇다, 두껍다, 불투명하다, 색깔이 진하다

( )

10 9종 공통

다음과 같이 레이저 지시기의 빛을 볼록 렌즈의 가장자리와 가운데 부분에 통과시켰을 때, 빛이 나아가는 모습으로 옳은 것의 기호를 쓰시오.

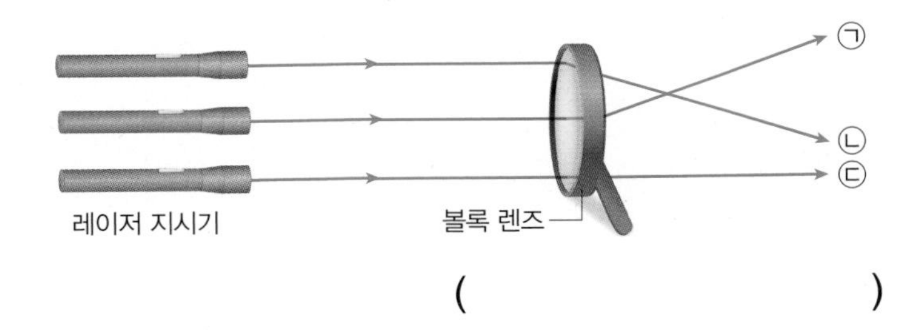

( )

5 단원

11 금성, 지학사, 천재교과서, 천재교육

다음은 볼록 렌즈로 햇빛을 모았을 때 흰 종이에 나타난 모습입니다. ㉠~㉢ 중 온도가 가장 높은 곳의 기호를 쓰시오.

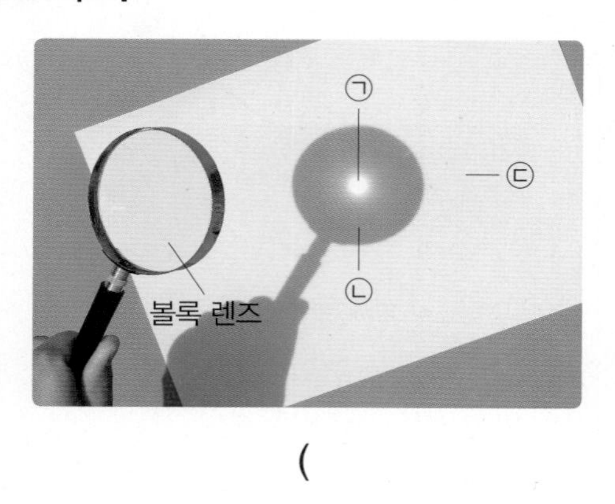

(　　　　　　　　　)

[12-13] 오른쪽은 ㉠ 도구를 이용해 관찰한 장난감의 모습입니다. 물음에 답하시오.

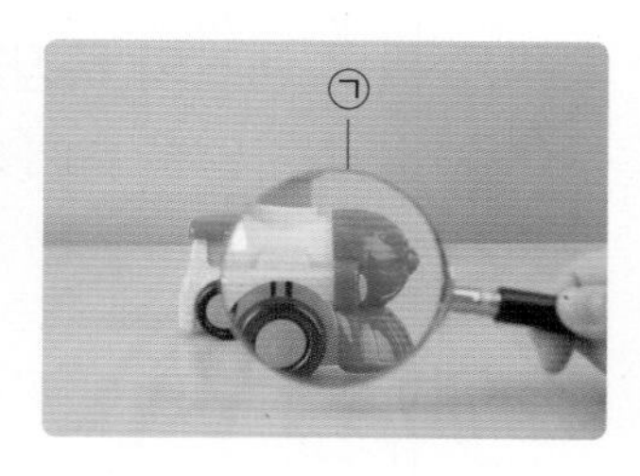

12 9종 공통

위 ㉠ 도구로 알맞은 것은 어느 것입니까? (　　　)

① 거울
② 평면 유리
③ 프리즘
④ 볼록 렌즈
⑤ 플라스틱 판

13 9종 공통

위 12번 답의 도구를 옆에서 본 모습으로 알맞은 것을 골라 ○표 하시오.

(1)
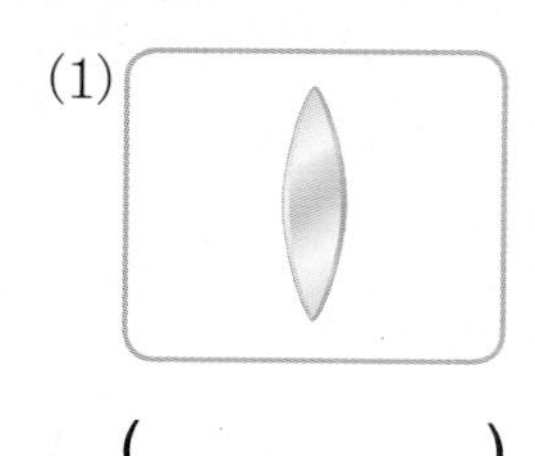
(　　　)

(2)
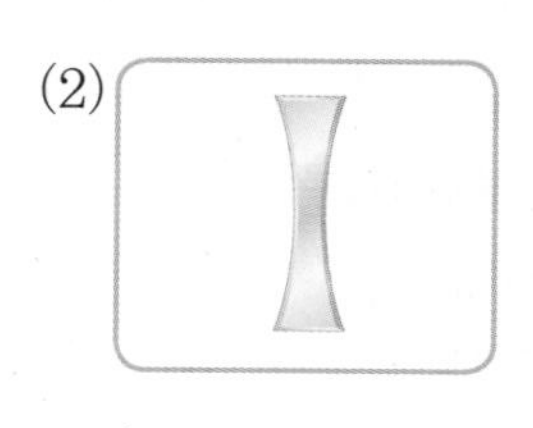
(　　　)

14 서술형 9종 공통

다음 볼록 렌즈로 인형을 관찰한 결과를 통해 볼록 렌즈로 본 물체의 모습은 어떤 특징이 있는지 쓰시오.

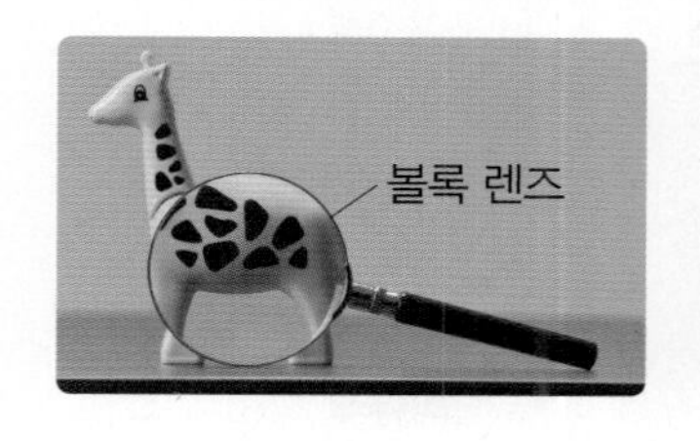

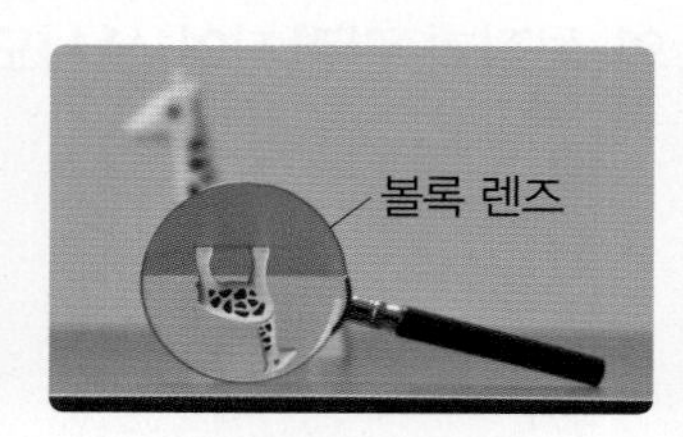

15 9종 공통

다음 두 물체에 대한 설명으로 옳은 것은 어느 것입니까? (　　　)

㉠

볼록 렌즈

㉡

유리구슬

① ㉠은 빛을 굴절시킬 수 있지만, ㉡은 빛을 굴절시킬 수 없다.
② ㉠은 빛을 통과시킬 수 있지만, ㉡은 빛을 통과시킬 수 없다.
③ ㉠과 ㉡으로 물체를 관찰하면 항상 물체의 모습이 크게 보인다.
④ ㉠과 ㉡으로 물체를 관찰하면 물체의 모습이 실제와 다르게 보이는 것은 빛의 굴절 때문이다.
⑤ ㉠으로 물체를 관찰하면 물체의 모습이 실제와 다르게 보이지만, ㉡으로 물체를 관찰하면 실제와 똑같이 보인다.

[16-18] 다음은 볼록 렌즈를 이용해 만든 간이 사진기로 물체를 관찰하는 모습입니다. 물음에 답하시오.

16 금성, 김영사, 미래엔, 지학사, 천재교육

위 간이 사진기를 만들 때 필요한 준비물을 옳게 짝지은 것은 어느 것입니까? (　　　)

① 평면 유리, 고무줄
② 볼록 렌즈, 고무줄
③ 알코올 램프, 비닐
④ 프리즘, 흰색 도화지
⑤ 온도계, 흰색 도화지

17 금성, 김영사, 미래엔, 지학사, 천재교육

위 간이 사진기로 물체를 관찰했을 때 보이는 모습에 대해 옳게 설명한 사람의 이름을 쓰시오.

- 상현: 물체가 크고 똑바로 보여.
- 하랑: 실제 물체의 모습과 항상 같아.
- 지수: 물체의 상하좌우가 바뀌어 보여.

(　　　　　　　　　　)

18 금성, 김영사, 미래엔, 지학사, 천재교육

위 간이 사진기로 다음 화살표를 관찰하면 어떻게 보이는지 그리시오.

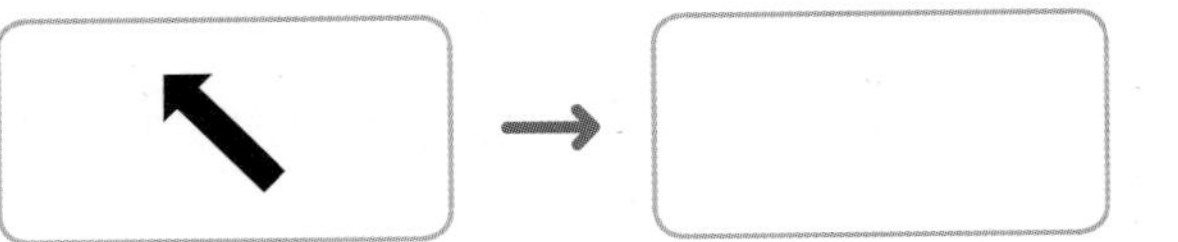

19 9종 공통

다음 기구들에 대한 설명으로 옳지 않은 것은 어느 것입니까? (　　　)

▲ 현미경　▲ 사진기　▲ 망원경

① 모두 볼록 렌즈를 이용한 기구이다.
② 망원경은 멀리 있는 물체를 관찰할 때 이용한다.
③ 사진기의 볼록 렌즈는 빛을 퍼뜨리는 역할을 한다.
④ 현미경은 작은 물체를 확대하여 관찰할 때 이용한다.
⑤ 우리 생활에서 이용하는 볼록 렌즈는 쓰임새가 다양하다.

20 서술형 9종 공통

오른쪽은 볼록 렌즈를 이용한 도구입니다. 이 도구의 이름을 쓰고, 볼록 렌즈의 쓰임새를 쓰시오.

(1) 이름: (　　　　　　　　　　)

(2) 쓰임새

5 단원

1 9종 공통

오른쪽과 같이 물이 담긴 유리컵 주위에 무지갯빛이 나타난 현상에 대한 설명으로 옳은 것을 보기 에서 찾아 기호를 쓰시오.

보기
- ㉠ 햇빛이 물이 담긴 유리컵을 통과하지 못해 무지갯빛이 나타난다.
- ㉡ 햇빛이 여러 가지 색의 빛으로 이루어져 있기 때문에 나타나는 현상이다.
- ㉢ 빛이 비치지 않는 어두운 곳에서도 물이 담긴 유리컵 주위에는 무지갯빛이 나타난다.

( )

2 9종 공통

프리즘을 통과한 햇빛의 모습을 옳게 나타낸 것은 어느 것입니까? ( )

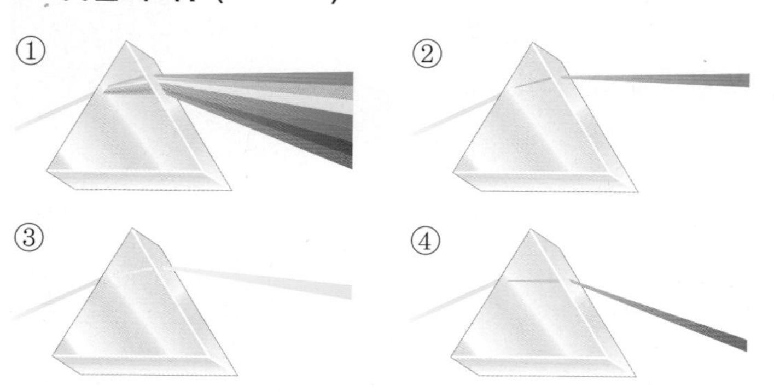

3 9종 공통

유리판에 레이저 지시기의 빛을 비스듬히 비추었을 때, 빛이 나아가는 방향을 옳게 나타낸 것에 ○표 하시오.

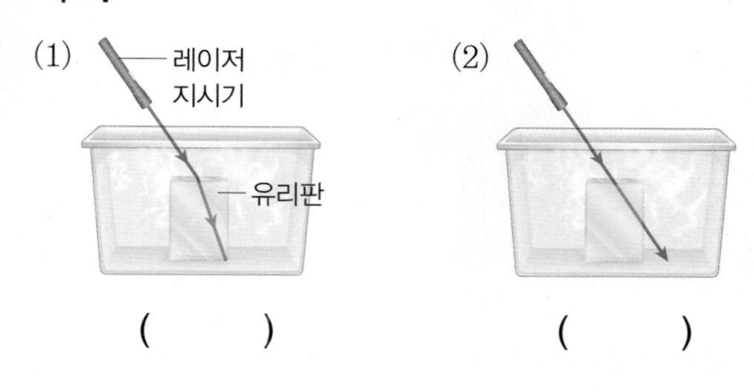

( ) ( )

4 9종 공통

다음과 같이 물이 든 수조에 레이저 지시기의 빛을 비스듬히 비추었을 때 빛이 나아가는 모습을 화살표로 나타내시오.

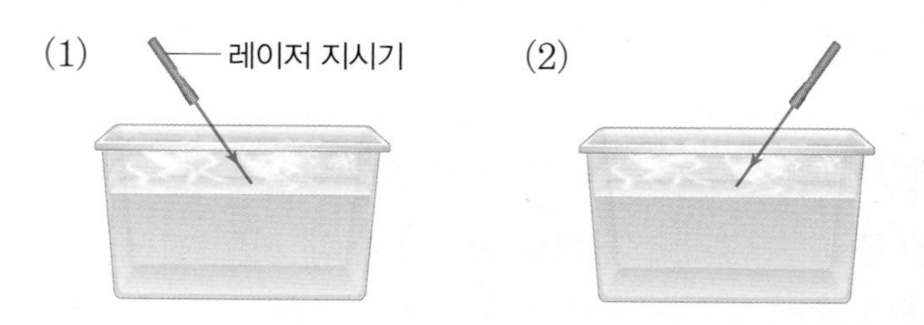

5 9종 공통

다음은 공기 중에서 물속으로 들어가는 빛이 나아가는 모습에 대한 설명입니다. ( ) 안에 들어갈 알맞은 말을 각각 쓰시오.

빛을 공기에서 물로 (㉠) 비추면 빛이 공기와 물의 경계에서 꺾이지 않고 그대로 나아가고, 빛을 공기에서 물로 (㉡) 비추면 빛이 공기와 물의 경계에서 꺾여 나아간다.

㉠ ( ), ㉡ ( )

[6-8] 다음과 같이 물속에 있는 물고기를 물 밖에서 관찰하였습니다. 물음에 답하시오.

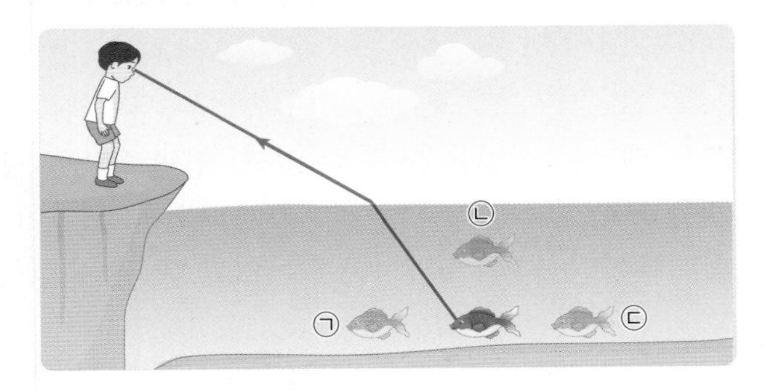

6 동아, 금성, 김영사, 미래엔, 비상, 지학사, 천재교과서, 천재교육

위와 같이 물속의 물고기를 관찰하였을 때, 사람은 ㉠~㉢ 중 어느 위치에 물고기가 있는 것처럼 보이는지 기호를 쓰시오.

( )

7 서술형 동아, 금성, 김영사, 미래엔, 비상, 지학사, 천재교과서, 천재교육

위 **6**번 답과 같이 사람 눈에 보이는 물고기의 위치와 실제 물고기의 위치가 다른 까닭은 무엇인지 쓰시오.

8 동아, 금성, 김영사, 미래엔, 비상, 지학사, 천재교과서, 천재교육

위 **7**번 답과 같은 까닭으로 물속에 있는 물체의 모습이 실제 모습과 다르게 보이는 경우로 옳은 것에 ○표 하시오.

(1) 물속에 넣은 빨대가 꺾여 보인다. ( )

(2) 수영장 물의 깊이가 실제보다 깊어 보인다. ( )

(3) 한 개의 동전이 든 컵에 물을 부으면 동전이 여러 개로 보인다. ( )

9 9종 공통

다음 세 가지 렌즈의 공통점을 모두 고르시오.

( )

① 모두 볼록 렌즈이다.
② 빛을 통과시킬 수 없다.
③ 빛을 굴절시킬 수 있다.
④ 가장자리가 가운데 부분보다 두껍다.
⑤ 가운데 부분이 가장자리보다 두껍다.

10 9종 공통

볼록 렌즈와 볼록 렌즈를 통과하는 빛의 모습으로 옳은 것을 보기에서 골라 기호를 쓰시오.

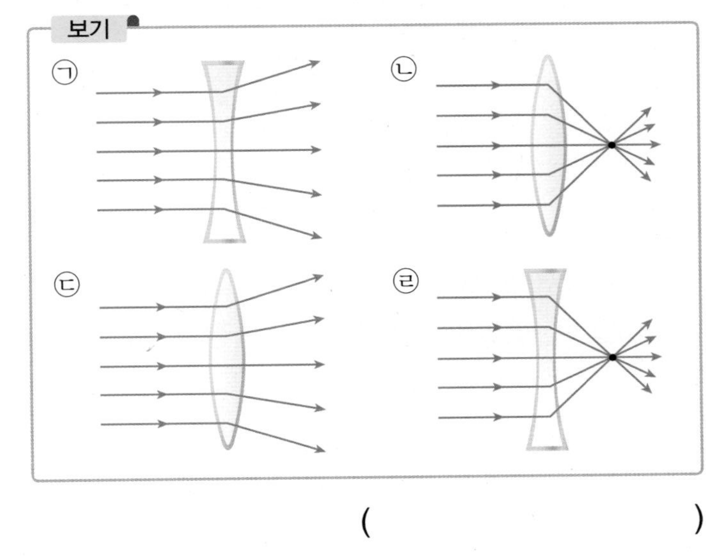

( )

[11-13] 다음은 볼록 렌즈와 평면 유리를 통과한 햇빛이 흰 종이에 만든 원의 모습을 나타낸 것입니다. 물음에 답하시오.

(㉠)와 흰 종이 사이의 거리			(㉡)와 흰 종이 사이의 거리		
5 cm	25 cm	45 cm	5 cm	25 cm	45 cm
○	●	○	○	○	○

11 금성, 지학사, 천재교과서, 천재교육

위 ㉠과 ㉡ 중 볼록 렌즈가 들어갈 칸은 어디인지 기호를 쓰시오.

( )

12 금성, 지학사, 천재교과서, 천재교육

다음은 위 실험 결과를 정리한 것입니다. 빈칸에 들어갈 알맞은 말에 각각 ○표 하시오.

> 볼록 렌즈는 흰 종이와의 거리가 멀어지면 햇빛이 만든 원의 크기가 (커졌다가, 작아졌다가) 다시 (커진다, 작아진다).

13 서술형 금성, 지학사, 천재교과서, 천재교육

위 실험에서 볼록 렌즈와 흰 종이 사이의 거리가 25 cm일 때, 햇빛이 만든 원 안의 특징을 두 가지 쓰시오.

14 9종 공통

볼록 렌즈와 평면 유리의 차이점을 옳게 설명한 것은 어느 것입니까? ( )

① 볼록 렌즈는 불투명하고, 평면 유리는 투명하다.
② 볼록 렌즈는 햇빛을 모을 수 없고, 평면 유리는 햇빛을 모을 수 있다.
③ 볼록 렌즈는 빛을 굴절시킬 수 없고, 평면 유리는 빛을 굴절시킬 수 있다.
④ 볼록 렌즈는 우리 생활에서 이용하지 않고, 평면 유리는 다양하게 이용한다.
⑤ 볼록 렌즈는 가운데 부분이 가장자리보다 두껍고, 평면 유리는 가운데 부분과 가장자리의 두께가 같다.

15 9종 공통

다음은 볼록 렌즈로 여러 가지 물체를 관찰한 친구들이 나눈 대화입니다. 잘못 말한 친구의 이름을 쓰시오.

( )

16 9종 공통

다음 두 물체의 공통점을 보기 에서 두 가지 골라 기호를 쓰시오.

▲ 물방울

▲ 물이 담긴 둥근 어항

보기
㉠ 거울의 역할을 한다.
㉡ 불투명해서 빛이 통과하지 못한다.
㉢ 가운데 부분이 가장자리보다 두껍다.
㉣ 볼록 렌즈와 같은 구실을 할 수 있다.

( )

17 금성, 김영사, 미래엔, 지학사, 천재교육

볼록 렌즈를 이용해 만든 간이 사진기로 관찰했을 때 실제 모양과 다르게 보이는 도형은 어느 것입니까? ( )

①
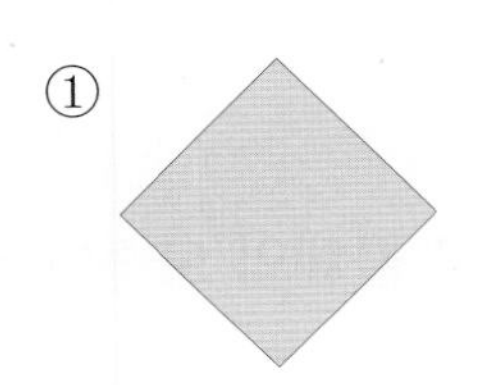

②
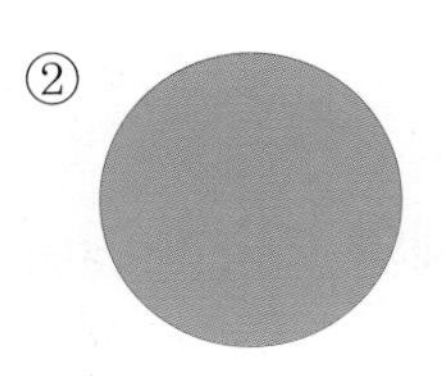

③

④
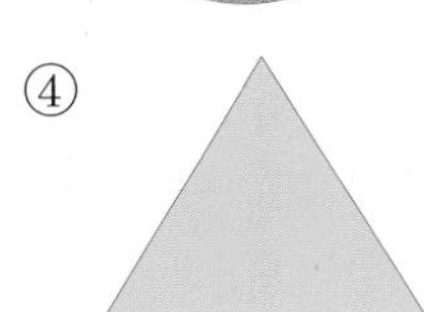

18 서술형 금성, 김영사, 미래엔, 지학사, 천재교육

오른쪽과 같이 볼록 렌즈를 이용해 만든 간이 사진기로 관찰한 물체의 모습과 실제 물체의 차이점을 한 가지 쓰시오.

19 9종 공통

다음은 오른쪽 사진기에 대한 설명입니다. ㉠과 ㉡에 들어갈 알맞은 말을 각각 골라 쓰시오.

사진기는 빛을 ㉠ (모아, 퍼뜨려) 사진이나 영상을 촬영하는 도구로, ㉡ (평면 유리, 볼록 렌즈)를 이용하여 만든다.

㉠ ( ), ㉡ ( )

5 단원

20 9종 공통

오른쪽은 의료용 확대경을 사용하는 모습입니다. 이 도구에 대한 설명으로 옳지 않은 것을 보기 에서 골라 기호를 쓰시오.

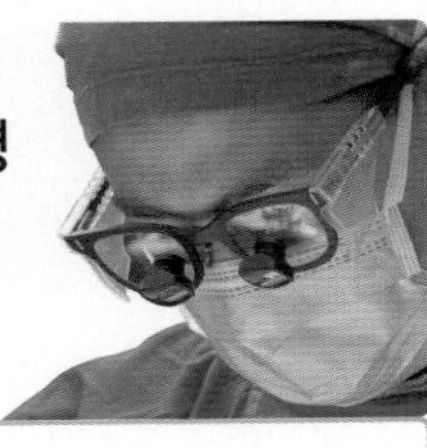

보기
㉠ 볼록 렌즈를 이용한 도구이다.
㉡ 빛의 굴절을 이용해 작은 것을 확대하여 자세히 관찰할 때 쓰인다.
㉢ 빛의 반사를 이용해 가려져서 보이지 않는 곳을 비추어 보는 데 쓰인다.

( )

수행 평가 5. 빛과 렌즈

정답과 풀이 32쪽

평가 주제	간이 사진기 만들기
평가 목표	간이 사진기로 관찰한 물체의 모습이 실제 물체의 모습과 다른 까닭을 설명할 수 있다.

[1-3] 다음은 간이 사진기를 만드는 과정을 순서 없이 나타낸 것입니다. 물음에 답하시오.

(가)

작은 원통을 만들어 한쪽에 비닐을 씌운 뒤 큰 원통에 끼운다.

(나)

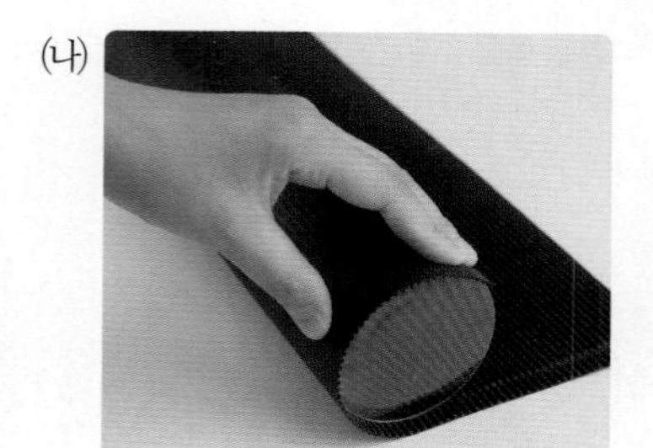

홈에 볼록 렌즈를 끼우고 골판지를 둥글게 말아 고무줄로 고정한다.

(다)

골판지의 안쪽에 볼록 렌즈로 길게 홈을 낸다.

1 간이 사진기를 만드는 순서에 맞게 기호를 쓰시오.

( ) → ( ) → ( )

2 위 간이 사진기로 다음 숫자를 보았을 때 어떻게 보이는지 그리시오.

맨눈으로 본 숫자의 모습	간이 사진기로 본 숫자의 모습
6	

3 위 **2**번 답을 통해 알 수 있는 맨눈으로 본 물체의 모습과 간이 사진기로 본 물체의 모습의 차이점을 그 까닭과 함께 쓰시오.

백점 과학 **6·1**

초등학교 학년 반 번 이름

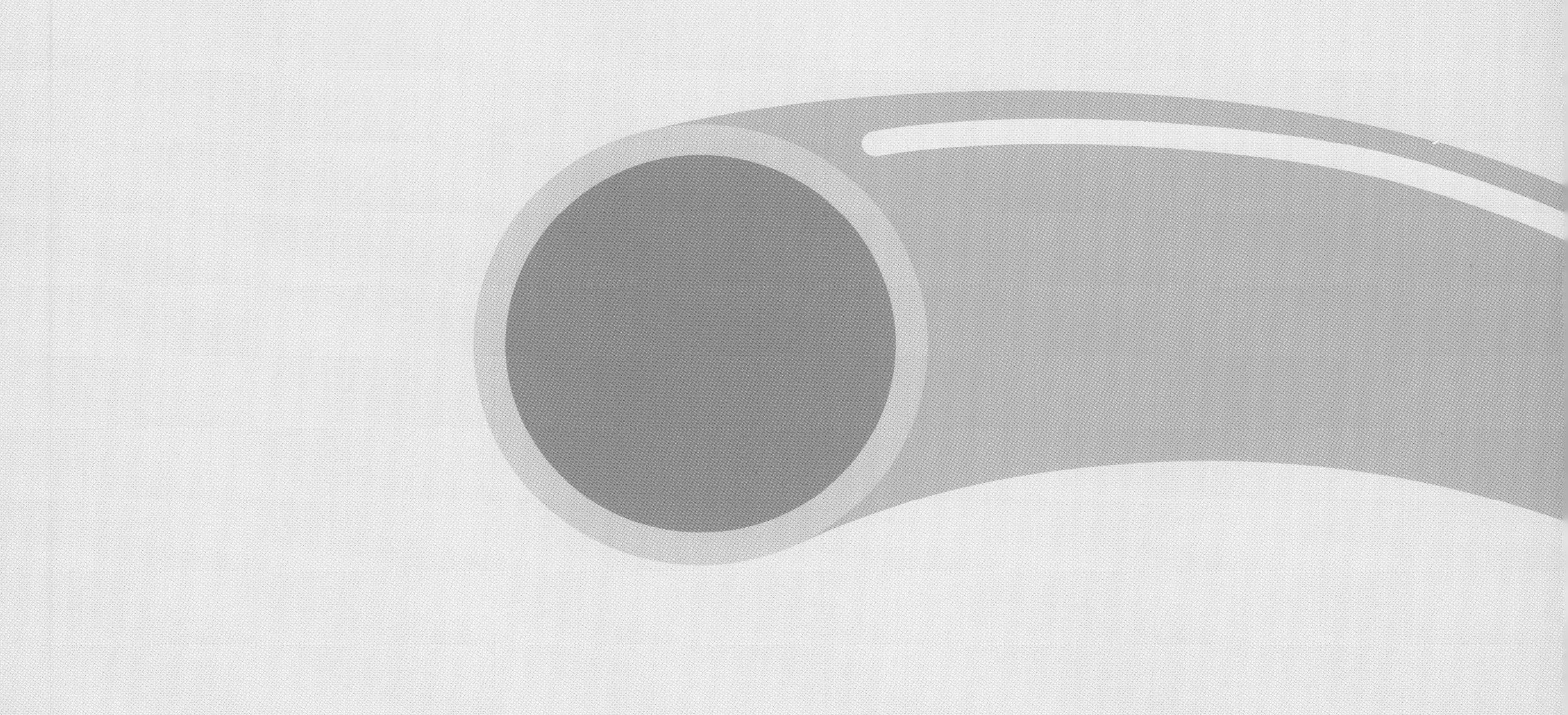

강의가 더해진, **교과서 맞춤 학습**

백점

과학 6·1

모바일
빠른 정답

친절한 **해설북**

- 한눈에 보이는 **정확한 답**
- 한번에 이해되는 **자세한 풀이**

동아출판

친절한 해설북 구성과 특징

1 해설로 개념 다시보기

• 문제와 관련된 해설을 다시 한번 확인하면서 학습 내용에 대해 깊이 있게 이해할 수 있습니다.

2 서술형 채점 TIP

• 서술형 문제 풀이에는 채점 기준과 채점 TIP을 구체적으로 제시하고 있습니다.

차례

백점 과학 빠른 정답

QR코드를 찍으면 **정답과 해설**을 쉽고 빠르게 확인할 수 있습니다.

1. 과학자처럼 탐구하기

◎ 과학자처럼 탐구하기

10쪽~12쪽 문제 학습

1 ㉣ **2** 지민 **3** (1) ㉡ (2) ㉠ **4** 예 비누보다 손 소독제로 손을 씻었을 때 세균이 더 적게 남아 있을 것입니다. 손 소독제보다 비누로 손을 씻었을 때 세균이 더 적게 남아 있을 것입니다. **5** 손 소독제 **6** ④ **7** 변인 통제 **8** 예 관찰하거나 측정한 내용은 바로 기록합니다. 실험 결과가 예상과 다르더라도 실험 결과를 고치거나 빼지 않습니다. 실험 중에 반드시 안전 수칙을 잘 지킵니다. **9** ② **10** ㉣

11 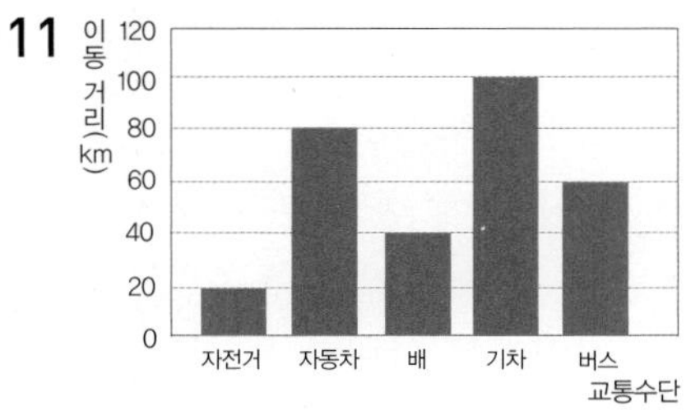

12 ㉠ **13** 자료 해석 **14** ② **15** 예 가설을 수정하여 탐구를 다시 시작해야 합니다.

1 궁금한 점을 탐구 문제로 정할 때에는 스스로 실험이나 관찰을 통해 확인할 수 있는 문제로 정합니다.

2 좋은 탐구 문제는 탐구하려는 목표가 분명하게 드러나고, 실험을 통해 스스로 확인할 수 있어야 합니다.

3 가설 설정은 이미 알고 있는 지식이나 관찰한 사실을 바탕으로 탐구 문제의 답을 예상하는 것입니다. 가설은 '~하면 ~할 것이다.'처럼 하나의 문장으로 나타낼 수 있습니다. 자료 변환은 실험으로 얻은 결과를 한눈에 알아보거나 비교하기 쉽도록 자료를 표나 그래프, 그림 등으로 정리하는 과정입니다.

4 비누로 손을 씻었을 때와 손 소독제로 손을 씻었을 때 중 어느 경우에 세균이 더 적게 남아 있을지 예상되는 결과를 바탕으로 가설을 세웁니다.

채점 tip 어느 경우가 세균을 더 많이 없앨 수 있는지를 예상하여 쓰면 정답으로 합니다.

5 비누와 손 소독제 중 세균을 더 효과적으로 없앨 수 있는 방법을 알아보기 위해서는 비누로 손을 씻는 경우와 손 소독제로 손을 씻는 경우를 비교해야 합니다.

6 온도를 측정할 물질의 종류(모래, 물)만 다르게 하고 나머지 조건은 모두 같게 해야 정확한 실험 결과를 얻을 수 있습니다.

7 변인 통제는 실험 결과에 영향을 주는 조건을 확인하고 실험에서 다르게 해야 할 조건과 같게 해야 할 조건을 통제하는 것입니다.

8 실험 결과는 관찰하거나 측정하는 대로 바로 정리하고, 실험 결과를 있는 그대로 기록해야 합니다. 또한 실험 중에는 반드시 안전 수칙을 잘 지켜야 합니다.

채점 tip 실험을 할 때 주의할 점 중에서 두 가지를 쓰면 정답으로 합니다.

9 막대그래프는 자료의 값을 막대의 길이나 면적으로 나타내는 그래프입니다. 원그래프는 자료의 값을 백분율로 나타내어 부채꼴의 넓이로 표시합니다. 꺾은선그래프는 막대그래프와 그리는 방법이 비슷하지만, 자료의 값을 점으로 표시하고 선으로 연결한다는 차이가 있습니다.

10 실험 결과를 가장 효과적으로 전달할 수 있는 방법이 무엇인지 생각하여 변환할 형태를 결정합니다.

11 교통수단별 시간당 이동거리를 막대의 길이로 표현합니다.

12 막대그래프는 막대의 길이로 자료의 값을 표현하여, 종류별 양이나 크기를 한눈에 비교할 수 있습니다.

13 자료 해석은 표나 그래프를 분석하여 그 의미를 파악하고 자료 사이의 관계나 규칙성을 찾아내는 것을 말합니다.

14 제시된 꺾은선그래프를 보면 하루 동안 지면의 온도가 가장 높은 시각은 14시입니다.

15 실험 결과가 가설과 같다면 그것을 바탕으로 탐구 문제의 결론을 이끌어 냅니다. 실험 결과가 가설과 다르다면 가설을 수정하여 탐구를 다시 시작해야 합니다.

채점 tip 가설을 수정하여 탐구를 다시 시작한다고 쓰면 정답으로 합니다.

2. 지구와 달의 운동

❶ 지구의 자전으로 나타나는 현상

16쪽~17쪽 문제 학습

1 자전축 **2** 서, 동 **3** 동, 남, 서 **4** 자전 **5** 낮, 밤 **6** ㉠ **7** ④ **8** ㉠ 동, ㉡ 남, ㉢ 서 **9** ㉡ **10** 자전 **11** (1) ㉡ (2) ㉠ (3) ㉢ **12** (1) 낮 (2) 밤 **13** ㉡ **14** 예 지구가 자전하면서 태양 빛을 받는 쪽은 낮이 되고, 태양 빛을 받지 못하는 쪽은 밤이 되기 때문입니다.

6 지구는 서쪽에서 동쪽으로 하루에 한 바퀴씩 자전합니다.

7 실제로 태양은 움직이지 않지만 지구가 서쪽에서 동쪽으로 자전하기 때문에 하루 동안 태양의 위치가 달라집니다. 하루 동안 태양은 동쪽에서 떠서 남쪽을 지나 서쪽으로 움직이는 것처럼 보입니다.

8 달의 위치는 시간이 지남에 따라 동쪽에서 남쪽을 지나 서쪽으로 움직이는 것처럼 보입니다. 이것은 지구가 서쪽에서 동쪽으로 자전하기 때문입니다.

9 보름달은 초저녁에 동쪽 하늘에서 보이기 시작하여 밤 12시 무렵에 남쪽 하늘에 높게 뜬 모습을 볼 수 있습니다.

10 지구본을 서쪽에서 동쪽으로 돌리는 것은 지구의 자전에 해당합니다.

11 전등은 지구를 비추는 태양, 지구본은 지구, 관측자 모형은 지구에 있는 사람을 나타냅니다.

12 지구본을 돌려 우리나라 위치에 붙인 관측자 모형이 전등 빛을 받으면 낮이 되고, 전등 빛을 받지 못하는 반대편으로 돌아가면 밤이 됩니다.

13 태양 빛을 받는 쪽(㉠)은 낮이 되고, 태양 빛을 받지 못하는 쪽(㉡)은 밤이 됩니다.

14 지구는 하루에 한 바퀴씩 자전하면서 태양을 향하는 쪽은 태양 빛을 받아 낮이 되고, 태양을 향하지 않는 쪽은 태양 빛을 받지 못해 밤이 되기 때문에 낮과 밤이 번갈아 나타납니다.

채점 tip 주어진 단어를 모두 사용하여 지구가 자전하기 때문에 태양 빛을 받는 쪽은 낮이 되고, 태양 빛을 받지 못하는 쪽은 밤이 된다는 내용을 쓰면 정답으로 합니다.

❷ 지구의 공전, 계절에 따라 보이는 별자리

20쪽~21쪽 문제 학습

1 공전 **2** 태양 **3** 별자리 **4** 계절별 대표적인 별자리 **5** 여름 **6** 태양 **7** 태오 **8** ㉠ 태양, ㉡ 일 년(1년) **9** ㉡ **10** 백조자리 **11** (3) ○ **12** ④ **13** 가을 **14** 예 가을철에는 사자자리(봄철 대표적인 별자리)가 태양과 같은 방향에 있어서 태양 빛 때문에 보이지 않습니다.

6 지구본은 지구, 전등은 태양, 전등을 중심으로 지구본을 이동시키는 것은 지구의 공전을 나타냅니다.

7 전등을 중심으로 지구본의 위치를 이동시키면서 회전하는 것은 지구가 태양을 중심으로 공전하는 운동을 나타냅니다.

8 지구가 자전하면서 일 년에 한 바퀴씩 태양을 중심으로 일정한 길을 따라 서쪽에서 동쪽으로 회전하는 것을 지구의 공전이라고 합니다.

9 지구는 자전축을 중심으로 하루에 한 바퀴씩 서쪽에서 동쪽으로 자전하면서 동시에 태양을 중심으로 일 년에 한 바퀴씩 서쪽에서 동쪽으로 공전합니다.

10 지구 역할을 맡은 사람이 태양을 등지고 설 때 정면에 보이는 별자리가 한밤중에 가장 잘 보이는 별자리입니다. ㈎ 위치에서는 사자자리, ㈏ 위치에서는 백조자리, ㈐ 위치에서는 페가수스자리, ㈑ 위치에서는 오리온자리가 가장 잘 보입니다.

11 지구가 태양 주위를 공전하기 때문에 계절에 따라 지구의 위치가 달라지고, 지구의 위치에 따라 밤에 보이는 별자리가 달라집니다.

12 여름철 대표적인 별자리는 백조자리, 거문고자리, 독수리자리가 있습니다.

13 사자자리는 봄철에 남쪽 하늘, 겨울철에 동쪽 하늘, 여름철에 서쪽 하늘에서 볼 수 있지만 가을철에는 태양과 같은 방향에 있어서 볼 수 없습니다.

14 계절별 대표적인 별자리는 태양과 같은 방향에 있어 태양 빛 때문에 볼 수 없는 계절을 제외하고 두세 계절에 걸쳐 볼 수 있습니다.

채점 tip 가을철에는 봄철 대1표적인 별자리가 태양과 같은 방향에 있어서 볼 수 없다고 쓰면 정답으로 합니다.

③ 여러 날 동안 달의 모양과 위치 변화

24쪽~25쪽 문제 학습

1 보름달 **2** 30 **3** 초승 **4** 남 **5** 서, 동 **6** ㈎ 하현달, ㈏ 보름달, ㈐ 상현달 **7** ㈎ **8** ① **9** ⑤ **10** 우혁 **11** ㉠ 남, ㉡ 동, ㉢ 북, ㉣ 서 **12** ㉢ **13** 예 여러 날 동안 달은 서쪽에서 동쪽으로 날마다 조금씩 위치를 옮겨 갑니다. **14** 풀이 참조

6 달은 모양에 따라 이름이 있습니다. 왼쪽으로 불룩한 반원 모양의 달은 하현달, 둥근 공처럼 달의 모양을 모두 볼 수 있는 달은 보름달, 오른쪽으로 불룩한 반원 모양의 달은 상현달입니다.

7 음력 15일 무렵에 보름달이 보인 후 오른쪽 부분이 점점 보이지 않게 되면서 음력 22~23일 무렵에는 하현달을 볼 수 있습니다.

8 초승달은 음력 2~3일 무렵에 볼 수 있습니다.

9 달의 모양 변화는 약 30일을 주기로 반복됩니다. 음력 15일 무렵에 보이는 보름달부터 다시 보름달이 보이기까지는 약 30일이 걸립니다.

10 초승달, 상현달, 보름달이 뜨는 기간인 음력 2~3일 무렵부터 약 15일 동안 같은 시각, 같은 장소에서 관측하는 것이 좋습니다.

11 나침반의 N극은 북쪽을 가리키므로 ㉢이 북쪽, ㉠이 남쪽입니다. 남쪽을 바라보고 서면 왼쪽(㉡)이 동쪽, 오른쪽(㉣)이 서쪽입니다.

12 보름달은 해가 진 직후 동쪽에서 떠서 남쪽 하늘을 지나 서쪽으로 지므로 하루 동안 가장 오래 관측할 수 있습니다. 초승달은 해가 진 직후 서쪽 하늘에 떠서 곧 사라지고, 상현달은 남쪽 하늘에 떠서 서쪽으로 집니다.

13 여러 날 동안 같은 시각, 같은 장소에서 관찰한 달은 서쪽에서 동쪽으로 날마다 조금씩 위치를 옮겨 가면서 모양도 달라집니다.

채점 tip 달의 위치가 서쪽에서 동쪽으로 옮겨 간다는 내용을 쓰면 정답으로 합니다.

14 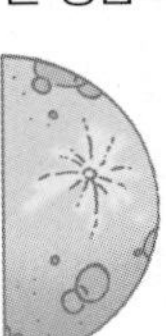
음력 7~8일경 저녁 7시 무렵에는 상현달이 남쪽 하늘에서 보입니다.

26쪽~27쪽 교과서 통합 핵심 개념

❶ 자전축 ❷ 자전 ❸ 낮 ❹ 밤 ❺ 공전 ❻ 보름달

28쪽~30쪽 단원 평가 ❶회

1 자전 **2** 예 하루 동안 지구가 서쪽에서 동쪽으로 자전하기 때문에 달의 위치가 동쪽에서 서쪽으로 움직이는 것처럼 보입니다. **3** 낮 **4** ㉢ **5** ② **6** ㉠ 지구의 공전, ㉡ 지구의 자전 **7** 지후 **8** (1) 자전 (2) 공전 (3) 자전 **9** 예 계절에 따라 밤하늘에서 오랫동안 관찰할 수 있는 별자리입니다. **10** (3) ○ (4) ○ **11** ㈐ → ㈒ → ㈏ → ㈑ **12** ⑤ **13** ㈒, 보름달 **14** ㉡ **15** ㉢, 예 같은 시각에 달이 보이는 위치가 날마다 서쪽에서 동쪽으로 옮겨 갔다.

1 지구는 북극과 남극을 이은 가상의 축인 자전축을 중심으로 하루에 한 바퀴씩 자전합니다.

2 지구가 하루에 한 바퀴씩 서쪽에서 동쪽으로 자전하기 때문에 하루 동안 달의 위치가 달라집니다.

채점 tip 지구의 자전 방향과 달의 위치 변화를 모두 옳게 쓰면 정답으로 합니다.

3 우리나라 위치에 붙인 관측자 모형이 전등 빛을 받는 쪽에 있기 때문에 우리나라가 낮일 때의 모습입니다.

4 현재 태양 빛을 받는 ㈎ 지역은 낮이고, 태양 빛을 받지 못하는 ㈏ 지역은 밤이지만 시간이 지나 지구가 자전하면 낮과 밤이 바뀌게 됩니다.

5 지구가 하루에 한 바퀴씩 자전하기 때문에 낮과 밤이 하루에 한 번씩 번갈아 나타납니다.

6 ㉠은 지구가 태양을 중심으로 일정한 길을 따라 회전하는 지구의 공전을 의미하는 것이고, ㉡은 지구가 자전축을 중심으로 하루에 한 바퀴씩 회전하는 지구의 자전을 의미합니다.

7 지구가 태양을 중심으로 일 년에 한 바퀴씩 서쪽에서 동쪽(시계 반대 방향)으로 회전하는 것을 지구의 공전이라고 합니다.

8 지구가 자전하면서 태양 빛을 받는 쪽과 받지 못하

BOOK ❶ 개념북 2 단원

는 쪽이 생기기 때문에 지구에 낮과 밤이 생깁니다. 또 지구가 서쪽에서 동쪽으로 자전하기 때문에 하루 동안 태양, 달, 별의 위치가 동쪽에서 서쪽으로 움직이는 것처럼 보입니다. 계절에 따라 보이는 별자리가 달라지는 것은 지구가 태양 주위를 공전하기 때문입니다.

9 계절별로 초저녁부터 오랜 시간 볼 수 있는 별자리를 계절별 대표적인 별자리라고 합니다.

채점 tip 계절별로 밤하늘에서 오랫동안 관찰할 수 있는 별자리라고 쓰면 정답으로 합니다.

10 계절별 대표적인 별자리는 그 계절에만 볼 수 있는 것이 아니라, 별자리가 태양과 같은 방향에 있어서 태양 빛 때문에 볼 수 없는 계절을 제외하고 두세 계절에 걸쳐 볼 수 있습니다.

11 음력 2~3일 무렵에 초승달에서 점점 커져 상현달이 되었다가 보름달 모양이 된 뒤에는 점점 작아지면서 하현달, 그믐달이 됩니다.

12 그믐달은 음력 27~28일 무렵에 볼 수 있습니다.

13 보름달은 음력 15일 무렵에 볼 수 있습니다. ㈎는 초승달, ㈏는 하현달, ㈐는 상현달, ㈑는 그믐달입니다.

14 음력 7~8일 무렵 태양이 진 직후 저녁 7시에는 상현달이 남쪽 하늘에서 보입니다.

15 여러 날 동안 달의 위치는 서쪽에서 동쪽으로 날마다 조금씩 옮겨 가면서 그 모양도 달라집니다.

채점 tip ㉢을 쓰고, 동쪽에서 서쪽으로 옮겨 갔다는 부분을 서쪽에서 동쪽으로 고쳐 쓰면 정답으로 합니다.

31쪽~33쪽 단원 평가 ❷회

1 ㉢ **2** 기태 **3**

4 ③, ⑤

5 ㈏, 예 관측자 모형이 전등 빛을 받지 못하는 쪽에 있을 때가 우리나라가 밤인 경우입니다. **6** (1) ○ **7** ㉡ **8** 예 지구가 공전하면서 매일 지구의 위치가 달라지기 때문입니다. **9** ④ **10** (1) ㉢ (2) ㉣ (3) ㉡ (4) ㉠ **11** ③ **12** ㉢, 예 태양이 진 직후 저녁에 남쪽 하늘에서 보인다. **13** 그믐달 **14** ㉢ → ㉡ → ㉠ **15** (1) × (2) × (3) ○

1 실제로 태양이 움직이지 않지만 하루 동안 지구가 서쪽에서 동쪽으로 자전하기 때문에 태양이 동쪽에서 서쪽으로 움직이는 것처럼 보입니다.

2 지구가 서쪽에서 동쪽으로 자전하기 때문에 태양이나 달이 동쪽에서 서쪽으로 움직이는 것처럼 보입니다.

3 지구는 자전축을 중심으로 하루에 한 바퀴씩 서쪽에서 동쪽(시계 반대 방향)으로 자전합니다.

4 전등을 켜고 지구본을 서쪽에서 동쪽으로 회전시키면 지구본 위의 관측자 모형이 본 전등은 동쪽에서 서쪽으로 움직이는 것처럼 보입니다. 지구본이 회전하면서 전등 빛을 받는 쪽이 낮을 나타내고, 전등 빛을 받지 못하는 쪽이 밤을 나타냅니다.

5 지구가 자전을 하면서 태양 빛을 받는 쪽은 낮이 되고, 태양 빛을 받지 못하는 쪽은 밤이 됩니다.

채점 tip ㈏를 쓰고, 전등 빛을 받지 못하기 때문이라는 내용을 쓰면 정답으로 합니다.

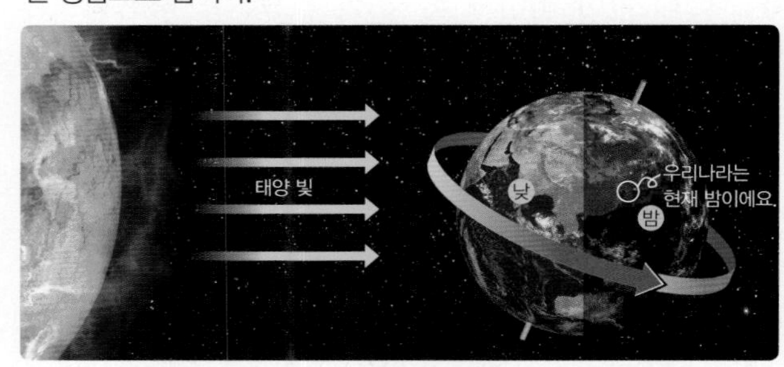

6 지구가 태양 주위를 공전하면서 계절에 따라 지구의 위치가 달라지기 때문에 밤하늘에 보이는 별자리도 달라집니다. 낮과 밤이 하루에 한 번씩 번갈아 나타나는 것과 하루 동안 별자리의 위치가 동쪽에서 서쪽으로 움직이는 것처럼 보이는 것은 지구의 자전으로 나타나는 현상입니다.

7 지구가 태양을 중심으로 일 년에 한 바퀴씩 서쪽에서 동쪽(시계 반대 방향)으로 회전하는 것을 지구의 공전이라고 합니다. ㉢은 지구의 자전에 대한 설명입니다.

8 일 년 동안 지구가 공전하면서 매일 지구의 위치가 달라지기 때문에 같은 장소, 같은 시각에 밤하늘에 보이는 천체의 모습이 매일 조금씩 달라집니다.

채점 tip 지구가 공전하여 지구의 위치가 달라지기 때문이라고 쓰면 정답으로 합니다.

9 쌍둥이자리는 겨울철에 남쪽 하늘, 가을철에 동쪽 하늘, 봄철에 서쪽 하늘에서 볼 수 있지만 여름철에는 볼 수 없습니다. 그 까닭은 여름철에는 쌍둥이자리가 태양과 같은 방향에 있어서 태양 빛 때문에 볼 수 없기 때문입니다.

10 계절별 대표적인 별자리에는 봄철에 사자자리, 여름철에 백조자리, 가을철에 페가수스자리, 겨울철에 오리온자리 등이 있습니다.

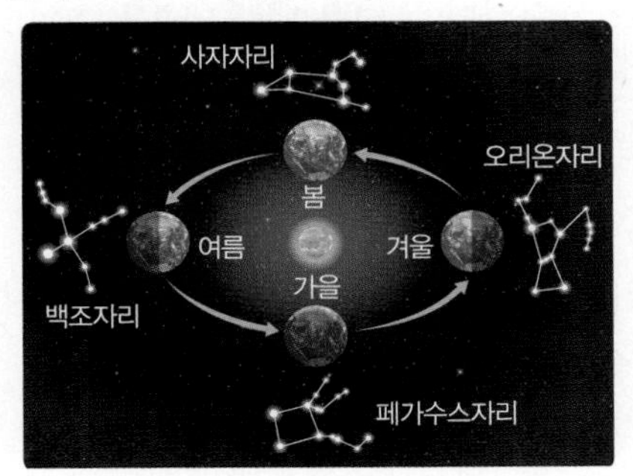

11 달은 약 30일을 주기로 모양이 변합니다. 오늘밤에 보름달을 보았다면 약 30일 후에 다시 보름달을 볼 수 있습니다.

12 오른쪽으로 불룩한 반원 모양의 달은 상현달입니다. 상현달은 음력 7~8일 무렵에 태양이 진 직후 남쪽 하늘에서 볼 수 있습니다.

채점 tip ㉢을 쓰고, 동쪽 하늘을 남쪽 하늘로 고쳐 쓰면 정답으로 합니다.

13 양력 4월 23일은 음력 3월 27일이며, 음력 27~28일 무렵에는 그믐달을 볼 수 있습니다.

14 음력 2~3일 무렵에는 서쪽 하늘에서 초승달이 보이고, 음력 7~8일 무렵에는 남쪽 하늘에서 상현달이 보이며, 음력 15일 무렵에는 동쪽 하늘에서 보름달이 보입니다.

15 태양이 진 직후 여러 날 동안 같은 시각에 달을 관측하면 달은 서쪽에서 동쪽으로 날마다 조금씩 위치가 옮겨 갑니다.

34쪽 수행 평가 ❶회

1 ㉔ 하루 동안 태양과 달은 동쪽에서 떠서 남쪽을 지나 서쪽으로 움직이는 것처럼 보입니다.

2 ㉔ 지구가 서쪽에서 동쪽으로 자전하기 때문입니다.

3 ㉔ 별자리도 태양과 달처럼 하루 동안 시간이 지나면서 동쪽에서 서쪽으로 움직이는 것처럼 보입니다.

1 태양은 아침에 동쪽 하늘에서 보이기 시작하여 점심 무렵에는 남쪽 하늘에서 보이고 해 질 무렵에는 서쪽 하늘에서 보입니다. 보름달도 태양과 마찬가지로 초저녁에 동쪽 하늘에서 보이기 시작하여 남쪽 하늘을 지나 서쪽 하늘로 움직이는 것처럼 보입니다.

채점 tip 하루 동안 태양과 달은 동쪽에서 서쪽으로 움직이는 것처럼 보인다는 내용을 쓰면 정답으로 합니다.

2 지구가 자전축을 중심으로 서쪽에서 동쪽으로 하루에 한 바퀴씩 자전하기 때문에 하루 동안 태양과 달이 동쪽에서 서쪽으로 움직이는 것처럼 보입니다.

채점 tip 지구가 서쪽에서 동쪽으로 자전하기 때문이라고 쓰면 정답으로 합니다.

3 지구에서 보는 천체의 모습은 지구 자전 방향의 반대 방향으로 움직이는 것처럼 보이므로 별자리도 태양과 달처럼 동쪽에서 서쪽으로 움직이는 것처럼 보입니다.

채점 tip 시간이 지나면서 별자리가 동쪽에서 서쪽으로 움직이는 것처럼 보인다는 내용을 쓰면 정답으로 합니다.

35쪽 수행 평가 ❷회

1

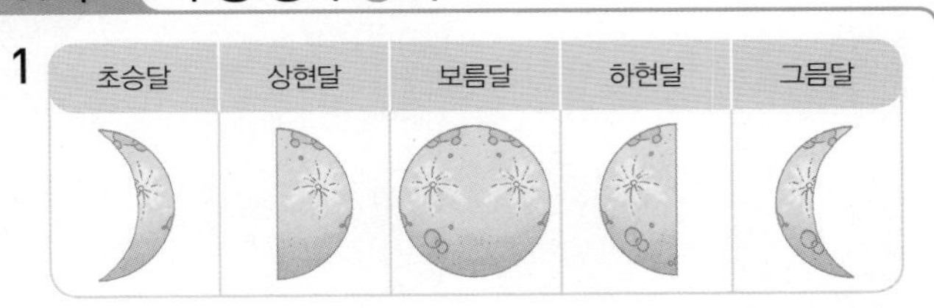

2 ㉔ 초승달은 음력 2~3일 무렵, 상현달은 음력 7~8일 무렵, 보름달은 음력 15일 무렵, 하현달은 음력 22~23일 무렵, 그믐달은 음력 27~28일 무렵에 볼 수 있습니다.

3 ㉠ 서, ㉡ 동

BOOK ❶ 개념북 2단원

1 눈썹 모양의 달은 초승달, 오른쪽으로 불룩한 반원 모양의 달은 상현달, 둥근 공처럼 달의 모양을 모두 볼 수 있는 달은 보름달, 상현달의 반대 모양의 달은 하현달, 초승달의 반대 모양의 달은 그믐달이라고 합니다.

2 여러 날 동안 달의 모양 변화는 약 30일마다 반복됩니다. 음력을 기준으로 하여 매달 2~3일 무렵에는 초승달, 7~8일 무렵에는 상현달, 15일 무렵에는 보름달, 22~23일 무렵에는 하현달, 27~28일 무렵에는 그믐달을 볼 수 있습니다.

채점 tip 각 달을 볼 수 있는 음력 날짜를 모두 쓰면 정답으로 합니다.

3 태양이 진 직후 저녁에 초승달은 서쪽 하늘, 상현달은 남쪽 하늘, 보름달은 동쪽 하늘에서 보입니다. 이처럼 여러 날 동안 같은 시각에 달을 관측하면 달의 위치는 날마다 서쪽에서 동쪽으로 조금씩 옮겨가며 모양이 달라집니다.

36쪽 쉬어가기

3. 여러 가지 기체

1 산소의 성질

40쪽~41쪽 문제 학습

1 산소 2 돕는 3 묽은 과산화 수소수 4 없습니다 5 커집니다 6 ④ 7 (1) ○ 8 산소 9 ㉠ 10 ② 11 예 산소는 다른 물질이 타는 것을 돕는 성질이 있습니다. 12 냄새 13 소이 14 ㉠

6 기체 발생 장치를 꾸밀 때 알코올램프는 필요하지 않습니다.

7 이산화 망가니즈가 있는 가지 달린 삼각 플라스크에 묽은 과산화 수소수를 흘려보내면 내부에서 기포가 발생합니다.

8 기체 발생 장치에서 이산화 망가니즈와 묽은 과산화 수소수를 이용하여 산소를 발생시킬 수 있습니다. 이산화 망가니즈 대신 아이오딘화 칼륨을 넣어도 산소를 발생시킬 수 있습니다.

9 산소는 물에 잘 녹지 않기 때문에 물속에서 모으면 산소가 발생하는 것을 쉽게 확인할 수 있고, 다른 기체와 섞이지 않은 산소를 모을 수 있습니다.

10 산소가 들어 있는 집기병에 향불을 넣으면 향불의 불꽃이 커집니다.

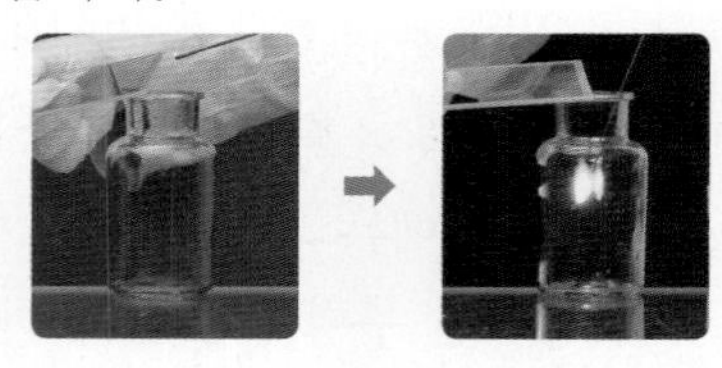

11 산소가 들어 있는 집기병에 향불을 넣으면 불꽃이 커지는 것을 통해 산소는 다른 물질이 타는 것을 돕는 성질이 있음을 알 수 있습니다.

채점 tip 다른 물질이 타는 것을 돕는다라고 쓰면 정답으로 합니다.

12 손으로 바람을 일으켜 산소의 냄새를 맡는 모습입니다.

13 산소는 철이나 구리와 같은 금속을 녹슬게 하는 성질이 있습니다. 또 산소는 다른 물질이 타는 것을 돕고, 색깔과 냄새가 없습니다.

14 산소는 응급 환자의 호흡 장치나 잠수부의 압축 공기통에 이용되며, 우리가 숨을 쉴 때 필요한 기체입니다.

❷ 이산화 탄소의 성질

44쪽~45쪽 문제 학습

1 없습니다 2 이산화 탄소 3 꺼집니다 4 석회수 5 드라이아이스 6 ③ 7 (3) ○ 8 예 탄산수소 나트륨 9 ② 10 예 투명하던 석회수가 뿌옇게 흐려집니다. 11 (2) ○ 12 ① 13 우주

6 ㈎는 핀치 집게입니다.

7 핀치 집게를 열면 깔때기에 있는 액체가 가지 달린 삼각 플라스크 안으로 흘러내려 갑니다. 기체를 발생시킬 때 한꺼번에 많은 양의 액체가 흘러내려 가지 않도록 핀치 집게를 짧은 순간 열었다가 닫습니다.

8 탄산수소 나트륨 대신 탄산 칼슘, 대리석, 석회석, 조개껍데기, 달걀 껍데기 등을 사용하여 이산화 탄소를 발생시킬 수 있습니다.

9 산소와 이산화 탄소는 색깔과 냄새가 없습니다.

▲ 색깔이 없음.

▲ 냄새가 없음.

10 석회수는 이산화 탄소를 만나면 뿌옇게 흐려지는 성질이 있습니다. 사람이 내쉬는 숨에는 이산화 탄소가 있기 때문에 석회수에 숨을 불어 넣으면 투명하던 석회수가 뿌옇게 흐려집니다.

채점 tip 석회수가 뿌옇게 흐려진다고 쓰면 정답으로 합니다.

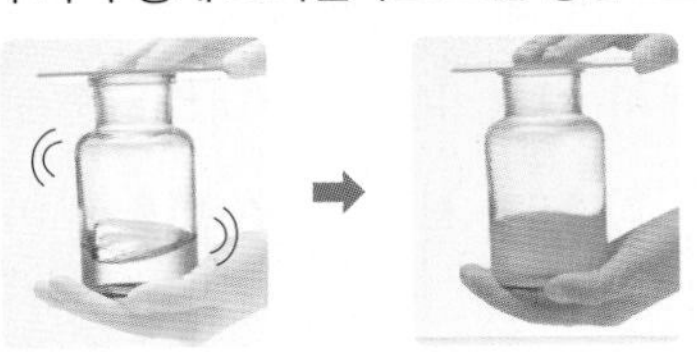

11 이산화 탄소는 물질이 타는 것을 막는 성질이 있기 때문에 이산화 탄소가 들어 있는 집기병에 향불을 넣으면 향불이 꺼집니다.

12 로켓의 연료를 태울 때 이용되는 기체는 다른 물질이 타는 것을 돕는 산소입니다. 이산화 탄소는 물질이 타는 것을 막는 성질이 있습니다.

13 이산화 탄소도 산소와 마찬가지로 물에 잘 녹지 않아 물속에서 모을 수 있습니다.

❸ 온도에 따른 기체의 부피 변화

48쪽~49쪽 문제 학습

1 커집니다 2 부피 3 작아집니다 4 부피 5 온도 6 ㉢ 7 ㉠ 8 (1) × (2) ○ (3) × 9 ㉠ 10 ㉢ 11 예 온도가 높아지면 기체의 부피가 커지고, 온도가 낮아지면 기체의 부피가 작아집니다. 12 낮아진다 13 시은 14 ②

6 열기구의 풍선 속 기체를 가열하면 기체의 부피가 커져서 부풀어 오르므로 열기구가 하늘 높이 올라갑니다.

7 기체는 온도가 높아지면 부피가 커지기 때문에 찌그러진 탁구공을 뜨거운 물이 든 비커에 넣으면 탁구공 속 기체의 부피가 커지면서 탁구공이 펴지는 것입니다.

8 여름에 햇빛이 비치는 창가에 과자 봉지를 두면 과자 봉지 안의 기체의 온도가 높아지면서 부피가 커지기 때문에 과자 봉지가 부풀어 오릅니다.

9 고무풍선을 씌운 삼각 플라스크를 따뜻한 물이 든 수조에 넣으면 고무풍선이 부풀어 올라 커집니다. 얼음물이 든 수조에 넣으면 고무풍선이 처음보다 작아집니다.

10 고무풍선을 씌운 삼각 플라스크를 얼음물에 넣으면 삼각 플라스크 안의 온도가 낮아져 기체의 부피가 작아집니다. ㉠, ㉡은 온도가 높아져 기체의 부피가 커지는 현상입니다.

11 기체의 부피는 온도가 높아지면 커지고, 온도가 낮아지면 작아집니다.

채점 tip 온도가 높아지면 기체의 부피가 커지고, 온도가 낮아지면 기체의 부피가 작아진다고 쓰면 정답으로 합니다.

12 얼음물에 넣으면 스포이트 관 속 공기의 온도가 낮아집니다.

13 뜨거운 물에 넣으면 스포이트 속 공기의 온도가 높아지기 때문에 부피가 커져 물방울이 위로 올라갑니다.

14 따뜻한 차가 든 컵을 비닐 랩으로 씌워 냉장고에 넣어 두면 컵 안 기체의 온도가 낮아지면서 기체의 부피가 줄어들어 비닐 랩이 아래쪽으로 오목하게 들어갑니다.

④ 압력에 따른 기체의 부피 변화, 공기를 이루는 기체

52쪽~53쪽 문제 학습

1 커집니다　2 작아집니다　3 기체　4 질소
5 네온　6 (나)　7 이루　8 (1) ㉠ (2) ㉡　9 예 압력이 낮아지면 기체의 부피는 커지고, 압력이 높아지면 기체의 부피는 작아집니다.　10 (2) ○　11 ㉣
12 ㉠　13 ㉢

6 물이 들어 있는 주사기를 약하게 누를 때와 세게 누를 때 모두 피스톤이 들어가지 않습니다. 공기가 들어 있는 주사기를 약하게 누르면 피스톤이 조금 들어가고, 세게 누르면 피스톤이 많이 들어갑니다.

7 액체는 압력이 높아져도 부피가 변하지 않지만, 기체는 압력이 높아지면 부피가 작아집니다.

8 감압 용기의 공기를 빼내면 압력이 낮아져 고무풍선은 커지고, 감압 용기에 공기를 넣으면 압력이 높아져 고무풍선은 작아집니다.

9 압력이 낮아지면 고무풍선이 커진 것으로 보아 기체의 부피가 커진다는 것을 알 수 있습니다. 압력이 높아지면 고무풍선이 작아지는 것으로 보아 기체의 부피가 작아진다는 것을 알 수 있습니다.

채점 tip 압력이 낮아지면 기체의 부피는 커지고, 압력이 높아지면 기체의 부피는 작아진다는 내용을 쓰면 정답으로 합니다.

10 공기는 여러 가지 기체로 이루어진 혼합물입니다. 공기의 대부분은 질소와 산소이며, 이 밖에도 이산화 탄소, 아르곤, 헬륨, 네온, 수소 등이 있습니다.

11 헬륨은 비행선이나 풍선을 공중에 띄우는 데 이용됩니다.

12 질소는 식품을 신선하게 보관하거나 고유한 맛을 유지하는 데 이용됩니다.

13 네온은 특유의 빛을 내는 조명 기구나 광고용 간판의 불빛에 이용됩니다.

54쪽~55쪽 교과서 통합 핵심 개념

❶ 산소　❷ 이산화 탄소　❸ 석회수　❹ 질소
❺ 헬륨

56쪽~58쪽 단원 평가 1회

1 ③　2 (2) ○ (3) ○　3 예 산소는 다른 물질이 타는 것을 돕는 성질이 있습니다.　4 ④　5 식초
6 ④, ⑤　7 (1) 석회수 (2) 예 이산화 탄소가 들어 있는 집기병에 석회수를 넣고 흔들면 투명하던 석회수가 뿌옇게 흐려집니다.　8 ㉡　9 ②　10 ①
11 예 주사기의 피스톤이 들어갑니다.　12 >
13 ㉠ 작아지고, ㉡ 커진다　14 질소　15 (1) ㉢
(2) ㉡ (3) ㉠

1 묽은 과산화 수소수와 이산화 망가니즈가 만나면 산소가 발생합니다.

2 산소는 색깔과 냄새가 없고 금속을 녹슬게 하며, 스스로 타지 않지만 다른 물질이 타는 것을 돕습니다.

3 산소는 다른 물질이 타는 것을 돕는 성질이 있어 산소가 들어 있는 집기병에 향불을 넣으면 불꽃이 커집니다.

채점 tip 산소의 이름과 다른 물질이 타는 것을 돕는다는 내용을 모두 옳게 쓰면 정답으로 합니다.

4 잠수부의 압축 공기통에는 산소가 들어 있어서 물속에서도 숨을 쉴 수 있도록 해 줍니다. ①, ②, ③은 이산화 탄소가 이용되는 예입니다.

5 탄산수소 나트륨과 식초가 만나면 이산화 탄소가 발생합니다.

6 핀치 집게를 열어 식초를 조금씩 흘려보내면 탄산수소 나트륨과 만나 이산화 탄소가 발생합니다. 이때 가지 달린 삼각 플라스크에서 기포가 발생하고, 고무관을 통해 이산화 탄소가 이동하여 ㄱ자 유리관 끝에서 기포가 발생합니다.

7 이산화 탄소는 석회수를 뿌옇게 만드는 성질이 있습니다.

채점 기준		
	상	(1) 석회수를 쓰고, (2) 이산화 탄소가 들어 있는 집기병에 석회수를 넣고 흔들면 석회수가 뿌옇게 흐려진다고 방법을 정확히 쓴 경우
	중	(1) 석회수를 쓰고, (2) 석회수가 뿌옇게 흐려진다고 성질만 쓴 경우
	하	(1) 석회수만 옳게 쓴 경우

8 이산화 탄소는 색깔과 냄새가 없고, 물질이 타는 것을 막는 성질이 있어 이산화 탄소가 들어 있는 집기병에 향불을 넣으면 향불이 꺼집니다.

9 고무풍선을 씌운 삼각 플라스크를 뜨거운 물이 든 비커에 넣으면 고무풍선이 부풀어 올라 커지는 것을 관찰할 수 있습니다.

10 고무풍선을 씌운 삼각 플라스크를 뜨거운 물이 든 비커에 넣었을 때 고무풍선이 부풀어 오르는 것은 온도가 높아지면 기체의 부피가 커지기 때문입니다.

11 공기가 들어 있는 주사기 입구를 막고, 피스톤을 누르면 주사기 안의 공기의 부피가 작아져 피스톤이 들어갑니다.

채점 tip 피스톤이 들어간다고 쓰거나 내려간다고 쓰면 정답으로 합니다.

12 물 표면으로 갈수록 압력이 낮아지기 때문에 바닷속에서 잠수부가 내뿜는 공기 방울은 위로 올라갈수록 커집니다.

13 압력이 높아지면 기체의 부피가 작아지고, 압력이 낮아지면 기체의 부피가 커집니다.

14 공기는 여러 가지 기체가 섞인 혼합물로, 공기의 약 78 %는 질소, 약 21 %는 산소로 이루어져 있고, 아르곤, 이산화 탄소, 네온, 헬륨 등의 기체가 섞여 있습니다.

15 네온은 특유의 빛을 내는 조명 기구나 광고용 간판의 불빛에 이용합니다. 헬륨은 공기보다 매우 가벼워 풍선이나 비행선 등을 공중에 띄우는 데 이용합니다. 아르곤은 전구 안에 넣어 전구를 오래 사용하는 데 이용합니다.

59쪽~61쪽 단원 평가 ❷회

1 ⑤ **2** ④, ⑤ **3** ㉠, ㉣, ㉤ **4** 예 잠수부의 압축 공기통에 이용합니다. 응급 환자의 호흡 장치에 이용합니다. 로켓의 연료나 물질을 태울 때 이용합니다. **5** 이산화 탄소 **6** ① **7** (1) ○ **8** ㉠ **9** 예 스포이트의 머리 부분을 얼음물에 넣으면 온도가 낮아지면서 스포이트 속 공기의 부피가 작아져 물방울이 아래로 내려가기 때문입니다. **10** ③ **11** 예 높은 산 위에서는 산 아래에서보다 압력이 낮기 때문에 기체의 부피가 커져 과자 봉지가 더 커집니다. **12** ㉡ **13** ㈎ **14** 채우 **15** ②

1 묽은 과산화 수소수와 이산화 망가니즈가 만나면 산소가 발생합니다.

2 산소를 모을 때 물속에서 모으는 까닭은 다른 기체와 섞이지 않은 산소를 모을 수 있고, 공기 중에서는 산소가 모이는 것을 쉽게 알 수 없기 때문입니다.

3 산소는 색깔과 냄새가 없고, 물에 아주 조금 녹기 때문에 물속에서 산소를 모을 수 있습니다. 철과 같은 금속을 녹슬게 하고, 다른 물질이 타는 것을 돕는 성질이 있습니다. 그리고 산소는 잘라 둔 과일의 색깔이 갈색으로 변하게 합니다.

4 산소는 호흡에 꼭 필요한 기체이므로 응급 환자의 호흡을 돕거나 물속에서 잠수부가 숨을 쉬는 데 이용합니다. 다른 물질이 타는 것을 돕는 성질이 있기 때문에 로켓의 연료나 물질을 태울 때 이용합니다.

채점 tip 호흡을 할 때나 물질을 태울 때 산소를 이용하는 예를 두 가지 쓰면 정답으로 합니다.

5 이산화 탄소는 석회수를 뿌옇게 만드는 성질이 있습니다.

6 이산화 탄소는 물질이 타는 것을 막는 성질이 있어 소화기를 만드는 데 이용합니다.

7 산소와 이산화 탄소는 모두 색깔과 냄새가 없습니다. 산소가 든 집기병에 향불을 넣으면 불꽃이 커지고, 이산화 탄소가 든 집기병에 향불을 넣으면 향불이 꺼지는 것을 통해 구분할 수 있습니다.

8 뜨거운 물에 넣으면 스포이트 속 공기의 부피가 커져 물방울이 위로 올라가고, 얼음물에 넣으면 스포이트 속 공기의 부피가 작아져 물방울이 아래로 내려갑니다. 스포이트의 머리 부분을 누르면 물방울이 위로 올라갑니다.

9 온도가 높아지면 기체의 부피가 커지고, 온도가 낮아지면 기체의 부피가 작아집니다.

채점 tip 스포이트 속 공기의 온도가 낮아져 부피가 작아진다는 내용을 쓰면 정답으로 합니다.

10 뜨거운 물에 넣으면 기체의 부피가 커져 고무풍선이 부풀어 오르고, 차가운 물로 옮기면 기체의 부피가 작아져 고무풍선이 작아집니다.

11 압력이 낮아지면 기체의 부피가 커집니다. 높은 산 위는 산 아래보다 압력이 낮기 때문에 과자 봉지가 더 커집니다.

채점 tip 높은 산 위는 압력이 낮아 과자 봉지가 커진다는 내용을 쓰면 정답으로 합니다.

12 주사기에 넣은 물질(공기, 물)만 다르게 하고 나머지의 모든 조건은 같게 실험해야 합니다.

13 액체는 압력을 가해도 부피가 변하지 않지만, 기체는 압력이 높아지면 부피가 작아집니다.

14 공기는 여러 가지 기체로 이루어진 혼합물이며, 눈에 보이지 않습니다. 공기의 대부분은 질소가 차지하고 있으며, 두 번째로 많은 기체는 산소입니다.

15 헬륨은 비행선이나 기구, 광고풍선 등에 넣어 공중에 띄우는 용도로 이용됩니다.

62쪽 수행 평가 1회

1 ㉠ 묽은 과산화 수소수, ㉡ 이산화 망가니즈
2 예 처음 집기병에 모인 기체는 가지 달린 삼각 플라스크와 고무관 속에 있던 공기이기 때문입니다.
3 예 향불의 불꽃이 커집니다.

1 기체 발생 장치에서 산소를 발생시키기 위해서는 가지 달린 삼각 플라스크에 물과 이산화 망가니즈를 넣고 깔때기에 묽은 과산화 수소수를 붓습니다.

2 ㄱ자 유리관에서 발생하는 기체를 집기병에 모을 때 처음 나오는 기체는 가지 달린 삼각 플라스크와 고무관 속에 있던 공기이므로 집기병에 처음 모인 기체는 버리고, 곧바로 물을 채운 뒤 다시 산소를 모읍니다.

채점 tip 처음 모인 기체는 가지 달린 삼각 플라스크와 고무관 속에 있던 공기이기 때문이라고 쓰면 정답으로 합니다.

3 산소는 다른 물질이 타는 것을 돕는 성질이 있기 때문에 산소가 모인 집기병에 향불을 넣으면 향불의 불꽃이 커집니다.

채점 tip 향불의 불꽃이 커진다고 쓰면 정답으로 합니다.

63쪽 수행 평가 2회

1 ㉠ 커, ㉡ 작아
2 예 온도가 높아지면 기체의 부피가 커지고, 온도가 낮아지면 기체의 부피가 작아집니다.
3 예 뜨거운 음식이 든 그릇을 비닐 랩으로 씌우면 비닐 랩이 볼록하게 부풀어 오릅니다. 물이 조금 담긴 페트병을 마개로 막아 냉장고에 넣은 뒤 시간이 지나면 페트병이 찌그러집니다.

1 고무풍선을 씌운 삼각 플라스크를 따뜻한 물이 든 수조에 넣으면 고무풍선이 부풀어 올라 커집니다. 얼음물이 든 수조에 넣으면 고무풍선이 처음보다 작아집니다.

2 기체의 부피는 온도가 높아지면 커지고, 온도가 낮아지면 작아집니다.

채점 기준		
	상	온도가 높아지면 기체의 부피가 커지고, 온도가 낮아지면 기체의 부피가 작아진다고 쓴 경우
	중	온도가 높아지는 경우 또는 온도가 낮아지는 경우의 기체의 부피 변화 중 한 가지만 쓴 경우
	하	단순히 온도의 변화에 따라 기체의 부피가 달라진다고 쓴 경우

3 이 외에도 여름철에 도로를 달린 자동차의 타이어가 팽팽해지거나 팽팽한 과자 봉지를 냉장고에 넣으면 과자 봉지의 크기가 작아지는 것도 온도 변화에 따라 기체의 부피가 달라지는 예입니다.

채점 tip 온도가 높아질 때 기체의 부피가 커지는 예 또는 온도가 낮아질 때 기체의 부피가 작아지는 예를 쓰면 정답으로 합니다.

64쪽 쉬어가기

4. 식물의 구조와 기능

1 생물의 세포, 뿌리의 생김새와 하는 일

68쪽~69쪽 문제 학습

1 세포 **2** 세포벽 **3** 뿌리털 **4** 지지 **5** 저장
6 (1) ○ (2) × (3) × **7** ㈎, 식물 세포 **8** 승연
9 ㉢ **10** ③ **11** ㉠ **12** 흡수 **13** (2) ○
14 예 물을 흡수합니다. 식물이 쓰러지지 않도록 지지합니다. 양분을 뿌리에 저장하기도 합니다.

6 생물체를 이루고 있는 기본 단위인 세포는 대부분 크기가 매우 작아서 현미경을 사용해야 생김새를 관찰할 수 있습니다. 세포는 종류에 따라 크기와 모양이 다양하고 하는 일도 다릅니다.

7 식물 세포의 세포막 바깥쪽에는 두꺼운 세포벽이 있어서 식물 세포의 형태를 유지할 수 있습니다.

8 ㉠은 세포에 있는 핵입니다. 핵에는 유전 정보가 들어 있고, 세포가 생명 활동을 유지할 수 있도록 조절하고 통제합니다.

9 식물 세포인 양파 표피 세포는 벽돌이 쌓여 있는 것처럼 세포들이 서로 붙어 있습니다.

10 식물 세포와 동물 세포는 공통적으로 핵과 세포막이 있으며, 크기가 매우 작아 맨눈으로 관찰하기 어렵습니다. 차이점으로는 식물 세포에는 세포벽이 있고, 동물 세포에는 세포벽이 없습니다.

11 뿌리는 물을 흡수하기 때문에 뿌리를 그대로 둔 양파를 올려놓은 비커의 물이 더 많이 줄어듭니다.

12 식물의 뿌리에는 솜털처럼 얇고 가는 뿌리털이 나 있는데, 뿌리털은 뿌리의 표면적을 넓혀 주어 흙 속의 물을 잘 흡수하도록 합니다.

13 뿌리는 모양에 따라 곧은뿌리와 수염뿌리로 나눕니다. 해바라기는 곧은뿌리로, 가운데에 굵은 뿌리가 있고 옆에 작고 가는 뿌리가 여러 개 있습니다. 강아지풀은 수염뿌리로, 길이와 굵기가 비슷한 여러 갈래의 뿌리가 사방으로 퍼져 있습니다.

14 뿌리는 물을 흡수하고, 식물을 지지하며, 양분을 저장하기도 합니다.

채점 tip 뿌리의 기능 세 가지 중 두 가지를 옳게 쓰면 정답으로 합니다.

2 줄기의 생김새와 하는 일

72쪽~73쪽 문제 학습

1 곧은 **2** 감는 **3** 물 **4** 지지 **5** 줄기
6 ④ **7** ② **8** (1) ㉡ (2) ㉠ **9** 예 추위와 더위로부터 식물을 보호해 줍니다. 세균이나 해충으로부터 식물을 보호해 줍니다. **10** 줄기 **11** ②
12 ㉢ → ㉡ → ㉠ **13** ㉡ **14** 예나

6 ①은 꽃, ②는 열매, ③은 뿌리, ④는 줄기의 모습입니다.

7 줄기의 모양이 가늘고 길어 다른 물체를 감아 올라가는 것은 감는줄기의 특징으로, 나팔꽃이 해당합니다.

8 은행나무와 해바라기의 줄기는 곧은줄기이고, 고구마와 딸기의 줄기는 기는줄기입니다.

9 줄기의 껍질은 추위나 더위로부터 식물을 보호하고, 세균이나 해충의 침입을 막습니다.

채점 tip 추위나 더위, 세균이나 해충으로부터 식물을 보호해 준다고 쓰면 정답으로 합니다.

10 감자는 잎에서 만든 양분을 땅속에 있는 줄기에 저장합니다. 이러한 줄기를 덩이줄기 또는 저장줄기라고 합니다.

11 등나무의 줄기는 줄기의 모양이 가늘고 길어 다른 물체를 감아 올라가는 감는줄기입니다.

12 식물의 뿌리에서 흡수한 물은 줄기를 거쳐 잎으로 이동합니다.

13 백합 줄기를 세로로 자르면 붉은 색소 물이 든 여러 개의 줄이 줄기를 따라 이어져 있는 모습을 볼 수 있습니다.

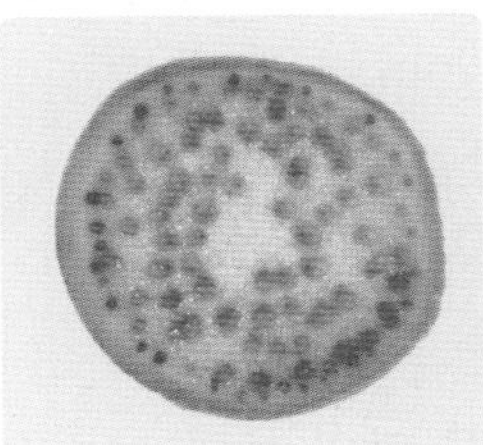
▲ 가로로 자른 단면

▲ 세로로 자른 단면

14 붉게 물든 부분은 줄기를 따라 물이 이동한 통로입니다.

❸ 잎의 광합성과 증산 작용

76쪽~77쪽 문제 학습

1 광합성 2 잎 3 청람 4 기공 5 증산 작용 6 빛(햇빛) 7 ㈎ ㉡ ㈏ ㉠ 8 녹말 9 ④ 10 성민 11 ③ 12 ① 13 ㈎ 14 예 뿌리에서 흡수한 물을 잎까지 끌어 올릴 수 있게 해 줍니다. 식물 안의 물의 양을 일정하게 유지시켜 줍니다. 식물의 온도를 조절해 줍니다.

6 알루미늄박을 씌운 잎은 햇빛을 받지 못하고, 알루미늄박을 씌우지 않은 잎은 햇빛을 받을 수 있습니다.

7 빛을 받은 ㈎ 잎에서만 녹말이 만들어져 아이오딘-아이오딘화 칼륨 용액에 반응합니다.

8 빛을 받은 잎에 아이오딘-아이오딘화 칼륨 용액을 떨어뜨렸을 때 청람색으로 변한 것을 통해 녹말을 확인할 수 있습니다.

9 식물이 뿌리에서 흡수한 물, 공기 중의 이산화 탄소, 빛을 이용하여 스스로 양분을 만드는 과정을 광합성이라고 합니다. 광합성은 주로 식물의 잎에서 일어나는데, 잎에서 만든 양분은 줄기를 거쳐 뿌리, 줄기, 열매 등 식물 전체로 이동하여 식물이 자라는 데 사용되거나 저장됩니다.

10 식물의 기공은 주로 잎의 뒷면에 많이 있습니다.

11 식물의 뿌리에서 흡수된 물이 식물의 줄기를 따라 이동하여 잎에 도달한 후, 기공을 통해 식물 밖으로 빠져나가는 것을 증산 작용이라고 합니다.

12 식물의 잎에 도달한 물이 식물 밖으로 빠져나가는 증산 작용을 알아보는 실험입니다.

13 증산 작용은 잎에서 주로 일어나므로 잎을 그대로 둔 봉선화의 비닐봉지 안에 물방울이 더 많이 맺힙니다.

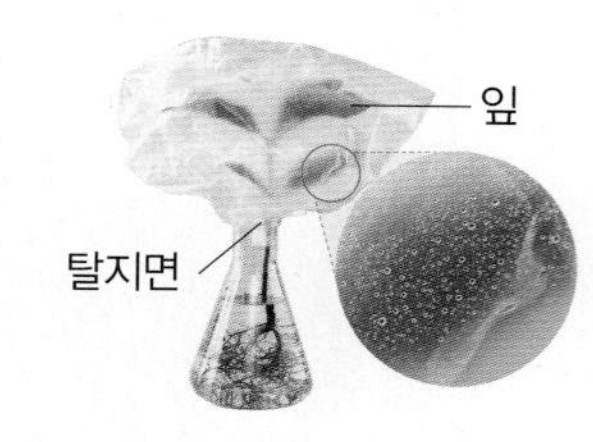

14 증산 작용은 뿌리에서 흡수한 물을 잎까지 끌어 올릴 수 있게 해 주고, 식물 안의 물의 양을 일정하게 유지시켜 줍니다. 또 식물의 온도를 조절해 줍니다.

채점 tip 증산 작용의 세 가지 역할 중 두 가지를 옳게 쓰면 정답으로 합니다.

❹ 꽃의 생김새와 하는 일, 씨가 퍼지는 방법

80쪽~81쪽 문제 학습

1 암술 2 수술 3 꽃가루 4 새 5 봉선화 6 ㉢, 꽃잎 7 ㉡, ㉠ 8 태희 9 (1) ㉡ (2) ㉠ (3) ㉢ 10 씨 11 (2) ○ 12 예 씨를 보호합니다. 씨가 익으면 멀리 퍼뜨립니다. 13 ㈐ 14 ㈏

6 꽃잎은 암술과 수술을 보호하는 역할을 하는 부분입니다. 꽃잎의 색깔이 화려한 까닭은 새나 곤충을 유인해 꽃가루받이를 하기 위해서입니다.

7 꽃가루받이는 씨를 만들기 위해서 수술에서 만든 꽃가루를 암술로 옮기는 것을 말합니다.

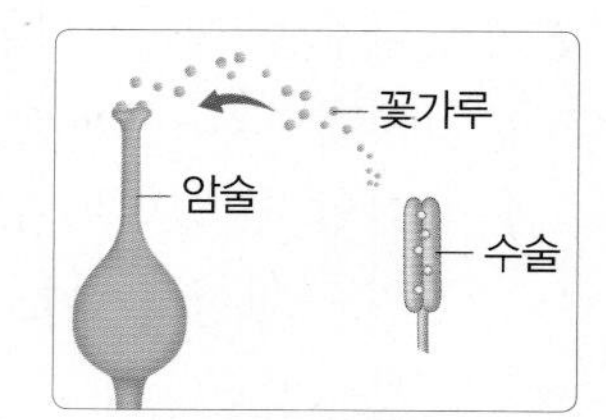

▲ 꽃가루받이

8 꽃은 대부분 암술, 수술, 꽃잎, 꽃받침으로 이루어져 있지만 백합꽃처럼 꽃받침이 없고, 암술, 수술, 꽃잎으로만 이루어진 것도 있습니다. 오이꽃이나 호박꽃처럼 암꽃과 수꽃이 따로 있어서 암꽃에는 암술만 있고, 수꽃에는 수술만 있는 것도 있습니다.

9 꽃가루받이는 곤충이나 새 같은 동물, 바람, 물 등의 도움을 받아 이루어집니다.

10 열매는 씨와 씨를 둘러싼 껍질 부분으로 되어 있습니다.

11 씨가 생겨 자라는 곳은 꽃가루받이가 이루어진 암술 속입니다.

12 열매는 씨를 보호하고, 씨가 익으면 멀리 퍼뜨립니다.

채점 tip 씨를 보호하고, 씨를 멀리 퍼뜨린다는 내용을 쓰면 정답으로 합니다.

13 민들레의 씨에는 가벼운 털이 달려 있어서 바람에 쉽게 날릴 수 있습니다. 민들레처럼 바람에 날려서 씨가 퍼지는 식물에는 단풍나무, 박주가리, 버드나무 등이 있습니다.

14 도꼬마리는 열매 끝에 갈고리 모양의 가시가 있어서 동물의 털이나 사람의 옷에 잘 붙습니다. 도꼬마리처럼 동물의 털이나 사람의 옷에 붙어서 씨가 퍼지는 식물에는 도깨비바늘, 우엉, 가막사리 등이 있습니다.

82쪽~83쪽 **교과서 통합 핵심 개념**

❶ 세포벽 ❷ 세포벽 ❸ 수염뿌리 ❹ 감는줄기 ❺ 기공 ❻ 수술

84쪽~86쪽 **단원 평가 1회**

1 ㉢ **2** (1) 핵 (2) 예 유전 정보가 들어 있으며, 세포가 생명 활동을 유지할 수 있도록 조절하고 통제합니다. **3** ④ **4** 흡수 기능 **5** ㉡ **6** 서빈 **7** (가), (바) **8** 기는줄기 **9** 아이오딘-아이오딘화 칼륨 **10** 청람색, 빛 **11** 예 식물이 뿌리에서 흡수한 물, 공기 중의 이산화 탄소, 빛을 이용하여 스스로 양분을 만드는 과정을 광합성이라고 합니다. **12** ③, ⑤ **13** ㉠, ㉡ **14** 바람 **15** ④

1 광학 현미경으로 세포를 관찰할 때 회전판을 돌려 배율이 가장 낮은 대물렌즈가 가운데에 오도록 한 후, 필요에 따라 저배율에서 고배율로 바꾸어 관찰합니다.

2 세포의 핵은 각종 유전 정보를 포함하고 있으며, 세포의 생명 활동을 조절하는 역할을 합니다.

채점 기준		
	상	(1) 핵을 쓰고, (2) 유전 정보가 들어 있으며, 세포가 생명 활동을 유지할 수 있도록 조절한다고 쓴 경우
	중	(1) 핵을 쓰고, (2) 두 가지 역할 중 한 가지만 옳게 쓴 경우
	하	(1) 핵만 옳게 쓴 경우

3 고추, 강아지풀, 민들레의 뿌리의 모습입니다.

4 대부분 땅속에 있는 식물의 뿌리는 물을 흡수합니다. 양파의 뿌리가 물을 흡수하여 비커에 담긴 물의 양이 줄어듭니다.

5 시간이 지나면서 뿌리에서 흡수한 물이 줄기에 있는 통로를 통해 꽃까지 올라가기 때문에 흰색의 백합꽃이 붉게 물듭니다.

6 줄기는 뿌리에서 흡수한 물을 줄기의 통로를 통해 식물 전체로 운반합니다.

7 등나무와 나팔꽃의 줄기는 모양이 가늘고 길어 다른 물체를 감아 올라가는 감는줄기입니다.

8 딸기와 고구마의 줄기는 땅 위를 기듯이 뻗어 나가는 기는줄기입니다.

9 광합성을 통해 식물의 잎에서 녹말과 같은 양분이 만들어집니다. 아이오딘-아이오딘화 칼륨 용액은 녹말과 반응하면 청람색으로 변합니다.

▲ 빛을 받지 못한 잎 ▲ 빛을 받은 잎

10 식물의 잎은 빛을 받아 광합성을 하여 녹말을 만들며, 녹말이 아이오딘-아이오딘화 칼륨 용액과 반응하면 청람색으로 변합니다.

11 식물은 물, 이산화 탄소, 빛을 이용해 스스로 양분을 만드는데, 이 과정을 광합성이라고 합니다.

채점 tip 광합성은 식물이 물, 이산화 탄소, 빛을 이용해 스스로 양분을 만드는 과정이라는 내용을 쓰면 정답으로 합니다.

12 증산 작용은 뿌리에서 흡수한 물을 잎까지 끌어 올릴 수 있게 해 주고, 식물의 온도를 조절해 줍니다. 또한 식물 안의 물의 양을 일정하게 유지시켜 줍니다.

13 ㉠은 암술, ㉡은 수술, ㉢은 꽃잎, ㉣은 꽃받침입니다. 씨를 만들기 위해 수술에서 만든 꽃가루가 암술로 옮겨지는 것을 꽃가루받이라고 합니다.

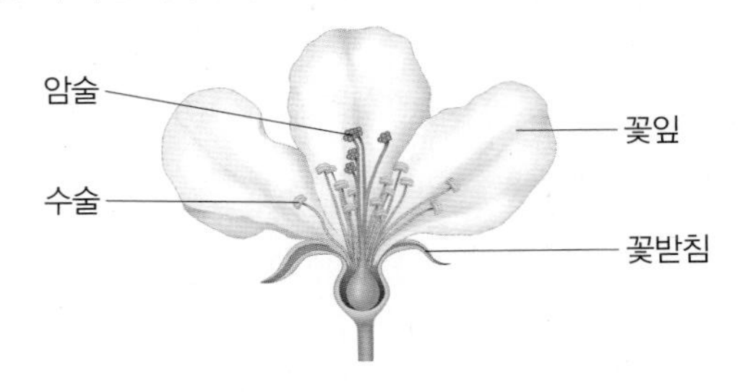

14 꽃가루받이는 곤충이나 새, 바람, 물 등의 도움을 받아 이루어집니다. 벼, 옥수수, 소나무 등은 바람에 의해 꽃가루받이가 이루어지는 식물입니다.

15 민들레는 씨가 바람에 날려서, 벚나무는 열매가 동물에게 먹힌 뒤 씨는 똥과 함께 나와서, 제비꽃은 꼬투리가 터지면서 씨가 밖으로 튀어 나가서 퍼집니다. 연꽃의 씨는 크고 가벼워서 물에 떠서 물살을 따라 퍼집니다.

87쪽~89쪽 **단원 평가 ❷회**

1 세포 **2** (1) ○ (2) × (3) ○ **3** ④ **4** ㉢
5 예 붉은 색소 물이 든 부분이 물이 이동한 통로이기 때문입니다. 뿌리에서 흡수한 물이 줄기에 있는 통로를 통해 위로 올라갔기 때문입니다. **6** 예 감자는 땅속에 있는 줄기 끝에 양분을 저장하기 때문입니다. **7** ⑤
8 ㉠ 이산화 탄소, ㉡ 광합성 **9** ㉢ → ㉡ → ㉠
10 주희 **11** ㉠, 예 암술과 수술을 보호합니다.
12 ㉢ **13** 물 **14** 열매 **15** ③

1 세포는 생물체를 이루고 있는 기본 단위로, 세포는 크기와 모양이 일정하지 않고 종류에 따라 다양합니다.

2 식물 세포와 동물 세포에는 핵과 세포막이 있습니다. 식물 세포에는 세포막 바깥쪽에 세포벽이 있지만, 동물 세포에는 세포벽이 없습니다.

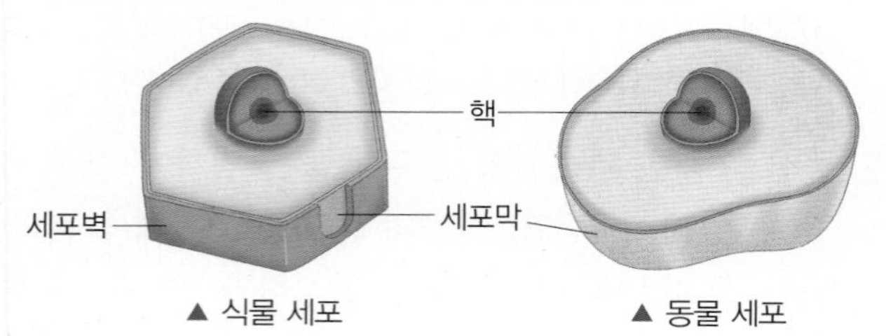

▲ 식물 세포 ▲ 동물 세포

3 식물에 따라 뿌리의 형태가 다르며, 식물은 땅속으로 뿌리를 뻗기 때문에 식물을 지지하는 역할을 합니다. 뿌리는 흙 속의 물을 흡수하기 위해 땅속으로 깊게 뻗어 흙이 쉽게 휩쓸려 가지 않게 하기 때문에 나무가 없는 산에서는 산사태가 일어나기 쉽습니다.

4 ㉠은 꽃, ㉡은 잎, ㉢은 줄기, ㉣은 뿌리입니다.

5 줄기에는 물이 이동하는 통로가 있습니다. 줄기는 뿌리에서 흡수한 물을 이 통로를 통해 식물 전체로 운반합니다.

채점 tip 줄기에 물이 이동하는 통로가 있기 때문이라는 내용을 쓰면 정답으로 합니다.

6 감자는 땅속에 있는 줄기 끝에 양분을 저장하여 크고 뚱뚱해진 것입니다. 이러한 줄기를 덩이줄기 또는 저장줄기라고 합니다.

채점 tip 줄기에 양분을 저장하기 때문이라고 쓰면 정답으로 합니다.

7 식물이 양분(녹말)을 만들기 위해서는 빛이 필요합니다. 햇빛을 받지 못한 식물의 잎으로 실험을 하면 아이오딘-아이오딘화 칼륨 용액을 떨어뜨려도 색깔 변화가 없습니다. 이 까닭은 햇빛을 받지 못해 양분(녹말)이 만들어지지 않았기 때문입니다.

8 식물은 이산화 탄소, 빛, 물을 이용해 스스로 양분을 만듭니다. 이러한 작용을 광합성이라고 합니다.

9 증산 작용은 주로 잎에서 일어나므로 잎의 개수가 가장 많은 ㉢에서 비닐봉지 안에 물방울이 가장 많이 맺힙니다.

10 식물의 뿌리에서 흡수한 물은 줄기를 거쳐 잎에 도달합니다. 잎에서 생명 활동에 사용되고 남은 물은 증산 작용을 통해 잎 밖으로 빠져나갑니다.

▲ 기공이 열렸을 때 (1000배)

11 꽃잎은 암술과 수술을 보호하는 역할을 합니다.

채점 tip 암술과 수술을 보호한다고 쓰면 정답으로 합니다.

12 ㉠은 꽃잎, ㉡은 암술, ㉢은 수술, ㉣은 꽃받침입니다. 수술에서 꽃가루를 만듭니다.

13 물수세미, 검정말, 나사말 등은 물에 의한 꽃가루받이가 이루어지는 식물입니다.

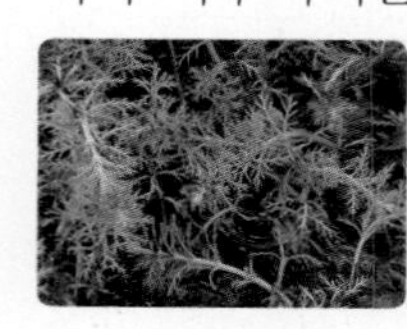
▲ 물수세미 ▲ 검정말
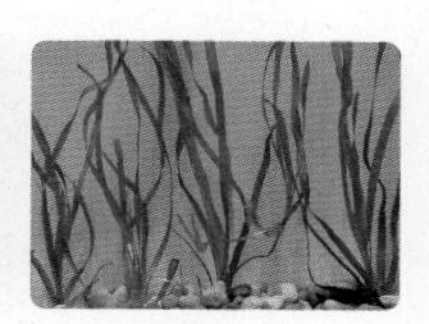
▲ 나사말

14 열매는 씨와 씨를 둘러싸고 있는 과육, 껍질 등을 모두 포함하는 말입니다. 씨는 열매에 둘러싸여 있는 경우가 많습니다.

15 봉선화의 열매는 건드리면 터지는 특징이 있어서 껍질이 돌돌 말리면서 씨가 멀리 튀어 나갑니다. 제비꽃의 열매는 건조되면서 꼬투리가 벌어지고 안쪽 공간이 좁아져 씨가 밖으로 튀어 나갑니다.

90쪽 수행 평가 ❶회

1 핵, 예 핵에는 유전 정보가 들어 있고, 세포가 생명 활동을 유지할 수 있도록 조절하고 통제합니다.
2 ㉠, ㉢
3 예 식물 세포에는 세포벽이 있지만, 동물 세포에는 세포벽이 없습니다.

1 핵은 각종 유전 정보가 들어 있으며 생명 활동을 조절합니다.

채점 tip 핵을 쓰고, 핵의 역할 두 가지 중 한 가지를 옳게 쓰면 정답으로 합니다.

2 동물 세포에는 핵과 세포막이 있지만, 세포벽은 없습니다.

3 식물 세포에만 있는 세포벽은 세포의 모양을 일정하게 유지하고 세포를 보호합니다. 그래서 식물 세포의 가장자리는 동물 세포보다 좀 더 뚜렷하게 보입니다.

채점 기준		
	상	식물 세포에는 세포벽이 있고, 동물 세포에는 세포벽이 없다고 쓴 경우
	하	식물 세포의 가장자리가 동물 세포보다 더 뚜렷하게 보인다와 같이 단순히 보이는 것에 대해 설명을 쓴 경우

91쪽 수행 평가 ❷회

1 아이오딘-아이오딘화 칼륨
2 예 빛을 받지 못한 잎(알루미늄박을 씌운 잎)은 아무런 변화가 없고, 빛을 받은 잎(알루미늄박을 씌우지 않은 잎)은 청람색으로 변합니다.
3 예 빛을 받은 잎에서만 녹말이 만들어집니다. 식물이 녹말을 만들기 위해서는 빛이 필요합니다.

1 아이오딘-아이오딘화 칼륨 용액이 녹말과 반응하여 청람색으로 변하는 성질을 이용하면 녹말이 있는지 알아낼 수 있습니다.

2 알루미늄박을 씌운 잎은 빛을 받지 못해 양분이 만들어지지 않았고, 알루미늄박을 씌우지 않은 잎은 빛을 받아 양분이 만들어졌습니다. 아이오딘-아이오딘화 칼륨 용액을 떨어뜨리면 양분이 만들어진 잎만 청람색으로 변합니다.

채점 기준		
	상	빛을 받지 못한 잎은 변화가 없고, 빛을 받은 잎은 청람색으로 변했다고 쓴 경우
	하	청람색이라는 단어를 사용하지 않고, 빛을 받은 잎만 변화가 나타난다고 쓴 경우

3 빛을 받은 잎만 아이오딘-아이오딘화 칼륨 용액을 떨어뜨렸을 때 청람색으로 변한 것으로 보아 빛을 받은 잎에서만 녹말이 만들어졌다는 것을 알 수 있습니다.

채점 기준		
	상	'빛'과 '녹말'이라는 용어를 모두 포함하여 정확히 쓴 경우
	중	'빛'과 '양분'이라는 용어를 모두 포함하여 정확히 쓴 경우
	하	'빛'이라는 용어를 쓰지 않고, 알루미늄박을 씌우지 않은 잎만 양분(녹말)이 만들어진다고 쓴 경우

92쪽 쉬어가기

5. 빛과 렌즈

❶ 프리즘을 통과한 햇빛, 유리를 통과하는 빛

96쪽~97쪽 문제 학습

1 프리즘 2 여러 3 프리즘 4 수직 5 빛의 굴절 6 (1) ○ (2) ○ (3) × 7 ㉠ 8 아랑 9 예 햇빛은 여러 가지 색의 빛으로 이루어져 있습니다. 10 ㉠ 11 굴절 12 ② 13 ㉠, ㉣

6 유리나 플라스틱 등으로 만든 투명한 삼각기둥 모양의 기구를 프리즘이라고 합니다.

7 햇빛이 비치는 맑은 날에 실험을 합니다. 햇빛이 창문을 통해 들어올 경우 과학실이나 교실에서도 실험할 수 있습니다.

8 햇빛이 프리즘을 통과하면 여러 가지 빛깔로 나타납니다.

9 햇빛이 프리즘을 통과하면 여러 가지 빛깔로 나타납니다. 햇빛은 아무 색깔이 없는 것처럼 보이지만, 사실 여러 가지 색의 빛으로 되어 있다는 것을 알 수 있습니다.

채점 tip 햇빛은 여러 가지 색의 빛으로 되어 있다고 쓰면 정답으로 합니다.

10 무지개는 공기 중에 떠다니는 물방울이 프리즘 역할을 하여 햇빛이 여러 가지 색의 빛으로 나누어지기 때문에 나타나는 현상입니다.

11 빛이 서로 다른 물질의 경계면을 지날 때 꺾여 나아가는 현상을 빛의 굴절이라고 합니다. 햇빛이 프리즘을 통과할 때에도 공기와 프리즘의 경계면에서 굴절합니다.

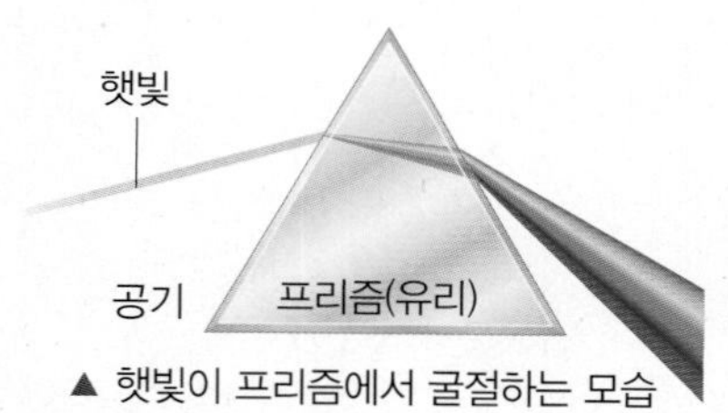

▲ 햇빛이 프리즘에서 굴절하는 모습

12 빛이 공기 중에서 유리로 비스듬히 나아갈 때에는 공기와 유리의 경계에서 꺾입니다.

13 빛은 서로 다른 물질의 경계면을 비스듬히 지날 때 굴절합니다. 빛이 같은 물질 속을 나아갈 때나 경계면에 수직으로 나아갈 때는 직진합니다.

❷ 물을 통과하는 빛, 물속에 있는 물체의 모습

100쪽~101쪽 문제 학습

1 물 2 수직 3 굴절 4 굴절 5 연장선 6 (1) ○ 7 ㉡ 8 ④ 9 ㉡ 10 (2) ○ 11 예 공기와 물의 경계면에서 빛이 굴절하기 때문에 두 자석 다트 핀의 위치가 서로 어긋나 보입니다. 12 해민 13 빛의 굴절

6 사각 수조 안에 우유를 넣고, 향을 피우면 레이저 지시기의 빛이 나아가는 모습을 잘 관찰할 수 있습니다.

7 빛은 공기 중에서 물로 비스듬히 나아갈 때 공기와 물의 경계에서 꺾여 나아갑니다.

8 빛이 서로 다른 물질의 경계면을 지날 때 꺾여 나아가는 현상을 빛의 굴절이라고 합니다.

9 빛이 공기 중에서 물의 경계와 수직으로 나아갈 때에는 꺾이지 않고 그대로 나아갑니다.

10 수조에 물을 부으면 두 자석 다트 핀의 위치가 서로 어긋나 보입니다.

11 물 밖에서 물속에 있는 물체를 보면 실제와 다른 위치에 있는 것처럼 보입니다. 이러한 현상은 공기와 물의 경계면에서 빛이 굴절하기 때문에 나타납니다. 사람은 눈으로 들어온 빛의 연장선에 물체가 있다고 생각하기 때문에 물체로부터 오는 빛이 굴절하면 그 빛을 보는 사람에게는 물체가 실제와 다른 위치에 있는 것처럼 보입니다.

채점 tip 공기와 물의 경계에서 빛이 굴절하기 때문이라고 쓰면 정답으로 합니다.

12 잔잔한 호수에 하늘의 구름이 비쳐 보이는 것은 빛의 반사 때문에 나타나는 현상입니다.

꺾여 보이는 물속의 빨대

둘로 나뉘어 보이는 물속의 인형

실제보다 짧아 보이는 물속의 다리

13 컵에 물을 부으면 물을 붓지 않았을 때 보이지 않던 동전이 보이는 까닭은 동전에서 반사한 빛이 물에서 공기 중으로 나오면서 굴절하기 때문입니다.

③ 볼록 렌즈의 특징, 볼록 렌즈를 통과한 햇빛

104쪽~105쪽 문제 학습

1 볼록 렌즈 2 가운데 3 가장자리 4 없습니다 5 높습니다 6 ㈎, ㈐ 7 볼록 렌즈 8 ⑤ 9 ㉡ 10 (1) ○ 11 형주 12 ㉡ 13 예 볼록 렌즈로 햇빛을 모은 원 안의 밝기는 원 밖보다 밝고, 온도는 원 밖보다 높습니다.

6 ㈏는 가운데 부분이 가장자리보다 얇은 렌즈입니다. ㈎는 평면 볼록 렌즈, ㈐는 양면 볼록 렌즈입니다.

7 볼록 렌즈는 가운데 부분이 가장자리보다 두꺼운 렌즈를 말합니다. 양쪽 표면이 모두 볼록하지 않아도 가운데가 가장자리보다 두꺼운 모양이면 볼록 렌즈입니다.

8 빛이 볼록 렌즈의 가운데 부분을 통과하면 곧게 나아가지만, 가장자리를 통과하면 두꺼운 가운데 부분으로 꺾여 나아갑니다.

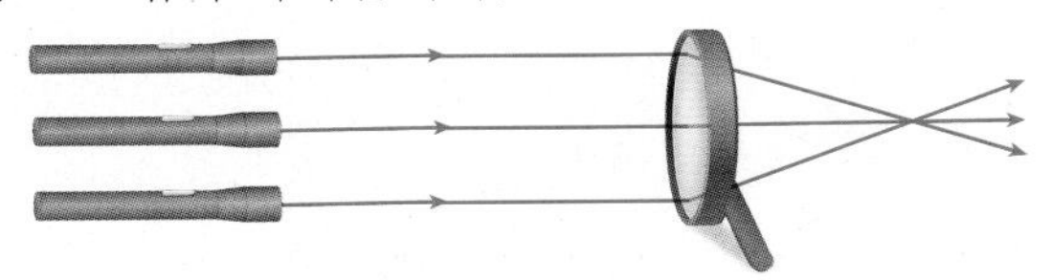

▲ 볼록 렌즈를 통과하는 빛

9 볼록 렌즈의 가운데 부분을 통과한 빛은 꺾이지 않고 그대로 나아갑니다. 볼록 렌즈의 가장자리 부분을 통과한 빛은 두꺼운 가운데 부분으로 꺾여 나아갑니다.

10 볼록 렌즈는 흰 종이와의 거리에 따라 흰 종이에 나타나는 원의 모습이 다릅니다.

11 볼록 렌즈를 통과한 햇빛은 굴절하여 한곳으로 모입니다.

12 평면 유리는 햇빛을 모을 수 없습니다.

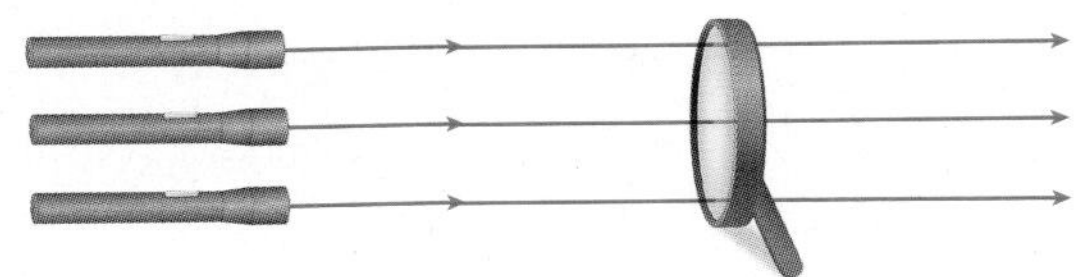

▲ 평면 유리를 통과하는 빛

13 볼록 렌즈는 햇빛을 모을 수 있기 때문에 흰 종이에 만든 원 안의 밝기가 주변보다 밝고, 온도가 높습니다.

채점 tip 원 밖보다 밝기가 밝고, 온도가 높다고 쓰면 정답으로 합니다.

④ 볼록 렌즈로 관찰한 물체의 모습, 볼록 렌즈의 쓰임새

108쪽~109쪽 문제 학습

1 굴절 2 예 물방울 3 두껍다 4 상하좌우 5 예 현미경, 확대경 6 ③, ⑤ 7 ㉡, ㉢, ㉤ 8 예 가운데 부분이 가장자리보다 두껍습니다. 투명해서 빛을 통과시킬 수 있습니다. 9 볼록 렌즈 10 ④ 11 ㉠ 굴절, ㉡ 상하좌우 12 ② 13 (1) ㉡ (2) ㉠ (3) ㉢

6 볼록 렌즈로 본 물체의 모습은 실제보다 크게 보이거나 작게 보입니다. 상하좌우가 바뀌어 보이기도 합니다.

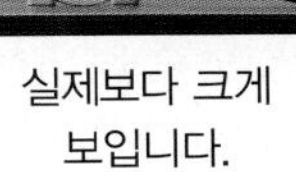

실제보다 크게 보입니다.

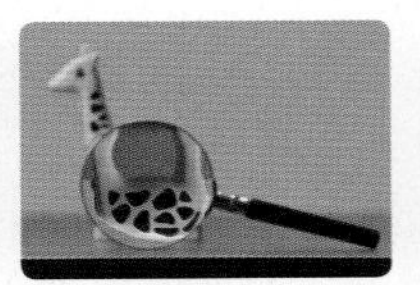

실제보다 크고 상하좌우가 바뀌어 보입니다.

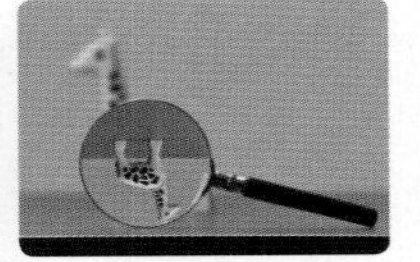

실제보다 작고 상하좌우가 바뀌어 보입니다.

7 볼록 렌즈와 같은 구실을 하는 물체에는 물방울, 유리구슬, 물이 담긴 둥근 어항, 둥근 플라스크, 눈금실린더, 둥근 유리 막대 등이 있습니다.

8 볼록 렌즈와 같은 구실을 하는 물체는 가운데 부분이 가장자리보다 두껍고, 투명해서 빛을 통과시킬 수 있다는 공통점이 있습니다.

채점 tip 가운데 부분이 가장자리보다 두껍고, 투명하다는 두 가지 특징을 쓰면 정답으로 합니다.

9 간이 사진기의 큰 원통에는 볼록 렌즈를 끼웁니다.

10 간이 사진기로 물체를 관찰하면 물체의 상하좌우가 바뀌어 보입니다.

11 간이 사진기로 물체를 관찰하면 상하좌우가 바뀌어 보이는데, 그 까닭은 간이 사진기에 있는 볼록 렌즈에서 빛이 굴절하기 때문입니다.

12 망원경, 확대경, 돋보기 안경, 쌍안경 등은 볼록 렌즈를 이용해 작은 물체나 멀리 있는 물체를 자세히 관찰하는 도구입니다.

13 볼록 렌즈는 작은 물체나 멀리 있는 물체를 자세히 관찰하거나 빛을 모아 사진이나 영상을 촬영할 때 쓰입니다. 또 자동차 전조등과 같이 빛을 모아 멀리까지 빛을 비출 때에도 볼록 렌즈가 쓰입니다.

110쪽~111쪽 **교과서 통합 핵심 개념**

❶ 굴절 ❷ 밝고 ❸ 높습니다 ❹ 투명 ❺ 상하좌우

112쪽~114쪽 **단원 평가 ❶회**

1 프리즘 **2** ㉡ **3** 예 빛이 공기 중에서 유리로 비스듬히 나아갈 때 공기와 유리의 경계면에서 꺾여 나아갑니다. **4** ②, ④ **5** ㉢ **6** 보아 **7** ①, ④ **8** (가) 평면 유리, (나) 볼록 렌즈 **9** (나) **10** 예 볼록 렌즈로 햇빛을 모은 원 안의 온도는 원 밖보다 높아 열변색 종이의 색깔이 변하기 때문입니다. **11** (1) ○ (4) ○ **12** ①, ② **13** 눌룩 **14** 예 간이 사진기에 있는 볼록 렌즈에서 빛이 굴절하여 반투명한 비닐에 상하좌우가 바뀐 물체의 모습을 만들기 때문입니다. **15** ㉠

1 프리즘은 유리나 플라스틱 등으로 만든 투명한 삼각기둥 모양의 기구입니다.

2 햇빛이 공기 중에서 프리즘을 통과하면 흰 종이에 여러 가지 빛깔로 나타납니다.

3 각 물질에서 빛이 나아가는 속도가 다르기 때문에 두 물질(공기와 유리)의 경계면에서 빛이 나아가는 방향이 꺾입니다.

채점 기준		
	상	빛이 공기 중에서 유리로 비스듬히 나아갈 때 공기와 유리의 경계면에서 꺾인다고 쓴 경우
	중	빛이 유리를 통과할 때 공기와 유리의 경계면에서 꺾인다고 쓴 경우
	하	빛이 유리를 통과할 때 꺾인다고 쓴 경우

4 빛을 공기에서 물로 비스듬하게 비추면 빛이 공기와 물의 경계에서 꺾여 나아가고, 빛을 공기에서 물로 수직으로 비추면 빛이 공기와 물의 경계에서 꺾이지 않고 그대로 나아갑니다.

5 빛이 서로 다른 물질의 경계면을 지날 때 꺾여 나아가는 성질을 빛의 굴절이라고 합니다.

6 거울에 비친 물체의 모습이 좌우가 바뀌어 보이는 것은 빛의 반사 때문에 나타나는 현상입니다.

7 볼록 렌즈는 가운데 부분이 가장자리보다 두꺼운 렌즈입니다. 양쪽 표면이 모두 볼록하지 않아도 가운데가 가장자리보다 두꺼운 모양이면 볼록 렌즈입니다. ②는 평면 볼록 렌즈, ③은 양면 볼록 렌즈입니다.

8 볼록 렌즈를 통과한 햇빛은 굴절하여 한곳으로 모이지만, 평면 유리는 햇빛을 모을 수 없습니다.

9 볼록 렌즈로 햇빛을 모아 열변색 종이에 비추면 햇빛을 모은 곳의 온도가 올라가 열변색 종이의 색깔이 변하기 때문에 그림을 그릴 수 있습니다.

10 볼록 렌즈로 햇빛을 모은 곳은 주변보다 온도가 높습니다.

채점 tip 볼록 렌즈로 햇빛을 모은 곳은 주변보다 온도가 높아 열변색 종이의 색깔이 변하기 때문이라고 쓰면 정답으로 합니다.

11 볼록 렌즈와 같은 구실을 하는 물체에는 물이 담긴 둥근 어항, 유리구슬, 물방울, 둥근 유리 막대 등이 있습니다.

12 볼록 렌즈와 같은 구실을 하는 물체는 가운데 부분이 가장자리보다 두껍고, 투명해서 빛을 통과시킬 수 있다는 공통점이 있습니다.

13 볼록 렌즈를 이용하여 만든 간이 사진기로 물체를 관찰하면 상하좌우가 바뀐 물체의 모습이 반투명한 비닐에 나타납니다.

14 볼록 렌즈에서 빛이 굴절하기 때문에 물체의 상하좌우가 바뀌어 보입니다.

채점 tip 볼록 렌즈에서 빛이 굴절하여 상하좌우가 바뀐 물체의 모습이 보인다고 쓰면 정답으로 합니다.

15 망원경, 현미경, 돋보기 안경 등은 볼록 렌즈를 이용해 작은 물체나 멀리 있는 물체를 자세히 관찰하는 도구입니다.

▲ 망원경

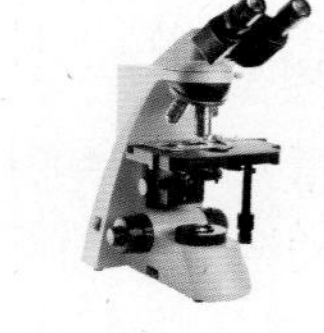
▲ 현미경

▲ 돋보기 안경

115쪽~117쪽 **단원 평가 ❷회**

1 굴절 **2** 풀이 참조 **3** (2) ○ **4** 예 물고기에서 오는 빛이 물과 공기의 경계면에서 굴절하여 실제 물고기의 위치보다 물 위에 떠 있는 것처럼 보입니다. **5** ㉢ **6** 예 공기와 물의 경계면에서 빛이 굴절하기 때문에 젓가락의 물에 잠긴 부분이 꺾여 보입니다. **7** ② **8** 풀이 참조 **9** ㉠ 꺾이지 않고, ㉡ 꺾여 **10** (1) 볼록 (2) 평면 **11** (2) × **12** 볼록 **13** 희찬 **14** ④ **15** 예 할아버지께서 책의 글씨를 크게 보실 때 돋보기 안경을 쓰십니다. 경기장에서 멀리 있는 경기 모습을 확대하여 볼 때 쌍안경을 이용합니다.

1 빛이 서로 다른 물질의 경계면을 지날 때 꺾여 나아가는 현상을 빛의 굴절이라고 합니다.

2 (1) 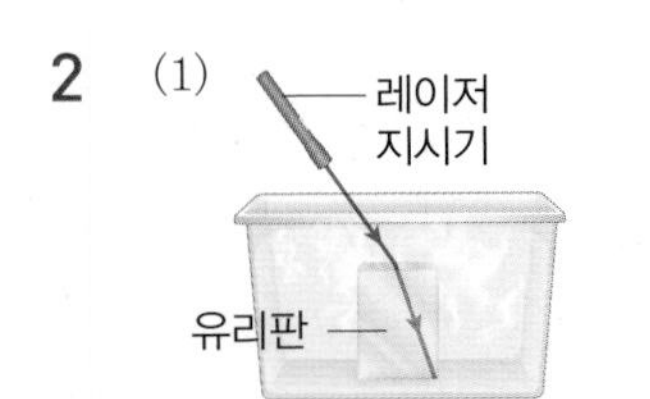

(2) 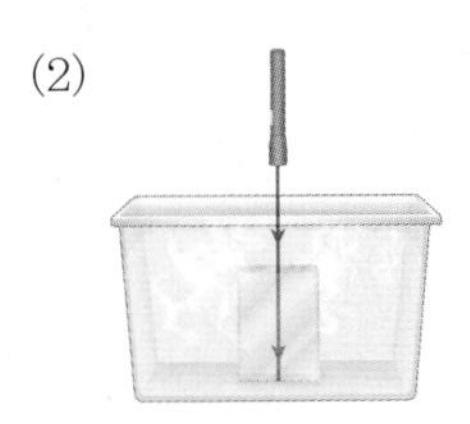

빛이 공기 중에서 유리로 비스듬히 나아갈 때 공기와 유리의 경계면에서 굴절되고, 빛이 공기 중에서 유리와 수직으로 나아갈 때에는 공기와 유리의 경계면에서 굴절되지 않고 그대로 나아갑니다.

3 빛이 공기 중에서 유리로 비스듬히 나아갈 때 공기와 유리의 경계에서 꺾입니다. 수직으로 나아가면 꺾이지 않고 그대로 나아갑니다.

4 사람의 눈으로 들어온 빛의 연장선에 물체가 있다고 생각하기 때문에 물체로부터 오는 빛이 굴절하면 그 빛을 보는 사람에게는 물체가 실제와 다른 위치에 있는 것처럼 보입니다.

채점 tip 빛이 물과 공기의 경계면에서 꺾이기(굴절하기) 때문이라는 내용을 쓰면 정답으로 합니다.

5 수조에 물을 부었을 때 두 자석 다트 핀의 위치가 어긋나 보이는 현상은 공기와 물의 경계면에서 빛이 굴절하기 때문에 나타납니다.

6 물속에 있는 물체가 실제와 다르게 보이는 것은 공기와 물의 경계면에서 빛이 굴절하기 때문입니다.

채점 tip 빛이 물과 공기의 경계면에서 꺾이기(굴절하기) 때문이라는 내용을 쓰면 정답으로 합니다.

7 빛이 볼록 렌즈를 통과할 때 굴절하기 때문에 볼록 렌즈로 물체를 보면 실제 모습과 다르게 보입니다. 실제보다 크게 보이거나 작게 보이고, 상하좌우가 바뀌어 보이기도 합니다.

8 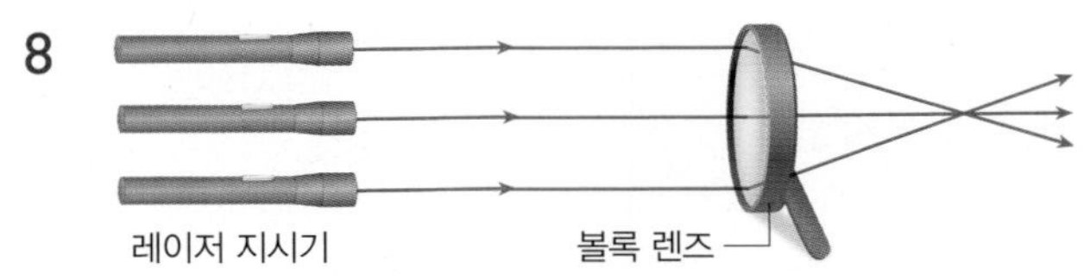

나란하게 나아가는 빛이 볼록 렌즈를 통과하면 굴절하여 한 점에 모였다가 다시 퍼져 나갑니다.

9 볼록 렌즈의 가운데 부분을 통과한 빛은 꺾이지 않고 그대로 나아갑니다. 볼록 렌즈의 가장자리 부분을 통과한 빛은 두꺼운 가운데 부분으로 꺾여 나아갑니다.

10 볼록 렌즈를 통과한 햇빛이 만든 원 안의 빛의 밝기는 주변보다 밝습니다. 평면 유리를 통과한 햇빛이 만든 원 안의 온도는 주변과 비슷하지만 볼록 렌즈를 통과한 햇빛이 만든 원 안의 온도는 주변보다 높습니다.

11 볼록 렌즈에서 빛의 굴절이 일어나기 때문에 볼록 렌즈로 물체를 관찰하면 실제 모습과 다르게 보입니다.

12 물이 담긴 둥근 어항이나 물방울과 같이 가운데 부분이 가장자리보다 두껍고, 투명해서 빛을 통과시킬 수 있는 물체들은 볼록 렌즈와 같은 구실을 할 수 있습니다.

13 간이 사진기의 볼록 렌즈에서 빛이 굴절하여 반투명한 비닐에 상하좌우가 바뀐 물체의 모습을 만듭니다.

14 볼록 렌즈를 이용해 만든 간이 사진기로 물체를 관찰하면 물체의 모습이 상하좌우가 바뀌어 보입니다. 이것은 볼록 렌즈에서 빛이 굴절하기 때문입니다.

15 그 밖에도 빛을 모아 사진이나 영상을 촬영할 때 이용하는 사진기, 휴대 전화, 작은 물체를 확대하여 자세히 관찰할 때 이용하는 현미경, 확대경 등이 있습니다.

채점 tip 볼록 렌즈를 이용한 도구와 그 쓰임새를 쓰면 정답으로 합니다.

118쪽 **수행 평가 ①회**

1 풀이 참조
2 예 빛이 공기 중에서 물로 비스듬히 나아갈 때에는 공기와 물의 경계면에서 꺾여 나아가고, 빛이 공기 중에서 물로 수직으로 나아갈 때에는 공기와 물의 경계면에서 꺾이지 않고 그대로 나아갑니다.

1 (1)
(2)
(3)

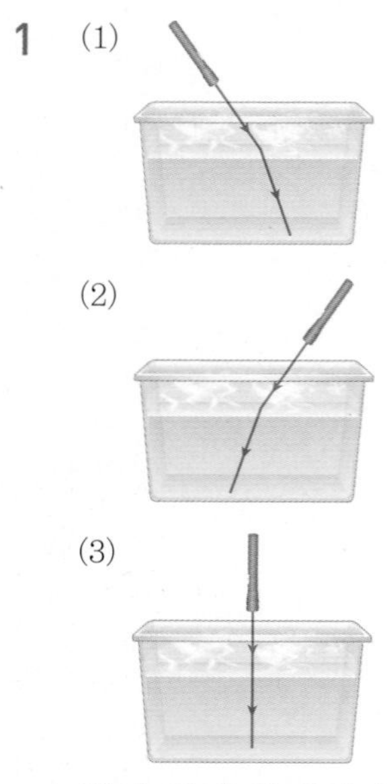

빛이 공기 중에서 물로 비스듬히 나아갈 때에는 공기와 물의 경계면에서 꺾여 나아갑니다. 빛이 공기 중에서 물의 경계와 수직으로 나아갈 때에는 꺾이지 않고 그대로 나아갑니다.

2 빛은 공기 중에서 물로 비스듬히 나아갈 때 공기와 물의 경계면에서 꺾입니다.

채점 기준		
	상	빛이 공기 중에서 물로 비스듬히 나아갈 때와 수직으로 나아갈 때 빛이 나아가는 모습을 모두 옳게 쓴 경우
	중	빛이 공기 중에서 물로 비스듬히 나아갈 때 공기와 물의 경계에서 꺾인다고 쓴 경우
	하	빛이 공기와 물의 경계에서 꺾인다고 쓴 경우

119쪽 **수행 평가 ②회**

1 풀이 참조
2 예 빛이 볼록 렌즈의 가장자리를 통과하면 두꺼운 가운데 부분으로 꺾여 나아가고, 볼록 렌즈의 가운데 부분을 통과하면 꺾이지 않고 그대로 나아갑니다.

1 (1)
(2)

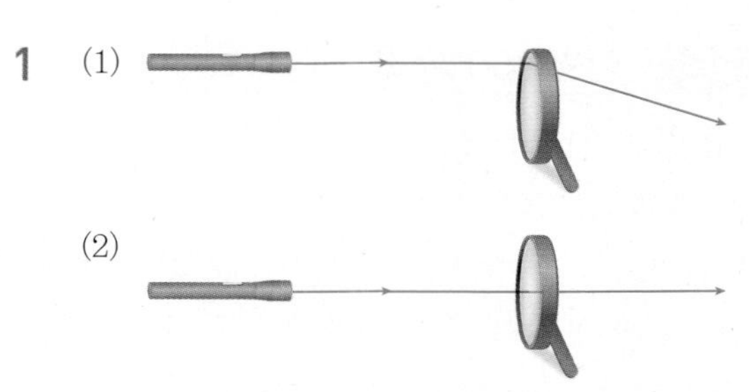

곧게 나아가던 레이저 빛이 볼록 렌즈의 가장자리를 통과하면 빛은 볼록 렌즈의 두꺼운 가운데 부분으로 꺾여 나아갑니다. 볼록 렌즈의 가운데 부분을 통과하면 빛은 그대로 직진합니다.

2 볼록 렌즈는 빛을 굴절시키는 특징이 있습니다.

채점 기준		
	상	빛이 볼록 렌즈의 가장자리를 통과할 때와 가운데 부분을 통과할 때 빛이 나아가는 모습을 모두 옳게 쓴 경우
	중	빛이 볼록 렌즈의 가장자리를 통과하면 가운데 부분으로 꺾인다고 쓴 경우
	하	빛이 볼록 렌즈를 통과하면 꺾인다고 쓴 경우

120쪽 **쉬어가기**

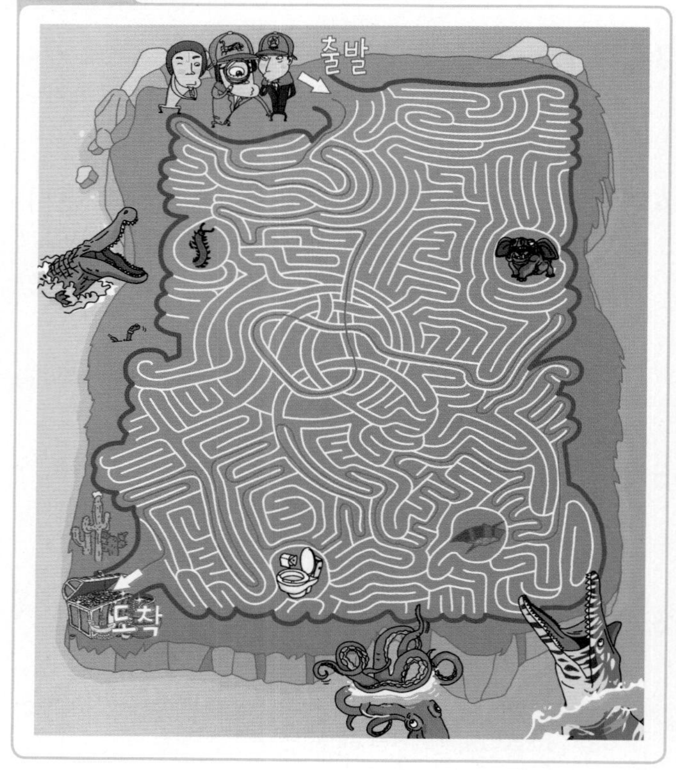

2. 지구와 달의 운동

2쪽 묻고 답하기 ❶회

1 (지구의) 자전축 **2** 시계 반대 방향 **3** 동쪽에서 서쪽 **4** 밤 **5** 한(1) 바퀴 **6** 별자리 **7** 가을 **8** 지구의 공전 **9** 보름달 **10** 달의 위상

3쪽 묻고 답하기 ❷회

1 한(1) 바퀴 **2** 동쪽에서 서쪽 **3** 낮 **4** 지구의 공전 **5** 계절별 대표적인 별자리 **6** 상현달 **7** 초승달 **8** 약 30일 **9** 남쪽 하늘 **10** 서쪽에서 동쪽

4쪽~7쪽 단원 평가 기출

1 ②, ⑤ **2** 하이 **3** 낮 **4** (2) ○ **5** 예 지구가 자전하면서 태양 빛을 받는 쪽은 낮이 됩니다. **6** ③
7

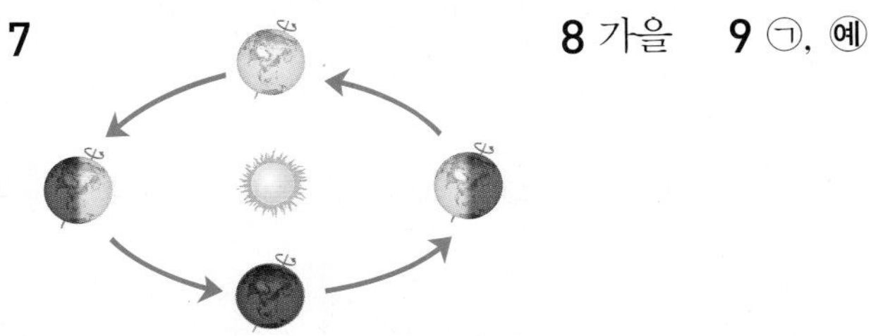

8 가을 **9** ㉠, 예 태양과 같은 방향에 있는 ㉠ 별자리는 태양 빛 때문에 볼 수 없습니다. **10** ㉢ **11** ①, ③ **12** ③ **13** 보름달 **14** ② **15** 예 달의 모양과 위치는 약 30일을 주기로 반복되기 때문입니다. **16** ㉦ **17** ③ **18** 예 여러 날 동안 같은 시각, 같은 장소에서 관찰한 달은 서쪽에서 동쪽으로 날마다 조금씩 위치를 옮겨 갑니다. **19** ㈎, 하현달 **20** (2) ○

1 지구가 자전축을 중심으로 하루에 한 바퀴씩 회전하는 지구의 자전을 알아보는 실험입니다. 실험에서 전등은 실제의 태양에 해당합니다.

2 지구가 서쪽에서 동쪽으로 자전하기 때문에 태양과 달은 하루 동안 동쪽에서 서쪽으로 움직이는 것처럼 보입니다.

3 현재 태양 빛을 받는 ㉠ 지역은 낮이고, 태양 빛을 받지 못하는 지역은 밤입니다.

4 낮에는 태양을 하늘에서 볼 수 있습니다. (1)은 밤에 볼 수 있는 달의 모습입니다.

5 지구가 하루에 한 바퀴씩 자전하면서 태양 빛을 받는 쪽은 낮이 되고, 태양 빛을 받지 못하는 쪽은 밤이 됩니다.

채점 tip 태양 빛을 받는 쪽이 낮이 된다고 쓰면 정답으로 합니다.

6 지구는 하루에 한 바퀴씩 자전축을 중심으로 자전하면서 태양을 향하는 쪽은 태양 빛을 받아 낮이 되고, 태양을 향하지 않는 쪽은 태양 빛을 받지 못해 밤이 됩니다.

7 지구는 태양을 중심으로 서쪽에서 동쪽(시계 반대 방향)으로 일 년에 한 바퀴씩 공전합니다.

8 페가수스자리는 가을철 대표적인 별자리입니다.

9 계절별 대표적인 별자리는 그 계절에만 볼 수 있는 것이 아니라, 별자리가 태양과 같은 방향에 있어서 태양 빛 때문에 볼 수 없는 계절을 제외하고 두세 계절에 걸쳐 볼 수 있습니다.

채점 tip ㉠을 쓰고, 태양과 같은 방향에 있어 태양 빛 때문에 볼 수 없다고 쓰면 정답으로 합니다.

10 지구가 태양 주위를 공전하면서 계절에 따라 지구의 위치가 달라지기 때문에 밤하늘에 보이는 별자리도 달라집니다.

11 지구가 태양을 중심으로 공전하면서 계절에 따라 지구의 위치가 달라지기 때문에 밤하늘에 보이는 별자리도 달라집니다.

12 달 관찰은 음력 2~3일 무렵에 시작해서 약 15일 동안 관찰하는 것이 좋습니다. 하현달과 그믐달은 저녁 7시보다 더 늦은 시각에 뜨기 때문에 안전을 위해 저녁 7시 무렵에 관찰이 가능한 초승달, 상현달, 보름달만 관찰합니다.

13 달은 밝게 보이는 부분의 모양에 따라 이름이 있습니다. 쟁반 같이 둥근 공 모양의 달은 보름달입니다. 보름달은 음력 15일 저녁 7시 무렵에 동쪽 하늘에서 볼 수 있습니다.

14 음력 2~3일 저녁 7시 무렵에 서쪽 하늘에서 낮게 뜨는 초승달이 다시 보이기까지는 약 30일이 걸립니다.

15 달의 모양과 위치 변화는 약 30일마다 반복되기 때문에 30일 후에는 같은 위치에서 같은 모양의 달을 볼 수 있습니다.

채점 tip 달의 모양과 위치 변화는 약 30일을 주기로 반복되기 때문이라고 쓰면 정답으로 합니다.

16 음력 2~3일 무렵에는 초승달(㉦), 음력 7~8일 무렵에는 상현달(㉣), 음력 15일 무렵에는 보름달(㉠)을 볼 수 있습니다.

17 오른쪽으로 볼록한 반원 모양의 달은 상현달입니다.

18 매일 같은 시각에 달을 관측하면 하루에 약 13°씩 서쪽에서 동쪽으로 옮겨진 위치에서 보입니다.

채점 tip 서쪽에서 동쪽으로 날마다 조금씩 옮겨 간다고 쓰면 정답으로 합니다.

19 왼쪽으로 볼록한 반원 모양의 달은 하현달입니다. 하현달은 음력 22~23일 무렵에 볼 수 있습니다.

20 보름달은 음력 15일 무렵에 볼 수 있습니다. 약 7일 후인 음력 22~23일 무렵에는 하현달을 볼 수 있습니다.

8쪽~11쪽 단원 평가 실전

1 ③, ④ 2 ㉠ → ㉡ → ㉢ → ㉣ → ㉤ 3 ㉢ 4 ② 5 예 관측자 모형을 붙인 지구본을 불이 켜진 전등 앞에 설치하고, 서쪽에서 동쪽으로 돌리면서 관측자 모형이 전등을 향할 때와 전등의 반대편을 향할 때를 비교합니다. 6 ㉠ 태양, ㉡ 일 년 7 예 태양과 같은 방향에 있어 태양 빛 때문에 볼 수 없기 때문입니다. 8 서쪽 하늘 9 ①, ⑤ 10 가을 11 ① 12 겨울 13 예 지구가 서쪽에서 동쪽으로 자전하기 때문에 하루 동안 별들은 동쪽에서 서쪽으로 움직이는 것처럼 보입니다. 14 ② 15 ① 16 ㉠ 동, ㉡ 서 17 ① 18 ③ 19 ③ 20 예 하현달과 그믐달은 저녁 7시 보다 더 늦은 시각에 뜨기 때문에 안전을 위해 저녁 7시 무렵에 관찰이 가능한 초승달, 상현달, 보름달만 관찰합니다.

1 지구는 하루에 한 바퀴씩 서쪽에서 동쪽(시계 반대 방향)으로 자전합니다.

2 태양은 하루 동안 동쪽에서 떠서 서쪽으로 지는 것처럼 보입니다.

3 지구가 하루에 한 바퀴씩 서쪽에서 동쪽으로 자전하기 때문에 태양이 동쪽에서 서쪽으로 움직이는 것처럼 보입니다.

4 현재 태양 빛을 받지 못하는 ㉠ 지역은 밤이고, 12시간 후에는 태양을 향하는 쪽에 있어 태양 빛을 받아 낮이 됩니다. 24시간 후에는 다시 밤이 됩니다.

5 지구본을 돌리면서 빛을 받는 쪽은 낮이 되고, 빛을 받지 못하는 쪽은 밤이 됩니다.

채점 tip 관측자 모형을 붙인 지구본을 전등 앞에서 서쪽에서 동쪽으로 돌린다고 쓰면 정답으로 합니다.

6 지구가 태양을 중심으로 일 년에 한 바퀴씩 시계 반대 방향(서쪽에서 동쪽)으로 회전하는 것을 지구의 공전이라고 합니다.

7 지구가 ㉠ 위치에 있을 때 오리온자리는 태양과 같은 방향에 있어 태양 빛 때문에 볼 수 없습니다.

채점 tip 태양과 같은 방향에 있어 태양 빛 때문에 볼 수 없다고 쓰면 정답으로 합니다.

8 봄철에 남쪽 하늘에서 보이는 사자자리는 여름철에는 서쪽 하늘에서 볼 수 있습니다.

9 지구는 태양을 중심으로 일 년에 한 바퀴씩 서쪽에서 동쪽으로 공전하기 때문에 계절에 따라 볼 수 있는 별자리가 달라집니다.

10 봄철 대표적인 별자리인 사자자리는 봄철에 남쪽 하늘, 여름철에 서쪽 하늘, 겨울철에 동쪽 하늘에서 볼 수 있지만 가을철에는 볼 수 없습니다.

11 가을철에는 물고기자리, 안드로메다자리, 페가수스자리 등을 밤하늘에서 오랜 시간 볼 수 있습니다.

12 쌍둥이자리, 큰개자리, 오리온자리는 겨울철에 밤하늘에서 오랜 시간 볼 수 있는 별자리로, 겨울철 대표적인 별자리입니다.

13 별도 태양, 달과 마찬가지로 하루 동안 동쪽에서 서쪽으로 움직이는 것처럼 보입니다. 이것은 지구가 하루에 한 바퀴씩 서쪽에서 동쪽으로 자전하기 때문입니다.

채점 tip 지구가 자전하기 때문에 별이 동쪽에서 서쪽으로 움직이는 것처럼 보인다고 쓰면 정답으로 합니다.

14 달은 밝게 보이는 부분의 모양에 따라 초승달, 상현달, 보름달, 하현달, 그믐달의 순서로 변합니다.

15 태양이 진 직후 저녁에 동쪽 하늘에서 보이기 시작하는 달은 보름달입니다.

16 태양이 진 직후에 초승달은 서쪽 하늘에서 보였다가 사라지고, 상현달은 남쪽 하늘에서 보입니다. 그리고 보름달은 동쪽 하늘에서 보이기 시작합니다.

17 태양이 진 직후에 초승달은 서쪽 하늘에서 보였다가 사라지고, 보름달은 동쪽 하늘에서 보이기 시작합니다.

18 달의 모양 변화는 약 30일을 주기로 반복되며, 여러 날 동안 같은 시각, 같은 장소에서 관찰한 달은 보이는 위치가 서쪽에서 동쪽으로 날마다 조금씩 옮겨 갑니다.

19 음력 2~3일 무렵에는 초승달, 음력 7~8일 무렵에는 상현달, 음력 15일 무렵에는 보름달, 음력 22~23일 무렵에는 하현달, 음력 27~28일 무렵에는 그믐달을 볼 수 있습니다.

20 음력 2~3일 무렵에 뜨는 초승달부터 음력 15일 무렵에 뜨는 보름달까지 관찰하고, 저녁 7시 보다 더 늦은 시각에 뜨는 하현달과 그믐달은 안전을 위해 관찰하지 않습니다.

채점 tip 음력 15일 이후에는 달이 늦은 시각에 뜨기 때문이라고 쓰면 정답으로 합니다.

12쪽 수행 평가 1회

1 예 지구본을 서쪽에서 동쪽(시계 반대 방향)으로 회전시킵니다.
2 (1) 낮 (2) 밤
3 예 지구가 자전하면서 태양 빛을 받는 곳은 낮이 되고, 태양 빛을 받지 못하는 곳은 밤이 됩니다.

1 지구가 자전축을 중심으로 서쪽에서 동쪽(시계 반대 방향)으로 하루에 한 바퀴씩 회전하는 것을 지구의 자전이라고 합니다. 지구의 자전을 나타내기 위해서는 지구본을 서쪽에서 동쪽(시계 반대 방향)으로 회전시킵니다.

채점 tip 지구본을 서쪽에서 동쪽으로 회전시킨다고 쓰거나 시계 반대 방향으로 회전시킨다고 쓰면 정답으로 합니다.

2 지구본이 회전하면서 관측자 모형이 전등 빛을 받는 쪽에 있을 때 우리나라가 낮이 되고, 관측자 모형이 전등 빛을 받지 못하는 쪽에 있을 때 우리나라가 밤이 됩니다.

3 지구가 자전축을 중심으로 하루에 한 바퀴씩 자전하면서 태양 빛을 받는 쪽은 낮이 되고, 태양 빛을 받지 못하는 쪽은 밤이 됩니다.

채점 기준		
	상	지구의 자전으로 태양 빛을 받는 곳은 낮이 되고, 태양 빛을 받지 못하는 곳은 밤이 된다고 쓴 경우
	중	지구가 자전하기 때문에 낮과 밤이 생긴다고 쓴 경우
	하	태양 빛을 받는 곳은 낮, 받지 못하는 곳은 밤이 된다고 쓴 경우

13쪽 수행 평가 2회

1 (가) 사자자리 (나) 백조자리 (다) 페가수스자리 (라) 오리온자리
2 백조자리, 예 (라) 위치일 때 백조자리는 태양과 같은 방향에 있어 태양 빛 때문에 볼 수 없습니다.
3 예 지구가 태양을 중심으로 공전하면서 지구의 위치가 달라져 계절에 따라 밤하늘에 보이는 별자리가 달라집니다.

1 (가) 위치에서는 태양을 등지고 설 때 정면에 사자자리가 보이고, (나) 위치에서는 백조자리, (다) 위치에서는 페가수스자리, (라) 위치에서는 오리온자리가 보입니다.

2 태양과 같은 방향에 있는 별자리는 태양 빛 때문에 볼 수 없습니다.

채점 tip 백조자리를 옳게 쓰고, 태양과 같은 방향에 있어 태양 빛 때문에 볼 수 없다고 쓰면 정답으로 합니다.

3 지구가 태양을 중심으로 일 년에 한 바퀴씩 서쪽에서 동쪽(시계 반대 방향)으로 회전하는 것을 지구의 공전이라고 합니다.

채점 기준		
	상	지구의 공전으로 지구의 위치가 달라지기 때문이라고 쓴 경우
	중	지구가 공전하기 때문이라고 쓴 경우
	하	지구의 위치가 달라지기 때문이라고 쓴 경우

3. 여러 가지 기체

14쪽 묻고 답하기 ①회

1 산소 2 없습니다. 3 물속 4 이산화 탄소 5 향불이 꺼집니다. 6 석회수 7 커집니다. 8 따뜻한 물 9 작아집니다. 10 질소

15쪽 묻고 답하기 ②회

1 불꽃이 커집니다. 2 이산화 탄소 3 뿌옇게 흐려집니다. 4 산소 5 이산화 탄소 6 뜨거운 물 7 온도가 낮아질 때 8 기체 9 높은 산 위 10 헬륨

16쪽~19쪽 단원 평가 기출

1 (1) ㉠ (2) ㉡ 2 ① 3 (1) ○ (4) ○ 4 예 향불의 불꽃이 커집니다. 5 ② 6 이산화 탄소, 예 집기병에 석회수를 넣고 흔들면 뿌옇게 흐려집니다. 집기병에 향불을 넣으면 향불의 불꽃이 꺼집니다. 7 이산화 탄소 8 서율 9 ① 10 (1) 이산화 탄소 (2) 산소 11 ㉠ 12 ㉠ 커지고, ㉡ 작아집니다 13 ⑤ 14 커집니다. 15 예 높은 산에서보다 산 아래에서 공기의 압력이 더 높기 때문에 풍선의 크기가 작아집니다. 16 ㈎ 17 예 기체는 압력이 높아지면 부피가 작아지지만, 액체는 압력이 높아져도 부피가 변하지 않습니다. 18 ④ 19 ㈏ 20 (2) ○

1 이산화 망가니즈가 있는 가지 달린 삼각 플라스크에 묽은 과산화 수소수를 흘려보내면 산소가 발생합니다.

2 ㄱ자 유리관에서 발생하는 기체를 집기병에 모을 때 처음 나오는 기체는 가지 달린 삼각 플라스크와 고무관 속에 있던 공기이므로 집기병에 처음 모인 기체는 버리고, 다시 물을 채운 뒤 산소를 모아야 순수한 산소를 얻을 수 있습니다.

3 산소는 색깔과 냄새가 없습니다.

4 산소는 다른 물질이 타는 것을 돕는 성질이 있습니다. 산소가 든 집기병 속에 향불을 넣으면 향불의 불꽃이 커집니다.

채점 tip 불꽃이 커진다고 쓰면 정답으로 합니다.

5 산소는 잘라 둔 과일의 색깔이 갈색으로 변하게 하는 성질이 있습니다.

6 탄산수소 나트륨과 식초가 만나면 이산화 탄소가 발생합니다. 이산화 탄소가 모인 집기병에 석회수를 넣고 흔들면 뿌옇게 흐려지고, 향불을 넣으면 향불이 꺼집니다.

채점 tip 이산화 탄소를 쓰고, 석회수를 넣거나 향불을 넣었을 때의 변화를 쓰면 정답으로 합니다.

7 콜라, 사이다 등과 같은 탄산음료에는 이산화 탄소가 녹아 있습니다. 탄산음료가 들어 있는 용기의 뚜껑을 열고 컵에 따를 때 생기는 거품은 탄산음료에 녹아 있던 이산화 탄소가 빠져나온 것입니다.

8 이산화 탄소를 모을 때 물속에서 모으는 까닭은 다른 기체와 섞이지 않은 이산화 탄소를 모을 수 있고, 공기 중에서는 이산화 탄소가 모이는 것을 쉽게 알 수 없기 때문입니다.

9 산소와 이산화 탄소는 색깔과 냄새가 없습니다.

10 드라이아이스는 이산화 탄소 기체에 압력을 가해 덩어리로 만든 것으로, 음식을 차갑게 보관하는 데 이용합니다. 산소는 호흡할 때 꼭 필요한 기체로, 생명 유지와 관련된 일에 이용합니다.

11 고무풍선을 씌운 삼각 플라스크를 따뜻한 물과 얼음물이 든 수조에 각각 넣어 온도 변화에 따른 기체의 부피 변화를 알아보는 실험입니다.

12 기체의 부피는 온도 변화에 따라 달라집니다. 온도가 높아지면 기체의 부피가 커지고, 온도가 낮아지면 기체의 부피가 작아집니다.

13 높은 하늘을 날고 있는 비행기 안에서 마개를 막아 둔 빈 페트병은 비행기가 착륙하면 페트병 속 공기의 부피가 줄어들면서 페트병이 찌그러집니다. 이것은 압력의 변화 때문에 기체의 부피가 변하는 예입니다.

14 수면 위로 갈수록 압력이 낮아지기 때문에 바닷속에서 잠수부가 내뿜는 공기 방울은 위로 올라갈수록 커집니다.

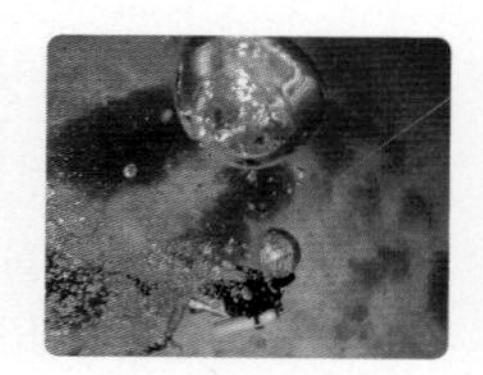

15 높은 산에서 풍선을 불어 묶은 뒤 산 아래로 가지고 내려오면 풍선의 크기가 작아집니다. 이것은 높은 산에서보다 산 아래에서 공기의 압력이 더 높으므로 산 아래에서 풍선 속 기체의 부피가 더 작아지기 때문입니다.

채점 tip 산 아래의 압력이 더 높아 풍선의 크기가 작아진다고 쓰면 정답으로 합니다.

16 공기가 들어 있는 주사기의 피스톤을 누르면 피스톤이 들어가고, 물이 들어 있는 주사기의 피스톤을 누르면 피스톤이 들어가지 않습니다.

17 공기가 들어 있는 주사기를 누르면 피스톤이 들어가고 공기의 부피가 작아집니다. 물이 들어 있는 주사기를 누르면 피스톤이 들어가지 않고 물의 부피 변화가 없습니다.

채점 기준		
	상	압력에 따른 액체와 기체의 부피 변화를 모두 옳게 쓴 경우
	중	압력에 따른 액체와 기체의 부피 변화 중 한 가지만 옳게 쓴 경우
	하	압력에 따라 액체와 기체의 부피가 달라진다고만 쓴 경우

18 아르곤은 전구 안에 넣어 전구를 오래 사용하는 데 이용합니다.

19 공기는 여러 가지 기체가 섞인 혼합물로, 공기의 약 78 %는 질소가 차지하고 있습니다. 질소는 식품을 신선하게 보관하거나 고유한 맛을 유지하는 데 이용합니다.

20 불을 끄는 소화기에 이용되는 기체는 이산화 탄소입니다. 이산화 탄소는 탄산음료, 드라이아이스, 자동 팽창식 구명조끼 등에 이용합니다.

20쪽~23쪽 단원 평가 실전

1 ④ **2** (2) ○ **3** ㄷ **4** (1) 산소 (2) 예 다른 기체와 섞이지 않은 산소를 모을 수 있기 때문입니다. 집기병 속 물이 내려가는 것으로 산소가 모이는 것을 쉽게 확인할 수 있기 때문입니다. **5** ㉠ **6** ⑤ **7** (1) ○ **8** ③ **9** (1) ○ (4) ○ **10** 예 향불의 불꽃이 꺼집니다. **11** ㉠ 커질, ㉡ 커지기 **12** ㉢ **13** 서희 **14** 예 (가)는 피스톤이 조금 들어가고, (나)는 피스톤이 많이 들어갑니다. **15** 연두 **16** ④ **17** (나) **18** 산소 **19** ③ **20** 예 풍선이나 비행선 등을 공중에 띄우는 데 이용합니다.

1 기체 발생 장치에서 산소가 발생할 때 수조의 ㄱ자 유리관 끝에서 기포가 발생합니다.

2 산소가 든 집기병에 향불을 넣으면 향불의 불꽃이 더 커집니다.

3 산소는 냄새와 색깔이 없고, 금속을 녹슬게 하는 성질이 있습니다. 또 산소는 잘라 둔 과일의 색깔이 갈색으로 변하게 하는 성질이 있습니다.

4 물속에서 산소를 모으면 다른 기체와 섞이지 않은 산소를 모을 수 있고, 산소가 발생할 때 ㄱ자 유리관 끝에 기포가 발생하면서 집기병 속 물이 내려가는 것으로 산소가 모이는 것을 쉽게 확인할 수 있습니다.

채점 tip 다른 기체와 섞이지 않은 산소를 모을 수 있기 때문이라고 쓰거나 집기병 속 물이 내려가는 것으로 산소가 모이는 것을 쉽게 확인할 수 있기 때문이라고 쓰면 정답으로 합니다.

5 산소는 스스로 타지 않지만, 다른 물질이 타는 것을 돕는 성질이 있어 로켓의 연료나 물질을 태울 때 이용합니다.

6 식초와 탄산수소 나트륨이 만나면 이산화 탄소가 발생합니다.

7 물속에서 이산화 탄소를 모으면 집기병 속 물이 내려가는 것으로 이산화 탄소가 모이는 것을 쉽게 확인할 수 있고, 다른 기체와 섞이지 않은 순수한 이산화 탄소를 모을 수 있습니다.

8 이산화 탄소가 들어 있는 집기병에 석회수를 넣고 흔들면 투명하던 석회수가 뿌옇게 됩니다.

9 이산화 탄소는 색깔과 냄새가 없습니다.

10 이산화 탄소는 물질이 타는 것을 막는 성질이 있습니다. 이산화 탄소가 든 집기병 속에 향불을 넣으면 향불의 불꽃이 꺼집니다.

채점 tip 향불이 꺼진다고 쓰면 정답으로 합니다.

11 온도가 높아지면 기체의 부피가 커집니다. 햇빛이 비치는 주차장에 주차를 하면 자동차 안의 온도가 높아지고 과자 봉지 속 기체의 부피가 커져 과자 봉지가 부풀어 오릅니다.

12 냉장고 속은 온도가 낮아 기체의 부피가 작아져 페트병이 찌그러집니다. 찌그러진 페트병을 냉장고 밖에 꺼내 놓으면 온도가 높아지면서 기체의 부피가 커져 페트병이 펴집니다.

13 고무풍선을 씌운 삼각 플라스크를 뜨거운 물이 든 수조에 넣으면 고무풍선이 부풀어 올라 커지고, 얼음물이 든 수조에 넣으면 고무풍선이 처음보다 작아집니다.

14 공기가 들어 있는 주사기를 약하게 누르면 피스톤이 조금 들어가고, 세게 누르면 피스톤이 많이 들어갑니다.

채점 기준		
	상	(가)는 피스톤이 조금 들어가고, (나)는 피스톤이 많이 들어간다고 쓴 경우
	하	(가)와 (나) 구분 없이 피스톤이 들어간다고 쓴 경우

15 기체는 압력을 가한 정도에 따라 부피가 달라집니다.

16 감압 용기 속 공기를 빼내면 공기의 양이 줄어들므로 용기 속 압력이 낮아지고, 다시 용기에 공기를 넣으면 용기 속 압력이 높아집니다.

17 높은 하늘을 날고 있는 비행기 안에서 마개를 막아 둔 빈 페트병은 비행기가 착륙하면 압력이 높아져 페트병 속 공기의 부피가 줄어들면서 페트병이 찌그러집니다. (가)와 (나) 중 압력이 높아져 기체의 부피가 줄어드는 것은 (나)입니다.

18 공기는 대부분 질소와 산소로 이루어져 있으며, 공기의 가장 많은 양을 차지하는 것은 질소, 다음으로 많은 양을 차지하는 것은 산소입니다.

19 질소는 식품을 신선하게 보관하거나 고유한 맛을 유지하는 성질이 있어 과자 포장에 이용됩니다.

20 헬륨은 공기보다 가벼운 성질이 있어 풍선이나 비행선 등을 공중에 띄우는 데 이용합니다.

채점 tip 풍선이나 비행선 등을 띄우는 데 이용한다고 쓰면 정답으로 합니다.

24쪽 수행 평가 1회

1 (1) 예 기포가 발생합니다. (2) 예 기포가 발생합니다. (3) 이산화 탄소
2 (1) 예 향불이 꺼집니다. (2) 예 석회수가 뿌옇게 됩니다.

1 가지 달린 삼각 플라스크 안에서는 탄산수소 나트륨과 식초가 만나 이산화 탄소가 발생하면서 기포가 발생하는 것을 관찰할 수 있습니다. 그리고 이 기체가 고무관으로 이동하여 물이 담긴 수조의 ㄱ자 유리관 끝에서 기포가 발생하는 것을 관찰할 수 있습니다.

채점 tip 가지 달린 삼각 플라스크 안과 ㄱ자 유리관 끝부분에서 기포(거품)가 발생한다고 쓰고, 이산화 탄소를 쓰면 정답으로 합니다.

2 이산화 탄소가 든 집기병에 향불을 넣으면 향불이 꺼지고, 석회수를 넣고 흔들면 석회수가 뿌옇게 됩니다.

채점 tip 향불이 꺼진다고 쓰고, 석회수가 뿌옇게 된다고 쓰면 정답으로 합니다.

25쪽 수행 평가 2회

1 (1) 예 주사기의 피스톤이 조금(약간) 들어갑니다. (2) 예 주사기의 피스톤이 많이 들어갑니다.
2 (1) 예 주사기 속 기체의 부피가 조금(약간) 작아집니다. (2) 예 주사기 속 기체의 부피가 많이 작아집니다.
3 예 높은 산 위에서는 산 아래에서보다 압력이 낮기 때문에 과자 봉지의 크기가 더 커집니다. 수면 위로 갈수록 압력이 낮아지기 때문에 바닷속에서 잠수부가 내뿜는 공기 방울은 위로 올라갈수록 커집니다.

1 공기가 들어 있는 주사기를 약하게 누르면 피스톤이 조금 들어가고, 세게 누르면 피스톤이 많이 들어갑니다.

채점 tip 약하게 누르면 피스톤이 조금 들어가고, 세게 누르면 피스톤이 많이 들어간다고 쓰면 정답으로 합니다.

2 공기가 들어 있는 주사기를 약하게 누르면 주사기 속 공기의 부피가 조금 작아지고, 세게 누르면 주사기 속 공기의 부피가 많이 작아집니다.

채점 tip 약하게 누르면 공기의 부피가 조금 작아지고, 세게 누르면 공기의 부피가 많이 작아진다고 쓰면 정답으로 합니다.

3 이 외에도 높은 하늘을 날고 있는 비행기 안에서 마개를 막아 둔 빈 페트병은 비행기가 착륙하면 페트병 속 공기의 부피가 줄어들면서 찌그러지는 현상도 압력 변화에 따라 기체의 부피가 변하는 예입니다.

채점 tip 압력이 낮아지면 기체의 부피가 커지는 예를 쓰거나, 압력이 높아지면 기체의 부피가 작아지는 예를 쓰면 정답으로 합니다.

4. 식물의 구조와 기능

26쪽 묻고 답하기 ①회

1 세포 2 세포벽 3 곧은뿌리 4 줄기 5 기는 줄기 6 광합성 7 기공 8 암술, 수술, 꽃잎, 꽃받침 9 꽃가루받이(수분) 10 열매

27쪽 묻고 답하기 ②회

1 핵 2 뿌리 3 나팔꽃 4 줄기 5 빛, 물, 이산화 탄소 6 증산 작용 7 아이오딘-아이오딘화 칼륨 8 수술 9 도깨비바늘 10 열매

28쪽~31쪽 단원 평가 기출

1 ㉡, 세포벽 2 ㉠, 핵 3 수현 4 ② 5 예 (나) 비커의 물이 (가) 비커의 물보다 더 많이 줄어들었습니다. 6 ㉡ 7 ① 8 ①, ⑤ 9 (1) ㉢ (2) ㉠ (3) ㉡ 10 ㉢ 11 (가) 12 (1) ○ 13 (1) 예 청람색으로 변합니다. (2) 예 감자에 녹말이 들어 있기 때문입니다. 14 기공 15 ④ 16 ㉠ 암술, ㉡ 수술, ㉢ 꽃잎, ㉣ 꽃받침 17 (1) ㉡ (2) ㉣ (3) ㉢ (4) ㉠ 18 ② 19 ㉡ → ㉠ → ㉢ 20 예 민들레 씨에 가벼운 털이 달려 있어서 바람에 날려 씨가 퍼집니다.

1 ㉠은 핵, ㉡은 세포벽, ㉢은 세포막입니다. 세포벽은 식물 세포의 형태를 유지할 수 있게 합니다.

2 세포의 핵에는 유전 정보가 들어 있고, 세포가 생명 활동을 유지할 수 있도록 조절하고 통제하는 역할을 합니다.

3 식물의 증산 작용과 빛을 이용해 양분을 만드는 광합성 작용은 주로 잎에서 일어납니다. 뿌리털은 땅 속의 물을 더 잘 흡수할 수 있게 해 줍니다.

4 양파 뿌리의 유무만 다르게 하여 2~3일 뒤 물의 양을 비교하는 실험이므로 뿌리가 물을 흡수하는 기능을 알아보기 위한 실험입니다.

5 뿌리를 자르지 않은 양파를 올려 둔 비커의 물이 더 많이 줄어듭니다. 뿌리를 자른 양파는 물을 거의 흡수하지 못하지만, 뿌리를 자르지 않은 양파는 물을 흡수하기 때문입니다.

채점 tip (나) 비커의 물이 (가) 비커의 물보다 더 많이 줄어들었다고 쓰거나, (가) 비커의 물이 (나) 비커의 물보다 더 많이 남아 있다라고 쓰면 정답으로 합니다.

6 시간이 지나면 뿌리에서 흡수한 물이 줄기에 있는 통로를 통해 꽃까지 올라가기 때문에 흰색의 백합 꽃이 붉게 물듭니다.

7 붉은 색소 물에 꽂아 두었던 백합 줄기를 꺼내 가로로 자른 단면은 붉게 물든 부분이 줄기 전체에 불규칙하게 흩어져 있습니다.

8 뿌리에서 흡수한 물은 줄기에 있는 통로를 통해 식물 전체로 이동합니다. 줄기는 꺼칠꺼칠하거나 매끈한 껍질로 싸여 있고, 껍질은 해충이나 세균 등의 침입을 막고 추위와 더위로부터 식물을 보호하는 역할을 합니다.

9 줄기는 식물의 종류에 따라 생김새가 다양합니다.

10 고구마, 딸기, 수박의 줄기는 줄기가 땅 위를 기듯이 뻗어 나가는 기는줄기입니다.

11 알루미늄박을 씌운 잎은 아이오딘-아이오딘화 칼륨 용액을 떨어뜨려도 색깔 변화가 없고, 알루미늄박을 씌우지 않은 잎은 아이오딘-아이오딘화 칼륨 용액과 반응하여 청람색으로 변합니다.

12 알루미늄박을 씌운 잎은 빛을 받지 못해 녹말이 만들어지지 않았기 때문에 색깔에 변화가 없습니다. 알루미늄박을 씌우지 않은 잎은 빛을 받아 녹말이 만들어져 청람색으로 변합니다.

13 아이오딘-아이오딘화 칼륨 용액은 녹말과 반응하면 청람색으로 변합니다.

채점 tip 청람색으로 변한다고 쓰고, 감자에 녹말이 들어 있다고 쓰면 정답으로 합니다.

14 식물체 속의 물이 잎 표면에 있는 기공을 통해 식물체 밖으로 빠져나가는 현상을 증산 작용이라고 합니다. 기공은 주로 잎의 뒷면에 많이 있어 증산 작용은 주로 잎의 뒷면에서 일어납니다.

15 식물의 뿌리에서 흡수한 물은 줄기를 거쳐 잎으로 전달되어 광합성에 이용되고, 나머지는 식물 밖으로 나갑니다. 이러한 현상을 증산 작용이라고 합니다.

16 ㉠은 암술, ㉡은 수술, ㉢은 꽃잎, ㉣은 꽃받침입니다.

17 꽃은 씨를 만드는 일을 합니다. 잎은 광합성을 통해 양분을 만들고, 증산 작용을 통해 물을 식물 밖으로 내보냅니다. 줄기는 물과 양분이 이동하는 통로입니다. 뿌리는 땅속의 물을 흡수하고, 식물을 지지합니다.

18 사과나무는 곤충에 의해, 소나무는 바람에 의해, 검정말은 물에 의해 꽃가루받이가 이루어지는 식물입니다.

19 꽃가루받이가 이루어지면 암술 속에서 씨가 만들어집니다. 씨가 자랄 때 암술의 일부나 꽃받침 등이 함께 자라면서 열매가 만들어집니다.

20 민들레의 씨에는 가벼운 털이 달려 있어서 바람에 쉽게 날릴 수 있습니다.

채점 tip 씨에 털이 달려 있어서 바람에 날린다는 내용을 쓰면 정답으로 합니다.

32쪽~35쪽 단원 평가 실전

1 ④ 2 예 식물 세포에는 세포벽이 있지만, 동물 세포에는 세포벽이 없기 때문입니다. 3 (1) 사람 (2) 양파 4 ㉢ 5 (3) ○ 6 뿌리털 7 ① 8 ㉠ 9 예 백합꽃의 반은 푸르게 물들고, 반은 붉게 물듭니다. 10 소민 11 ㉠ 12 예 빛을 받은 잎에서 만들어지는 양분은 녹말입니다. 잎에서 양분인 녹말을 만들기 위해서는 빛이 필요합니다. 13 광합성 14 ②, ④ 15 ④ 16 ③ 17 ① 18 씨 19 예 갈고리 모양의 가시가 있어서 동물의 털이나 사람의 옷에 붙어 씨가 퍼집니다. 20 ㉡

1 식물 세포는 세포벽이 있지만, 동물 세포는 세포벽이 없습니다.

2 북극곰, 다람쥐, 개구리는 동물이기 때문에 세포에 세포벽이 없습니다. 토끼풀은 식물이기 때문에 세포에 세포벽이 있습니다.

채점 tip 식물 세포에는 세포벽이 있지만, 동물 세포에는 세포벽이 없기 때문이라고 쓰면 정답으로 합니다.

3 사람 입안 상피 세포(동물 세포)는 세포의 모양이 일정하지 않으며, 양파 표피 세포(식물 세포)는 세포벽이 있어 가장자리가 뚜렷하게 보입니다.

4 뿌리의 흡수 기능을 알아보기 위한 실험이므로 양파 뿌리의 유무만 다르게 하고, 나머지 조건은 모두 같게 합니다.

5 뿌리를 자른 양파는 물을 거의 흡수하지 못해 비커 속 물의 양이 거의 변하지 않고, 뿌리를 자르지 않은 양파는 뿌리로 물을 흡수하여 비커 속 물의 양이 많이 줄어듭니다.

6 뿌리의 뿌리털로 흙 속의 물과 양분을 흡수합니다.

7 붉은 색소 물이 든 부분이 물이 이동한 통로로, 줄기 전체에 불규칙하게 흩어져 있습니다.

8 감자는 땅속에 있는 줄기 끝에 양분을 저장합니다. 고구마나 무처럼 양분을 뿌리에 저장하는 식물도 있습니다.

9 뿌리에서 흡수한 물이 줄기에 있는 통로를 통해 꽃까지 올라가기 때문에 흰색의 백합꽃의 반은 푸르게, 나머지 반은 붉게 물듭니다.

채점 기준		
	상	반은 푸른색으로, 반은 붉은색으로 물든다고 구분하여 쓴 경우
	중	푸른색과 붉은색으로 물든다고 쓴 경우
	하	색소 물이 든다고 쓴 경우

10 식물 줄기의 겉은 매끈하거나 꺼칠꺼칠한 껍질에 싸여 있습니다.

11 어둠상자로 씌우지 않은 식물의 잎은 빛을 받아 광합성을 하여 녹말이 만들어지기 때문에 아이오딘-아이오딘화 칼륨 용액을 떨어뜨리면 청람색으로 변합니다. 어둠상자로 씌운 식물의 잎은 빛을 받지 못해 녹말이 만들어지지 않습니다.

12 빛을 받은 잎에서만 양분인 녹말이 만들어집니다.

채점 tip 빛을 받은 잎에서만 양분인 녹말이 만들어진다는 내용을 쓰면 정답으로 합니다.

13 식물이 뿌리에서 흡수한 물, 공기 중의 이산화 탄소, 빛을 이용하여 스스로 양분을 만드는 과정을 광합성이라고 합니다.

14 광합성은 주로 잎에서 일어나는데, 잎에서 만들어진 양분은 줄기를 거쳐 뿌리, 줄기, 열매 등 식물 전체로 이동하여 식물이 자라는 데 사용되거나 저장됩니다.

15 잎을 그대로 둔 ㉠은 증산 작용이 활발하게 일어나

비닐봉지 안에 물방울이 많이 맺힙니다. 잎을 제거한 ㉡은 비닐봉지 안에 물방울이 거의 맺히지 않습니다.

16 꽃잎은 암술과 수술을 보호하는 역할을 합니다.

17 코스모스, 민들레는 곤충에 의해, 바나나는 새에 의해, 옥수수는 바람에 의해, 물수세미는 물에 의해 꽃가루받이가 이루어집니다.

18 꽃가루받이가 이루어지면 암술 속에서 씨가 만들어집니다. 열매는 씨와 씨를 둘러싸고 있는 과육, 껍질 등을 모두 포함하는 말입니다.

19 도깨비바늘과 도꼬마리는 열매 끝에 갈고리 모양의 가시가 있어서 동물의 털이나 사람의 옷에 잘 붙습니다.

채점 기준		
	상	갈고리 모양의 가시가 있다는 생김새의 특징과 동물의 털이나 사람의 옷에 붙어 씨가 퍼지는 방법을 모두 옳게 쓴 경우
	중	동물의 털이나 사람의 옷에 붙어서 씨가 퍼지는 방법만 쓴 경우
	하	갈고리 모양의 가시가 있다는 생김새의 특징만 쓴 경우

20 머루는 열매가 동물에게 먹힌 뒤 씨는 똥과 함께 나와 퍼집니다.

36쪽 수행 평가 ①회

1 예 ㈎ 뿌리를 자른 양파보다 ㈏ 뿌리를 자르지 않은 양파를 올려놓은 비커의 물이 더 많이 줄어듭니다.
2 예 뿌리를 자른 양파는 물을 거의 흡수하지 못하지만, 뿌리를 자르지 않은 양파는 물을 흡수하기 때문입니다.
3 예 뿌리는 물을 흡수하는 역할을 합니다.

1 뿌리를 자른 양파와 뿌리를 자르지 않은 양파를 물이 담긴 비커에 올려놓은 뒤 햇빛이 잘 드는 곳에 두면 뿌리를 자르지 않은 양파를 올려놓은 비커의 물이 더 많이 줄어듭니다.

채점 tip 뿌리를 자르지 않은 양파를 올려놓은 비커의 물이 더 많이 줄어든다고 쓰거나, 뿌리를 자른 양파를 올려놓은 비커의 물이 덜 줄어든다고 쓰면 정답으로 합니다.

2 뿌리를 자른 양파는 물을 거의 흡수하지 못하지만, 뿌리를 자르지 않은 양파는 물을 흡수하기 때문에 ㈏ 비커의 물이 더 많이 줄어드는 것입니다.

채점 tip 뿌리를 자르지 않은 양파가 물을 흡수하기 때문이라고 쓰면 정답으로 합니다.

3 뿌리의 기능은 여러 가지가 있지만 이 실험을 통해 알 수 있는 뿌리의 기능은 뿌리가 물을 흡수하는 역할을 한다는 것입니다.

채점 tip 물을 흡수한다고 쓰면 정답으로 합니다.

37쪽 수행 평가 ②회

1 (1) 예 줄기의 군데군데에 붉은 점이 있고, 붉은 점의 크기는 서로 조금씩 다릅니다. (2) 예 세로로 긴 붉은 선이 여러 개 있고, 붉은 선은 휘어지지 않고 곧습니다.
2 예 흰색의 백합꽃이 붉게 물듭니다.
3 예 줄기는 물이 이동하는 통로입니다. 줄기는 뿌리에서 흡수한 물이 식물의 각 부분으로 이동하는 통로입니다.

1 붉은 색소를 녹인 물에 꽂아 두었던 백합 줄기를 가로로 자른 단면은 붉게 물든 부분이 퍼져 있고, 세로로 자른 단면은 여러 개의 붉게 물든 줄이 줄기를 따라 이어져 있습니다.

채점 tip 붉게 물든 부분을 구체적으로 표현하였으면 정답으로 합니다.

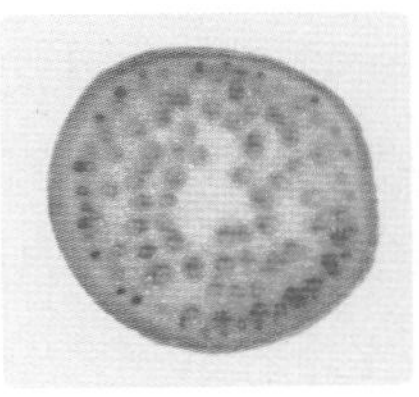
▲ 가로로 자른 단면

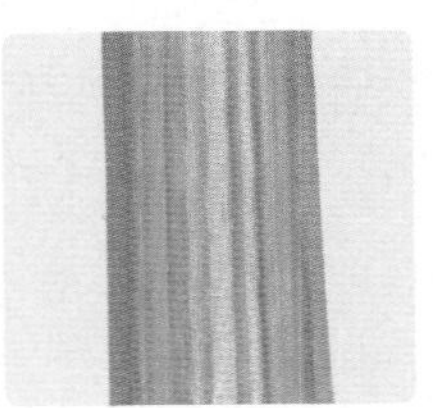
▲ 세로로 자른 단면

2 붉은 색소를 녹인 물에 백합 줄기를 오랜 시간 꽂아 두면 뿌리에서 흡수한 물이 줄기에 있는 통로를 통해 꽃까지 올라가기 때문에 흰색의 백합꽃이 붉게 물듭니다.

채점 tip 붉게 물든다고 쓰면 정답으로 합니다.

3 줄기의 기능은 여러 가지가 있지만 이 실험을 통해 알 수 있는 줄기의 기능은 줄기가 물이 이동하는 통로 역할을 한다는 것입니다.

채점 tip 물이 이동하는 통로라고 쓰면 정답으로 합니다.

5. 빛과 렌즈

38쪽 묻고 답하기 1회

1 프리즘 2 예 꺾여서 나아갑니다. 3 빛의 굴절 4 볼록 렌즈 5 밝습니다. 6 볼록 렌즈 7 가운데 부분 8 예 유리구슬, 물방울 9 상하좌우 10 예 현미경, 돋보기 안경, 확대경

39쪽 묻고 답하기 2회

1 삼각기둥 모양 2 여러 가지 빛깔 3 예 꺾이지 않고 그대로 나아갑니다. 4 빛의 굴절 5 볼록 렌즈 6 높습니다. 7 예 투명합니다. 8 거울 9 ㅁ 10 망원경

40쪽~43쪽 단원 평가 기출

1 ㉡ 2 예 공기 중에 떠다니는 물방울이 프리즘 역할을 해 햇빛이 물방울을 통과하면서 여러 가지 빛깔의 무지개로 나타납니다. 3 현준 4 ③ 5 (1) ㉡ (2) ㉠ 6 예 빛이 물과 공기의 경계면에서 굴절하기 때문에 물속에 있는 물체가 실제와 다르게 보입니다. 7 ①, ⑤ 8 풀이 참조 9 두껍다 10 ㉡ 11 ㉠ 12 ④ 13 (1) ○ 14 예 볼록 렌즈로 물체를 보면 물체의 모습이 실제보다 크게 보이거나 작게 보입니다. 상하좌우가 바뀌어 보이기도 합니다. 15 ④ 16 ② 17 지수 18 풀이 참조 19 ③ 20 (1) 확대경 (2) 예 작은 물체를 크게 확대해서 관찰할 수 있습니다.

1 햇빛이 프리즘을 통과하면 여러 가지 빛깔로 나타납니다.

2 햇빛이 프리즘을 통과하면 여러 가지 빛깔로 나타나는데, 비가 온 후 공기 중에 떠다니는 물방울이 프리즘 역할을 하기 때문에 햇빛이 여러 가지 빛깔로 보이게 됩니다.

채점 tip 물방울이 프리즘 역할을 하기 때문에 햇빛이 여러 가지 빛깔로 나타난다고 쓰면 정답으로 합니다.

3 빛이 공기 중에서 유리로 비스듬히 나아가면 공기와 유리의 경계에서 꺾여 나아갑니다.

4 빛이 서로 다른 물질의 경계면을 지날 때 꺾여 나아가는 현상을 빛의 굴절이라고 합니다.

5 빛이 공기 중에서 물의 경계와 수직으로 나아갈 때에는 꺾이지 않고 그대로 나아갑니다. 빛이 공기 중에서 물로 비스듬히 나아갈 때에는 공기와 물의 경계면에서 꺾여 나아갑니다.

6 물 밖에서 물속에 있는 물체를 보면 실제와 다르게 보입니다. 이러한 현상은 공기와 물의 경계면에서 빛이 굴절하기 때문에 나타납니다.

채점 기준		
	상	빛이 물과 공기의 경계면에서 굴절하기 때문이라고 쓴 경우
	중	빛이 굴절하기 때문이라고 쓴 경우
	하	빛이 꺾이기 때문이라고 쓴 경우

7 물속에 있는 물체가 실제와 다르게 보이는 것은 공기와 물의 경계면에서 빛이 굴절하기 때문입니다.

8

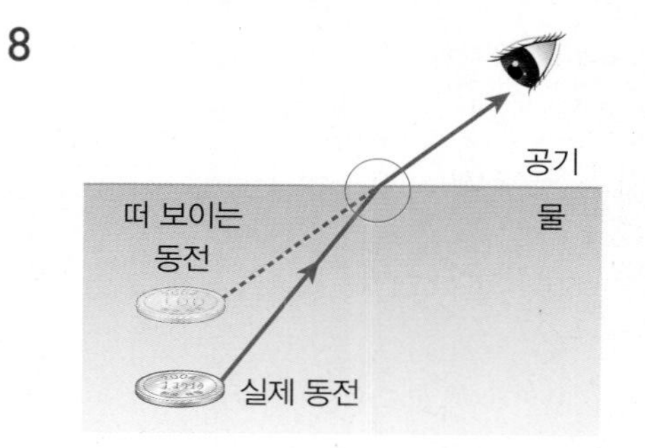

동전에서 오는 빛이 물과 공기의 경계면에서 굴절하면, 그 빛을 보는 사람에게는 동전이 실제와 다른 위치에 있는 것처럼 보입니다.

9 볼록 렌즈는 가운데 부분이 가장자리보다 두꺼운 렌즈입니다.

10 빛이 볼록 렌즈의 가장자리를 통과할 때는 가운데 방향으로 굴절하고, 볼록 렌즈의 가운데 부분을 통과할 때는 굴절하지 않습니다.

11 볼록 렌즈는 햇빛을 모을 수 있기 때문에 흰 종이에 만든 원 안의 온도는 주변보다 높습니다.

12 뒤에 놓인 장난감이 실제보다 크게 보이므로 볼록 렌즈를 이용하여 관찰한 것입니다.

13 볼록 렌즈는 가운데 부분이 가장자리보다 두꺼운 렌즈입니다.

14 볼록 렌즈로 본 물체의 모습은 실제보다 크게 보이거나 작게 보입니다. 상하좌우가 바뀌어 보이기도 합니다.

채점 기준		
	상	크기가 다르게 보인다는 것과 상하좌우가 바뀌어 보이기도 한다는 것을 모두 쓴 경우
	중	크기가 다르게 보인다는 것과 상하좌우가 바뀌어 보이기도 한다는 것 중 한 가지만 쓴 경우
	하	실제 물체의 모습과 다르게 보인다고 쓴 경우

15 볼록 렌즈로 물체를 관찰하면 물체의 모습이 실제와 다르게 보입니다. 이것은 빛이 볼록 렌즈를 통과하면서 굴절하기 때문입니다. 유리구슬은 볼록 렌즈와 같은 구실을 할 수 있는 물체입니다.

16 간이 사진기의 큰 원통을 만들 때 골판지에 볼록 렌즈를 끼우고 둥글게 말아 고무줄로 고정합니다.

17 물체에서 반사된 빛이 간이 사진기의 볼록 렌즈를 통과하면서 굴절하여 상하좌우가 바뀐 모습이 비닐에 나타납니다.

18

간이 사진기로 물체를 관찰하면 물체의 상하좌우가 바뀌어 보입니다.

19 사진기의 볼록 렌즈는 빛을 모아 사진이나 영상을 촬영할 수 있게 합니다.

20 확대경은 확대해서 보려는 물체가 놓이는 위치의 위쪽에 볼록 렌즈가 있습니다.

채점 tip 확대경을 옳게 쓰고, 작은 물체를 확대해서 볼 수 있다고 쓰면 정답으로 합니다.

44쪽~47쪽 단원 평가 실전

1 ㉡ **2** ① **3** (1) ○ **4** 풀이 참조 **5** ㉠ 수직으로, ㉡ 비스듬히 **6** ㉡ **7** 예 물고기에서 오는 빛이 물속에서 공기 중으로 나오면서 물과 공기의 경계면에서 굴절하여 사람의 눈으로 들어오기 때문입니다. **8** (1) ○ **9** ①, ③, ⑤ **10** ㉡ **11** ㉠ **12** 작아졌다가, 커진다 **13** 예 원 안의 밝기가 주변보다 밝습니다. 원 안의 온도가 주변보다 높습니다. **14** ⑤ **15** 선화 **16** ㉢, ㉣ **17** ④ **18** 예 간이 사진기로 물체를 보면 물체의 상하좌우가 바뀌어 보입니다. **19** ㉠ 모아, ㉡ 볼록 렌즈 **20** ㉢

1 물이 담긴 유리컵에 비스듬히 햇빛이 비칠 때 컵 주위에 여러 가지 빛깔이 나타납니다.

2 햇빛은 프리즘을 통과하면 여러 가지 빛깔로 나타납니다.

3 빛이 공기 중에서 유리로 비스듬히 나아갈 때 공기와 유리의 경계면에서 꺾입니다.

4

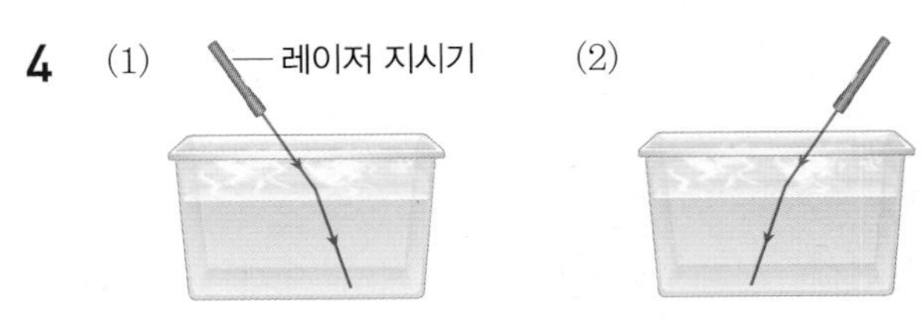

수조 위쪽에서 비스듬히 수면을 향해 레이저 빛을 비추면 빛이 공기와 물의 경계면에서 굴절합니다.

5 빛이 공기 중에서 물로 비스듬히 나아갈 때 공기와 물의 경계에서 굴절합니다.

6 물고기에서 오는 빛이 물과 공기의 경계면에서 굴절하면 그 빛을 보는 사람은 눈으로 들어온 빛의 연장선에 물고기가 있다고 생각하기 때문에 물고기가 실제 위치보다 위쪽에 있는 것처럼 보입니다.

7 물속에 있는 물체가 실제와 다르게 보이는 까닭은 빛의 굴절 현상 때문입니다.

채점 tip 빛이 물과 공기의 경계에서 굴절하기 때문이라고 쓰면 정답으로 합니다.

8 물과 공기의 경계면에서 빛이 굴절하기 때문에 물속에 넣은 빨대가 꺾여 보이고, 수영장 물의 깊이가 실제보다 얕아 보입니다. 동전이 든 컵에 물을 부으면 보이지 않던 동전이 보이게 되는 현상도 빛의 굴절 때문입니다.

9 볼록 렌즈는 유리처럼 투명한 물질로 만들어져 빛을 통과시킬 수 있고, 가운데 부분이 가장자리보다 두꺼운 렌즈로, 빛을 굴절시킬 수 있습니다.

10 볼록 렌즈는 가운데 부분이 가장자리보다 두꺼운 렌즈입니다. 빛이 볼록 렌즈의 가장자리를 통과하면 빛은 두꺼운 가운데 부분으로 꺾여 나아갑니다.

11 볼록 렌즈를 통과한 햇빛은 굴절하여 한곳으로 모이기 때문에 거리에 따라 흰 종이에 나타나는 원의 모습이 다른 ㉠이 볼록 렌즈로 실험한 결과입니다.

12 햇빛이 볼록 렌즈를 통과하면서 굴절하여 한 점에 모였다가 다시 퍼져 나갑니다.

13 볼록 렌즈는 햇빛을 모을 수 있기 때문에 흰 종이에 만든 원 안의 밝기가 주변보다 밝고, 온도가 높습니다.

채점 기준		
	상	주변보다 밝기가 밝고, 온도가 높다는 두 가지 내용을 모두 쓴 경우
	하	주변보다 밝기가 밝다는 것과 주변보다 온도가 높다는 것 중 한 가지만 쓴 경우

14 볼록 렌즈는 가운데 부분이 가장자리보다 두꺼운 렌즈이며, 빛을 굴절시켜 햇빛을 모을 수 있습니다.

15 볼록 렌즈로 물체를 관찰하면 실제 모습과 다르게 보입니다. 실제보다 크게 보이거나 작게 보이고, 상하좌우가 바뀌어 보이기도 합니다.

16 물방울, 물이 담긴 둥근 어항, 유리구슬 등과 같이 투명하고, 가운데가 가장자리보다 두꺼운 모양의 물체는 볼록 렌즈와 같은 구실을 할 수 있습니다.

17 볼록 렌즈를 이용해 만든 간이 사진기로 물체를 관찰하면 물체의 상하좌우가 바뀌어 보이기 때문에 상하좌우가 바뀌었을 때 실제 모양과 다른 도형을 찾으면 됩니다.

18 볼록 렌즈를 이용하여 만든 간이 사진기로 물체를 관찰하면 물체의 모습이 상하좌우가 바뀌어 보입니다.

채점 기준		
	상	물체의 상하좌우가 바뀌어 보인다고 쓴 경우
	하	실제 물체와 다르게 보인다고 쓴 경우

19 사진기에 있는 볼록 렌즈는 물체에서 나온 빛을 모아 물체의 모습이 나타나도록 해 줍니다.

20 의료용 확대경은 앞쪽에 볼록 렌즈가 있어서 수술을 할 때 작은 부분을 확대하여 자세히 관찰할 때 쓰이는 도구입니다. 빛의 반사를 이용해 가려져서 보이지 않는 곳을 비추어 보는 데 쓰이는 도구는 거울입니다.

48쪽 **수행 평가**

1 (다) → (나) → (가)

2 9

3 ㉠ 간이 사진기로 물체를 관찰하면 물체의 상하좌우가 바뀌어 보입니다. 그 까닭은 간이 사진기에 있는 볼록 렌즈에서 빛이 굴절하기 때문입니다.

1 볼록 렌즈를 끼워 큰 원통을 만들고, 비닐을 씌운 작은 원통을 큰 원통에 끼워서 간이 사진기를 만듭니다.

2 간이 사진기로 물체를 관찰하면 물체의 모습이 상하좌우가 바뀌어 보입니다.

3 간이 사진기에 있는 볼록 렌즈에서 빛이 굴절하여 비닐에 상하좌우가 바뀐 물체의 모습이 나타납니다.

채점 tip 볼록 렌즈에서 빛이 굴절하여 물체의 상하좌우가 바뀌어 보인다고 쓰면 정답으로 합니다.

1학기 공부 끝~
2학기도 백점 과학으로
Go Go!

백점 과학 6·1

초등학교 학년 반 번 이름

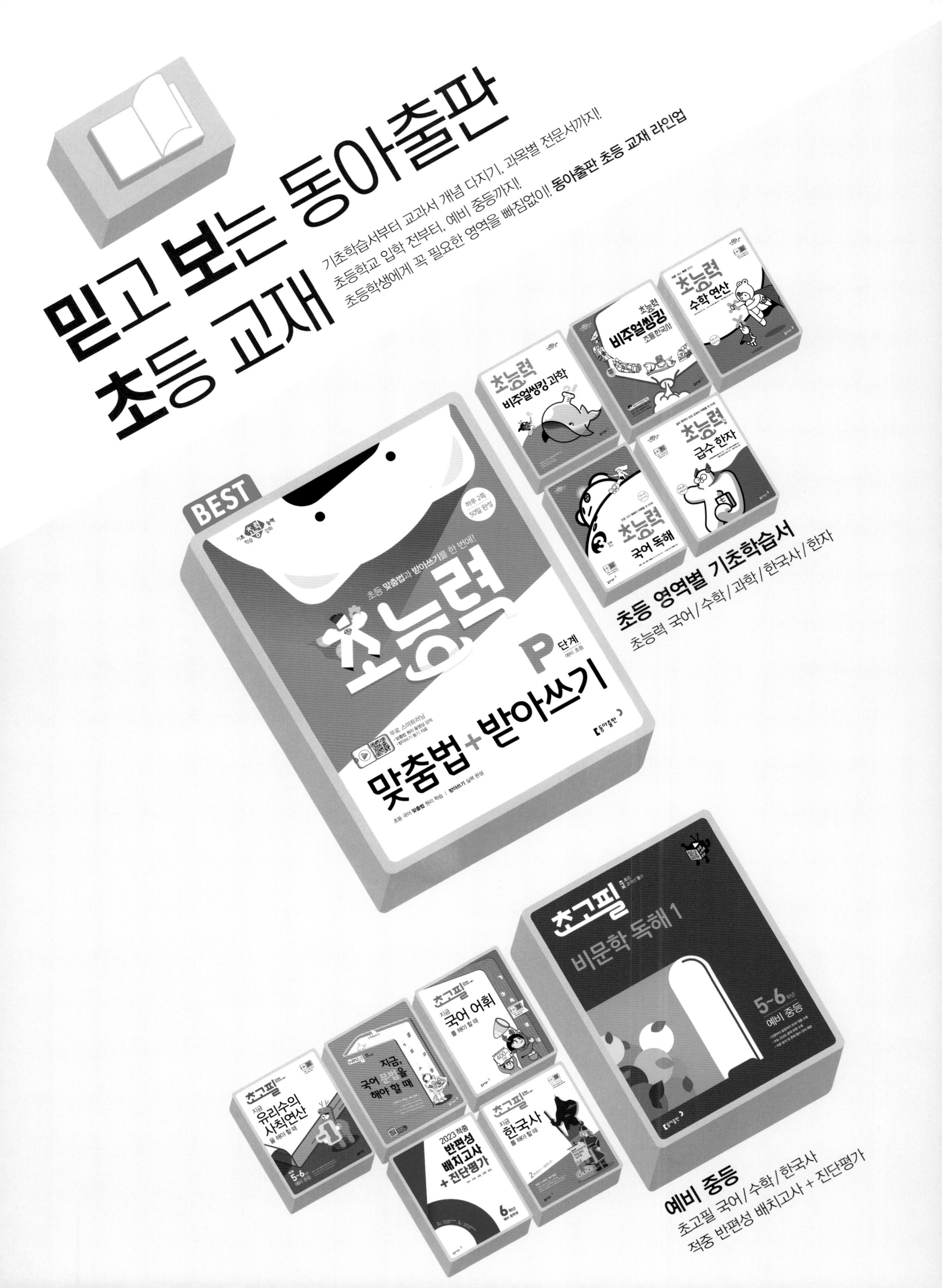

믿고 보는 동아출판
초등 교재
기초학습서부터 교과서 개념 다지기, 과목별 전문서까지!
초등학교 입학 전부터, 예비 중등까지!
초등학생에게 꼭 필요한 영역을 빠짐없이! 동아출판 초등 교재 라인업
BEST
초능력 맞춤법+받아쓰기
P단계
초등 영역별 기초학습서
초능력 국어/수학/과학/한국사/한자
초능력 비주얼씽킹 과학
초능력 비주얼씽킹 초등한국사
초능력 수학 연산
초능력 국어 독해
초능력 급수 한자
초고필 비문학 독해 1
5~6학년 예비 중등
초고필 지금 유리수의 사칙연산을 해야 할 때
지금, 국어 문법을 해야 할 때
초고필 지금 국어 어휘를 해야 할 때
2023 적중 반편성 배치고사 + 진단평가
초고필 지금 한국사를 해야 할 때
예비 중등
초고필 국어/수학/한국사
적중 반편성 배치고사 + 진단평가

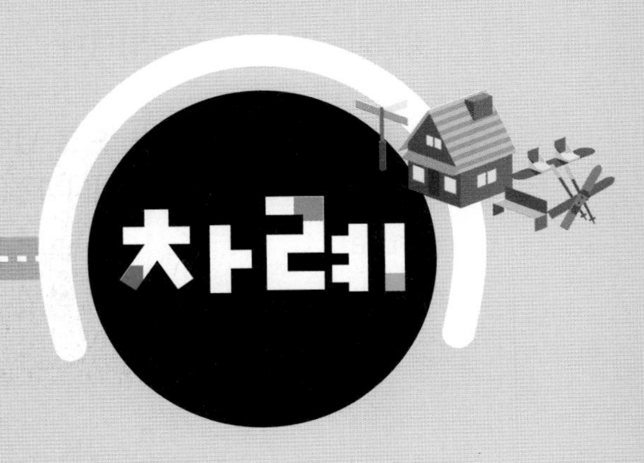

차례

6·1

1. 비유하는 표현

연습! 서술형 평가

1 ~ 1-1

"뻥이요. 뻥!"

봄날 꽃잎이 흩날리는 것처럼 아름답게 보였습니다.
아니야, 아니야, 나비가 날아갑니다.
아니야, 아니야, 함박눈이 내리는 거야.

맞아요, 맞아요, 폭죽입니다.

하얀 연기 고소하고요.

가을날 메밀꽃 냄새가 납니다.
아니야, 아니야, 새우 냄새가 납니다.
아니야, 아니야, 멍멍이 냄새가 납니다.

맞아요, 맞아요, 옥수수 냄새입니다.

1 이 시에서 '뻥튀기가 사방으로 날리는 모양'을 비유하는 표현이 아닌 것은 무엇입니까? (　　　)

① 나비　② 폭죽
③ 함박눈　④ 봄날 꽃잎
⑤ 하얀 연기

1-1 서술형 쌍둥이 문제 이 시에서 '뻥튀기가 사방으로 날리는 모양'을 비유하는 표현을 한 가지 찾아 쓰고, 그렇게 비유한 까닭을 쓰시오. [6점]

(1) 비유하는 표현: (　　　　　　　　)

(2) 비유한 까닭: ______________________

____

2 ~ 2-1

해님만큼이나
큰 은혜로
내리는 교향악

이 세상
모든 것이 다
악기가 된다.

달빛 내리던 지붕은
두둑 두드둑
큰북이 되고

아기 손 씻던
세숫대야 바닥은

도당도당 도당당
작은북이 된다.

㉠앞마을 냇가에선 / 퐁퐁 포옹 퐁
뒷마을 연못에선 / 풍풍 푸웅 풍

외양간 엄마 소도 함께
댕그랑댕그랑

2 다음 중 운율이 잘 느껴지는 부분이 아닌 것은 무엇입니까? (　　　)

① 두둑 두드둑　② 퐁퐁 포옹 퐁
③ 댕그랑댕그랑　④ 도당도당 도당당
⑤ 큰 은혜로 / 내리는 교향악

2-1 서술형 쌍둥이 문제 ㉠ 부분에서 운율이 잘 느껴지는 까닭은 무엇인지 쓰시오. [4점]

____

____

3~3-1

나는 풀잎이 좋아, 풀잎 같은 친구 좋아
바람하고 엉켰다가 풀 줄 아는 풀잎처럼
㉠헤질 때 또 만나자고 손 흔드는 친구 좋아.

나는 바람이 좋아, 바람 같은 친구 좋아
풀잎하고 헤졌다가 되찾아 온 바람처럼
만나면 얼싸안는 바람, 바람 같은 친구 좋아.

3 ㉠은 풀잎의 어떤 모습과 닮았습니까? (　　　　)

① 친구가 많은 것
② 바람을 좋아하는 것
③ 혼자 있는 것을 좋아하는 것
④ 바람을 얼싸안을 줄 아는 것
⑤ 바람하고 엉켰다가 풀 줄 아는 것

이 시에서 친구와 풀잎의 공통점은 무엇인지 쓰시오. [4점]

4~4-1

꽃: 개나리꽃, 목련꽃, 벚꽃
사람: 선생님, 친구들
㉠
새 교실: 칠판, 의자, 책상
날씨: 따뜻한 햇살, 오락가락하는 기온

4 ㉠에 들어갈 말로 알맞은 것은 무엇입니까? (　　　　)

① 봄이 되면 만날 수 있는 것
② 여름이 되면 만날 수 있는 것
③ 가을이 되면 만날 수 있는 것
④ 겨울이 되면 만날 수 있는 것
⑤ 언제나 주변에서 만날 수 있는 것

위에서 시로 표현하고 싶은 대상을 하나 정해 어떤 생각이나 마음을 표현하고 싶은지 쓰시오. [4점]

표현할 대상	표현하고 싶은 생각이나 마음
(1)	(2)

국어 실전! 서술형 평가

1~2

"뻥이요. 뻥!"

봄날 꽃잎이 흩날리는 것처럼 아름답게 보였습니다.
아니야, 아니야, 나비가 날아갑니다.
아니야, 아니야, 함박눈이 내리는 거야.

맞아요, 맞아요, 폭죽입니다.

하얀 연기 고소하고요.

가을날 메밀꽃 냄새가 납니다.
아니야, 아니야, 새우 냄새가 납니다.
아니야, 아니야, 멍멍이 냄새가 납니다.

맞아요, 맞아요, 옥수수 냄새입니다.

1 이 시에서 '뻥튀기'를 다른 사물에 비유하여 표현한 까닭은 무엇일지 쓰시오. [5점]

2 '뻥튀기'를 다른 사물에 비유하여 표현해 보고, 그렇게 표현한 까닭도 쓰시오. [7점]

대상	비유하는 표현	비유한 까닭
뻥튀기	(1)	(2)

3~4

봄비

해님만큼이나
큰 은혜로
내리는 교향악

이 세상
모든 것이 다
악기가 된다.

달빛 내리던 지붕은
두둑 두드둑
큰북이 되고

아기 손 씻던
세숫대야 바닥은

도당도당 도당당
작은북이 된다.

3 이 시에서 '봄비 내리는 소리'를 무엇에 비유하여 표현했는지 쓰고, 두 대상의 공통점을 쓰시오. [7점]

(1) 비유하는 표현: (　　　　　　　　)

(2) 두 대상의 공통점: ____________

4 이 시에서 운율이 느껴지는 부분을 한 군데 찾아 쓰고, 그 까닭을 쓰시오. [7점]

운율이 느껴지는 부분	(1)
그 까닭	(2)

단계별 유형

5 비유하는 표현을 생각하며 다음 시를 읽고 물음에 답하시오. [10점]

> 나는 풀잎이 좋아, 풀잎 같은 친구 좋아
> 바람하고 엉켰다가 풀 줄 아는 풀잎처럼
> 헤질 때 또 만나자고 손 흔드는 친구 좋아.
>
> 나는 바람이 좋아, 바람 같은 친구 좋아
> 풀잎하고 헤졌다가 되찾아 온 바람처럼
> 만나면 얼싸안는 바람, 바람 같은 친구 좋아.

1단계 이 시는 무엇을 비유하는 표현을 사용하여 나타냈는지 쓰시오.

( )

2단계 이 시에서 '바람 같은 친구'가 좋다고 한 까닭은 무엇인지 쓰시오.

3단계 친구란 어떤 의미인지 생각하여, 친구의 의미를 비유하는 표현 한 가지를 쓰고 그 까닭도 쓰시오.

의미	비유하는 표현	비유한 까닭
(1)	(2)	(3)

6 봄이 되어 새롭게 만난 대상을 하나 떠올려 보고, 다음 빈칸에 알맞은 말을 쓰시오. [5점]

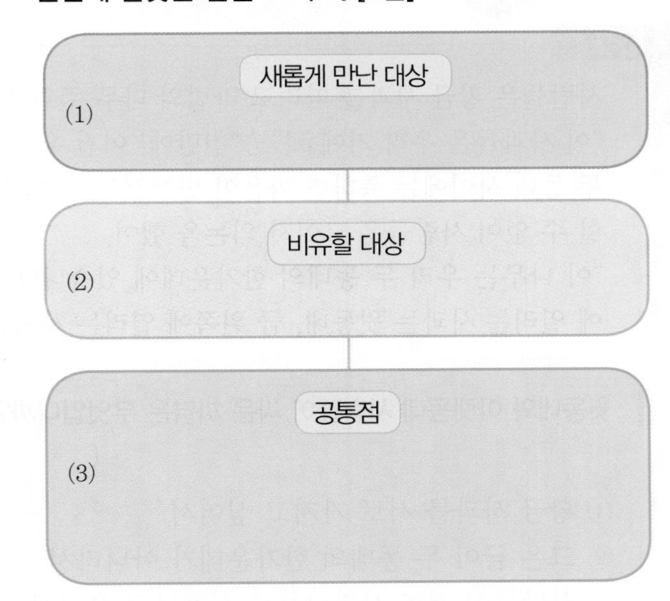

7 다음은 친구들이 시 낭송을 잘하려면 어떻게 해야 할지 이야기하는 모습입니다. ㉠에 들어갈 알맞은 말을 쓰시오. [5점]

2. 이야기를 간추려요

연습! 서술형 평가

1 ~ 1-1

사람들은 황금 사과를 따려고 마법의 나무 주위로 벌 떼처럼 우르르 몰려들었어.
"이 사과들은 우리 거예요!" / "천만에! 이건 우리 것입니다!" / "이 사과를 처음 본 건 우리라고요."
두 동네 사이에는 툭하면 싸움이 벌어졌어. / 다들 황금 사과를 갖겠다고 아우성이었지.
할 수 없이 사람들은 모여서 의논을 했어.
"이 나무는 우리 두 동네의 한가운데에 있습니다. 그러니 잘 나누기 위해 땅바닥에 금을 그읍시다. 금 오른쪽에 열리는 사과는 윗동네, 금 왼쪽에 열리는 사과는 아랫동네에서 갖도록 말입니다."

1 윗동네와 아랫동네 사람들이 싸운 까닭은 무엇입니까? (　　　)

① 황금 사과를 서로 가지고 싶어서
② 그은 금이 두 동네의 한가운데가 아니라서
③ 사람들이 서로 사과나무를 심겠다고 우겨서
④ 윗동네에서 날아온 벌 떼가 아랫동네에 피해를 주어서
⑤ 아랫동네 사람들이 사과나무에 황금 사과가 열린다고 거짓말을 해서

1-1 서술형 쌍둥이 문제

윗동네와 아랫동네 사람들 사이에 어떤 갈등이 일어났는지 간추려 쓰시오. [4점]

2 ~ 2-1

가 원님은 그렇게 하기로 하고 자기 곳간으로 갔다. 그런데 그 곳간에는 특별한 재물이랄 게 없었다. 고작 볏짚 한 단만이 있을 뿐이었다.
"이 사람, 남에게 덕을 베푼 일이라곤 없는 모양이네!" / 옆에 서 있던 저승사자가 코웃음을 치며 말했다.
"어찌해 제 곳간에는 볏짚 한 단밖에 없습니까?"
"너는 이승에 있을 때 남에게 덕을 베푼 일이 없지 않느냐?"

나 "덕진이라는 아가씨의 곳간에는 쌀이 수백 석이나 있으니, 일단 거기서 쌀을 꾸어 계산하고 이승에 나가서 갚도록 해라."
저승사자가 원님에게 제안했다. 결국 원님은 덕진의 곳간에서 쌀 삼백 석을 꾸어 셈을 치를 수 있었다.

2 이와 같은 이야기를 요약하는 방법으로 알맞지 않은 것은 무엇입니까? (　　　)

① 인상 깊은 부분은 자세히 쓴다.
② 중요하지 않은 내용은 삭제한다.
③ 관련 있는 사건은 하나로 묶는다.
④ 중요한 사건이 일어난 원인과 그에 따른 결과를 찾는다.
⑤ 이야기 구조를 생각하며 각 부분에서 중요한 사건이 무엇인지 찾는다.

2-1 서술형 쌍둥이 문제

글 가와 글 나에서 중요한 사건을 간추려 쓰시오. [6점]

글 가	(1)
글 나	(2)

3~3-1

정작 놀란 건 종이 할머니였어. 작고 뚱뚱한 할머니의 한쪽 눈두덩에 불룩한 혹이 나 있었기 때문이야. 눈동자는 아예 보이지도 않았지. 게다가 다른 한쪽 눈에서 흘러나오는 눈빛은 뿌유스레한 안개 같았어.

"그런 벱이 어디 있어!"

눈에 혹이 난 할머니가 벌그데데한 낯빛이 되어 쏘아붙였어. 그 소리는 마치 혹이 난 눈에서 나는 것 같았어. 섬뜩하고 소름이 끼쳤지. 하지만 종이 할머니는 빈 상자를 포기할 수 없었어. 한번 포기하면 다른 곳의 상자나 폐지도 흉측하게 생긴 이 노인에게 빼앗길지 모르니까.

"내 거여! 이 동네에서 폐지 줍는 노인네들은 다 아는구먼."

하지만 눈에 혹이 난 할머니는 아무 대꾸도 없이 상자를 실은 유모차를 끌고 가려고 했어.

㉠울뚝, 화가 치밀어 오른 종이 할머니는 눈에 혹이 난 할머니의 팔을 잡고는 힘껏 밀어 버렸어.

3 종이 할머니가 ㉠처럼 행동한 까닭은 무엇입니까? (　　)

① 눈에 혹이 난 할머니를 도와주고 싶어서
② 다른 노인들이 폐지를 가지러 오고 있어서
③ 눈에 혹이 난 할머니와 친하게 지내고 싶어서
④ 눈에 혹이 난 할머니에게 폐지를 나눠 주고 싶어서
⑤ 눈에 혹이 난 할머니가 빈 상자를 가져가려고 해서

3-1 다음은 이 부분의 내용을 요약한 것입니다. 밑줄 그은 곳에 알맞은 내용을 써넣으시오. [4점]

종이 할머니는 눈에 혹이 난 할머니의 모습을 보고 놀랐지만, ______________________

____

4~4-1

장면 1	장면 2	장면 3	장면 4
소년이 개울가 돌다리에서 놀고 있는 소녀와 마주치는 장면	소년과 소녀가 함께 산에 가는 장면	소년과 소녀가 소나기를 피하는 장면	소년이 소녀를 업고 물이 불어나 돌다리가 없어진 개울을 건너는 장면

4 이 만화 영화에서 일어난 일로 알맞지 <u>않은</u> 것은 무엇입니까? (　　)

① 소녀는 소년과 함께 산에 놀러 갔다.
② 소년은 아픈 소녀의 집에 병문안을 갔다.
③ 소년은 개울가 돌다리에서 소녀를 만났다.
④ 산에서 비를 만난 소년과 소녀는 함께 비를 피했다.
⑤ 소년은 소녀를 업고 물이 불어나 돌다리가 없어진 개울을 건넜다.

4-1 서술형 쌍둥이 문제

이 만화 영화의 장면을 하나 골라, 그 장면을 보고 든 자신의 생각이나 느낌을 쓰시오. [6점]

(1) 고른 장면: (　　　　　　　　)

(2) 자신의 생각이나 느낌: ______________________

____

____

실전! 서술형 평가

단계별 유형

1 다음은 욕심 때문에 갈등이 생긴 이야기입니다. 글을 읽고 물음에 답하시오. [10점]

> **가** 사람들은 곧 약속을 어겼어.
> 사과를 따려고 금을 넘어가기 시작한 거야.
> 두 동네 사이에는 다시 싸움이 일어났지. / 결국 금보다 더 확실하고 분명한 방법이 있어야 했어.
> 이런저런 생각 끝에 사람들은 드나들 수 있는 작은 문이 달린 나무 울타리를 세웠지. / 그렇지만 나무 울타리도 사람들의 욕심을 막을 수가 없었어.
> 사람들은 이제 담을 쌓기 시작했어.
> 사방이 꽉 막힌 높고 단단한 담을.
> **나** 아이의 눈에 보인 건 공을 가지고 즐겁게 노는 아이들이었어.
> 엄마가 말한 끔찍한 괴물들이 아니라 자기하고 비슷한 또래 친구들 말이야.
> 끼이이이익– / 아이가 문을 밀자 쓱 열렸어.
> 문은 낡았고, 자물쇠는 망가져 있었거든.
> 환한 햇살 때문에 아이는 눈이 부셨지.
> 아이는 친구들에게 다가가 말했어.
> ㉠"얘들아, 안녕! 내 이름은 사과야. 너희 이름은 뭐야?"

1단계 두 동네 사이에 일어난 갈등을 쓰시오.

• 서로 (   )을/를 따려고 싸웠습니다.

2단계 ㉠에 대한 자신의 생각이나 느낌을 쓰시오.

3단계 두 동네 사람들의 관계는 앞으로 어떻게 될지 생각하며 이어질 내용을 쓰시오.

2~3

> "저, 돈 열 냥만 빌려줄 수 있소?"
> "그렇게 하지요."
> 덕진은 선뜻 열 냥을 내주었다.
> "아니, 모르는 사람에게 돈을 빌려주었다가 안 갚으면 어쩌려고 그러시오?"
> "걱정 마시고 형편이 어렵거든 가져다 쓰시고, 돈이 생기거든 갚으십시오."
> 덕진은 웃으며 대답했다. 원님은 열 냥을 받아 가지고 나오면서 생각했다.
> '이런 것이 만인에게 적선하는 것이로구나. 이런 식으로 덕진은 수많은 사람을 도와주고, 돈 수천 냥을 다른 사람들에게 나누어 주었을 것이다. 그러니 덕진의 저승 곳간에는 곡식이 가득 차 있을 수밖에…….'
> 원님은 크게 감명받아 며칠 뒤에 달구지에 쌀 삼백 석을 싣고 덕진의 주막을 찾아갔다.

2 원님이 덕진에게 열 냥을 빌렸을 때 원님은 어떤 마음이 들었을지 그 까닭과 함께 쓰시오. [5점]

3 다음은 이 글의 중요한 사건을 간추린 것입니다. 밑줄 그은 곳에 이어질 내용을 쓰시오. [5점]

> 덕진은 원님에게 선뜻 돈을 빌려주었습니다. ____

4~5

가 할머니는 이리저리 땅을 살폈어. 종이를 찾는 거야. 무게가 조금도 나가지 않을 것 같은 작은 종이라도, 할머니의 눈에는 무게가 있어 보였거든. 그래서 점점 더 등을 납작하게 구부리고 땅을 뚫어져라 살피게 되었어. 그럴수록 할머니는 하늘을 쳐다보는 일이 줄어들었지. 어느 날부터인가 하늘이 어떻게 생겼는지, 구름이 어떻게 흘러가는지도 까맣게 잊게 되었단다.

그런 할머니를 사람들은 '종이 할머니'라고 불렀어.

나 종이 할머니는 자신도 모르게 탄성을 질렀어. 지금까지 한 번도 보지 못한 세상이 그려져 있었기 때문이야. 약간 찌그러진 똥그스름한 파란 지구, 아름다운 테를 두른 토성, 몸빛이 황갈색으로 빛나는 불퉁불퉁한 목성, 붉은빛이 뿜어져 나오는 태양……. 그리고 그 주위를 돌고 있는 버섯 모양의 우주선까지.

'그러고 보니 하늘을 본 지 꽤 오래됐구먼.'

하늘을 본 게 언제였더라? 별을 본 건 언제였지? 달을 본 건…….

아주 어릴 적에 달을 올려다보면서 '꼭 한 번 달에 가고 싶다'고 꿈꿨던 기억이 아슴아슴 떠올랐어. 하지만 도무지 이루지 못할 꿈이라 아주 금세 버렸던 기억도 함께 났지. / 종이 할머니는 하늘을 품은 듯한, 별을 품은 듯한, 달을 품은 듯한 기분이었단다.

4 이야기 내용을 추론하는 다음 질문에 대한 답을 쓰시오. [5점]

> 할머니는 왜 '종이 할머니'라고 불렸나요?

____

5 글 **가**와 글 **나**에서 종이 할머니의 마음이 어떻게 변했는지 쓰시오. [5점]

____

6~7

이야기 구조	사건의 중심 내용 간추리기
발단	소년은 집으로 돌아가던 길에 개울가에서 물장난하는 소녀와 마주치고 소녀가 던진 조약돌을 간직함.
전개	소년과 소녀가 가까워져 함께 산으로 놀러 감.
㉠	산에서 소나기를 만난 소년과 소녀는 수숫단 속에서 비를 피함. 며칠 뒤 다시 만난 소녀는 그동안 많이 아팠으며 곧 이사를 간다고 쓸쓸해함.
결말	며칠 뒤, 소년은 소녀가 앓다가 죽었다는 소식을 듣게 됨. 소녀의 유언은 자신이 입던 옷을 그대로 입혀서 묻어 달라는 것이었음.

6 이야기의 구조에서 ㉠에 들어갈 말을 쓰고, 이야기에서 어떤 특성이 있는 부분인지 쓰시오. [7점]

(1) ㉠: (   )

(2) 특성: ____________________

7 다음 친구들처럼 이 만화 영화에서 있었던 일을 생각하며 질문에 대한 답을 짐작하여 쓰시오. [5점]

> 질문: 소녀가 자신이 입던 옷을 그대로 입혀서 묻어 달라고 한 까닭은 무엇인가요?
>
> 답: ____________________

연습! 서술형 평가

1 ~ 1-1

나성실: 저는 최근에 『오늘의 순위』라는 책을 우연히 보았습니다. 이 책은 우리나라의 여러 가지를 조사한 순위를 알려 주는 책인데, 우리나라의 초등학생들 가운데에서 꿈이 없는 사람이 남학생은 14.2퍼센트, 여학생은 16.7퍼센트라고 합니다. 꿈을 정하지 못한 것이 아니라 꿈이 없는 학생들이 그만큼이라는 얘기입니다. 백 명 가운데 열다섯 명이 꿈이 없는 학생이라니, 어릴 때부터 공부만 열심히 하라는 말을 지겹게 들어 온 결과가 아닌가 싶습니다. 그래서 저는 우리 학교의 학생들만큼은 꼭 누구나 꿈을 하나씩 정하고 그 꿈을 이루려고 노력하도록 도와주고 싶습니다. 그래서 첫째, 여러분이 꿈을 찾을 수 있게 여러 가지 직업을 체험할 수 있는 직업 체험학습을 가도록 노력하겠습니다. 둘째, 우리가 모르는 직업을 알 수 있도록 선생님의 도움을 받아서 여러 가지 꿈 찾기 기획을 진행하려고 합니다. 여러분, 깨끗한 환경과 꿈이 있는 학교를 만들려고 최선을 다하겠습니다. 기호 2번 나성실, 꼭 뽑아 주십시오. 감사합니다.

1 이와 같은 상황에서 후보자는 어떤 태도로 말해야 합니까? (　　　　)

① 비꼬듯이 말한다.
② 예사말을 사용한다.
③ 높임 표현을 사용한다.
④ 어려운 말을 사용한다.
⑤ 옆 사람만 들을 수 있는 목소리 크기로 말한다.

1-1 서술형 쌍둥이 문제

후보자가 말하는 상황과 이때 어떤 태도로 말해야 하는지 쓰시오. [6점]

(1) 말하는 상황: (　　　　　　　　　　　　)

(2) 말하기 태도: ____________________

____

2 ~ 2-1

가

사라진 직업	사라진 까닭
물장수	수돗물이 집집마다 나오기 때문입니다.
전화 교환원	전화가 자동으로 연결되기 때문입니다.

이 표는 과거에는 있었지만 지금은 사라진 직업의 종류를 보여 줍니다. 기술이 발달해 사라진 직업이 많습니다.

나

2 그림 가와 그림 나에 대한 설명으로 알맞지 않은 것은 무엇입니까? (　　　　)

① 과거의 직업을 발표했다.
② 그림 가에서는 표를 활용했다.
③ 그림 나에서는 동영상을 활용했다.
④ 그림 나에서는 자료를 활용하여 모습을 생생하게 보여 주었다.
⑤ 그림 가에서는 예의 바른 표현을, 그림 나에서는 친근한 표현을 사용했다.

2-1 서술형 쌍둥이 문제

그림 가와 그림 나에서 활용한 자료와 그 자료를 활용한 까닭을 쓰시오. [6점]

그림 가	(1)
그림 나	(2)

3~3-1

가

나

다

3 그림 가~그림 다에서 자료를 활용할 때의 문제점으로 알맞지 않은 것을 두 가지 고르시오. (　　　　)

① 그림 가 – 자료가 너무 길다.
② 그림 가 – 주제와 관련 없는 자료를 제시했다.
③ 그림 나 – 자료가 너무 복잡하다.
④ 그림 다 – 자료의 출처를 밝히지 않았다.
⑤ 그림 다 – 상황에 맞지 않는 자료를 활용했다.

3-1 서술형 쌍둥이 문제 그림 가~그림 다를 보고 자료를 활용할 때 주의할 점을 한 가지만 쓰시오. [4점]

____

____

____

4~4-1

가 **제목** 미래의 인재

시작하는 말 안녕하세요? 1모둠 발표를 맡은 김대한입니다. 우리의 미래를 생각하면서 우리 모둠은 '미래에는 어떤 인재가 필요할까'라는 주제로 발표를 준비했습니다.

나 **자료 1**

㉠

설명하는 말 미래에는 어떤 인재가 필요할까요? 대한상공회의소에서 조사한 '100대 기업의 인재상 변화'에 따르면 2008년에는 창의성이 1순위였는데 2013년에는 도전 정신이, 2018년에는 소통과 협력이 1순위입니다. 이처럼 시대에 따라 필요한 인재상은 달라지고 있습니다.

우리가 어른이 되는 미래에는 어떤 인재가 필요할까요? 우리 모둠은 인공 지능, 사물 인터넷 같은 4차 산업 혁명으로 이전과는 다른 산업 형태가 나타나면서 필요한 인재상도 달라질 것이라고 예상했습니다.

4 ㉠에 들어갈 발표 자료로 가장 알맞은 것은 무엇입니까? (　　　)

① 다양한 직업을 소개한 동영상
② 미래 사회의 모습을 소개한 신문 기사
③ 100대 기업의 인재상 변화를 나타낸 표
④ 사라진 직업들의 모습을 보여 주는 사진
⑤ 초등학생들이 원하는 직업을 나타낸 도표

또 다른 자료를 제시한다면, 어떤 종류와 내용의 자료를 추가할 수 있을지 쓰시오. [6점]

(1) 자료의 종류: (　　　　　　　　　　　　)

(2) 내용: ______________________________

____

1 다음 그림은 어떤 공식적인 말하기 상황인지 쓰고, 상황에 알맞은 말하기 태도를 쓰시오. [5점]

(1) 상황: (   )

(2) 말하기 태도: ____________________

____

____

2 다음 가, 나의 말하기 상황에서 비슷한 점과 다른 점은 무엇인지 비교해 쓰시오. [7점]

비슷한 점	(1)
다른 점	(2)

단계별 유형

3 다음 그림을 보고 물음에 답하시오. [10점]

1단계 이 그림에서 지민이는 무엇을 하고 있는지 쓰시오.

(   )

2단계 다음 말할 내용에 따라 활용할 자료, 그렇게 정한 까닭을 정리한 표를 완성하시오.

말할 내용	활용할 자료	그렇게 정한 까닭
여행지의 자연환경	(1)	여행지의 자연환경을 한눈에 보여 줄 수 있음.
여행 일정	관광 안내서	여행 코스와 일정이 잘 설명되어 있음.
여행지까지 가는 길	지도	(2)

3단계 이처럼 자료를 활용해서 말하면 어떤 점이 좋은지 간단히 쓰시오.

____

____

____

____

4 다음 생각그물을 보고, 우리의 미래와 관련해 무엇을 조사해 발표할지 쓰시오. [5점]

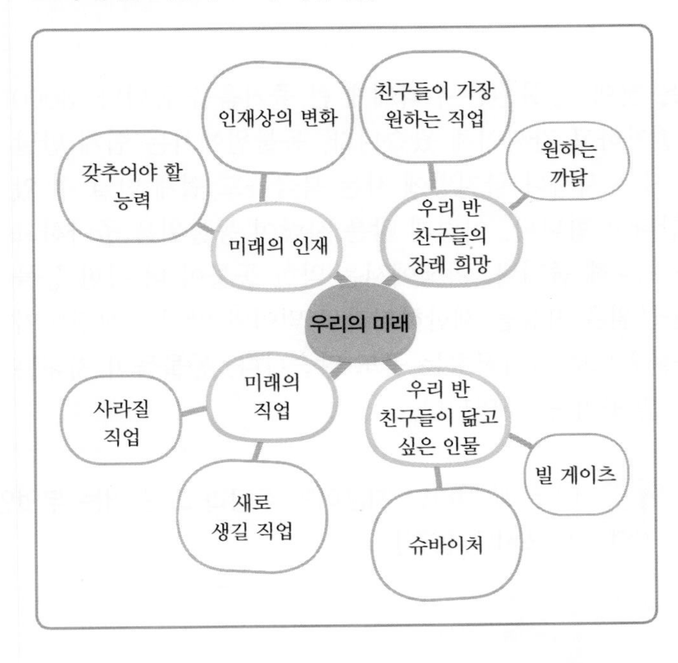

5 다음 내용을 보고, 발표하는 상황의 특성과 자료 제시 방법을 쓰시오. [7점]

발표하는 상황: 교실에서 학급 친구들에게 발표할 때

발표하는 상황의 특성	(1)
자료 제시 방법	(2)

6 다음처럼 발표를 할 때에 주의할 점을 한 가지만 쓰시오. [5점]

교실에서 학급 친구들에게 '사물놀이'에 대해 발표하는 상황

7 다음은 다른 모둠의 발표를 듣고 잘한 점을 쓴 것입니다. 어떤 기준으로 발표를 점검한 것인지 쓰시오. [5점]

우리 반 친구들이 원하는 직업을 조사해 표로 정리해 보여 주니 한눈에 알아볼 수 있어서 좋았습니다.

4. 주장과 근거를 판단해요

연습! 서술형 평가

1 ~ 1-1

지훈: 저는 동물원이 있어야 한다고 생각합니다. 그 까닭은 첫째, 동물원은 우리에게 큰 즐거움을 줍니다. 3000년 전에 이미 동물원을 만들었을 만큼 사람은 동물을 좋아하고 가까이해 왔습니다. 동물원에서는 쉽게 만날 수 없는 동물을 가까이에서 볼 수 있는데, 열대 지역에 사는 사자나 극지방에 사는 북극곰도 쉽게 만날 수 있습니다. 서울 동물원에만 한 해 평균 350만 명이 방문한다고 합니다. 이렇게 많은 사람이 동물원을 좋아하고 동물원에서 즐거움을 느낍니다. 둘째, 동물원은 동물을 보호해 줍니다. 야생에서는 약한 동물이 더 강한 동물에게 공격당하거나 먹이가 없어 굶어 죽기도 합니다. 동물원은 자유를 제한하더라도 먹이와 안전을 보장하기 때문에 동물에게 훨씬 이롭습니다. 최근에는 친환경 동물원으로 탈바꿈하는 곳도 많습니다. 동물들이 지내는 환경을 개선하면 동물원은 사람에게도, 동물에게도 이로운 곳이 될 것입니다.

1 이 글에서 지훈이가 한 주장은 무엇입니까? (　　　)

① 동물원이 있어야 한다.
② 동물원은 없애야 한다.
③ 동물원에 방문해야 한다.
④ 동물원에 갇혀 생활하는 동물은 스트레스를 받는다.
⑤ 동물원은 자연 상태에서 쉽게 보기 힘든 다양한 동물들을 볼 수 있는 교육 장소이다.

1-1 서술형 쌍둥이 문제

이 글에 나타난 지훈이의 주장과 그 근거는 무엇인지 쓰시오. [6점]

주장	(1)
근거	(2) • •

2 ~ 2-1

가 요즘에 우리 전통 음식보다 외국에서 유래한 햄버거나 피자와 같은 음식을 더 좋아하는 어린이를 쉽게 볼 수 있습니다. 이러한 음식은 지나치게 많이 먹으면 건강이 나빠지기도 합니다. 그에 비해 우리 전통 음식은 오랜 세월에 걸쳐 전해 오면서 우리 입맛과 체질에 맞게 발전해 왔기 때문에 여러 가지 면에서 우수합니다. 우리 전통 음식을 사랑합시다. 왜 우리 전통 음식을 사랑해야 할까요?

나 우리나라 전통 음식은 세계 여러 나라 사람에게 주목받고 있습니다. 우리 조상의 넉넉한 마음과 삶에서 배어 나온 지혜가 담긴 우리 전통 음식은 그 맛과 멋과 영양의 삼박자를 모두 갖추고 있습니다. 우리는 우리 전통 음식의 과학성과 우수성을 알고 우리 전통 음식에 관심을 가지고 우리 전통 음식을 사랑해야겠습니다.

2 글쓴이가 이 글을 쓴 목적은 무엇입니까? (　　　)

① 우리 전통문화를 소개하려고
② 다양한 나라의 음식을 소개하려고
③ 우리 전통 음식을 사랑하자고 주장하려고
④ 외국에서 유래한 음식을 많이 먹기를 권하려고
⑤ 우리의 전통 음식을 새롭게 만들어 보자고 말하려고

2-1 글 가 는 어느 부분에 해당하는지 ○표 하고, 이 부분의 특성을 쓰시오. [6점]

(1) 글의 부분: (서론, 본론, 결론)

(2) 특성: ______________________

____

3~3-1

우리는 자연의 목소리에 귀를 기울이고 자연을 보호해야 한다. 왜 자연을 보호해야 할까?

첫째, 자연은 한번 파괴되면 복원되기가 어렵다. 어린나무 한 그루가 아름드리나무로 성장하는 데 약 30년에서 50년이 걸린다고 한다. 우유 한 컵(150밀리리터)으로 오염된 물을 물고기가 살 수 있는 깨끗한 물로 만들려면 우유 한 컵의 약 2만 배의 물이 필요하다. 이처럼 환경을 오염시키는 것은 순식간이지만 오염된 환경을 되살리는 데는 수십, 수백 배의 시간과 노력이 든다. 자연의 힘이 아무리 위대해도 자정 능력을 넘어서는 오염을 감당하기는 어렵다.

둘째, 무리한 자연 개발은 생태계를 파괴한다. 생물은 서로 유기적인 생태계로 얽혀 있으며 주변 환경과 영향을 주고받으면서 살아간다. 자연 개발로 생태계를 파괴하면 결국 사람의 생활 환경을 악화시키는 결과를 초래한다. 예를 들어 사람의 편의를 돕는 시설을 만들면서 무분별하게 산을 파헤치면 동식물은 삶의 터전을 잃는다. 무리한 자연 개발의 결과로 기후 변화 현상까지 나타나 동물이 멸종 위기에 처하고, 지구 환경이 위협을 받기도 한다. 동식물이 살 수 없는 곳은 사람도 살 수 없는 곳이 된다. 사람도 자연의 일부분이므로 자연과 조화를 이루어야 우리 삶이 풍요로워진다.

3 이 글에서 글쓴이의 주장을 뒷받침하는 근거를 두 가지 고르시오. (   )

① 자연보다 우리가 더 소중하다.
② 자연은 우리가 이용해야 할 대상이다.
③ 무리한 자연 개발은 생태계를 파괴한다.
④ 자연은 한번 파괴되면 복원되기가 어렵다.
⑤ 자연 개발은 우리에게 다양한 도움을 준다.

이 글의 내용이 타당한지 판단하고 그 까닭과 함께 쓰시오. [4점]

4~4-1

스마트폰 중독

즉석 음식 즐겨 먹기

한 가지 갈래의 책만 읽기

4 그림 가~그림 다와 같은 문제 상황으로 논설문을 쓸 때 생각할 점이 아닌 것은 무엇입니까? (   )

① 새로운 문제 상황을 떠올려 본다.
② 주장을 뒷받침하는 적절한 근거를 쓴다.
③ 근거를 뒷받침하는 예를 찾아 정리한다.
④ 주장에 대한 근거가 타당한지 판단한다.
⑤ 문제 상황을 해결할 수 있는 방법 중 하나로 주장을 정한다.

그림 가~그림 다와 같이 우리 주변에서 일어나는 문제 상황과 관련지어 어떤 내용으로 논설문을 쓰고 싶은지 쓰시오. [4점]

1~2

시은: 동물원은 살아 있는 동물들을 모아서 기르는 곳입니다. 자연 상태에서 보기 힘든 다양한 동물을 가까이에서 볼 수 있어 동물의 생태와 습성, 자연환경의 소중함을 배울 수 있는 교육 장소입니다. 하지만 좁은 우리에 갇혀 살아가는 동물들은 스트레스를 많이 받습니다. '동물원은 필요한가'에 대해 우리 모둠 친구들은 어떻게 생각하나요?

지훈이가 손을 들고 자기 생각을 말했다.

지훈: 저는 동물원이 있어야 한다고 생각합니다. 그 까닭은 첫째, 동물원은 우리에게 큰 즐거움을 줍니다. 3000년 전에 이미 동물원을 만들었을 만큼 사람은 동물을 좋아하고 가까이해 왔습니다. 동물원에서는 쉽게 만날 수 없는 동물을 가까이에서 볼 수 있는데, 열대 지역에 사는 사자나 극지방에 사는 북극곰도 쉽게 만날 수 있습니다. 서울 동물원에만 한 해 평균 350만 명이 방문한다고 합니다. 이렇게 많은 사람이 동물원을 좋아하고 동물원에서 즐거움을 느낍니다.

1 이 글에서 시은이가 제시한 문제 상황은 무엇인지 쓰시오. [5점]

2 지훈이처럼 '동물원은 필요한가'라는 주제에 찬성하거나 반대하는 주장을 정하고, 그 근거를 쓰시오. [7점]

(1) 주장: 동물원은 (　　　　　　　　　　)

(2) 근거:

3~4

우리 전통 음식을 사랑합시다. 왜 우리 전통 음식을 사랑해야 할까요?

첫째, 우리 전통 음식은 건강에 이롭습니다. 우리가 날마다 먹는 밥은 담백해 쉽게 싫증이 나지 않으며 어떤 반찬과도 잘 어우러져 균형 잡힌 영양분을 섭취하기 좋습니다. 또 된장, 간장, 고추장과 같은 발효 식품에는 무기질과 비타민이 풍부하게 들어 있어 몸을 건강하게 해 줍니다. 특히 청국장은 항암 효과는 물론 해독 작용까지 뛰어나다고 합니다. 된장도 건강에 이로운 식품으로 알려져 있습니다.

둘째, 우리 전통 음식을 가까이하면 계절과 지역에 따라 다양한 맛을 즐길 수 있습니다. 우리 조상은 생활 주변에서 나는 여러 가지 재료를 이용해 계절에 맞는 다양한 음식을 만들어 왔습니다. 주변 바다와 산천에서 나는 풍부하고 다양한 해산물과 갖은 나물이나 채소와 같은 재료에는 각각 고유한 맛이 있습니다. 이러한 재료를 이용해 만든 여러 가지 음식은 지역 특색을 살린 독특한 맛을 냅니다.

3 이 글에 나타난 글쓴이의 주장과 근거 두 가지를 정리해 쓰시오. [7점]

주장	(1)
근거	(2) • •

4 이 글에 나타난 주장을 뒷받침할 수 있는 근거를 한 가지 더 생각해 쓰시오. [5점]

5 다음 글을 읽고, 글 다는 논설문의 어느 부분에 해당하는지 쓰고 그 부분의 특성도 쓰시오. [5점]

가 우리는 자연의 목소리에 귀를 기울이고 자연을 보호해야 한다. 왜 자연을 보호해야 할까?
나 첫째, 자연은 한번 파괴되면 복원되기가 어렵다. 어린나무 한 그루가 아름드리나무로 성장하는 데 약 30년에서 50년이 걸린다고 한다. 우유 한 컵(150밀리리터)으로 오염된 물을 물고기가 살 수 있는 깨끗한 물로 만들려면 우유 한 컵의 약 2만 배의 물이 필요하다.
다 자연은 우리의 영원한 안식처이다. 더 이상 무분별한 개발로 금수강산을 훼손해서는 안 된다. 자연 개발로 사라져 가는 동식물을 다시 이 땅으로 돌아오게 하여 더불어 살아야 한다. 지나친 개발 때문에 나타나는 지구 온난화와 이상 기후 현상이 더 이상 심해지지 않도록 노력하는 일도 우리 모두에게 남겨진 과제이다. 이제 우리 모두 자연 보호를 실천해야 한다.

6 논설문에서 보기 와 같은 표현을 쓰면 무엇이 문제인지 쓰시오. [5점]

보기
- 나는 자전거 타기보다 걷기를 더 좋아한다. 그래서 걷기는 좋은 운동이다.
- 내 생각에 급식 시간에 음식을 남기는 것은 괜찮은 것 같다.

단계별 유형

7 다음은 우리 주변에서 일어나는 문제 상황을 나타낸 것입니다. 그림을 보고 물음에 답하시오. [10점]

1단계 이 그림에 나타난 문제 상황이 무엇인지 쓰시오.

(　　　　　　　　　　　　　　　　)

2단계 1단계의 문제 상황을 해결할 수 있는 주장을 정하고 이를 뒷받침할 근거도 쓰시오.

주장	(1)
근거 1	(2)
근거 2	(3)

3단계 1단계와 2단계에서 정리한 내용을 바탕으로 하여 논설문의 서론 부분을 쓰시오.

5. 속담을 활용해요

연습! 서술형 평가

1 ~ 1-1

1 이 그림에 나타난 속담을 사용하기에 알맞은 상황은 무엇입니까? (　　　)

① 위험한 행동을 할 때
② 친구에게 나쁜 말을 사용할 때
③ 친구와 음식을 나누어 먹지 않을 때
④ 무거운 짐을 친구들과 함께 들어 옮길 때
⑤ 욕심을 부려 여러 가지 일을 하려고 할 때

1-1 서술형 쌍둥이 문제 그림 ❷에 쓰인 속담의 뜻을 쓰고, 이 속담 대신에 사용할 수 있는 속담을 한 가지만 쓰시오. [6점]

속담의 뜻	(1)
다른 속담	(2)

2 ~ 2-1

2 ㉠에 들어갈 속담으로 알맞은 것은 무엇입니까? (　　　)

① 소 잃고 외양간 고치는
② 비 온 뒤에 땅이 굳어지는
③ 돌다리도 두들겨 보고 건너는
④ 세 살 적 버릇이 여든까지 가는
⑤ 하룻강아지 범 무서운 줄 모르는

2-1 서술형 쌍둥이 문제 ㉠에 들어갈 속담의 뜻과 그 속담을 사용할 수 있는 다른 상황을 쓰시오. [4점]

(1) 속담의 뜻: ______________________

____

(2) 사용할 수 있는 다른 상황: ______________________

____

3~3-1

가 "야, 정말 시원하구나. 저 독 둘은 팔아 빚을 갚는 데 쓰고, 나머지 독을 팔면 다른 독 두 개는 살 수 있겠지? 그 독 둘을 다시 팔면 독 네 개를 살 수 있고, 넷을 팔면 가만있자, 이 이는 사, 이 사 팔. 그래 여덟 개를 살 수 있구나. 그다음에 여덟 개를 팔면, 가만있자……."

나 "야, 이렇게 계산해 보니 며칠 안 가 독이 천만 개나 되겠는걸. 그럼 그 돈으로 논과 밭을 사는 거야. 그러고 남는 돈으로는 고래 등 같은 기와집을 짓는 거야."

독장수는 너무 기쁜 나머지 팔을 번쩍 들었습니다. 그러다가 팔로, 지게를 받치던 지겟작대기를 밀어 버렸습니다. 지게는 기우뚱하더니 옆으로 팍 쓰러졌습니다. 지게에 있던 독들도 와장창 깨지고 말았습니다.

"아이고, 망했다. 이걸 어쩐다?"

독장수는 눈물을 뚝뚝 흘리며 박살 난 독 조각들을 쓰다듬었습니다.

이와 같이 허황된 것을 궁리하고 미리 셈하는 것을 '독장수구구'라고 하고, 실현성이 없는 허황된 계산은 도리어 손해만 가져온다는 뜻으로 "독장수구구는 독만 깨뜨린다."라는 속담이 쓰입니다.

3 독장수의 말이나 행동에서 짐작할 수 있는 성격은 어떠합니까? (　　　)

① 헛된 꿈을 꾼다.
② 다른 사람을 도우며 산다.
③ 다른 사람을 질투하고 시기한다.
④ 모든 일에 주의를 기울여 행동한다.
⑤ 어려운 일이 일어나기 전에 미리 준비한다.

독장수의 모습을 통해 글쓴이가 말하고자 하는 주제는 무엇인지 쓰시오. [4점]

____

____

4~4-1

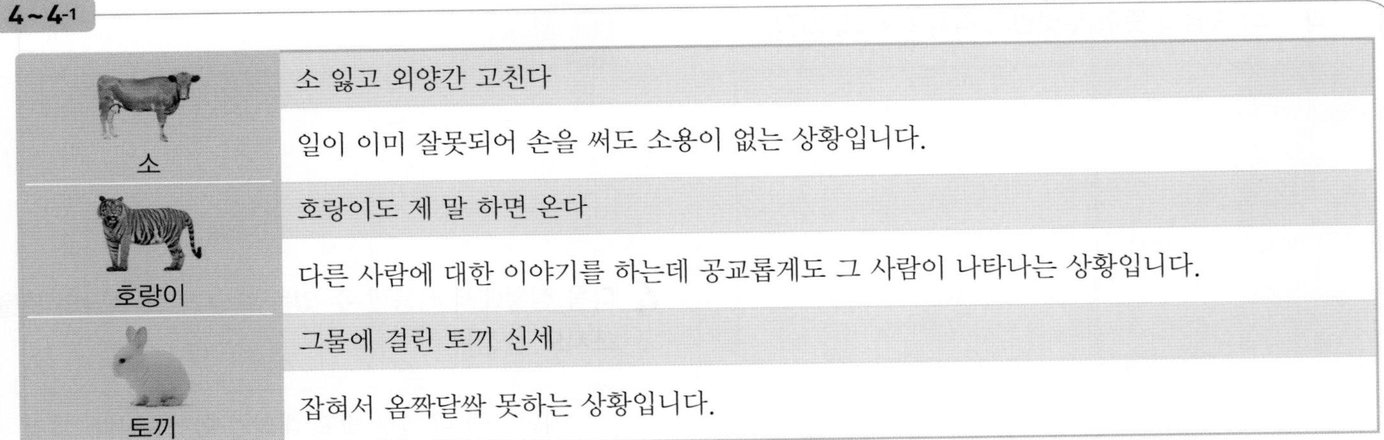

소	소 잃고 외양간 고친다
	일이 이미 잘못되어 손을 써도 소용이 없는 상황입니다.
호랑이	호랑이도 제 말 하면 온다
	다른 사람에 대한 이야기를 하는데 공교롭게도 그 사람이 나타나는 상황입니다.
토끼	그물에 걸린 토끼 신세
	잡혀서 옴짝달싹 못하는 상황입니다.

4 이 표가 나타내는 것은 무엇입니까? (　　　)

① 속담 사전을 만드는 차례
② 속담 사전을 만드는 방법
③ 속담 모으기 놀이를 하는 방법
④ 동물과 관련 있는 우리나라 속담
⑤ 속담을 효과적으로 표현하는 방법

동물과 관련 있는 속담을 한 가지 더 쓰고, 동물과 관련 있는 속담이 많은 까닭도 쓰시오. [6점]

동물과 관련 있는 속담	(1)
동물과 관련 있는 속담이 많은 까닭	(2)

1~2

가 글을 쓸 때

영주네 가족은 이삿짐 싸는 차례를 서로 다르게 생각했어요.

할머니와 이모께서는 깨지기 쉬운 항아리나 유리그릇부터 싸라고 하셨고, 삼촌께서는 텔레비전이나 컴퓨터부터 옮기라고 하셨어요. ㉠"사공이 많으면 배가 산으로 간다."라는 속담처럼 서로 의견을 굽히지 않아 시간만 흘러갔어요.

나 서로 말을 주고받을 때

1 ㉠과 ㉡의 속담의 뜻이 무엇인지 각각 쓰시오. [5점]

㉠	(1)
㉡	(2)

2 **가**와 **나**의 상황처럼 속담을 사용하면 좋은 점을 한 가지만 쓰시오. [5점]

3 다음 그림을 보고, 아래 표의 빈칸에 들어갈 말을 쓰시오. [5점]

속담	속담의 뜻
소 잃고 외양간 고친다	소를 도둑맞은 다음에야 빈 외양간의 허물어진 데를 고치느라 수선을 떤다는 뜻으로, 일이 이미 잘못된 뒤에는 손을 써도 소용이 없다는 말
사용할 수 있는 다른 상황	

4 다음 상황에서 사용할 수 있는 속담과 그 속담의 뜻을 쓰시오. [7점]

지난주에 내 자랑 발표 대회가 있었습니다. 그런데 친구들과 놀고 싶은 마음에 말할 내용을 준비하지 않아서 더듬거리며 발표했습니다.

관련 속담	(1)
속담의 뜻	(2)

5~6

가 까마귀가 말고기를 먹으려고 입을 벌리는 순간, 입에 문 편지가 바람에 날려 어디론가 사라졌습니다. 그래도 까마귀는 정신없이 말고기를 먹었습니다.

나 "그건 그렇고, 어디 편지를 보자꾸나."
강 도령이 손을 내밀며 말했습니다.
"편지는 안 주시고 그냥 아무나 빨리 끌어 올리라고 하셨습니다."
"뭐, 아무나 끌어 올리라고? 그럴 리가 없을 텐데."
강 도령은 고개를 갸우뚱했습니다.
"저는 염라대왕께서 말씀하신 대로 전하는 것입니다."
"그래, 알았다. 어서 가 봐라."
강 도령이 말했습니다.
까마귀는 강 도령과 헤어지고 한숨을 내쉬었습니다.
"어휴, 간이 콩알만 해졌네. 이럴 줄 알았으면 편지 내용을 한번 보는 건데."

다 그전까지는 나이 많은 순서대로 저승에 보내졌습니다. 그래서 사람들은 죽음을 슬픔이 아닌 당연한 일로 받아들였습니다. 본디 왔던 곳으로 돌아간다고 생각했기 때문입니다.
그러나 까마귀가 염라대왕의 뜻을 잘못 전한 뒤부터는 어른, 아이 할 것 없이 아무나 먼저 죽게 되었답니다. 이때부터 나이에 상관없이 사람들이 죽게 되었지요.
"까마귀 고기를 먹었나."라는 속담은 이런 경우와 같이 [㉠]을/를 가리켜 사용됩니다.

5 ㉠에 들어갈 "까마귀 고기를 먹었나."라는 속담이 가리키는 내용을 쓰시오. [5점]

6 까마귀가 강 도령에게 편지를 잘 전했다면 어떻게 되었을지 쓰시오. [5점]

단계별 유형

7 다음은 속담 사전을 만들기 위해서 탐구 대상을 정한 뒤 정리하여 만든 것입니다. 물음에 답하시오. [10점]

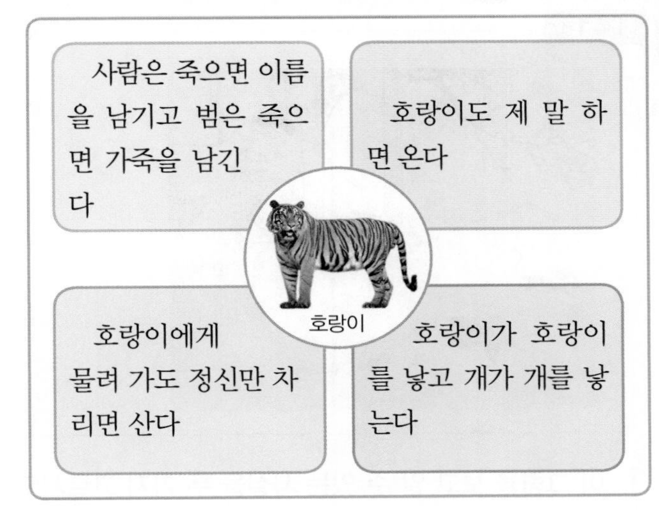

1단계 제시된 사진에서 알 수 있는 탐구 대상은 무엇인지 쓰시오.

( )

2단계 보기 에서 탐구 대상을 정하고 대상과 관련 있는 속담을 한 가지만 쓰시오.

보기
동물 말 음식

3단계 2단계 에서 자신이 정한 대상으로 속담 사전을 만든다면 어떻게 만들고 싶은지 쓰시오.

6. 내용을 추론해요

연습! 서술형 평가

1 ~ 1-1

1 이 그림을 보고 알 수 있는 사실을 두 가지 고르시오. (　　　　)

① 닭이 알을 낳고 있다.
② 고양이가 입에 병아리를 물고 있다.
③ 남자가 긴 막대로 고양이를 쫓고 있다.
④ 남자는 닭과 병아리에게 먹이를 주고 있다.
⑤ 여자는 고양이가 무서워서 도망을 치고 있다.

1-1 서술형 쌍둥이 문제 이 그림의 내용을 자신의 경험을 떠올리며 추론해 쓰시오. [4점]

2 ~ 2-1

수원 화성은 정조 임금의 원대한 꿈이 담긴 곳으로 볼거리가 많아. 건물 하나만 보는 것보다는 주변 경치를 함께 감상하는 것이 더 좋아. 정조 임금이 엄격하게 고른 좋은 자리에 지었으니까. 수원 화성은 규모가 커서 다 돌아보려면 꽤 시간이 걸려. 다리가 아프면 화성 열차를 타는 것도 좋겠지. 화성 열차는 수원 화성 구경을 하러 온 사람들을 위해 마련한 열차야.

더 둘러보고 싶은 친구가 있다면 근처에 있는 융건릉과 용주사에 가 볼 것을 추천할게. 융건릉은 사도 세자의 무덤인 융릉과 정조 임금의 무덤인 건릉을 합쳐서 부르는 이름이고, 용주사는 사도 세자의 명복을 빌려고 지은 절이야.

2 수원 화성 근처에는 어떤 문화유산이 더 있는지 두 가지를 고르시오. (　　　　)

① 융건릉
② 불국사
③ 용주사
④ 석굴암
⑤ 천리장성

2-1 서술형 쌍둥이 문제 글쓴이는 더 둘러보고 싶은 친구에게 어디에 가 볼 것을 추천했는지 쓰시오. [4점]

3~3-1

듣기 자료	낱말	국어사전
건물 하나만 보는 것보다는 주변 경치를 함께 <u>감상</u>하는 것이 더 좋아.	감상	감상[1] 하찮은 일에도 쓸쓸하고 슬퍼져서 마음이 상함. 또는 그런 마음. 감상[5] 주로 예술 작품을 이해하여 즐기고 평가함.

3 제시된 '감상'과 같이 형태가 같지만 뜻이 다른 낱말을 무엇이라고 합니까? (　　　)

① 다의어
② 유의어
③ 반의어
④ 상의어
⑤ 동형어

3-1 서술형 쌍둥이 문제

듣기 자료의 문장에 쓰인 '감상'의 알맞은 뜻을 국어사전에서 찾아 쓰시오. [6점]

4~4-1

창경궁은 성종이 할머니들을 모시려고 지은 궁궐로, 효자로 유명한 정조가 태어난 곳이기도 하여 효와 인연이 깊다. 창경궁은 임진왜란 때 불탔다가 광해군 때 제 모습을 찾았으나, 그 뒤로도 큰 화재를 겪는 수난을 당했다. 문정전 앞뜰은 사도 세자가 목숨을 잃은 비극이 일어난 곳으로 유명하다. 왕비가 생활하던 통명전 서쪽에는 아름다운 연못이 있고, 뒤쪽에는 '열천'이라는 우물이 남아 있다.

▲ 창경궁의 통명전

4 창경궁에 대한 설명으로 알맞지 <u>않은</u> 것은 무엇입니까? (　　　)

① 효와 인연이 깊다.
② 여러 번의 화재를 겪었다.
③ 사도 세자가 태어난 곳이다.
④ '열천'이라는 우물이 남아 있다.
⑤ 성종이 할머니들을 모시려고 지었다.

4-1 서술형 쌍둥이 문제

창경궁의 역사적 의미는 무엇인지 자신의 생각을 쓰시오. [6점]

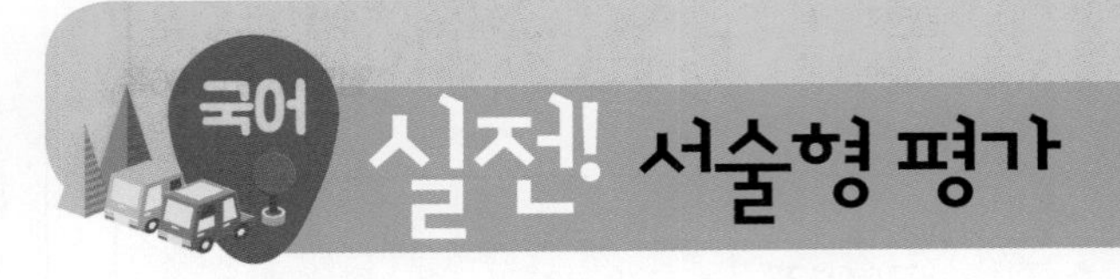

단계별 유형

1 다음 글을 읽고 물음에 답하시오. [10점]

> 『화성성역의궤』는 수원 화성에 성을 쌓는 과정을 기록한 책인 의궤야. 수원 화성은 일제 강점기를 거치면서 성곽 일대가 훼손되기 시작하고 6.25 전쟁 때 크게 파괴되었는데, 『화성성역의궤』를 보고 원래의 모습대로 다시 만들어졌단다. 덕분에 수원 화성이 1997년에 유네스코 세계 문화유산으로 등록될 수 있었어.

1단계 『화성성역의궤』는 어떤 과정을 기록한 책인지 쓰시오.

( )

2단계 이 글에 나타난 다음의 사실에서 추론할 수 있는 내용을 쓰시오.

일제 강점기를 거치면서 성곽 일대가 훼손되기 시작했다.	6.25 전쟁 때 수원 화성이 크게 파괴되었다.

추론한 내용	

3단계 2단계에서는 어떤 방법으로 글의 내용을 추론했는지 쓰시오.

2~3

> 『화성성역의궤』는 정조 임금이 갑자기 세상을 떠나는 바람에 다음 임금인 순조 때 만들어졌는데, 건축과 관련된 의궤 가운데에서도 가장 내용이 많아. 수원 화성 공사와 관련된 공식 문서는 물론, 참여 인원, 사용된 물품, 설계 등의 기록이 그림과 함께 실려 있는 일종의 보고서인 셈이야. 내용이 아주 세세하고 치밀해서 공사에 참여한 기술자 1800여 명의 이름과 주소, 일한 날수와 받은 임금까지 적혀 있어. 공사에 사용된 모든 물건의 크기와 값은 또 얼마나 상세히 적었는지 입이 떡 벌어질 정도라니까. 당시에 이렇게 자세한 공사 보고서를 남긴 나라는 우리나라밖에 없다고 해.
>
> 수원 화성은 정조 임금의 원대한 꿈이 담긴 곳으로 볼거리가 많아. 건물 하나만 보는 것보다는 주변 경치를 함께 감상하는 것이 더 좋아. 정조 임금이 엄격하게 고른 좋은 자리에 지었으니까.

2 『화성성역의궤』에는 어떤 내용이 실려 있는지 쓰시오. [5점]

3 수원 화성은 건물 하나만 보는 것보다 주변 경치를 함께 감상하는 것이 더 좋은 까닭을 쓰시오. [5점]

4~5

현재 서울에 남아 있는 조선 시대의 궁궐은 모두 다섯 곳으로 경복궁, 창덕궁, 창경궁, 경희궁, 경운궁이다.

궁궐의 건물

㉠『궁궐에는 왕과 왕비뿐만 아니라 왕실의 가족과 관리, 군인, 내시, 나인 등 많은 사람이 살았다. 이 사람들은 각자 자신의 신분에 알맞은 건물에서 생활했고, 건물의 명칭 또한 주인의 신분에 따라 달랐다. 예컨대 궁궐에는 강녕전이나 교태전과 같이 '전' 자가 붙는 건물이 있는데, 이러한 건물에는 궁궐에서 가장 신분이 높은 왕과 왕비만 살 수 있었다. 왕실 가족이나 후궁들은 주로 '전'보다 한 단계 격이 낮은 '당' 자가 붙는 건물을 사용했다. 그 밖의 궁궐 사람들은 주로 '각', '재', '헌'이 붙는 건물에서 생활했다. 그러나 경우에 따라서는 왕도 '전'이 아닌 다른 건물을 사용했다.』

4 현재 서울에 남아 있는 조선 시대의 궁궐 다섯 곳을 쓰시오. [5점]

5 ㉠의 내용을 한 문장으로 정리해 쓰시오. [7점]

6~7

창덕궁은 경복궁 동쪽에 있다고 하여 창경궁과 함께 '동궐'로도 불렸다. 건물과 후원이 잘 어우러져 아름다우며 유네스코 세계 문화유산으로 기록되었다. 산이 많은 우리나라답게 산자락에 자연스럽게 배치한 건물이 인상적이다. 넓은 후원의 정자와 연못들은 우리나라 전통 정원의 모습을 잘 보여 주고 있다.

특히 부용지는 '하늘은 둥글고 땅은 네모나다'는 전통적 사상을 반영하여, 땅을 나타내는 네모난 연못 가운데 하늘을 뜻하는 둥근 섬을 띄워 놓은 형태이다. 연못 가장자리에 있는 부용정은 십자(+) 모양의 정자로, ㉠단청이 화려하고 처마 끝 곡선이 무척 아름답다.

▲ 창덕궁의 부용지와 부용정

6 창덕궁이 유네스코 세계 문화유산으로 기록된 까닭은 무엇일지 쓰시오. [5점]

7 ㉠'단청'의 뜻을 추론하고 그렇게 생각한 까닭과 함께 쓰시오. [7점]

추론한 뜻	(1)
그렇게 생각한 까닭	(2)

7. 우리말을 가꾸어요

연습! 서술형 평가

1 ~ 1-1

❶

❷

1 ㉠과 같은 말을 무엇이라고 합니까? (　　　　)

① 욕설
② 외국어
③ 높임말
④ 표준어
⑤ 줄임 말

1-1 서술형 쌍둥이 문제 이 그림에서 아빠와 여자아이는 왜 말이 통하지 않았는지 쓰시오. [4점]

2 ~ 2-1

며칠 전 우리 반 교실에서 일어난 일입니다. 준형이와 수진이가 교실 뒤쪽을 걷다가 뜻하지 않게 서로 부딪혔습니다. 준형이와 수진이는 서로 노려보면서 눈살을 찌푸렸습니다.

2 준형이와 수진이는 서로 어떻게 말을 했는지 두 가지를 고르시오. (　　　　)

① 서로를 비난했다.
② 존중하는 말을 했다.
③ 긍정하는 말을 했다.
④ 배려하는 말을 하지 않았다.
⑤ 어려운 낱말을 사용하며 말했다.

2-1 서술형 쌍둥이 문제 준형이와 수진이 사이에 다툼이 일어난 까닭을 쓰시오. [6점]

3~3-1

우리 반에는 공놀이할 때마다 실수해서 같은 편이 되기를 꺼려 하는 친구가 있습니다. 대부분 그 친구와 같은 편이 되면 "짜증 나."라는 말이나 비속어, 욕설을 합니다. 그러던 어느 날, 그 친구가 안쓰러워서 "괜찮아, 넌 잘할 수 있어."라고 말했습니다. 그랬더니 신기하게도 그 친구가 승점을 냈습니다.

이 일이 있은 뒤에 우리 반 친구들을 대상으로 조사해 보니 긍정하는 말이 부정하는 말보다 듣기가 좋다는 결과가 나왔습니다. 긍정하는 말을 하면 말하는 사람은 물론 듣는 사람도 마음이 편안해집니다. 예를 들면 "안 돼."보다는 "할 수 있어.", "짜증 나."보다는 "괜찮아.", "이상해 보여."보다는 "멋있어 보여.", "힘들어."보다는 "힘내자."와 같이 부정하는 말을 긍정하는 말로 고쳐 사용하면, 말하는 사람과 듣는 사람 모두 기분도 좋아지고 자신감도 생긴다는 것입니다.

3 부정하는 말을 긍정하는 말로 고친 예로 알맞지 않은 것은 무엇입니까? (　　　)

① 힘들어. → 힘내자.
② 짜증 나. → 괜찮아.
③ 안 돼. → 할 수 있어.
④ 다시 할 거야. → 망했어.
⑤ 이상해 보여. → 멋있어 보여.

3-1 서술형 쌍둥이 문제 이 글의 내용을 바탕으로 하여 긍정하는 말을 하면 어떤 점이 좋은지 쓰시오. [4점]

4~4-1

비속어나 욕설 같은 거친 말보다는 고운 우리말 사용이 자신과 상대의 마음을 아름답게 해 준다는 결과도 있습니다. 상대의 실수에는 너그러운 말을 하고, 내 잘못에는 미안하다는 말을 하며, 상대의 배려에는 고마운 말을 하는 것입니다. 비속어나 욕설을 사용하면 추한 마음이 생길 것인데 고운 우리말을 사용하면 너그러운 마음이 생기고, 미안한 마음이 생기며, 고마운 마음이 생기므로 아름다운 사람이 된다는 것입니다.

긍정하는 표현은 자신은 물론 주변 사람들 마음에 긍정하는 힘을 줍니다. 그리고 고운 우리말 사용이 아름다운 소통을 이루고, 진정한 말맛을 느끼게 합니다. 그러므로 긍정하는 말과 고운 우리말을 사용해야 합니다.

4 고운 우리말을 사용할 때 생길 수 있는 마음을 모두 고르시오. (　　　　)

① 추한 마음
② 미안한 마음
③ 고마운 마음
④ 너그러운 마음
⑤ 공격적인 마음

4-1 서술형 쌍둥이 문제 글쓴이가 이 글을 쓴 까닭은 무엇일지 쓰시오. [6점]

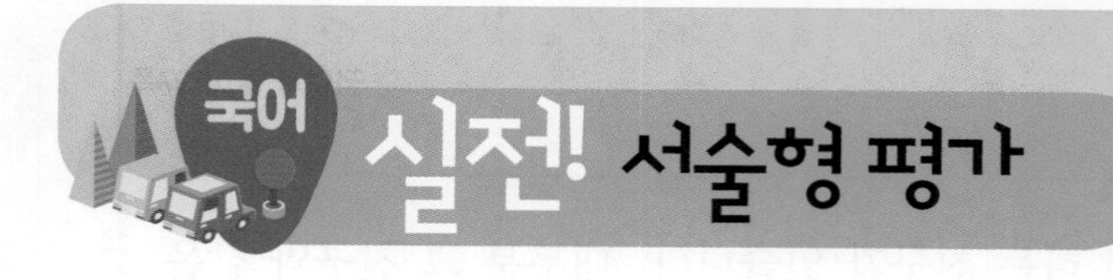

1~2

평범한 중고등학생 네 명을 대상으로 욕 사용 실태를 관찰했더니 네 시간 동안 평균 500여 번의 욕설이 쏟아졌습니다.

충격적인 것은 이 학생들이 문제아나 불량 청소년이 아니라는 것입니다. 이제 욕은 많은 학생들의 입에서 거침없이 터져 나오는 일상어가 되어 버렸습니다.

그렇다면 아이들이 최초로 욕을 대하는 때는 언제일까요?

대중 매체 환경이 빠르게 바뀌면서 욕설이나 비속어를 대하는 나이가 더욱 어려지는 지금, 초등학교 교실을 찾아 그들이 아는 욕설을 적어 보도록 했습니다.

그 결과, 절반 가까운 학생이 욕을 열 개 이상 버릇처럼 사용하고, 서른 개 이상 사용하는 아이도 있었습니다.

1 이 글에 나타난 문제점을 쓰시오. [5점]

2 욕설이나 비속어를 대하는 나이가 더욱 어려지는 까닭을 쓰시오. [5점]

단계별 유형

3 다음 실태 조사 내용을 보고 물음에 답하시오. [10점]

○○초등학교에서는 선생님과 학생, 학생과 학생끼리 공부 시간은 물론이고 학교에서 지내는 동안 높임말을 사용한대. 학생들이 서로 "진수 님, 창문 좀 닫아 줄 수 있을까요?"라고 존칭과 높임말을 쓰고, 선생님께서도 "연화 님, 연화 님은 배려심이 참 많아 칭찬해 주고 싶어요."처럼 존칭과 높임말을 사용하는 문화가 자리 잡았다고 해. 그래서 존중하고 배려하는 생활 공동체를 만들어 나가고 있대.

1단계 ○○초등학교 학생들은 학교에서 지내는 동안 어떤 말을 사용하는지 쓰시오.

( )

2단계 1단계에서 답한 언어생활 문화는 학교생활에 어떤 영향을 주었는지 쓰시오.

3단계 이와 같은 실태를 조사하여 발표할 때 주의할 점을 쓰시오.

4~5

요즘 우리 반 친구들이 대화할 때 짜증 난다는 말이나 비속어, 욕설 따위를 사용합니다. 그런 말을 들으면 기분이 나빠지고 화가 나서 다툼도 일어납니다.

우리 반에는 공놀이할 때마다 실수해서 같은 편이 되기를 꺼려 하는 친구가 있습니다. 대부분 그 친구와 같은 편이 되면 "짜증 나."라는 말이나 비속어, 욕설을 합니다. 그러던 어느 날, 그 친구가 안쓰러워서 "괜찮아, 넌 잘할 수 있어."라고 말했습니다. 그랬더니 신기하게도 그 친구가 승점을 냈습니다.

이 일이 있은 뒤에 우리 반 친구들을 대상으로 조사해 보니 긍정하는 말이 부정하는 말보다 듣기가 좋다는 결과가 나왔습니다. 긍정하는 말을 하면 말하는 사람은 물론 듣는 사람도 마음이 편안해집니다.

4 이 글에 나타난 문제 상황은 무엇인지 쓰시오. [5점]

5 이 글에서 조사한 내용을 근거로 글쓰기를 하려면 어떤 주제로 글을 쓰는 것이 좋을지 쓰시오. [7점]

6~7

다듬은 우리말 신문 20○○년 ○○월 호

우리말로 다듬어 새로운 낱말 탄생!

국립국어원 우리말 다듬기 누리집에서는 들어온 지 얼마 안 된 어려운 외국어를 쉬운 우리말로 바꾼 사례를 볼 수 있다.

우리말 다듬기 누리집에 올라온 다듬은 말을 오른쪽 표와 같이 사례집으로 엮어 보았다.

앞으로 외국어를 우리말로 다듬은 낱말을 자주 사용해 올바른 우리말 사용의 터전을 닦아 나가야겠다.

다듬을 말	다듬은 말
포스트잇	붙임쪽지
이모티콘	그림말
버킷 리스트	소망 목록
타임캡슐	기억상자
무빙워크	자동길

6 이 사례집은 어떤 매체를 활용하여 만든 것인지 쓰시오. [5점]

7 글쓴이가 하고자 하는 말은 무엇인지 쓰시오. [5점]

8. 인물의 삶을 찾아서

연습! 서술형 평가

1~1-1

책 속에는 많은 이야기가 숨어 있어. 그리고 이야기 속 인물들은 우리를 다양한 경험 세계로 데려다주지. 꿈과 희망, 소외된 사람들에 대한 관심, 용기와 도전같이 작가가 말하고자 하는 생각도 듣는단다. 그 많은 이야기에 공감하며 이야기 속 인물의 삶에서 내 삶을 돌아보는 기회가 되는 것도 책이 주는 선물이야. 그래서 책을 읽는 사람은 지혜롭게 세상을 살 수 있다고 해. 나는 책에서 꿈을 찾았고 꿈을 이루는 방법까지 배웠으니 책이 주는 더 특별한 선물을 받은 거지.

책이 주는 선물을 받고 싶니? 너희도 책을 읽어 봐.

1 이 글에서 알 수 있는 책이 주는 좋은 점이 아닌 것은 무엇입니까? (　　　)

① 꿈을 이루는 방법을 배울 수 있다.
② 작가보다 더 나은 삶을 살게 된다.
③ 내 삶을 돌아보는 기회를 갖게 된다.
④ 우리를 다양한 경험 세계로 데려다준다.
⑤ 작가가 말하고자 하는 생각을 듣게 된다.

1-1 서술형 쌍둥이 문제

글쓴이가 책을 읽는 사람이 지혜롭게 세상을 살 수 있다고 말한 까닭을 두 가지 이상 쓰시오. [4점]

2~2-1

하여가

이방원

이런들 어떠하며 저런들 어떠하리
만수산 드렁칡이 얽혀진들 어떠하리
우리도 이같이 얽혀져 백 년까지 누리리

단심가

정몽주

이 몸이 죽고 죽어 일백 번 고쳐 죽어
백골이 진토 되어 넋이라도 있고 없고
임 향한 일편단심이야 가실 줄이 있으랴.

2 이방원과 정몽주는 무엇으로 자신의 생각을 전하고 있습니까? (　　　)

① 시조
② 편지
③ 설명문
④ 논설문
⑤ 전기문

2-1 서술형 쌍둥이 문제

이방원과 정몽주는 각각 무엇에 빗대어 자신의 생각을 말하고 있는지 쓰시오. [6점]

3~3-1

'내가 죽을 것을 그 애가 대신 죽었구나.'

마음속에서는 이런 소리가 터져 나왔습니다. 밤이면 몇 번씩 자다 깨다 했습니다. 그러다가 코피를 한 사발씩 쏟기도 했습니다. 잠깐만 눈을 붙여도 아들 면의 모습이 보였습니다. 이순신은 자기도 모르게 이를 악물었습니다.

'이제는 끝내야만 해.'

"아직도 저에게는 12척의 배가 있습니다. 비록 배는 적지만, 제가 죽지 않는 한 적이 감히 우리를 업신여기지 못할 것입니다."

3 이순신의 말과 행동에서 알 수 있는, 이순신이 추구하는 가치를 모두 고르시오. (　　　　)

① 용기
② 절약
③ 자신감
④ 고난 극복의 의지
⑤ 환경을 보호하는 마음

3-1 

이순신이 '이제는 끝내야만 해.'라고 생각한 까닭은 무엇일지 쓰시오. [6점]

4~4-1

외국에서 공부를 마치고 케냐로 돌아온 왕가리 마타이는 황폐해진 케냐의 마을 풍경을 보고 깜짝 놀랐다. 케냐의 새로운 지도자들이 돈벌이를 위해 숲을 없애고 차나무와 커피나무를 심은 것이었다. 울창했던 숲은 벌목으로 벌거벗은 모습이 되었고, 비옥했던 토양은 영양분이 고갈되어 동물과 식물을 제대로 길러 낼 수 없는 상태가 되었다. 이러한 변화로 사람들은 땔감을 구하기 어려웠고, 작물이 잘 자라지 않아 가난과 굶주림 속에서 고통받게 되었다.

파괴된 환경이 그녀와 그녀의 아이들 그리고 케냐의 모든 이에게 고통을 주고 있다는 것을 깨달은 왕가리 마타이는 자신이 할 수 있는 일이 무엇인지 생각해 보았다.

'나무를 심는 거야.'

왕가리 마타이는 나무를 심기로 마음먹고, 방법을 고민한 끝에 나무를 심어 주는 회사를 세웠다.

4 왕가리 마타이가 살던 당시 케냐의 상황으로 알맞지 <u>않은</u> 것은 무엇입니까? (　　　　)

① 숲은 벌목으로 벌거벗은 모습이 되었다.
② 사람들은 가난과 굶주림으로 고통받았다.
③ 새로운 지도자들이 차나무와 커피나무를 심었다.
④ 아름다운 자연환경을 보러 온 관광객들로 넘쳐났다.
⑤ 토양은 영양분이 고갈되어 동물과 식물이 잘 자랄 수 없었다.

4-1 

왕가리 마타이가 나무를 심겠다고 생각한 까닭은 무엇인지 쓰시오. [4점]

단계별 유형

1 고려 말에 쓰여진 두 시조를 읽고 물음에 답하시오. [10점]

가

하여가

이방원

이런들 어떠하며 저런들 어떠하리
만수산 드렁칡이 얽혀진들 어떠하리
우리도 이같이 얽혀져 백 년까지 누리리

나

단심가

정몽주

이 몸이 죽고 죽어 일백 번 고쳐 죽어
백골이 진토 되어 넋이라도 있고 없고
임 향한 일편단심이야 가실 줄이 있으랴

1단계 「하여가」에서 이방원의 생각이 잘 드러난 낱말과 그렇게 생각한 까닭을 쓰시오.

낱말	①
까닭	②

2단계 「단심가」에서 정몽주의 생각이 잘 드러난 낱말과 그렇게 생각한 까닭을 쓰시오.

낱말	①
까닭	②

3단계 고려 말이라는 시대 상황을 고려하여, 이방원과 정몽주의 생각은 어떻게 다른지 비교해 쓰시오.

2~3

이순신은 오랜 고민 끝에 '울돌목(명량 해협)'을 싸움터로 정했습니다. 울돌목은 육지와 육지 사이에 낀 아주 좁은 바다였습니다. 그 사이를 흐르는 물살이 어찌나 빠른지, 물 흘러가는 소리가 꼭 흐느껴 우는 소리 같다고 해서 그런 이름이 붙은 곳입니다. 또 물살 방향도 하루에 네 번씩이나 바뀌는 특이한 곳이었습니다.

이순신은 작전을 짰습니다.

"우리는 모든 것이 적다. 무기도 적고, 군사도 적고, 배도 적다. 적은 것을 갑자기 늘릴 방법은 없다. 그러나 많아 보이게 할 수는 있을 것이다."

이순신은 우선 고기잡이배와 피난 가는 배들을 판옥선처럼 꾸미게 했습니다. 비록 실제로 싸울 수 있는 배는 먼저 구한 12척과 나중에 구한 1척, 이렇게 총 13척밖에 안 되었지만, 멀리서 보면 수십 척의 판옥선이 갖추어진 것처럼 보이게 한 것입니다.

2 이순신이 정한 싸움터의 특징을 쓰시오. [5점]

3 이순신은 적은 수의 무기, 군사, 배로 전쟁에서 이기려고 어떻게 했는지 쓰시오. [5점]

4~5

"버들이가 이번에는 샘을 기와집 뒤란으로 옮겨 달라고 하잖아. 그러면 집에서 샘물을 길게 될 거라고."

"이제 보니 버들이는 욕심쟁이구나. 샘을 옮기다니! 그러면 다른 동물들은 샘물을 못 마시잖아?"

"파랑이도 그렇게 말했어. 하지만 나도 그걸 원했으니까 버들이를 탓하지는 마. 나도 어느새 버들이랑 똑같은 생각을 하게 되었던 거야."

"그래서 샘을 옮겨 주었니?"

"땅속의 샘물줄기를 기와집 뒤란으로 흐르도록 해 주겠다고 약속했어. 그때 버들이가 기뻐하는 모습이라니, 지금도 잊을 수가 없어."

미미는 허공을 향해 빙그레 웃는 몽당깨비가 못마땅해서 고개를 저었습니다.

4 버들이를 위해 몽당깨비가 한 일은 무엇인지 쓰시오. [5점]

5 4번에서 답한 내용으로 보아, 몽당깨비가 추구하는 가치는 무엇인지 쓰시오. [5점]

6~7

1989년, 케냐 정부는 나이로비 시내 한복판에 있는 우후루 공원에 복합 빌딩을 건설하려고 했다. 우후루 공원은 대도시 나이로비에 남아 있는 유일한 녹지 공간으로, 콘크리트 건물 사이에서 시민들의 쉼터 역할을 하고 있었다. 왕가리 마타이는 도심 속 녹지대와 시민들의 쉼터가 계속 보전되어야 한다고 생각했다. 그녀는 관련 회사와 정부에 편지를 쓰고 언론에 자신의 주장을 알리며 우후루 공원을 지키려고 애썼다. ㉠『친구들은 힘들어하는 왕가리 마타이를 걱정했다.

"왜 이렇게까지 하는 거야? 그건 네가 간섭할 일은 아니잖아?"

"우후루 공원은 모든 사람의 것이야. 그러니까 누군가는 그 잘못을 말해야 해."

왕가리 마타이는 포기하지 않고 우후루 공원을 지켜야 한다고 목소리를 높이면서 정부가 생각을 바꾸도록 노력했다.』

6 왕가리 마타이가 우후루 공원을 지키려고 한 까닭은 무엇인지 쓰시오. [5점]

7 ㉠『 』 부분에서 왕가리 마타이가 처한 상황과 그 상황에서 왕가리 마타이가 한 행동은 무엇인지 쓰시오. [7점]

왕가리 마타이가 처한 상황	(1)
왕가리 마타이의 행동	(2)

연습! 서술형 평가

1 ~ 1-1

1 학용품을 소중히 다루어야 하는 까닭은 무엇입니까? (　　　)

① 학용품을 사려면 먼 곳까지 가야 하기 때문에
② 학용품을 잃어버리면 다시 구하기 어렵기 때문에
③ 학용품을 만드는 데 오랜 시간이 걸리기 때문에
④ 학용품을 아끼면 자연 자원을 절약할 수 있기 때문에
⑤ 학용품을 소중히 다루지 않으면 선생님께 혼나기 때문에

1-1 서술형 쌍둥이 문제 서연이가 나누려는 마음은 무엇인지 쓰시오. [4점]

2 ~ 2-1

지수: 정민아, 아까 과학 시간에 물을 엎질러서 정말 미안해.

정민: 아니야, 지수야. 일부러 그런 것도 아니잖아.

지수: 그래도 옷이 젖어서 불편했지?

정민: 아니야, 괜찮았어. 그나저나 너도 많이 놀랐겠다.

지수: 응, 사실 나도 깜짝 놀랐어.

정민: 그래, 난 정말 괜찮으니까 너도 너무 걱정하지 마.

지수: 그래, 고마워. 그리고 진심으로 미안해.

2 지수가 이 글을 쓴 목적은 무엇입니까? (　　　)

① 친구와 함께 놀고 싶어서
② 친구에게 사과를 받기 위해서
③ 친구의 실수를 지적하기 위해서
④ 친구에게 미안한 마음을 표현하기 위해서
⑤ 친구에게 과학 준비물을 알려 주기 위해서

2-1 서술형 쌍둥이 문제 나누려는 마음을 문자 메시지로 쓰면 좋은 점을 쓰시오. [6점]

3~3-1

나는 미역국을 엎지르고 너에게 미안하다는 말도 못 하고 멍하니 서 있었어. 너무 당황스러워서 어떻게 해야 할지 생각이 나지 않았어. 그런데 네가 오히려 나를 걱정해 주고 같이 치워 주어서 감동했단다.

지효야, 아까는 당황스러워서 너에게 고맙다는 말을 제대로 못 했어. 정말 고마워! 네 따뜻한 마음을 잊지 않을게.

앞으로 내가 도와줄 일이 있으면 꼭 도와줄게. 그리고 우리 앞으로도 친하게 지내자.

안녕.

친구 신우가

3 이 글에 나타난 내용이 아닌 것은 무엇입니까? (　　　)

① 끝인사
② 일어난 사건
③ 나누려는 마음
④ 일어난 사건에 대한 생각
⑤ 글쓴이의 주장에 대한 근거

3-1 이 글에서 글쓴이의 마음이 드러난 표현을 찾고, 어떤 마음을 나누려고 하는지 쓰시오. [6점]

4~4-1

너희가 아픈 데가 있으면 다른 사람들이 돌보아 주기 마련이었다. 날마다 어떠냐는 안부를 전해 오고, 안아서 부축해 주는 사람도 있었다. 약을 먹여 주고 양식까지 대 주는 사람도 있었다. 이런 일에 너희가 너무 익숙해져 항상 은혜를 베풀어 주기만 바라고 있구나. 너희가 사람의 본분을 망각하지는 않았는지 걱정이다. 그래서 내가 이 편지를 보낸다.

예나 지금이나 남의 도움만을 받으면서 살라는 법은 애초에 없었다. 마음속으로 남의 은혜를 받고자 하는 생각을 버린다면, 절로 마음이 평안하고 기분이 화평해져 하늘을 원망한다거나 사람을 미워하는 그런 병폐는 없어질 것이다.

4 이 글의 글쓴이인 정약용이 두 아들에게 편지를 쓴 까닭은 무엇입니까? (　　　)

① 두 아들의 건강이 걱정되어서
② 두 아들이 공부를 잘하는지 궁금해서
③ 두 아들이 자주 싸우는 것이 걱정되어서
④ 두 아들이 어머니와 잘 지내는지 궁금해서
⑤ 두 아들이 남이 베풀기만을 바라는 것이 걱정되어서

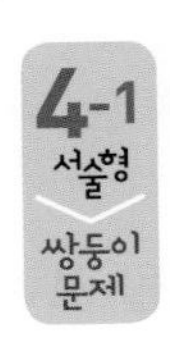

4-1 정약용은 마음이 평안해지려면 어떤 생각을 버려야 한다고 했는지 쓰시오. [4점]

국어 실전! 서술형 평가

1~2

선생님께

선생님, 안녕하세요? 저는 최연아입니다.

올해 선생님을 만난 건 저에게 큰 행운입니다. 저는 이상하게 국어 공부가 싫었습니다. 책은 만화책 말고는 모두 재미가 없고, 글쓰기도 팔만 아픈 것 같았습니다. 그런데 선생님과 함께 국어를 공부하고 나서는 조금씩 달라지기 시작했습니다.

선생님께서는 읽기와 쓰기를 할 때 도움이 되는 여러 가지 재미있는 방법을 알려 주셨습니다. 그리고 이해가 되지 않는 부분은 없는지, 더 알고 싶은 것이 있는지를 물어봐 주시고 진지하게 들어 주셨습니다. 그래서 저는 용기를 내어 궁금한 점이나 더 알고 싶은 것을 여쭈어보았고, 새로운 내용을 알면서 국어 공부가 점점 더 좋아지기 시작했습니다.

국어 공부를 좋아하게 되니 다른 과목 공부도 재미있었습니다. 모두 선생님 덕분입니다. 선생님께서 수업 시간에 늘 말씀하신 것처럼 몸과 마음이 건강한 사람이 되도록 노력하겠습니다. 선생님, 정말 고맙습니다.

1 이 글에서 연아가 선생님과 나누려는 마음은 무엇인지 쓰시오. [5점]

2 나누려는 마음을 이와 같이 편지로 쓰면 좋은 점을 쓰시오. [5점]

3~4

지효에게

지효야, 안녕? 나 신우야.

지효야, 아까 내가 네 책상 옆에서 미역국을 엎질렀지? 너는 네 가방이 더러워져서 많이 속상했을 텐데 나에게 "괜찮아?" 하면서 걱정을 해 주었어. 그리고 미역국 치우는 것을 도와주었어.

나는 미역국을 엎지르고 너에게 미안하다는 말도 못 하고 멍하니 서 있었어. 너무 당황스러워서 어떻게 해야 할지 생각이 나지 않았어. 그런데 네가 오히려 나를 걱정해 주고 같이 치워 주어서 감동했단다.

지효야, 아까는 당황스러워서 너에게 고맙다는 말을 제대로 못 했어. 정말 고마워! 네 따뜻한 마음을 잊지 않을게.

앞으로 내가 도와줄 일이 있으면 꼭 도와줄게. 그리고 우리 앞으로도 친하게 지내자.

안녕.

친구 신우가

3 신우는 어떤 사건 때문에 지효에게 글을 썼는지 쓰시오. [5점]

4 이와 같은 글을 쓸 계획을 세울 때 고려할 점을 한 가지 쓰시오. [7점]

단계별 유형

5 정약용이 두 아들에게 쓴 편지를 읽고 물음에 답하시오. [10점]

남이 어려울 때 자기는 은혜를 베풀지 않으면서 남이 먼저 은혜를 베풀어 주기만 바라는 것은 너희가 지닌 그 오기 근성이 없어지지 않았기 때문이다. 이후로는 평상시 일이 없을 때라도 항상 공손하고 화목하며, 조심하고 자기 정성을 다해 다른 사람의 환심을 얻는 일에 힘쓸 것이지, 마음속에 보답받을 생각은 가지지 않도록 해라.

다른 사람을 위해 먼저 베풀어라. 그러나 뒷날 너희가 근심 걱정 할 일이 있을 때 다른 사람이 보답해 주지 않더라도 부디 원망하지 마라. 가벼운 농담일망정 "나는 지난번에 이렇게 저렇게 해 주었는데 저들은 그렇지 않구나!" 하는 소리도 입 밖에 내뱉지 말아야 한다. 만약 그러한 말이 한 번이라도 입 밖에 나오게 되면, 지난날 쌓아 놓은 공덕은 재가 바람에 날아가듯 하루아침에 사라져 버리고 말 것이다.

1단계 정약용이 두 아들에 대해 걱정하고 있는 것은 무엇인지 쓰시오.

( )

2단계 정약용이 이 글을 쓴 목적을 쓰시오.

3단계 정약용이 두 아들에게 결국 하고 싶은 말은 무엇인지 쓰시오.

6~7

- 학급 신문을 만드는 과정

인상 깊었던 일을 정한다.

⬇

쓸 내용을 정리한다.

⬇

인상 깊었던 일을 글로 쓴다.

⬇

㉠

⬇

신문 기사를 모아 학급 신문을 만든다.

6 학급 신문을 만드는 과정 중 ㉠에 들어갈 내용을 생각해 쓰시오. [5점]

7 학급 신문을 만들 때 주의할 점을 쓰시오. [5점]

1. 분수의 나눗셈

연습! 서술형 평가

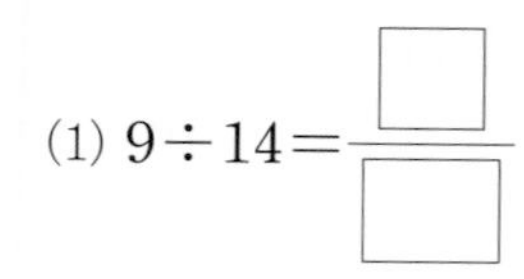

몫이 1보다 작은 (자연수)÷(자연수)

1 □ 안에 알맞은 수를 써넣으세요.

(1) $9 \div 14 = \dfrac{\square}{\square}$

(2) $17 \div 28 = \dfrac{\square}{\square}$

tip 나눗셈의 몫을 분수로 나타낼 때에는 나누어지는 수는 분자로, 나누는 수는 분모로 하여 나타냅니다.

1-1 서술형 쌍둥이 문제 분수로 나타낸 나눗셈의 몫이 더 큰 것을 찾아 기호를 쓰려고 합니다. 해결 과정을 쓰고, 답을 구하세요. [4점]

㉠ $9 \div 14$ ㉡ $17 \div 28$

( )

몫이 1보다 큰 (자연수)÷(자연수)

2 관계있는 것끼리 이으세요.

$15 \div 8$ $12 \div 5$

$\dfrac{5}{12}$ $\dfrac{12}{5}$ $\dfrac{15}{8}$ $\dfrac{8}{15}$

tip ●÷■의 몫을 분수로 나타내면 $\dfrac{●}{■}$입니다.

2-1 서술형 쌍둥이 문제 나눗셈의 몫을 잘못 나타낸 사람의 이름을 쓰고, 바르게 고치세요. [4점]

- 나은: $12 \div 5 = \dfrac{12}{5}$
- 준호: $15 \div 8 = \dfrac{8}{15}$

잘못 나타낸 사람

바르게 고치기

분자가 자연수의 배수인 (분수)÷(자연수)

3 분수를 자연수로 나눈 몫을 구하세요.

$\dfrac{14}{15}$ 7

( )

tip 분자가 자연수의 배수일 때에는 분자를 자연수로 나눕니다.

3-1 서술형 쌍둥이 문제 은성이는 우유 $\dfrac{14}{15}$ L를 일주일 동안 똑같이 나누어 마셨습니다. 은성이가 하루에 마신 우유는 몇 L인지 해결 과정을 쓰고, 답을 구하세요. [6점]

( )

분수의 곱셈으로 (진분수)÷(자연수) 계산하기

4 빈 곳에 알맞은 수를 써넣으세요.

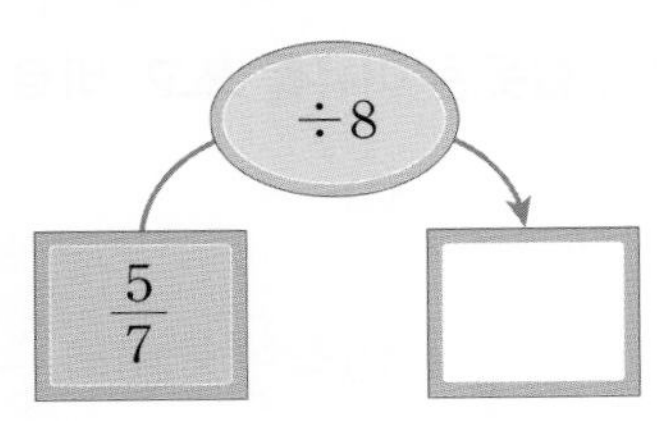

tip (분수)÷(자연수)=(분수)×$\frac{1}{(자연수)}$로 바꾸어 계산합니다.

작은 수를 큰 수로 나눈 몫을 구하려고 합니다. 해결 과정을 쓰고, 답을 구하세요. [4점]

8	$\frac{5}{7}$

(　　　　　　　　)

분수의 곱셈으로 (가분수)÷(자연수) 계산하기

5 □ 안에 알맞은 분수를 구하세요.

$\square \times 10 = \frac{7}{5}$

(　　　　　　　　)

tip 곱셈과 나눗셈의 관계를 이용하여 □ 안에 알맞은 수를 구합니다.

5-1 서술형 쌍둥이 문제

어떤 분수에 10을 곱했더니 $\frac{7}{5}$이 되었습니다. 어떤 분수는 얼마인지 해결 과정을 쓰고, 답을 구하세요. [6점]

(　　　　　　　　)

(대분수)÷(자연수)

6 보기 와 같이 계산하세요.

보기

$3\frac{1}{4} \div 5 = \frac{13}{4} \div 5 = \frac{13}{4} \times \frac{1}{5} = \frac{13}{20}$

$1\frac{3}{7} \div 9$

tip (대분수)÷(자연수)의 계산은 대분수를 가분수로 고친 뒤 분수의 나눗셈을 분수의 곱셈으로 나타내어 계산합니다.

다음 계산이 잘못된 이유를 쓰고, 바르게 계산하세요. [6점]

$1\frac{3}{7} \div 9 = 1\frac{3}{7} \times \frac{1}{9} = 1\frac{3}{63}$

이유

바르게 계산하기

1 □ 안에 알맞은 자연수는 얼마인지 해결 과정을 쓰고, 답을 구하세요. [5점]

$$6 \div \square = 6 \times \frac{1}{18}$$

(　　　　　　　　　　)

2 나눗셈의 몫을 분수로 나타냈을 때 1보다 큰 것을 모두 찾아 기호를 쓰려고 합니다. 해결 과정을 쓰고, 답을 구하세요. [7점]

㉠ $15 \div 14$	㉡ $18 \div 13$	㉢ $12 \div 25$
㉣ $19 \div 22$	㉤ $11 \div 16$	㉥ $20 \div 17$

(　　　　　　　　　　)

3 다음 계산이 잘못된 이유를 쓰고, 바르게 계산하세요. [7점]

$$\frac{5}{8} \div 10 = \frac{5}{8} \times 10 = \frac{50}{8}$$

이유

바르게 계산하기

4 어떤 수를 7로 나누어야 할 것을 잘못하여 7을 곱했더니 35가 되었습니다. 바르게 계산하면 얼마인지 해결 과정을 쓰고, 답을 구하세요. [7점]

(　　　　　　　　　　)

5 □ 안에 들어갈 수 있는 자연수는 모두 몇 개인지 해결 과정을 쓰고, 답을 구하세요. [7점]

$$21\frac{2}{3} \div 5 > \square$$

( )

6 둘레가 $\frac{8}{3}$ m인 정사각형 모양의 색 도화지가 있습니다. 이 색 도화지의 넓이는 몇 m^2인지 해결 과정을 쓰고, 답을 구하세요. [10점]

( )

단계별 유형

7 3장의 수 카드를 한 번씩만 사용하여 여러 가지 분수의 나눗셈식을 만들려고 합니다. 물음에 답하세요. [10점]

5 7 9

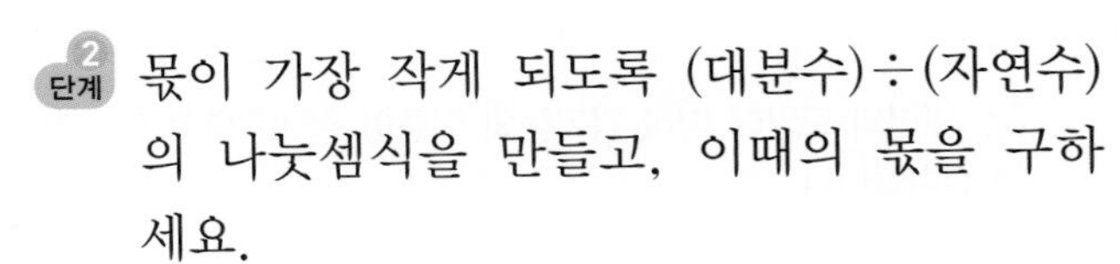

1단계 만들 수 있는 (가분수)÷(자연수)의 나눗셈식은 모두 몇 개인가요?

( )

2단계 몫이 가장 작게 되도록 (대분수)÷(자연수)의 나눗셈식을 만들고, 이때의 몫을 구하세요.

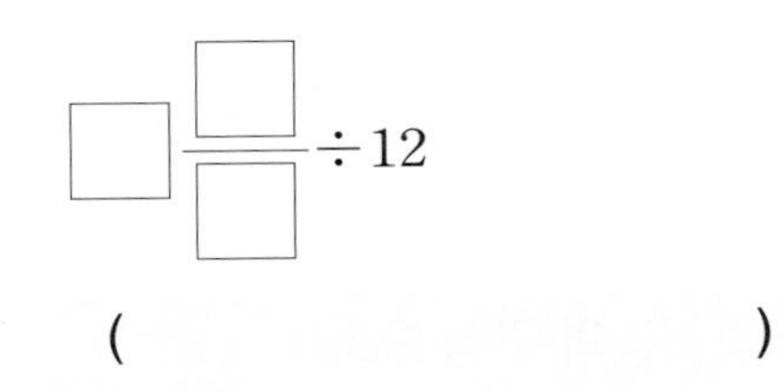

$$\square\frac{\square}{\square} \div 12$$

( )

3단계 몫이 가장 크게 되도록 (진분수)÷(자연수)의 나눗셈식을 만들고, 이때의 몫을 구하세요.

$$\frac{\square}{\square} \div \square$$

( )

수학

1단원

2. 각기둥과 각뿔

연습! 서술형 평가

각기둥

1 밑면의 모양이 다음과 같은 각기둥의 이름을 쓰세요.

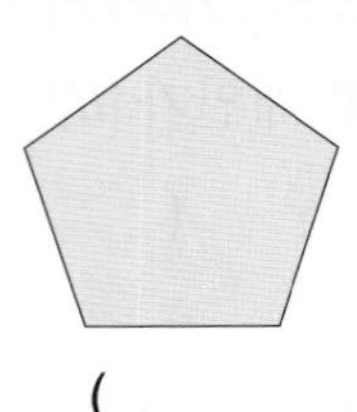

(　　　　　　　　　　　　)

tip 밑면의 모양에 따라 각기둥의 이름이 정해지므로 밑면의 이름을 알아봅니다.

1-1 서술형 쌍둥이 문제

한 밑면의 변이 5개인 각기둥의 이름은 무엇인지 해결 과정을 쓰고, 답을 구하세요. [4점]

(　　　　　　　　　　　　)

각기둥의 구성 요소

2 면이 6개인 각기둥의 이름은 무엇인가요? (　　　　)

① 삼각기둥　　② 사각기둥
③ 오각기둥　　④ 육각기둥
⑤ 칠각기둥

tip ■각기둥은 옆면이 ■개, 밑면이 2개이므로 면은 모두 (■+2)개입니다.

면이 6개인 각기둥의 꼭짓점은 모두 몇 개인지 해결 과정을 쓰고, 답을 구하세요. [6점]

(　　　　　　　　　　　　)

각기둥의 전개도

3 다음은 옆면만 나타낸 각기둥의 전개도의 일부입니다. 이 각기둥의 밑면의 모양은 어떤 도형인가요?

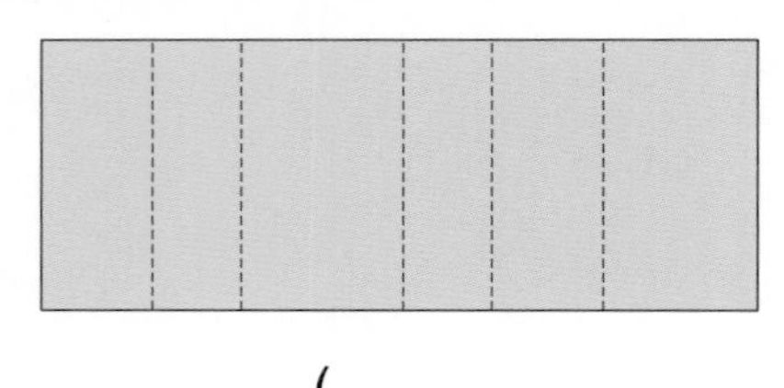

(　　　　　　　　　　　　)

tip 옆면의 수를 세어 밑면의 모양을 알아봅니다.

각기둥의 전개도에서 옆면이 6개일 때 이 전개도를 접어서 만든 각기둥의 한 밑면의 변은 몇 개인지 해결 과정을 쓰고, 답을 구하세요. [6점]

(　　　　　　　　　　　　)

각뿔

4 다음에서 설명하는 입체도형의 이름을 쓰세요.

• 밑면은 삼각형이고 1개입니다.
• 옆면은 모두 삼각형이고 3개입니다.

(   )

tip 옆면의 모양을 살펴보고 각기둥인지 각뿔인지 알아봅니다.

4-1 서술형 쌍둥이 문제

모든 면이 오른쪽과 같은 입체도형의 이름은 무엇인지 해결 과정을 쓰고, 답을 구하세요. [6점]

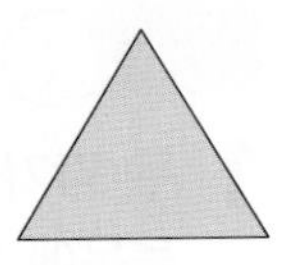

(   )

각뿔

5 각뿔에 대한 설명으로 잘못된 것은 어느 것인가요? (   )

① 밑면은 1개입니다.
② 밑면은 다각형입니다.
③ 옆면은 삼각형입니다.
④ 옆면은 사각형입니다.
⑤ 밑면의 모양에 따라 각뿔의 이름이 정해집니다.

tip 각뿔의 밑면의 모양과 옆면의 모양을 알아봅니다.

5-1 서술형 쌍둥이 문제

다음 입체도형이 각뿔이 아닌 이유를 쓰세요. [4점]

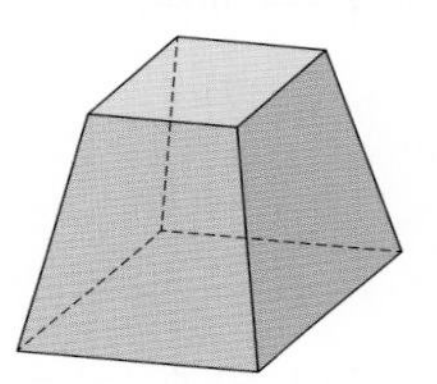

각뿔의 구성 요소

6 □ 안에 각 부분의 이름을 써넣으세요.

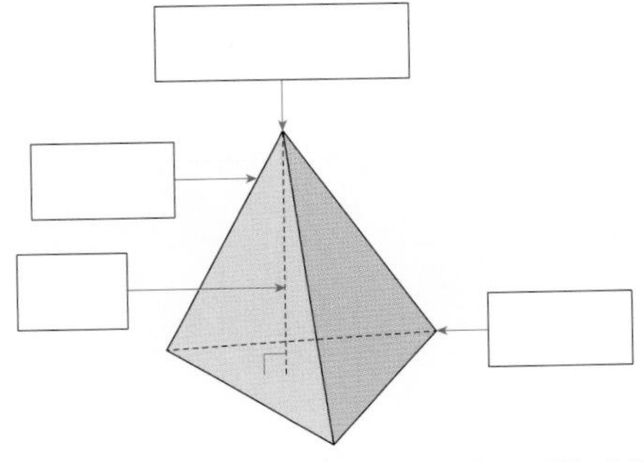

tip 꼭짓점 중에서도 옆면이 모두 만나는 점을 각뿔의 꼭짓점이라고 합니다.

6-1 서술형 쌍둥이 문제

오른쪽 입체도형에서 각뿔의 꼭짓점을 찾아 쓰려고 합니다. 해결 과정을 쓰고, 답을 구하세요. [4점]

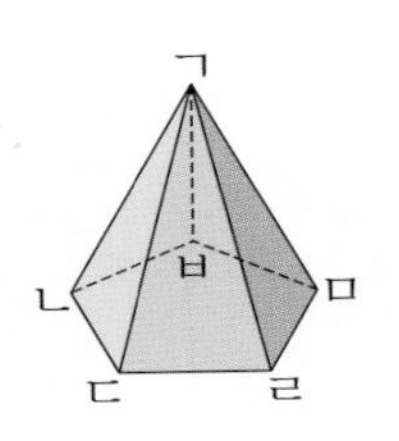

(   )

수학
2단원

수학 실전! 서술형 평가

단계별 유형

1 두 각기둥의 같은 점과 다른 점을 설명하려고 합니다. 물음에 답하세요. [5점]

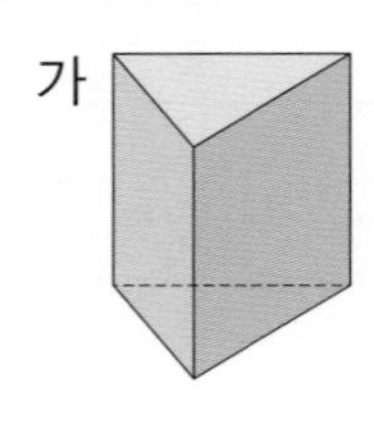

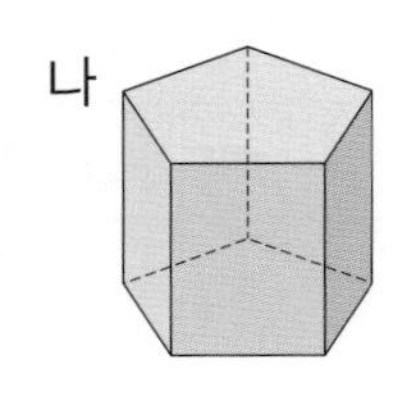

1단계 각기둥 가와 각기둥 나의 밑면은 어떤 도형인지 각각 쓰세요.

가 (   )
나 (   )

2단계 각기둥 가와 각기둥 나의 옆면은 어떤 도형인지 각각 쓰세요.

가 (   )
나 (   )

3단계 두 각기둥의 같은 점과 다른 점을 각각 설명하세요.

같은 점

다른 점

2 다음 각기둥의 높이는 몇 cm인지 해결 과정을 쓰고, 답을 구하세요. [5점]

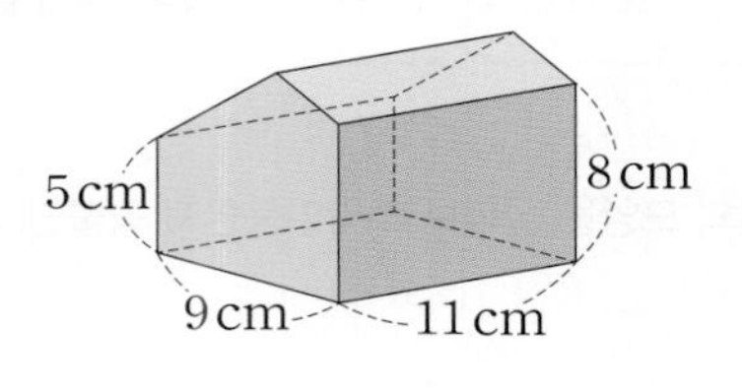

(   )

3 다음 전개도를 접었을 때 만들어지는 입체도형의 모서리는 모두 몇 개인지 해결 과정을 쓰고, 답을 구하세요. [5점]

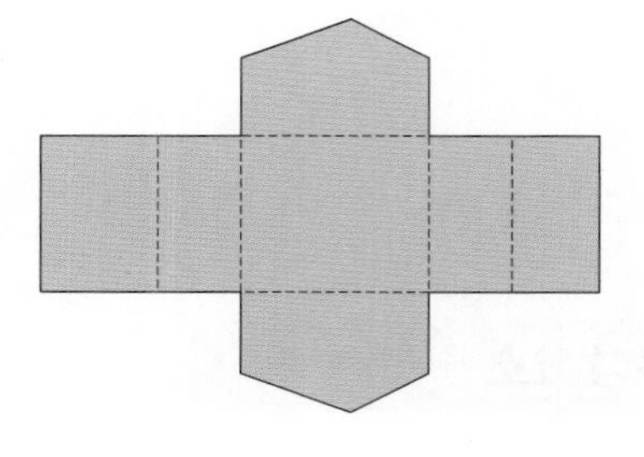

(   )

4 다음 삼각형 7개를 옆면으로 하는 각뿔의 밑면의 둘레는 몇 cm인지 해결 과정을 쓰고, 답을 구하세요. [7점]

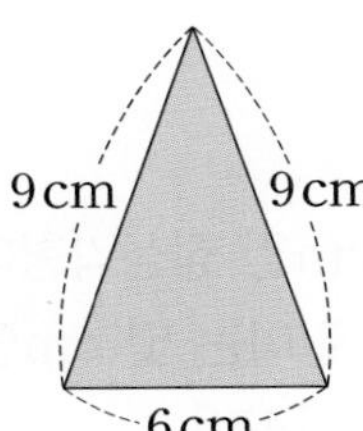

( )

5 다음은 밑면이 정사각형이고 옆면이 모두 이등변삼각형인 사각뿔입니다. 이 사각뿔의 모든 모서리의 길이의 합은 몇 cm인지 해결 과정을 쓰고, 답을 구하세요. [7점]

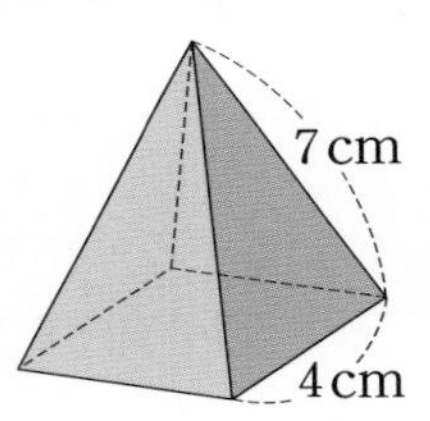

( )

6 다음 전개도에서 선분 ㄱㅅ의 길이는 몇 cm인지 해결 과정을 쓰고, 답을 구하세요. [10점]

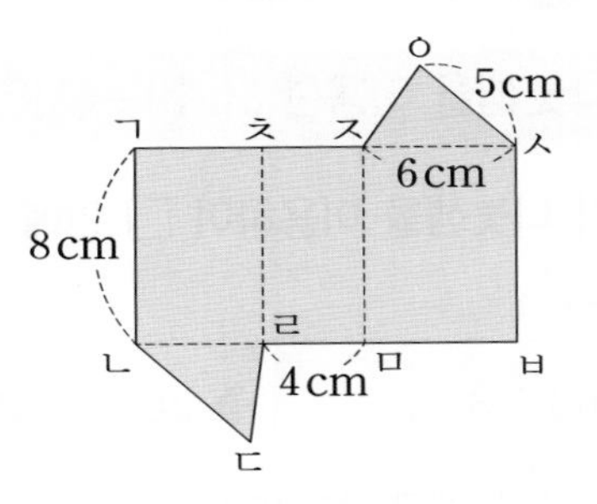

( )

7 어느 각뿔의 꼭짓점과 모서리의 수의 합은 31입니다. 이 각뿔의 이름은 무엇인지 해결 과정을 쓰고, 답을 구하세요. [10점]

( )

수학
2단원

3. 소수의 나눗셈

연습! 서술형 평가

자연수의 나눗셈을 이용한 (소수)÷(자연수)

1 자연수의 나눗셈을 이용하여 □ 안에 알맞은 수를 써넣으세요.

$363 \div 3 = \square$ ➔ $36.3 \div 3 = \square$

tip 나누는 수가 3으로 같고 36.3은 363의 $\frac{1}{10}$배이므로 계산 결과도 $\frac{1}{10}$배가 됩니다.

1-1 서술형 쌍둥이 문제

둘레가 36.3 cm인 정삼각형이 있습니다. 이 정삼각형의 한 변의 길이는 몇 cm인지 해결 과정을 쓰고, 답을 구하세요. [4점]

(　　　　　　　　)

각 자리에서 나누어떨어지지 않는 (소수)÷(자연수)

2 보기 와 같이 계산하세요.

보기

$$7.38 \div 6 = \frac{738}{100} \div 6 = \frac{738 \div 6}{100} = \frac{123}{100} = 1.23$$

$9.73 \div 7$

tip 소수를 분모가 100인 분수로 고친 후 분수의 나눗셈을 계산하여 몫을 구합니다.

소수의 나눗셈을 분수로 고쳐서 계산하는 과정입니다. ㉠과 ㉡에 알맞은 수의 합은 얼마인지 해결 과정을 쓰고, 답을 구하세요. [4점]

$$9.73 \div 7 = \frac{973}{100} \div 7 = \frac{973 \div ㉠}{100} = \frac{㉡}{100} = 1.39$$

(　　　　　　　　)

몫이 1보다 작은 (소수)÷(자연수)

3 소수를 자연수로 나눈 몫을 빈 곳에 써넣으세요.

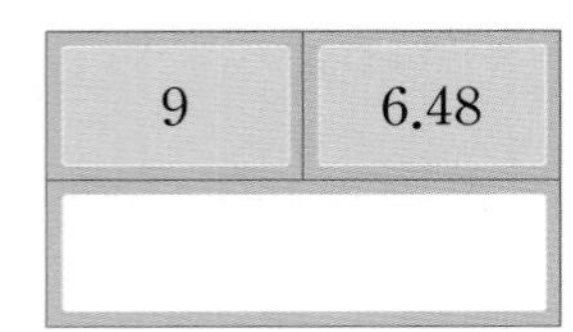

tip 나누어지는 수가 나누는 수보다 작은 경우, 몫이 1보다 작으므로 먼저 몫의 일의 자리에 0을 쓰고 소수점을 찍은 다음 자연수의 나눗셈과 같은 방법으로 계산합니다.

계산이 잘못된 곳을 찾아 바르게 계산하고, 잘못된 이유를 쓰세요. [6점]

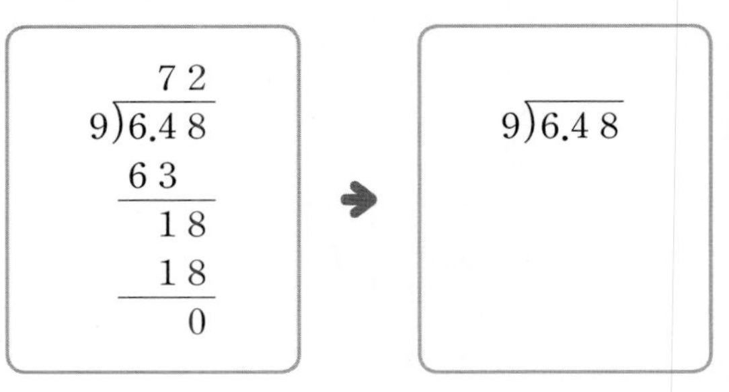

소수점 아래 0을 내려 계산하는 (소수)÷(자연수)

4 $740 \div 5 = 148$을 이용하여 $7.4 \div 5$의 몫을 구하려고 합니다. 몫의 소수점을 잘못 찍은 것을 찾아 ×표 하세요.

$7.4 \div 5 = 14.8$	$7.4 \div 5 = 1.48$
(　　　)	(　　　)

tip 자연수의 나눗셈을 이용하여 계산할 때에는 나누어지는 수의 소수점이 왼쪽으로 옮겨진 자릿수만큼 몫의 소수점도 왼쪽으로 옮겨집니다.

4-1 ㉠은 ㉡의 몇 배인지 해결 과정을 쓰고, 답을 구하세요. [4점]

$740 \div 5 =$ ㉠

$7.4 \div 5 =$ ㉡

(　　　　　　　　)

몫의 소수 첫째 자리에 0이 있는 (소수)÷(자연수)

5 빈 곳에 알맞은 수를 써넣으세요.

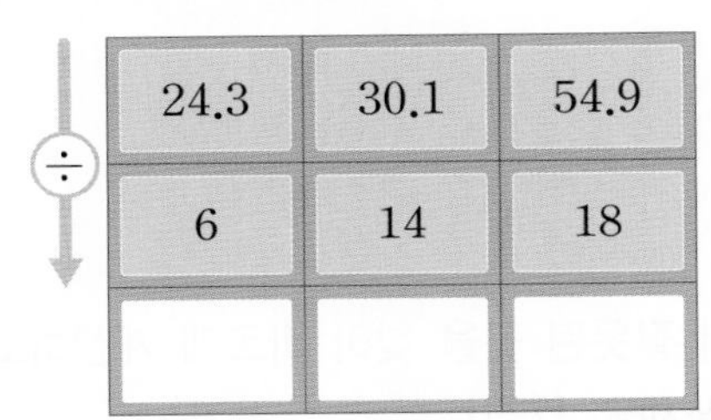

tip 나누어야 할 수가 나누는 수보다 작은 경우에는 몫에 0을 쓰고 수를 하나 내려 계산합니다.

5-1 몫의 소수 첫째 자리 숫자가 다른 하나를 찾아 기호를 쓰려고 합니다. 해결 과정을 쓰고, 답을 구하세요. [6점]

㉠ $24.3 \div 6$　㉡ $30.1 \div 14$　㉢ $54.9 \div 18$

(　　　　　　　　)

몫이 소수인 (자연수)÷(자연수)

6 빈 곳에 알맞은 소수를 써넣으세요.

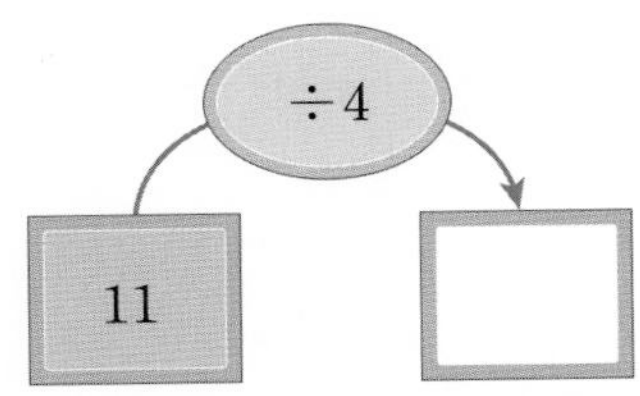

tip 소수점 아래에서 내릴 수가 없는 경우 0을 내려 계산합니다.

6-1 무게가 같은 멜론 4개의 무게는 11 kg입니다. 멜론 1개의 무게는 몇 kg인지 소수로 나타내려고 합니다. 해결 과정을 쓰고, 답을 구하세요. [4점]

(　　　　　　　　)

수학 실전! 서술형 평가

1 □ 안에 알맞은 수를 써넣고 두 수의 관계를 비교하세요. [5점]

$1365 \div 7 = \square$ ➔ $13.65 \div 7 = \square$

2 넓이가 $22.4\ cm^2$인 삼각형이 있습니다. 이 삼각형의 밑변의 길이가 $8\ cm$일 때 높이는 몇 cm인지 해결 과정을 쓰고, 답을 구하세요. [5점]

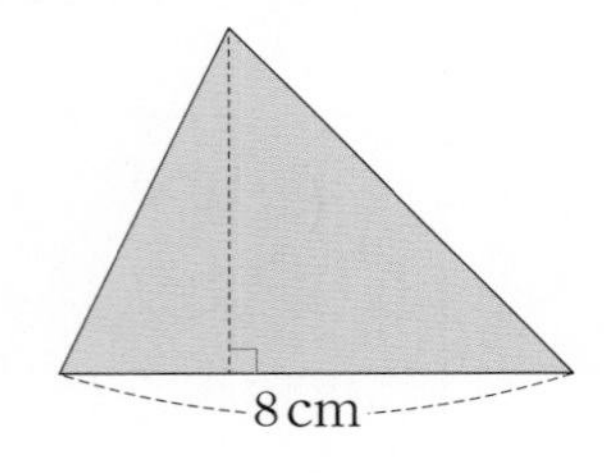

(   )

3 나눗셈의 몫이 1보다 작은 것을 모두 찾아 기호를 쓰려고 합니다. 해결 과정을 쓰고, 답을 구하세요. [7점]

㉠ $3.84 \div 8$	㉡ $16.8 \div 21$
㉢ $20.5 \div 5$	㉣ $42.72 \div 12$

(   )

4 계산이 잘못된 곳을 찾아 바르게 계산하고, 잘못된 이유를 쓰세요. [7점]

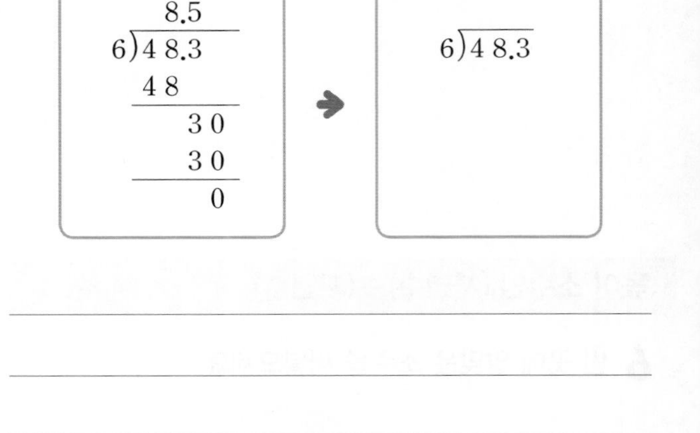

5 다음 수 카드 4장 중 2장을 뽑아 몫이 가장 작은 나눗셈식을 만들어 몫을 구하려고 합니다. 해결 과정을 쓰고, 답을 구하세요. [7점]

3 4 5 6

( )

6 어떤 수를 8로 나누어야 할 것을 잘못하여 3으로 나누었더니 몫이 14가 되었습니다. 바르게 계산한 몫은 얼마인지 해결 과정을 쓰고, 답을 구하세요. [7점]

( )

단계별 유형

7 바닥이 다음과 같은 직사각형 모양의 체육관이 있습니다. 체육관 바닥을 한 변의 길이가 2 m인 정사각형 모양의 장판으로 겹치지 않게 남김없이 덮으려고 합니다. 잘라 내고 남은 장판은 사용하지 않을 때 장판은 적어도 몇 장 필요한지 구하려고 합니다. 물음에 답하세요. [10점]

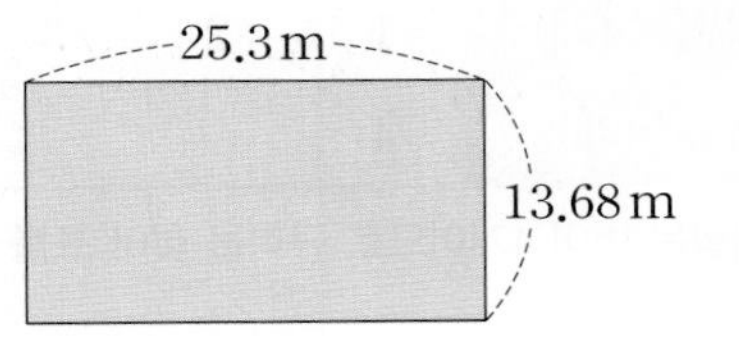

1단계 직사각형 모양의 가로 한 줄에 필요한 장판은 몇 장일까요?

( )

2단계 직사각형 모양의 세로 한 줄에 필요한 장판은 몇 장일까요?

( )

3단계 체육관 바닥을 겹치지 않게 남김없이 덮으려면 장판은 적어도 몇 장 필요한가요?

( )

수학

3단원

4. 비와 비율

연습! 서술형 평가

두 수 비교하기

1 사각형 수에 따른 변의 수를 구하여 표를 완성하세요.

사각형 수(개)	1	2	3	4	5
변의 수(개)	4				

tip 사각형은 변이 4개이므로 규칙을 찾아 표를 완성합니다.

1-1 서술형 쌍둥이 문제

사각형 수에 따른 변의 수를 뺄셈과 나눗셈으로 비교하고 어떤 차이가 있는지 설명하세요. [6점]

비 알아보기

2 관계있는 것끼리 이으세요.

8 : 5	• •	5의 8에 대한 비
5 : 8	• •	5에 대한 8의 비

tip 비 ■ : ●는 ●를 기준으로 ■를 비교한 것입니다.

2-1 서술형 쌍둥이 문제

알맞은 말에 ○표 하여 문장을 완성하고, 그 이유를 쓰세요. [4점]

8 : 5와 5 : 8은 (같습니다 , 다릅니다).

비율 알아보기

3 기준량이 300이고 비교하는 양이 120인 비율을 분수와 소수로 나타내세요.

분수	소수

tip (비율)=(비교하는 양)÷(기준량)으로 구할 수 있습니다.

3-1 서술형 쌍둥이 문제

윤지는 물에 매실 원액 120 mL를 넣어 매실주스 300 mL를 만들었습니다. 매실주스 양에 대한 매실 원액 양의 비율을 소수로 나타내려고 합니다. 해결 과정을 쓰고, 답을 구하세요. [4점]

(   )

정답과 풀이 105쪽

비율이 사용되는 경우

4 비율이 더 큰 것을 찾아 기호를 쓰세요.

㉠ 13 : 20
㉡ 14와 25의 비

(　　　　　　　　　　)

tip 주어진 비를 분수나 소수로 나타내어 크기를 비교합니다.

4-1 서술형 쌍둥이 문제

민수네 학교에서 체험 학습을 갔습니다. 1반 13명은 20인승 버스를 탔고, 2반 14명은 25인승 버스를 탔습니다. 버스의 정원에 대한 버스에 탄 사람 수의 비율이 더 큰 반은 몇 반인지 해결 과정을 쓰고, 답을 구하세요. [6점]

(　　　　　　　　　　)

백분율 알아보기

5 □ 안에 알맞은 수를 써넣으세요.

기준량을 □으로 할 때의 비율을 백분율이라고 합니다.

tip 백분율은 기호 %(퍼센트)를 사용하여 나타냅니다.

5-1 서술형 쌍둥이 문제

연지가 백분율에 대해 다음과 같이 설명했습니다. 틀린 이유를 쓰고, 바르게 고치세요. [6점]

비율 $\frac{1}{5}$은 $\frac{2}{10}$이므로 백분율로 나타내면 2 %가 돼.

연지

이유

바르게 고치기

백분율이 사용되는 경우

6 색칠한 부분은 전체의 몇 %인가요?

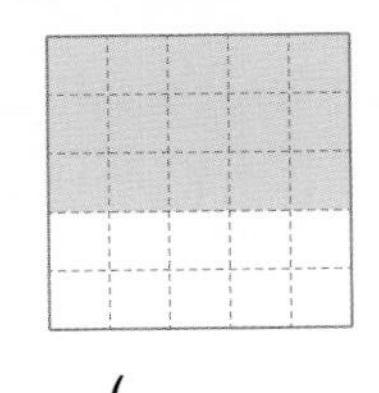

(　　　　　　　　　　)

tip 전체에 대한 색칠한 부분을 비율로 나타낸 다음 비율에 100을 곱합니다.

6-1 서술형 쌍둥이 문제

우성이네 반 학생 25명 중에서 수학 경시대회에 참가한 학생은 15명입니다. 우성이네 반의 수학 경시대회 참가율은 몇 %인지 해결 과정을 쓰고, 답을 구하세요. [4점]

(　　　　　　　　　　)

수학 4단원

1 어느 도시의 넓이는 $465\ \text{km}^2$이고 인구는 27만 명입니다. 이 도시의 넓이에 대한 인구의 비율을 반올림하여 자연수로 나타내려고 합니다. 해결 과정을 쓰고, 답을 구하세요. [5점]

(　　　　　　　　　　)

2 승호의 아버지가 20 km 마라톤 대회에 참가했습니다. 승호의 아버지가 13 km를 달렸을 때 전체 거리에 대한 더 달려야 하는 거리의 비를 나타내려고 합니다. 해결 과정을 쓰고, 답을 구하세요. [5점]

(　　　　　　　　　　)

3 두 직사각형의 가로에 대한 세로의 비율을 분수와 소수로 각각 나타내어 표를 완성하고, 비율을 비교하여 알게 된 사실을 쓰세요. [7점]

가: 가로 8 cm, 세로 6 cm
나: 가로 12 cm, 세로 9 cm

비율	가	나
분수		
소수		

4 유리와 형우가 고리 던지기 놀이를 하였습니다. 두 사람 중 성공률이 더 높은 사람은 누구인지 해결 과정을 쓰고, 답을 구하세요. [7점]

- 유리: 나의 성공률은 55 %야.
- 형우: 20개의 고리를 던져 13개를 성공했어.

(　　　　　　　　　　)

5 두 비커에 다음과 같이 소금물을 만들었습니다. 어느 비커의 소금물이 더 진한지 해결 과정을 쓰고, 답을 구하세요. [7점]

- A 비커: 물 75 g에 소금 25 g을 넣었습니다.
- B 비커: 물 120 g에 소금 30 g을 넣었습니다.

(　　　　　　　　)

6 눈의 수가 1부터 6까지 있는 주사위 한 개를 던졌을 때, 눈이 나오는 전체 경우에 대한 4 이상의 눈이 나올 경우의 비율을 백분율로 나타내려고 합니다. 해결 과정을 쓰고, 답을 구하세요. [7점]

(　　　　　　　　)

단계별 유형

7 어느 가게에서 판매하는 물건의 원래 가격과 할인하여 판매한 가격을 나타낸 표를 보고 물음에 답하세요. [10점]

물건	원래 가격(원)	판매한 가격(원)
인형	25000	21250
축구공	38000	34200
블록 세트	30000	26400

1단계 인형의 할인 금액은 원래 가격의 몇 %인가요?

(　　　　　　　　)

2단계 축구공의 할인 금액은 원래 가격의 몇 %인가요?

(　　　　　　　　)

3단계 블록 세트의 할인 금액은 원래 가격의 몇 %인가요?

(　　　　　　　　)

4단계 할인율이 가장 높은 물건은 무엇인지 해결 과정을 쓰고, 답을 구하세요.

(　　　　　　　　)

연습! 서술형 평가

띠그래프 알기

1 성훈이네 반 학생들이 좋아하는 계절을 조사하여 나타낸 띠그래프입니다. 봄을 좋아하는 학생 수는 전체의 몇 %인가요?

좋아하는 계절별 학생 수

0 10 20 30 40 50 60 70 80 90 100(%)

봄 (25 %)	여름 (34 %)	가을 (18 %)	겨울 (23 %)

( )

tip 띠그래프에서 작은 눈금 한 칸은 1 %를 나타냅니다.

1-1 서술형 쌍둥이 문제

띠그래프에서 빨간색을 좋아하는 학생 수는 전체의 몇 %인지 해결 과정을 쓰고, 답을 구하세요. [4점]

좋아하는 색깔별 학생 수

0 10 20 30 40 50 60 70 80 90 100(%)

빨간색	노란색	파란색	초록색

( )

띠그래프로 나타내기

2 표를 보고 띠그래프를 완성하려고 합니다. □ 안에 알맞은 수를 써넣으세요.

좋아하는 운동별 학생 수

운동	축구	야구	농구	배구	기타	합계
학생 수(명)	60	50	40	30	20	200

좋아하는 운동별 학생 수

축구 (□ %)	야구 (□ %)	농구 (20 %)	배구 (15 %)	기타 (10 %)

tip 띠그래프는 전체에 대한 각 부분의 백분율을 알고 백분율의 합계가 100 %가 되는지 확인하여 그립니다.

2-1 서술형 쌍둥이 문제

표를 보고 띠그래프를 완성할 때 ㉠과 ㉡의 합은 얼마인지 해결 과정을 쓰고, 답을 구하세요. [4점]

여행 가고 싶은 나라별 학생 수

나라	독일	미국	중국	일본	기타	합계
학생 수(명)		75	60	45		300

여행 가고 싶은 나라별 학생 수

독일 (30 %)	미국 (㉠ %)	중국 (㉡ %)	일본 (15 %)	기타 (10 %)

( )

띠그래프 해석하기

3 2의 띠그래프에서 축구를 좋아하는 학생 수는 배구를 좋아하는 학생 수의 몇 배인가요?

( )

tip 축구를 좋아하는 학생 수의 비율이 배구를 좋아하는 학생 수의 비율의 몇 배인지 구합니다.

3-1 서술형 쌍둥이 문제

2-1의 표와 띠그래프를 보고 독일에 가고 싶은 학생은 몇 명인지 해결 과정을 쓰고, 답을 구하세요. [6점]

( )

원그래프 알기

4 희수네 학교 6학년 학생들이 배우고 싶은 악기를 조사하여 나타낸 원그래프입니다. 두 번째로 많은 학생이 배우고 싶은 악기는 전체의 몇 %인가요?

악기별 학생 수

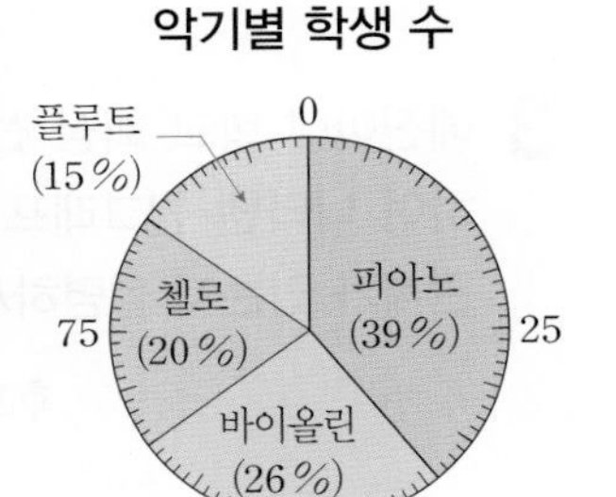

( )

tip 원그래프에서 차지하는 부분의 넓이가 두 번째로 넓은 항목의 비율을 구합니다.

4-1 어느 마트에 있는 종류별 과일을 조사하여 나타낸 원그래프입니다. 가장 많이 있는 과일은 전체의 몇 %인지 해결 과정을 쓰고, 답을 구하세요. [4점]

종류별 과일 수

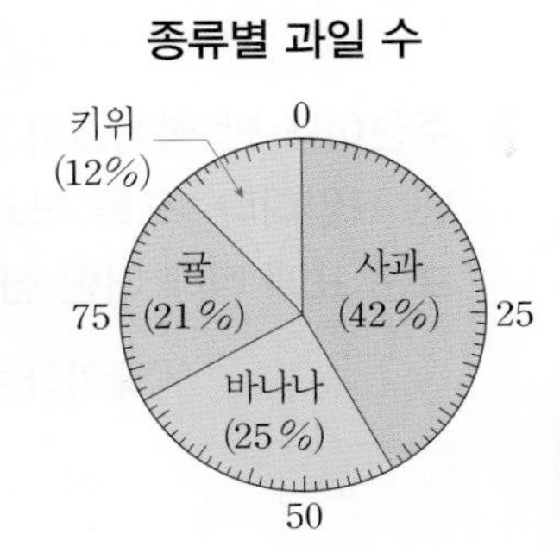

( )

원그래프 해석하기

5 4의 원그래프를 보고 알 수 있는 내용을 나타낸 것입니다. 맞으면 ○표, 틀리면 ×표 하세요.

(1) 플루트를 배우고 싶은 학생 수는 전체의 15 %입니다. ( )

(2) 피아노를 배우고 싶은 학생 수는 바이올린을 배우고 싶은 학생 수의 1.4배입니다. ( )

tip 원그래프는 전체를 100 %로 하여 전체에 대한 각 부분의 비율을 한눈에 알아볼 수 있습니다.

5-1 4-1의 원그래프를 보고 알 수 있는 내용을 2가지 쓰세요. [6점]

내용1

내용2

여러 가지 그래프를 비교하기

6 민주네 반 학생들의 등교 방법을 조사하여 나타낸 그림그래프입니다. 표를 완성하세요.

등교 방법별 학생 수

등교 방법별 학생 수

등교 방법	도보	자전거	버스	기타	합계
백분율(%)					100

tip 그림그래프에서 각 항목의 수를 구하여 전체 학생 수에 대한 각 항목의 백분율을 구합니다.

6-1 학생 200명이 좋아하는 채소를 나타낸 그림그래프입니다. 작은 눈금 한 칸이 5 %인 띠그래프로 나타낼 때 가장 많은 학생이 좋아하는 채소는 눈금 몇 칸을 차지하는지 해결 과정을 쓰고, 답을 구하세요. [6점]

좋아하는 채소별 학생 수

감자	오이
당근	기타

100명, 10명

( )

1 주현이네 반 학생들이 좋아하는 과목을 조사하여 나타낸 표입니다. 표를 보고 띠그래프로 나타내고, 띠그래프는 표에 비해 어떤 점이 좋은지 설명하세요. [5점]

좋아하는 과목별 학생 수

과목	국어	수학	과학	사회	기타	합계
백분율(%)	35	25	15	10	15	100

좋아하는 과목별 학생 수

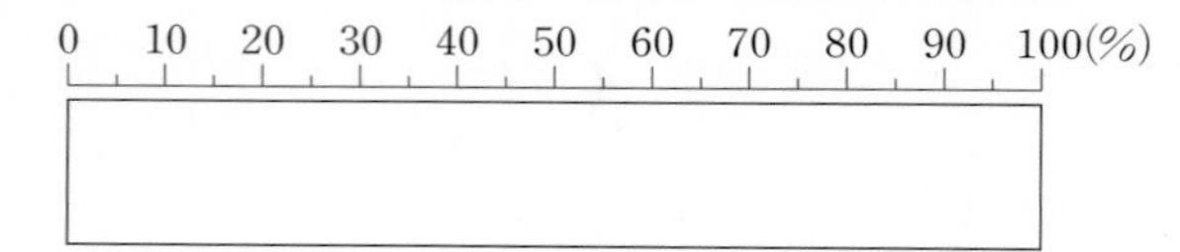

2 1의 띠그래프를 보고 수학을 좋아하는 학생이 5명이라면 주현이네 반 학생은 모두 몇 명인지 해결 과정을 쓰고, 답을 구하세요. [7점]

(　　　　　　　　)

3 예진이네 학교 회장 선거에서 후보자별 득표수를 조사하여 나타낸 원그래프입니다. 백분율과 득표수는 어떤 관계가 있는지 설명하세요. [5점]

후보자별 득표수

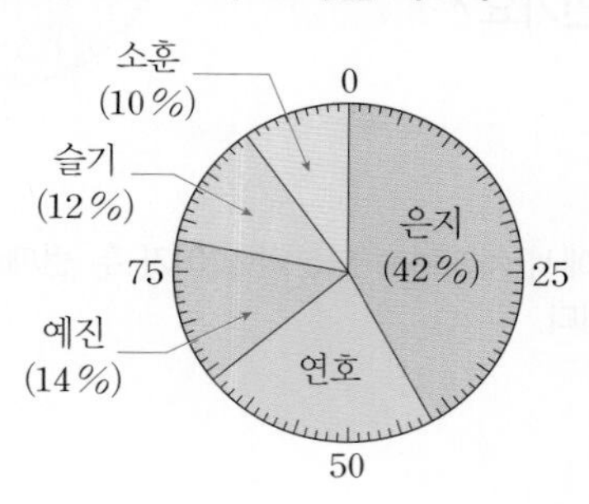

4 3의 원그래프를 보고 회장 선거에서 투표한 전체 학생이 500명이라면 연호의 득표수는 몇 표인지 해결 과정을 쓰고, 답을 구하세요. [7점]

(　　　　　　　　)

5 현서네 마을의 2012년과 2017년의 연령별 인구를 조사하여 각각 띠그래프로 나타낸 것입니다. 앞으로 현서네 마을의 연령별 인구가 어떻게 변화될 것으로 예상하는지 설명하세요. [7점]

연령별 인구

	14세 이하	15세 이상 64세 이하	65세 이상
2012년	36.5 %	59.6 %	3.9 %
2017년	23.0 %	70.2 %	6.8 %

6 띠그래프와 원그래프의 같은 점과 다른 점을 각각 쓰세요. [7점]

같은 점

다른 점

단계별 유형

7 규민이네 반 학급 문고에는 동화책이 36권, 과학책이 42권, 위인전이 30권, 만화책이 9권, 잡지가 3권 있습니다. 물음에 답하세요. [10점]

1단계 학급 문고 중 기타 항목에 넣을 수 있는 책의 종류는 무엇인지 쓰고, 그 이유를 쓰세요.

책의 종류

이유

2단계 표를 완성하세요.

종류별 책 수

종류				기타	합계
책 수(권)					
백분율(%)					

3단계 2단계의 표를 보고 원그래프로 나타내세요.

종류별 책 수

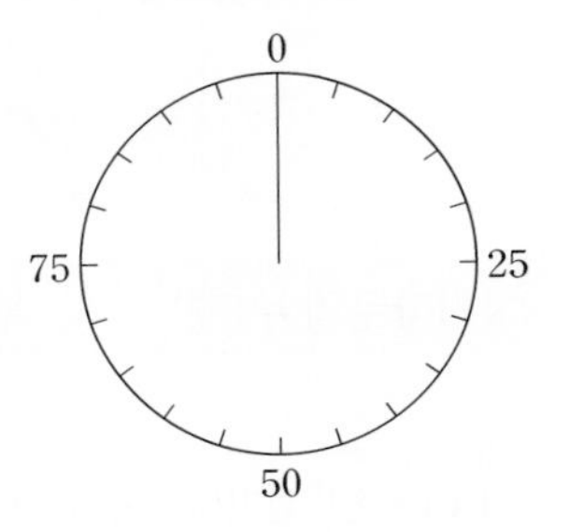

4단계 3단계의 원그래프를 보고 알 수 있는 내용을 쓰세요.

수학
5단원

연습! 서술형 평가

직육면체의 부피

1 다음 직육면체의 부피는 몇 cm^3인가요?

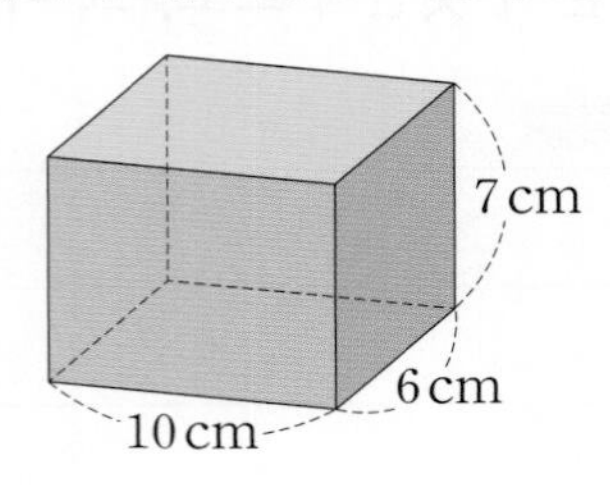

( )

tip (직육면체의 부피)=(가로)×(세로)×(높이)입니다.

1-1 서술형 쌍둥이 문제

세호는 가로가 10 cm, 세로가 6 cm, 높이가 7 cm인 직육면체 모양의 상자에 들어 있는 초콜릿을 샀습니다. 세호가 산 초콜릿 상자의 부피는 몇 cm^3인지 해결 과정을 쓰고, 답을 구하세요. [4점]

( )

정육면체의 부피

2 부피가 $1 cm^3$인 쌓기나무로 다음과 같이 정육면체를 만들었습니다. 빈칸에 쌓기나무의 수와 정육면체의 부피를 각각 써넣으세요.

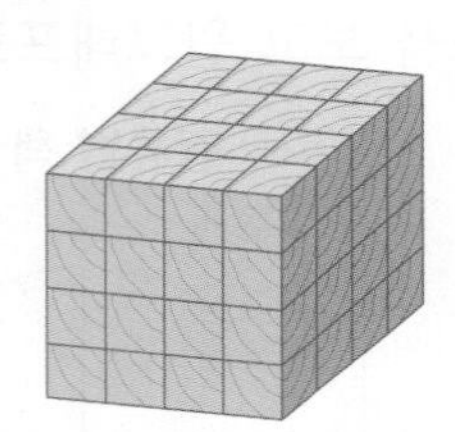

쌓기나무의 수(개)	부피(cm^3)

tip 부피가 $1 cm^3$인 쌓기나무가 ■개이면 정육면체의 부피는 ■ cm^3입니다.

2-1 서술형 쌍둥이 문제

다음 정육면체의 부피는 몇 cm^3인지 해결 과정을 쓰고, 답을 구하세요. [4점]

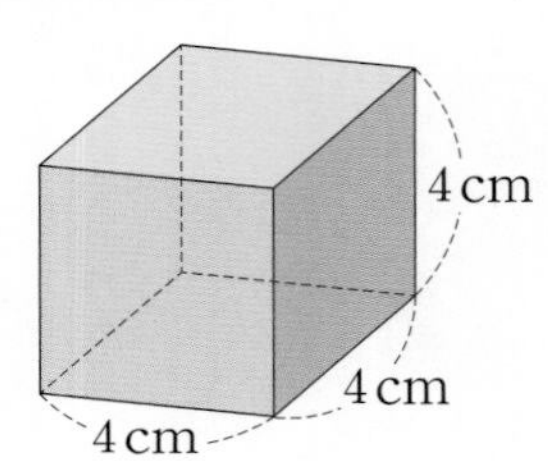

( )

$1 m^3$와 $1 cm^3$의 관계

3 □ 안에 알맞은 수를 써넣으세요.

(1) $2 m^3$= □ cm^3

(2) $1250000 cm^3$= □ m^3

tip $1 m^3 = 1000000 cm^3$임을 이용합니다.

3-1 서술형 쌍둥이 문제

선호네 집에 있는 냉장고의 부피는 $2 m^3$이고, 서랍장의 부피는 $1250000 cm^3$입니다. 냉장고와 서랍장 중 부피가 더 큰 것은 무엇인지 해결 과정을 쓰고, 답을 구하세요. [6점]

( )

직육면체의 겉넓이

4 직육면체의 겉넓이를 구하려고 합니다. □ 안에 알맞은 수를 써넣으세요.

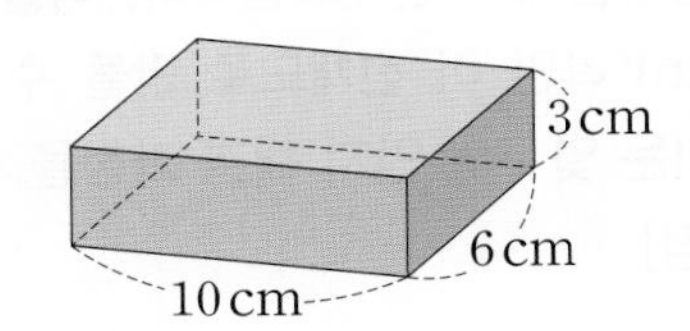

(한 꼭짓점에서 만나는 세 면의 넓이의 합)×2

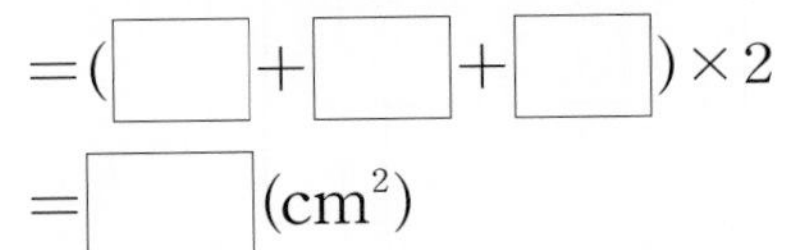

$=(\square+\square+\square)\times 2$

$=\square(\mathrm{cm}^2)$

tip 직육면체에는 합동인 면이 세 쌍 있으므로 직육면체의 겉넓이는 한 꼭짓점에서 만나는 세 면의 넓이의 합을 2배 하여 구합니다.

4-1 다음 전개도를 이용하여 직육면체 모양의 상자를 만들었습니다. 이 상자의 겉넓이는 몇 cm^2인지 해결 과정을 쓰고, 답을 구하세요. [4점]

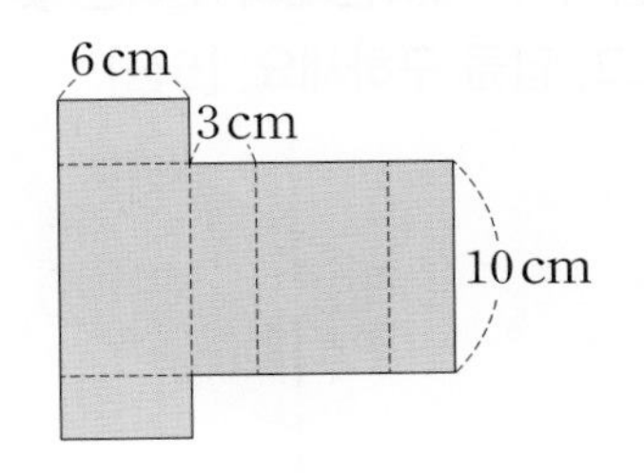

(　　　　　　　　　)

정육면체의 겉넓이

5 다음 전개도를 이용하여 만들 수 있는 정육면체의 겉넓이는 몇 cm^2인가요?

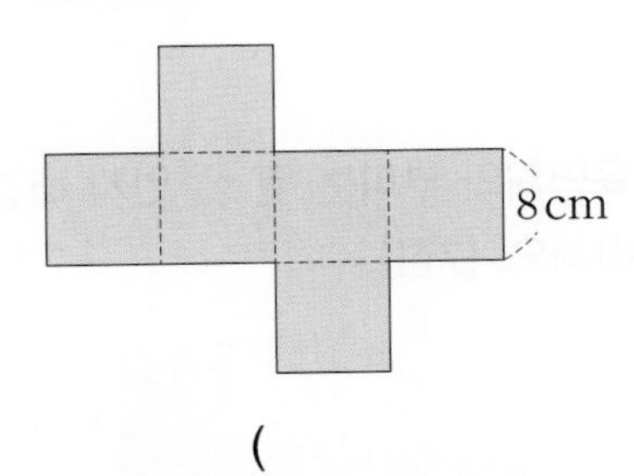

(　　　　　　　　　)

tip 정육면체는 모든 면의 넓이가 같으므로 정육면체의 겉넓이는 한 면의 넓이를 6배 하여 구합니다.

5-1 오른쪽 전개도를 이용하여 정육면체 모양의 상자를 만들었습니다. 이 상자의 겉넓이는 몇 cm^2인지 해결 과정을 쓰고, 답을 구하세요. [6점]

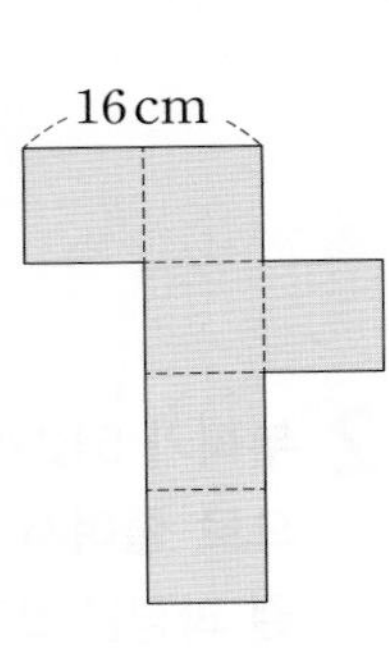

(　　　　　　　　　)

정육면체의 겉넓이의 활용

6 오른쪽 정육면체의 겉넓이가 $150\ \mathrm{cm}^2$일 때 색칠한 면의 넓이는 몇 cm^2인가요?

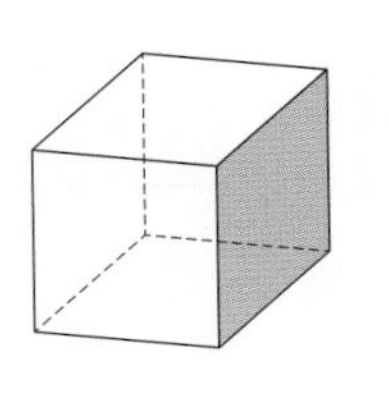

(　　　　　　　　　)

tip (정육면체의 겉넓이)=(한 면의 넓이)×6입니다.

6-1 겉넓이가 $150\ \mathrm{cm}^2$인 정육면체의 한 모서리의 길이는 몇 cm인지 해결 과정을 쓰고, 답을 구하세요. [6점]

(　　　　　　　　　)

수학
6단원

1 부피가 1 cm^3인 쌓기나무로 다음과 같이 직육면체를 만들었습니다. 직육면체의 부피는 몇 cm^3인지 해결 과정을 쓰고, 답을 구하세요. [5점]

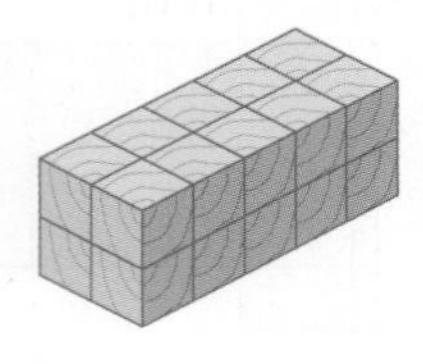

(　　　　　　　　)

2 부피가 512 cm^3인 정육면체의 각 모서리의 길이를 반으로 줄여서 만든 정육면체의 부피는 몇 cm^3인지 해결 과정을 쓰고, 답을 구하세요. [5점]

(　　　　　　　　)

3 다음은 정육면체의 전개도입니다. 색칠한 부분의 넓이가 100 cm^2라면 이 전개도로 만들 수 있는 정육면체의 겉넓이는 몇 cm^2인지 해결 과정을 쓰고, 답을 구하세요. [5점]

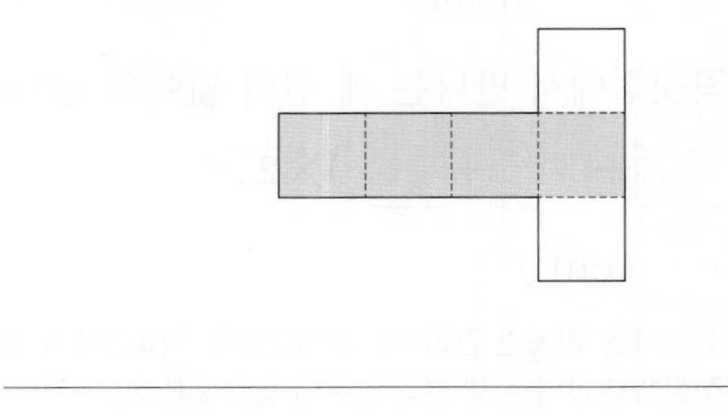

(　　　　　　　　)

4 다음 직육면체의 부피는 몇 m^3인지 해결 과정을 쓰고, 답을 구하세요. [7점]

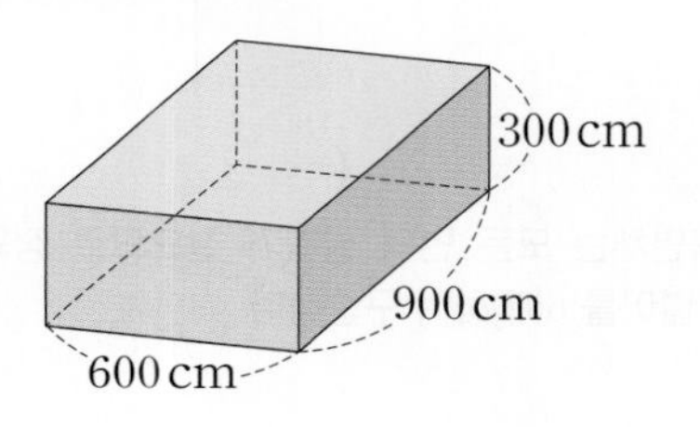

(　　　　　　　　)

단계별 유형

5 다음 직육면체의 겉넓이는 $112\ m^2$입니다. 이 직육면체와 부피가 같은 정육면체의 한 모서리의 길이를 구하려고 합니다. 물음에 답하세요. [7점]

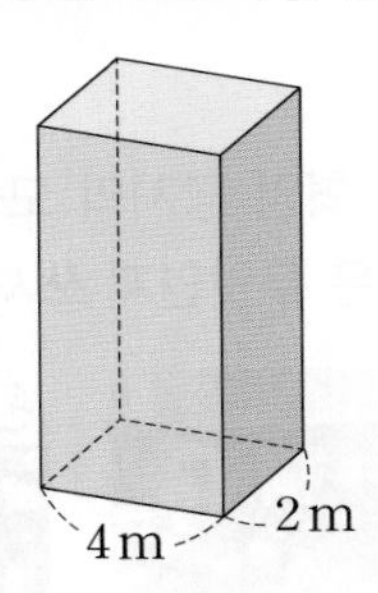

1단계 직육면체의 높이는 몇 m인지 해결 과정을 쓰고, 답을 구하세요.

( )

2단계 직육면체의 부피는 몇 m^3인가요?

( )

3단계 직육면체와 부피가 같은 정육면체의 한 모서리의 길이는 몇 m인가요?

( )

6 다음과 같은 직육면체를 잘라 만들 수 있는 가장 큰 정육면체의 겉넓이는 몇 cm^2인지 해결 과정을 쓰고, 답을 구하세요. [10점]

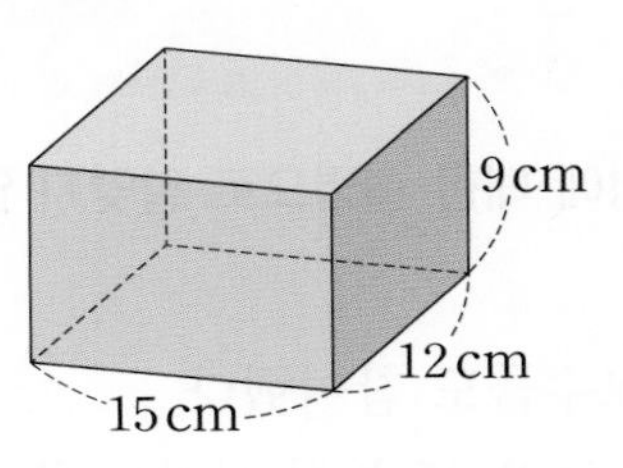

( )

7 다음은 정육면체의 가운데 부분을 직육면체 모양으로 뚫어서 만든 입체도형입니다. 입체도형의 부피는 몇 cm^3인지 해결 과정을 쓰고, 답을 구하세요. [10점]

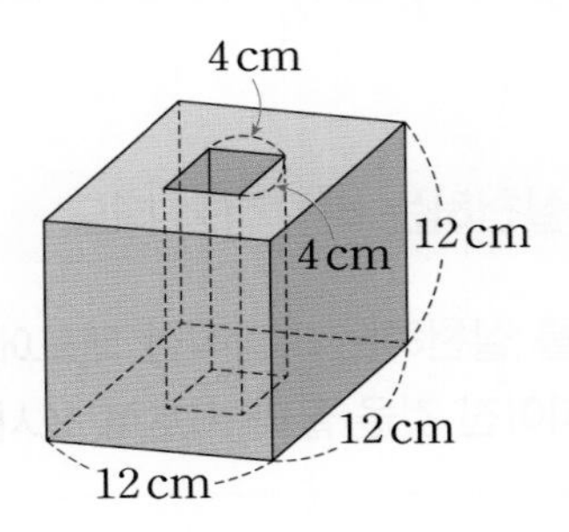

( )

수학
6단원

연습! 서술형 평가

4·19 혁명

1 4·19 혁명에 대한 설명으로 알맞지 않은 것은 어느 것입니까? (　　　)

① 대학교수들도 참여했다.
② 혁명으로 3·15 부정 선거는 무효가 되었다.
③ 혁명으로 박정희가 대통령 자리에서 물러났다.
④ 마산에서 3·15 부정 선거를 비판하는 시위가 일어났다.
⑤ 잘못된 정권은 국민 스스로 바로잡아야 한다는 교훈을 얻게 되었다.

1-1 서술형 쌍둥이 문제

다음은 4·19 혁명 당시의 모습입니다. 이 혁명으로 얻게 된 교훈은 무엇인지 쓰시오. [4점]

6월 민주 항쟁

2 다음 밑줄 친 '선언'의 이름을 쓰시오.

> 6월 민주 항쟁의 결과 당시 여당 대표는 대통령 직선제 실시, 언론의 자유 보장, 지방 자치제 시행, 지역감정 없애기 등의 내용을 담은 선언을 발표했습니다.

(　　　　　　　　　　)

2-1 서술형 쌍둥이 문제

6월 민주 항쟁의 결과 당시 여당 대표가 발표한 선언에 담긴 내용을 두 가지 쓰시오. [6점]

민주주의를 실천하는 바람직한 태도

3 민주주의를 실천하는 바람직한 태도에 대한 설명이 바르게 짝 지어진 것을 골라 기호로 쓰시오.

> ㉠ 관용 – 나와 다른 의견을 인정하고 포용하는 태도
> ㉡ 양보와 타협 – 사실이나 의견의 옳고 그름을 따져 살펴보는 태도
> ㉢ 비판적 태도 – 상대방에게 어떤 일을 배려하고 서로 협의하는 것

(　　　　　　　　　　)

3-1 서술형 쌍둥이 문제

다음에서 주희에게 나타나는 민주주의를 실천하는 바람직한 태도의 이름과 그 의미를 쓰시오. [4점]

> • 희정: 우리 반 자리는 키 순서로 정하면 좋겠어.
> • 철민: 키가 큰 친구가 시력이 좋지 않아 앞자리에 앉으면 뒤에 앉은 친구가 칠판이 잘 보이지 않을 수 있어.
> • 주희: 키 순서로 자리를 정한 후 시력이 좋지 않은 친구들은 다시 자리를 바꾸는 것이 좋겠어.

민주적 의사 결정 원리

4 다음 (   ) 안에 공통으로 들어갈 알맞은 말을 쓰시오.

> (   )의 원칙이란 다수의 의견이 소수의 의견보다 합리적일 것이라고 가정하고 다수의 의견을 채택하는 방법입니다. 사람들은 (   )의 원칙에 따라 쉽고 빠르게 문제를 해결하지만 소수의 의견도 존중해야 합니다.

(   )

4-1 서술형 쌍둥이 문제

다수결의 원칙을 사용할 때 주의할 점을 쓰시오. [4점]

국회, 정부, 법원에서 하는 일

5 국회, 정부, 법원에 대하여 바르게 말한 사람은 누구입니까? (   )

① 주영: 법원은 법을 만드는 일을 해.
② 영준: 국회는 법에 따라 재판을 하는 곳이야.
③ 명선: 법원은 법에 따라 나라의 살림을 맡아 하는 곳이야.
④ 나래: 정부는 국민의 안전과 행복을 위해 여러 가지 일을 해.
⑤ 찬조: 정부는 나라의 살림에 필요한 예산을 심의하여 확정하는 일을 해.

5-1 서술형 쌍둥이 문제

국회에서 하는 일을 다음 단어를 모두 이용하여 두 가지 쓰시오. [6점]

> • 법　　• 예산　　• 심의

권력 분립의 필요성

6 권력 분립과 삼권 분립에 대한 설명으로 잘못된 것은 어느 것입니까? (   )

> 권력 분립은 ① 국가 기관이 권력을 나누어 가지고 ② 서로 감시하는 민주 정치의 원리입니다. ③ 우리나라는 민주주의를 실현하려고 국가 권력을 국회, 정부, 법원이 나누어 맡는데, 이를 삼권 분립이라고 합니다. 이는 ④ 한 기관이 국가의 중요한 일을 마음대로 처리하도록 서로 견제하고 균형을 이루게 하여 ⑤ 국민의 자유와 권리를 지키려는 것입니다.

6-1 서술형 쌍둥이 문제

국가 기관이 권력을 나누어 가지고 서로 감시해야 하는 까닭을 쓰시오. [6점]

사회 실전! 서술형 평가

단계별 유형

1 다음을 보고, 물음에 답하시오. [10점]

㉠ 

▲ 6월 민주 항쟁

㉡ 

▲ 4·19 혁명

㉢ 

▲ 5·18 민주화 운동

1단계 위 ㉠~㉢ 사건을 일어난 순서대로 기호로 쓰시오.

( )

2단계 위 ㉡ 사건 직후 일어난 일을 다음 단어를 모두 이용하여 쓰시오.

• 이승만 • 3·15 부정 선거

3단계 위 ㉢ 사건이 가지는 역사적 의의를 간단히 쓰시오.

2 6월 민주 항쟁으로 다시 부활한 다음 지방 자치제의 특징을 지역 주민과 지역 대표의 입장에서 각각 쓰시오. [5점]

3 다음에서 나타나는 민주주의의 기본 정신을 보기 에서 골라 쓰고, 그 안에 담긴 의미를 쓰시오. [7점]

보기
• 자유 • 평등 • 인간의 존엄

4 다음은 소영이네 반에서 학급 회의를 열어 자리를 어떻게 정하면 좋을지에 대해 나눈 대화입니다. 밑줄 친 부분에 들어갈 준석이의 의견을 비판적 태도가 나타나도록 쓰시오. [7점]

- 영지: 키 순서로 앉자는 의견도 좋은 것 같아!
- 소영: 키 순서로 자리를 정한 다음에 시력이 좋지 않은 친구들은 다시 자리를 바꾸는 것이 좋겠어.
- 준석: ______________________
- 철구: 친구들과 의견을 모아 결정한 일을 잘 따르고 실천하는 것도 중요해.

5 다음 설명에서 잘못된 부분을 찾아 기호로 쓰고, 바르게 고쳐 쓰시오. [5점]

㉠ 국민 주권이란 국민이 한 나라의 주인으로서 나라의 중요한 일을 스스로 결정하는 권리로, ㉡ 나라의 주인인 국민 모두가 가지고 있는 것입니다. 우리나라 헌법에서는 ㉢ 주권이 국민에게 있음을 분명히 하고 있으며, ㉣ 이를 실현하려고 국민의 자유와 권리를 법으로 보장하고 있습니다. ㉤ 국민이 국가의 주인이라는 사실을 잊거나 지키려고 노력하지 않아도, 자신의 국민 주권을 누군가에게 빼앗기는 일은 절대 일어나지 않습니다.

6 국회, 정부, 법원 중 다음과 같은 모습을 볼 수 있는 곳은 어디인지 쓰고, 그 기관에서 하는 대표적인 일을 두 가지 쓰시오. [7점]

7 다음을 읽고, 한 사람이나 기관이 국가의 중요한 일을 결정하는 권한을 모두 가진다면 일어날 수 있는 문제를 쓰시오. [7점]

루이 14세는 프랑스 역사상 가장 강력한 권력을 가졌던 왕입니다. 그는 프랑스가 유럽에서 가장 강한 국가라는 것을 알리려고 수차례 전쟁을 일으켰습니다. 이런 힘을 바탕으로 루이 14세는 마음대로 법을 만들어 집행했고, 귀족들을 궁전에 초대해 연회를 즐기면서 세금을 낭비했습니다. 하지만 아무도 루이 14세의 결정을 말릴 수가 없었습니다. 결국, 백성들은 먹고살기 어려워졌고 궁전을 짓는 공사에 동원되어 사고로 다치거나 죽기도 했습니다.

연습! 서술형 평가

가계와 기업이 하는 일

1 가계와 기업 중 다음 ㉠, ㉡에 들어갈 말을 골라 쓰시오.

> (㉠)은/는 (㉡)의 생산 활동에 참여하고 (㉡)에서 만든 물건을 구입합니다. 이처럼 (㉠)와/과 (㉡)이/가 하는 일은 서로에게 도움이 됩니다.

㉠ (   ), ㉡ (   )

1-1 서술형 쌍둥이 문제 가계와 기업의 경제 활동은 어떤 관계를 가지고 있는지 다음 단어를 모두 이용하여 간단히 쓰시오. [4점]

> • 시장   • 도움   • 물건과 서비스

우리나라 경제의 특징

2 다음 설명에서 잘못된 것은 어느 것입니까? (   )

> 우리나라에서는 ① 직업을 자유롭게 선택할 수 없습니다. ② 기업은 이윤을 얻으려고 자유롭게 경제 활동을 할 수 있으며, ③ 사람들은 경제 활동으로 얻은 소득을 자유롭게 사용할 수 있습니다. 경제 활동의 자유와 경쟁으로 ④ 자신의 재능과 능력을 더 잘 발휘할 수 있고, ⑤ 소비자가 원하는 조건의 물건을 살 수 있습니다.

2-1 서술형 쌍둥이 문제 자유롭게 경쟁하는 경제 활동이 우리 생활에 주는 도움을 두 가지 쓰시오. [4점]

우리나라의 경제 성장 모습

3 1970~1980년대 우리나라의 경제 성장 모습에 대한 설명으로 알맞지 않은 것은 어느 것입니까? (   )

① 자동차 산업이 크게 성장했다.
② 수출액과 국민 소득이 빠르게 증가했다.
③ 정부는 중화학 공업 육성 계획을 발표했다.
④ 기업들은 현대화된 대형 조선소를 건설하면서 세계 시장에 진출했다.
⑤ 신소재 산업, 로봇 산업과 같이 고도의 기술이 필요한 첨단 산업이 발달했다.

3-1 서술형 쌍둥이 문제 다음을 보고, 2000년대 이후부터 우리나라에서 발달하고 있는 산업의 특징을 간단히 쓰시오. [6점]

신소재 산업

로봇 산업

정답과 풀이 111~112쪽

경제 성장 과정에서 나타난 문제점과 해결 노력

4 경제 성장 과정에서 나타난 문제점 중 노사 갈등에 따른 문제를 해결하기 위해 정부에서 노력하는 일은 무엇입니까? (　　　)

① 복지 정책을 위한 법률을 만든다.
② 기업들이 친환경 제품을 생산하도록 지원한다.
③ 가난한 가족들에게 생계비와 양육비를 지원한다.
④ 기업이 근로자들의 인권을 잘 보호하고 있는지 감시한다.
⑤ 풍력, 태양열 등 친환경 에너지를 생산하기 위해 노력한다.

경제 성장 과정에서 나타난 다음 문제점을 해결하기 위해 정부에서 노력하는 일을 두 가지 쓰시오. [4점]

> 급격한 경제 성장으로 우리 주변의 환경이 급속도로 오염되었고 에너지 자원도 매우 부족해졌습니다.

무역을 하는 까닭

5 다음 (　　) 안의 알맞은 말에 ○표 하시오.

> 나라마다 자연환경과 자원, 기술 등에 차이가 있어 더 잘 ㉠ (생산 , 소비)할 수 있는 물건이나 서비스가 다릅니다. 그렇기 때문에 나라와 나라 사이에 물건과 서비스를 사고파는 ㉡ (무역 , 저축)이 이루어집니다. 다른 나라에 물건을 파는 것을 ㉢ (수출 , 수입), 다른 나라에서 물건을 사 오는 것을 ㉣ (수출 , 수입)이라고 합니다.

나라와 나라 사이에 무역을 하는 까닭을 간단히 쓰시오. [6점]

세계 여러 나라와 무역을 하면서 겪는 문제

6 우리나라가 세계 여러 나라와 무역을 하면서 발생하는 문제를 보기 에서 모두 골라 기호로 쓰시오.

보기
㉠ 우리나라 물건에 높은 관세를 부과한다.
㉡ 우리나라가 다른 나라의 수산물에 대해 수입을 거부한다.
㉢ 다른 나라의 수입량이 정해져 있어 우리나라 농산물을 더 이상 수출할 수 없다.

(　　　　　　　　　　)

6-1 서술형 쌍둥이 문제

다음에서 나타나는 우리나라가 세계 여러 나라와 무역을 하면서 발생하는 문제는 무엇인지 쓰시오. [6점]

사회 실전! 서술형 평가

단계별 유형

1 다음은 가계와 기업이 만나는 시장입니다. 물음에 답하시오. [10점]

㉠ 
▲ 텔레비전 홈 쇼핑

㉡ 
▲ 전통 시장

㉢ 

▲ 주식 시장

㉣ 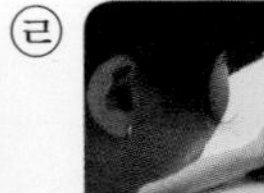
▲ 인터넷 쇼핑

㉤ 
▲ 대형 할인점

㉥ 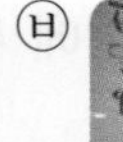
▲ 부동산 시장

1단계 위 ㉠~㉥ 중 물건을 거래하는 시장과 물건이 아닌 것을 거래하는 시장을 각각 찾아 기호로 쓰시오.

(1) 물건을 거래하는 시장	(2) 물건이 아닌 것을 거래하는 시장

2단계 위 ㉠~㉥ 중 여러 기업에서 생산한 물건을 직접 만져 보며 가격을 비교해 살 수 있는 시장을 모두 찾아 기호로 쓰시오.

( )

3단계 위 ㉠, ㉣의 좋은 점을 쓰시오.

2 다음과 같은 상황에서 ㉠에 들어갈 알맞은 해결 방안을 두 가지 쓰시오. [7점]

1. 문제 상황: 음료수의 재료 가격은 내리는데 상품 가격은 오르고 있습니다.
2. 문제 원인
   - 음료수를 만드는 회사가 세 곳뿐이기 때문입니다.
   - 음료수를 만드는 회사끼리 가격을 마음대로 올리기 때문입니다.
3. 음료수 가격이 계속 오르게 둔다면 일어날 수 있는 일
   - 가격이 너무 비싸서 좋아하는 음료수를 사 먹지 못하게 됩니다.
   - 특정 음료수 회사만 많은 이익을 보게 됩니다.
4. 좋아하는 음료수를 좀 더 합리적인 가격으로 사 먹을 수 있는 방법: (㉠)

3 다음은 1960년대 우리나라에서 발달한 경공업입니다. 당시 우리나라에서 이러한 경공업이 발달할 수 있었던 까닭을 쓰시오. [5점]

▲ 의류 생산

▲ 신발 생산

정답과 풀이 112~113쪽

4 다음에서 나타나는 1970년대에 정부가 중화학 공업을 발달시키려고 노력한 일을 두 가지 쓰시오. [7점]

▲ 한국 과학 기술 연구소 준공식

▲ 울산 석유 화학 단지 건설

5 다음 그래프는 우리나라의 국내 총생산의 변화를 나타낸 것입니다. 1960년 이후 우리나라의 국내 총생산은 어떻게 변했는지 쓰시오. [5점]

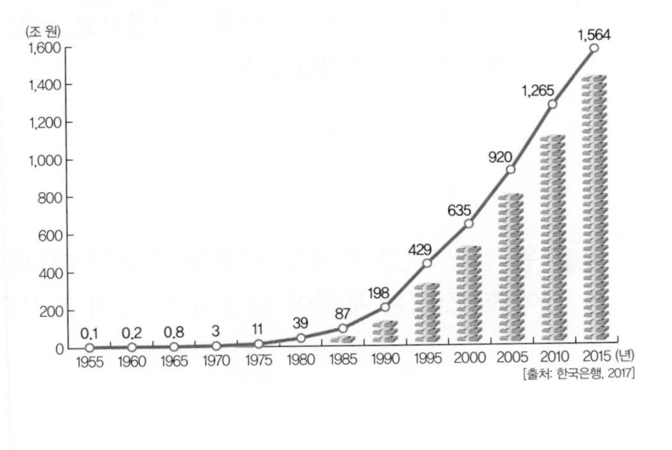

6 다음과 같은 서비스 교류가 우리나라와 몽골에게 좋은 점을 각각 쓰시오. [7점]

> 정부가 몽골과 협약을 체결해 정보 통신 기술을 활용한 의료 수출의 길을 열었습니다. 양국이 체결한 협약은 몽골의 의료 환경 개선에 도움을 줄 것으로 기대됩니다. 한국에서 치료를 받고 귀국한 몽골인 환자들은 원격으로 지속적인 치료를 받을 수 있게 됩니다. 앞으로 한국을 방문해 치료받는 몽골인 환자 수가 증가할 것으로 전망됩니다.

(1) 우리나라:

(2) 몽골:

7 다음 신문 기사를 읽고, 세계 무역 기구는 어떤 결정을 내렸는지 쓰시오. [7점]

> ○○신문 20△△년 △△월 △△일
>
> 인도는 태양광 발전 사업을 발표하면서 자국에서 생산된 태양 전지와 컴퓨터 시스템만을 사용하겠다고 발표했다. 이러한 정책으로 미국의 수출이 90% 정도 줄어들자, 미국은 인도 정부의 차별 정책으로 손해를 봤다며 세계 무역 기구에 판정을 요청했다. 세계 무역 기구는 이 사건을 조사하고 인도가 '외국 기업과 국내 기업을 차별해서는 안 된다.'라는 세계 무역 기구의 규정을 위반했다고 판정했다. 인도는 자국의 태양광 발전 사업을 발전시키고자 꼭 필요한 제도라고 주장했지만, 세계 무역 기구는 인도의 주장을 받아들이지 않았다.

실전! 서술형 평가

1 다음과 같은 상황에서 재영이가 궁금하게 생각한 것은 무엇인지 쓰시오. [6점]

> 재영이는 아버지와 함께 빵 반죽을 만들었습니다. 아버지께서는 효모가 설탕을 분해하면서 기체를 만들기 때문에 빵 반죽이 부푸는데 이것을 '발효'라고 한다고 말씀하셨습니다. 아버지는 빵 반죽을 창가에 두고, 재영이는 빵 반죽을 냉장고에 두었습니다. 그런데 얼마 뒤 아버지의 빵 반죽만 부풀어 올랐고, 재영이의 빵 반죽은 변화가 없었습니다. 재영이는 왜 자신의 빵 반죽은 부풀지 않았는지 궁금해졌습니다.

____

____

____

2 가설 설정이란 무엇인지 쓰고, 가설을 세울 때 생각할 점을 두 가지 쓰시오. [8점]

(1) 가설 설정: ______________________________

____

____

(2) 가설을 세울 때 생각할 점: ______________________________

____

____

____

단계별 유형

3 재영이는 다음과 같이 가설을 세우고 실험을 계획하려고 합니다. 물음에 답하시오. [10점]

> 가설: 효모는 차가운 곳보다 따뜻한 곳에서 더 잘 발효할 것입니다.

1단계 위 가설을 바탕으로 재영이는 다음과 같이 실험 계획을 세웠습니다. 다르게 해야 할 조건은 무엇인지 쓰시오.

> 〈실험 방법〉
> 효모와 설탕을 물에 녹여 효모액을 만들고 시험관에 넣은 뒤, 시험관을 차가운 물과 따뜻한 물에 각각 담그고 발효한 정도를 알아봅니다.
> 〈실험 조건〉
> • 다르게 해야 할 조건: (   )
> • 같게 해야 할 조건: 시험관에 넣을 효모액의 양, 비커에 넣을 물의 양, 시험관의 종류와 크기 등
> 〈관찰하거나 측정해야 할 것〉
> 시험관에서 일어나는 변화를 관찰하고, 효모액의 부피를 측정합니다.

(   )

2단계 위 실험 계획 외에도 실험을 계획할 때 세워야 할 것에는 무엇이 있는지 두 가지 쓰시오.

____

____

____

____

4 다음 윤하의 질문에 대한 답을 쓰시오. [8점]

5 연주는 실험을 하고 실험 결과를 얻었는데 예상한 것과 다른 결과가 나왔습니다. 이때 연주는 어떻게 해야 하는지 쓰시오. [6점]

6 실험 결과가 나오면 실험 결과를 잘 표현할 수 있도록 자료 변환을 합니다. 자료 변환 중 다음과 같은 그래프와 그림을 이용하면 좋은 점을 각각 한 가지씩 쓰시오. [8점]

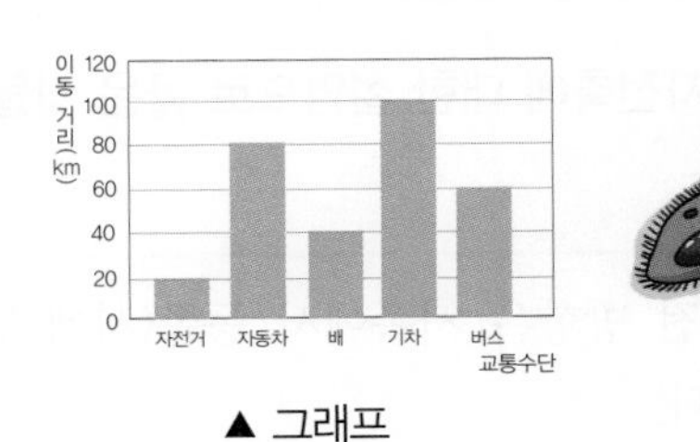

▲ 그래프 ▲ 그림

(1) 그래프:

(2) 그림:

7 실험 결과가 나의 가설과 같을 때와 다를 때 어떻게 해야 하는지 각각 쓰시오. [8점]

(1) 나의 가설과 같을 때:

(2) 나의 가설과 다를 때:

연습! 서술형 평가

지구의 자전

1 지구의 자전과 자전축에 대한 설명으로 옳은 것을 골라 기호를 쓰시오.

> ㉠ 지구의 자전 방향은 서쪽에서 동쪽(시계 반대 방향)입니다.
> ㉡ 지구의 북극과 남극을 이은 실제 존재하는 직선을 자전축이라고 합니다.
> ㉢ 지구가 자전축을 중심으로 일 년에 한 바퀴씩 회전하는 것을 지구의 자전이라고 합니다.

( )

1-1 서술형 쌍둥이 문제

지구의 자전축과 지구의 자전이란 무엇인지 각각 쓰시오. [6점]

(1) 자전축: ______________________

(2) 자전: ______________________

하루 동안 태양과 달의 위치 변화

2 하루 동안 태양과 달의 위치 변화에 대한 설명으로 옳은 것은 어느 것입니까? ( )

① 하루 동안 달의 위치가 달라지는 것은 달이 실제로 움직이기 때문이다.
② 하루 동안 태양의 위치가 달라지는 것은 태양이 실제로 움직이기 때문이다.
③ 하루 동안 달의 위치는 동쪽 → 남쪽 → 서쪽으로 움직이는 것처럼 보인다.
④ 하루 동안 태양의 위치는 서쪽 → 남쪽 → 동쪽으로 움직이는 것처럼 보인다.
⑤ 하루 동안 태양과 달의 위치가 달라지는 것처럼 보이는 까닭은 지구가 공전하기 때문이다.

2-1 서술형 쌍둥이 문제

다음을 보고 하루 동안 달의 위치가 어떻게 변하는지 쓰고, 그 까닭을 지구의 운동과 관련지어 쓰시오. [8점]

저녁 7시
저녁 8시
저녁 9시
저녁 10시
저녁 11시
밤 12시
오전 1시
오전 2시
동
남
서

____

낮과 밤이 생기는 까닭

3 지구의에서 우리나라를 찾아 관측자 모형을 붙이고 다음과 같이 돌렸을 때 우리나라가 낮인 것에는 '낮', 밤인 것에는 '밤'이라고 쓰시오.

(1) (2)

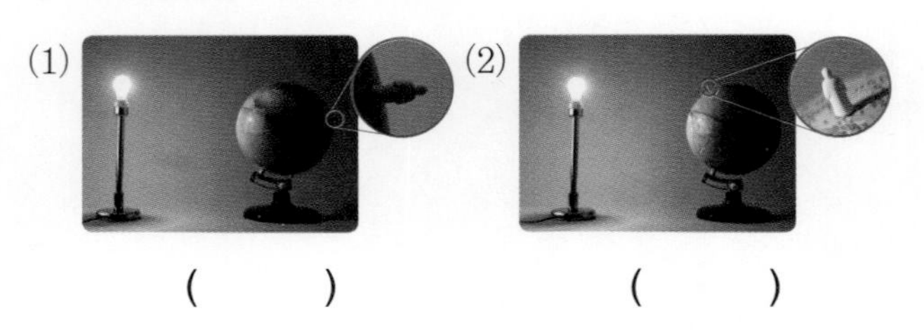

( ) ( )

3-1 서술형 쌍둥이 문제

지구의에서 우리나라를 찾아 관측자 모형을 붙이고 오른쪽과 같이 지구의를 돌렸을 때는 우리나라가 낮일 때인지 밤일 때인지 쓰시오. [6점]

____

지구의 공전

4 지구의 공전에 대한 설명으로 옳은 것은 어느 것입니까? (   )

① 지구는 하루에 한 바퀴 공전한다.
② 지구는 태양을 중심으로 공전한다.
③ 지구는 자전하지 않을 때만 공전한다.
④ 지구가 공전하는 데에는 일정한 길이 없다.
⑤ 지구는 동쪽에서 서쪽(시계 방향)으로 공전한다.

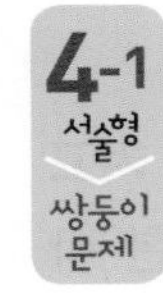

4-1 서술형 쌍둥이 문제

다음은 지구가 공전하는 모습입니다. 지구의 공전이란 무엇인지 쓰시오. [6점]

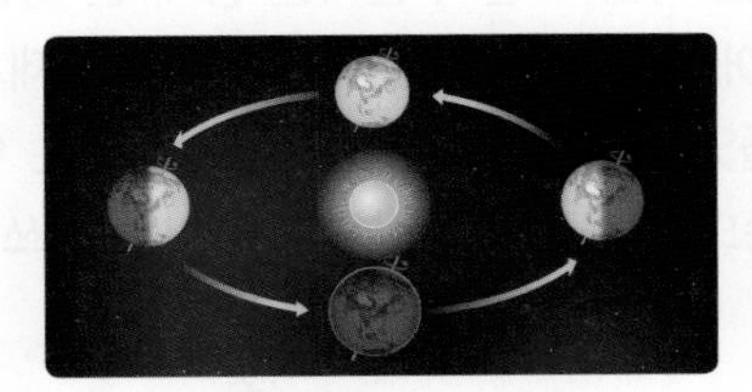

계절에 따라 보이는 별자리

5 계절에 따라 보이는 별자리에 대해 옳게 말한 친구는 누구인지 쓰시오.

- 혁수: 겨울철에 오리온자리는 볼 수 없어.
- 미래: 지구의 위치에 따라 밤에 보이는 별자리가 달라.
- 여진: 봄철 대표적인 별자리인 사자자리는 일 년 내내 볼 수 있어.
- 주연: 별자리가 태양과 같은 방향에 있으면 태양 빛 때문에 잘 보여.

(   )

5-1 서술형 쌍둥이 문제

다음을 보고 겨울철 밤하늘에서 오리온자리와 거문고자리 중 볼 수 없는 별자리를 쓰고, 그 까닭을 태양을 중심으로 별자리가 있는 방향과 관련지어 쓰시오. [8점]

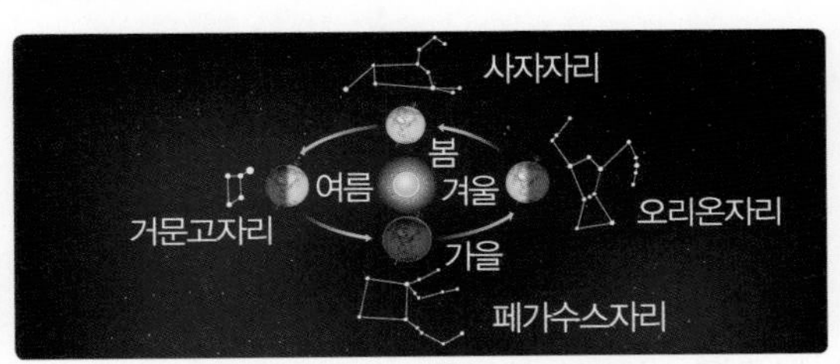

여러 날 동안 달의 모양과 위치 변화

6 여러 날 동안 저녁 7시에 같은 장소에서 달을 관찰했을 때 달의 모양과 위치 변화에 대한 설명으로 옳은 것에 모두 ○표 하시오.

(1) 서쪽 하늘에서 초승달이 보입니다. (   )
(2) 동쪽 하늘에서 보이는 달은 보름달입니다. (   )
(3) 여러 날 동안 달의 위치는 변하지 않습니다. (   )
(4) 달의 위치는 서쪽에서 동쪽으로 옮겨 가고, 모양은 초승달에서 상현달, 보름달로 변합니다. (   )

6-1 서술형 쌍둥이 문제

다음과 같이 여러 날 동안 저녁 7시에 같은 장소에서 달의 위치와 모양을 기록했습니다. 이를 통해 알 수 있는 여러 날 동안 달의 위치와 모양 변화에 대해 쓰시오. [8점]

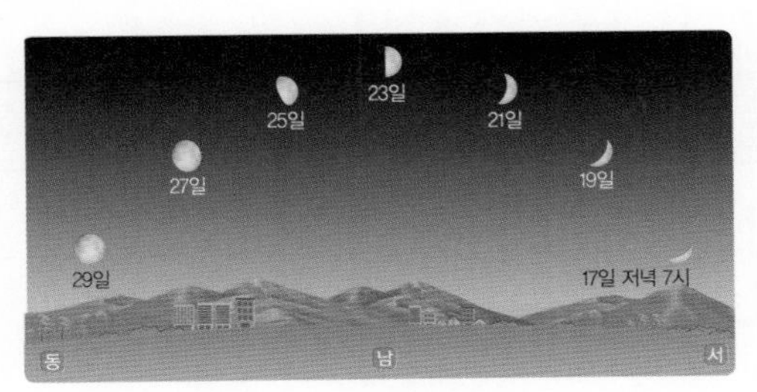

1 진호는 다음과 같이 남쪽을 향해 선 다음, 전등을 켜고 서쪽에서 동쪽(시계 반대 방향)으로 제자리에서 한 바퀴 돌았습니다. 이때 진호에게 전등은 어느 쪽에서 어느 쪽으로 움직이는 것처럼 보이는지 쓰시오. [7점]

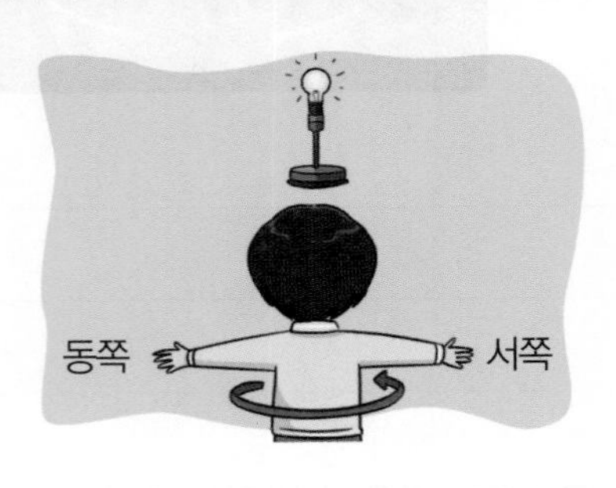

2 다음은 지구의 자전을 나타낸 것입니다. 지구의 자전과 관련지어 하루 동안 태양이 움직이는 것처럼 보이는 까닭을 움직이는 방향을 포함해 쓰시오. [7점]

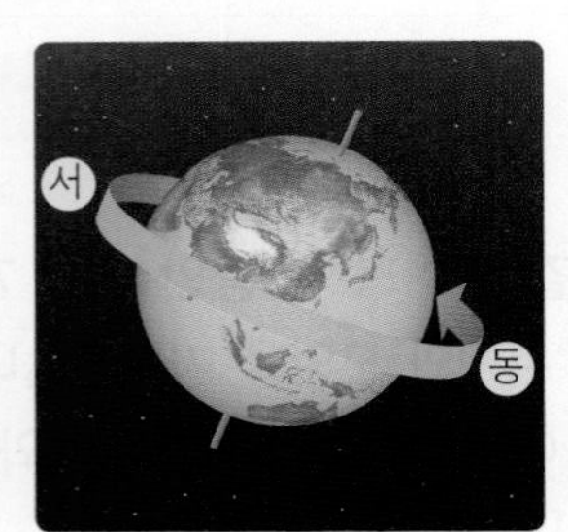

3 다음과 같이 지구의와 전등을 설치하고 전등의 불을 켰을 때 ㉠과 ㉡ 부분의 차이점을 전등의 빛과 관련지어 쓰시오. [5점]

4 다음에서 지구가 태양을 중심으로 움직이는 방향대로 기호를 골라 순서대로 쓰고, 지구의 공전이란 무엇인지 공전하는 방향을 포함해 쓰시오. [7점]

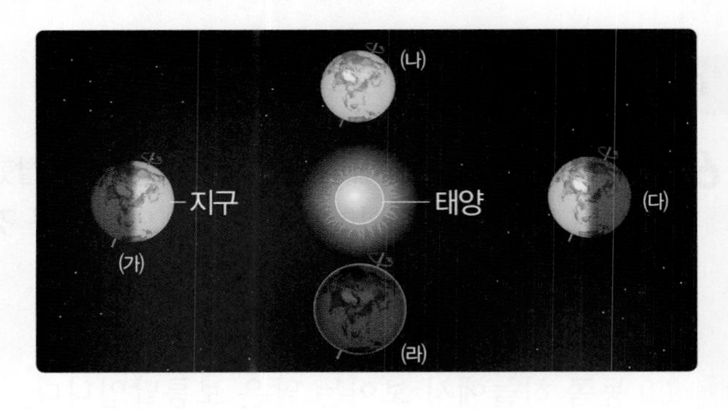

(1) 지구가 움직이는 방향:
(가) → (　　　) → (　　　) → (　　　)

(2) 지구의 공전:

단계별 유형

5 다음은 지구의 공전을 나타낸 것입니다. 물음에 답하시오. [10점]

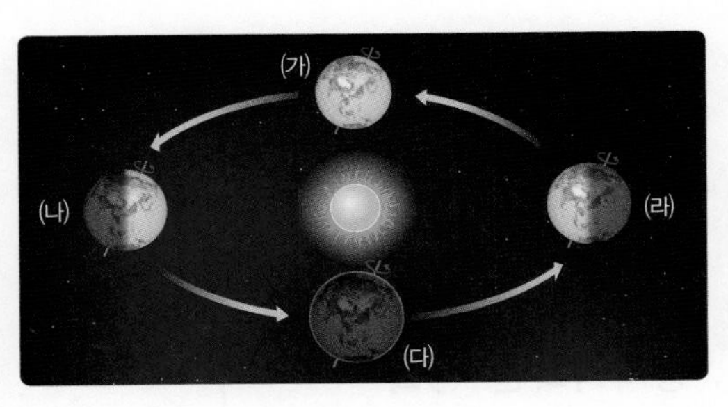

1 단계 다음 표는 위 (가)~(라) 위치에서 우리나라가 한밤일 때 오랜 시간 볼 수 있는 별자리입니다. 지구가 (나) 위치에 있을 때 우리나라에서 볼 수 없는 별자리의 이름과 그 까닭을 쓰시오.

지구의 위치	우리나라가 한밤일 때 오랜 시간 볼 수 있는 별자리
(가)	사자자리
(나)	거문고자리
(다)	페가수스자리
(라)	오리온자리

2 단계 계절에 따라 오랜 시간 볼 수 있는 별자리가 달라지는 까닭을 지구의 공전과 관련지어 쓰시오.

6 달은 약 30일 동안 다음과 같이 모양이 변합니다. 초승달, 상현달, 보름달, 하현달, 그믐달은 각각 음력 며칠에 볼 수 있는지 쓰시오. [5점]

▲ 초승달 ▲ 상현달 ▲ 보름달 ▲ 하현달 ▲ 그믐달

7 다음은 여러 날 동안 저녁 7시에 같은 장소에서 달을 관찰한 모습입니다. 이를 보고 알 수 있는 달의 위치 변화와 모양 변화에 대해 쓰시오. [7점]

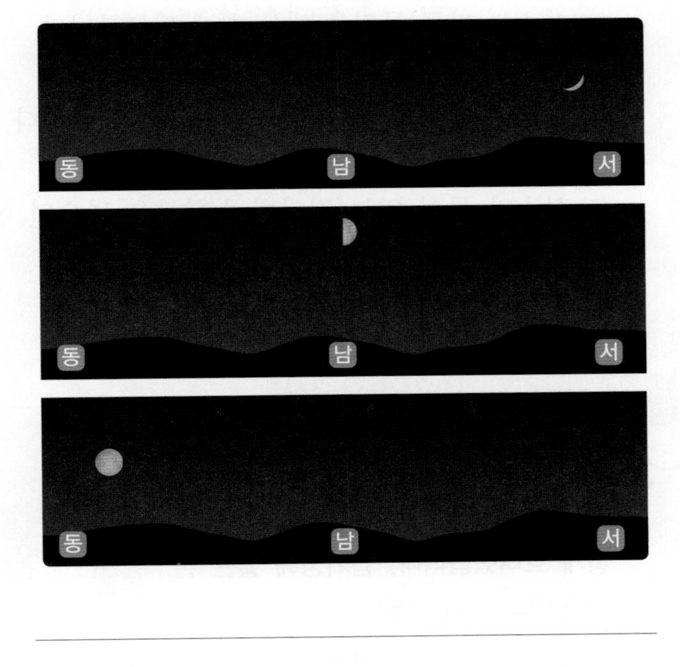

과학
2단원

연습! 서술형 평가

기체 발생시키기

1 오른쪽은 기체 발생 장치입니다. 이에 대한 설명으로 옳은 것에 ○표 하시오.

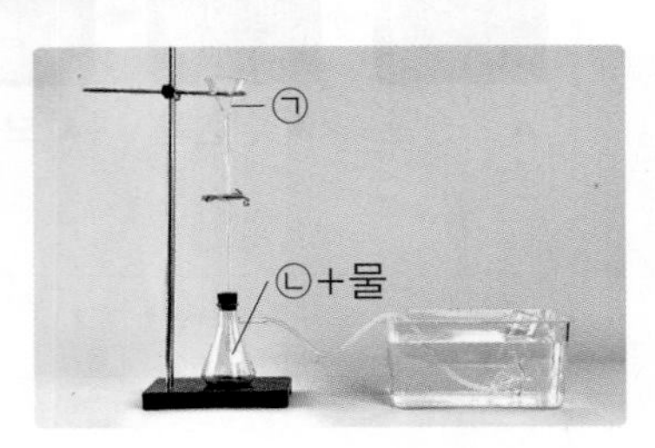

(1) ㉠에 묽은 과산화 수소수, ㉡에 이산화 망가니즈를 넣어 반응시키면 산소 기체가 발생합니다. (　　)

(2) ㉠에 묽은 염산, ㉡에 진한 식초를 넣어 반응시키면 이산화 탄소가 발생합니다. (　　)

(3) 발생한 기체는 깔때기에 모여 밖으로 나갑니다. (　　)

1-1 서술형 쌍둥이 문제

오른쪽 기체 발생 장치에서 산소와 이산화 탄소를 발생시키려면 ㉠과 ㉡에 각각 어떤 물질을 넣어야 하는지 쓰시오. [8점]

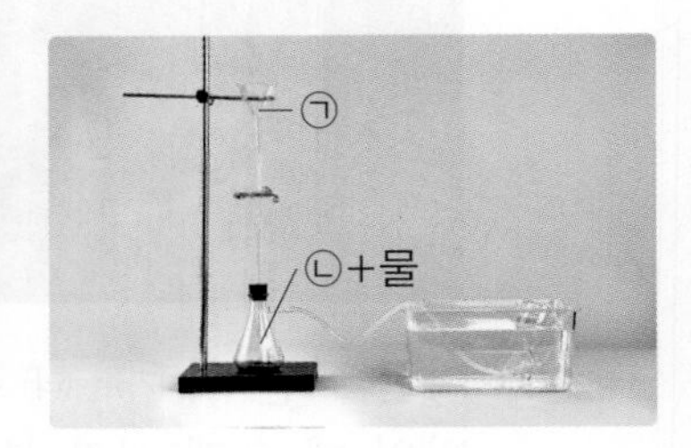

(1) 산소를 발생시킬 때: ____________

(2) 이산화 탄소를 발생시킬 때: ____________

산소의 성질

2 산소에 대한 설명으로 옳은 것에 모두 ○표 하시오.

(1) 산소는 흰색입니다. (　　)

(2) 산소에서는 달콤한 냄새가 납니다. (　　)

(3) 산소는 다른 물질을 태울 때에 필요합니다. (　　)

(4) 산소는 금속을 녹슬게 하는 성질이 있습니다. (　　)

(5) 산소가 들어 있는 집기병에 향불을 넣으면 향불이 꺼집니다. (　　)

2-1 서술형 쌍둥이 문제

오른쪽과 같이 산소가 들어 있는 집기병에 향불을 넣었을 때 불꽃의 변화를 쓰고, 이 실험을 통해 알 수 있는 산소의 성질을 쓰시오. [6점]

(1) 불꽃의 변화: ____________

(2) 산소의 성질: ____________

이산화 탄소의 성질

3 이산화 탄소가 들어 있는 집기병에 어떤 물질을 넣었더니 오른쪽과 같이 뿌옇게 흐려졌습니다. 집기병에 넣은 물질은 어느 것입니까? (　　)

① 물　② 식초　③ 석회수
④ 묽은 염산　⑤ 묽은 과산화 수소수

3-1 서술형 쌍둥이 문제

이산화 탄소가 들어 있는 집기병에 어떤 물질을 넣고 흔들었더니 투명하던 물질이 뿌옇게 변했습니다. 이 물질이 무엇인지 쓰고, 이와 관련한 이산화 탄소의 성질을 쓰시오. [6점]

____

정답과 풀이 116쪽

압력 변화에 따른 기체의 부피 변화

4 주사기에 공기를 넣고 주사기 입구를 손가락으로 막은 다음, 피스톤을 눌러 공기에 압력을 가했을 때에 대한 설명으로 옳은 것을 두 가지 고르시오. (　　　　　)

① 공기의 부피가 커진다.
② 공기의 부피가 작아진다.
③ 공기의 부피가 변하지 않는다.
④ 공기에 세게 압력을 가하면 공기의 부피가 많이 커진다.
⑤ 공기에 세게 압력을 가하면 공기의 부피가 많이 작아진다.

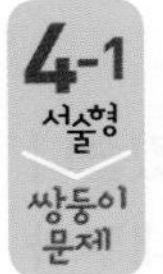

오른쪽과 같이 주사기에 공기 40mL를 넣고 주사기 입구를 손가락으로 막은 다음, 피스톤을 약하게 누를 때와 세게 누를 때 공기의 부피 변화에 대해 쓰시오. [8점]

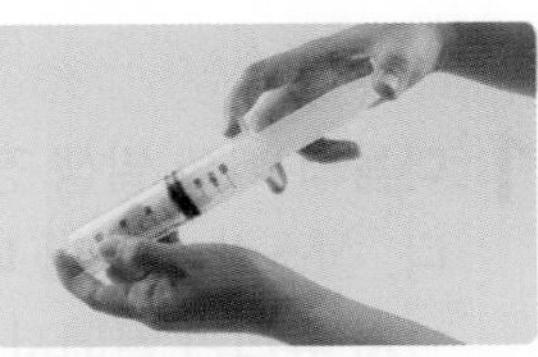

____

____

____

온도 변화에 따른 기체의 부피 변화

5 삼각 플라스크에 고무풍선을 씌우고 삼각 플라스크를 뜨거운 물과 얼음물에 각각 넣었을 때 고무풍선의 변화로 옳은 것은 어느 것입니까? (　　　　)

① 뜨거운 물에 넣으면 고무풍선이 오그라든다.
② 뜨거운 물에 넣으면 고무풍선의 부피가 작아진다.
③ 얼음물에 넣으면 고무풍선이 부풀어 오른다.
④ 얼음물에 넣으면 고무풍선의 부피가 줄어든다.
⑤ 얼음물에 넣으면 고무풍선이 부풀어 오르다가 오그라드는 것을 반복한다.

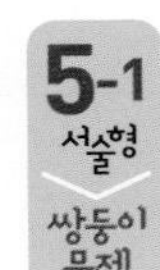

삼각 플라스크에 고무풍선을 씌우고 삼각 플라스크를 뜨거운 물과 얼음물에 각각 넣었을 때 고무풍선의 부피 변화에 대해 쓰고, 온도 변화에 따른 기체의 부피 변화에 대해 쓰시오. [8점]

(1) 고무풍선의 부피 변화: ______________________________

____

(2) 온도 변화에 따른 기체의 부피 변화: ______________________________

공기를 이루는 여러 가지 기체

6 다음 친구들은 어떤 기체에 대해 이야기하고 있는지 기체의 이름을 각각 쓰시오.

(1)

이 기체는 탈 때 오염 물질이 나오지 않는 청정 연료로, 전기를 만드는 데 이용됩니다.

(　　　　　　　　　　)

(2)

이 기체는 비행선이나 풍선을 공중에 띄우는 용도로 이용되고, 목소리를 변조하거나 냉각제로 이용되기도 합니다.

(　　　　　　　　　　)

오른쪽과 같은 과자 봉지 안에는 과자의 내용물을 보존하고 신선하게 보관하기 위한 용도로 질소를 넣습니다. 이 밖에도 생활 속에서 질소 기체가 이용되는 예를 한 가지 쓰시오. [6점]

____

____

과학 실전! 서술형 평가

1 다음의 기체 발생 장치를 이용해 산소를 발생시켰습니다. 산소가 발생할 때 가지 달린 삼각 플라스크 내부와 ㄱ자 유리관 끝에서 나타나는 현상을 쓰시오. [5점]

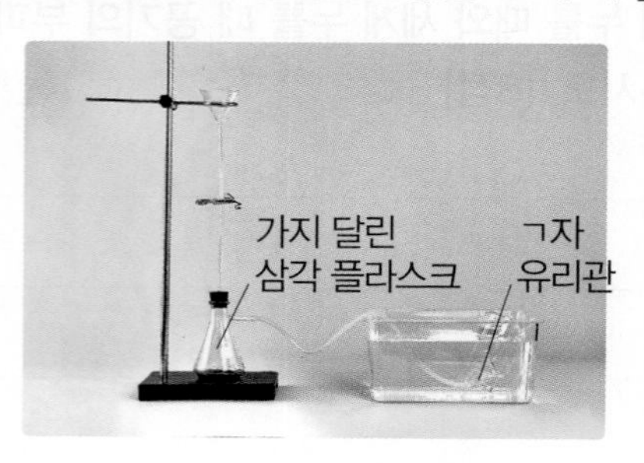

2 다음과 같은 압축 공기통과 호흡 장치에 공통으로 이용되는 기체를 모은 집기병에 향불을 넣으면 어떤 변화가 나타나는지 쓰시오. [7점]

▲ 소방관의 압축 공기통

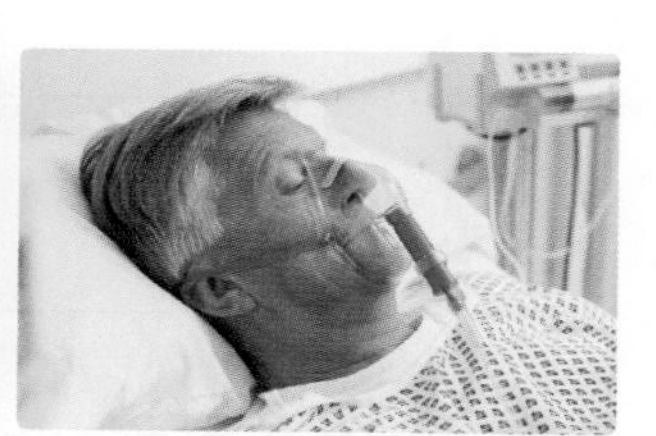
▲ 응급 환자의 호흡 장치

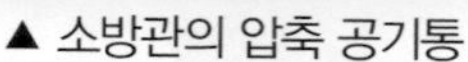

단계별 유형

3 다음은 이산화 탄소를 발생시키는 기체 발생 장치입니다. 물음에 답하시오. [10점]

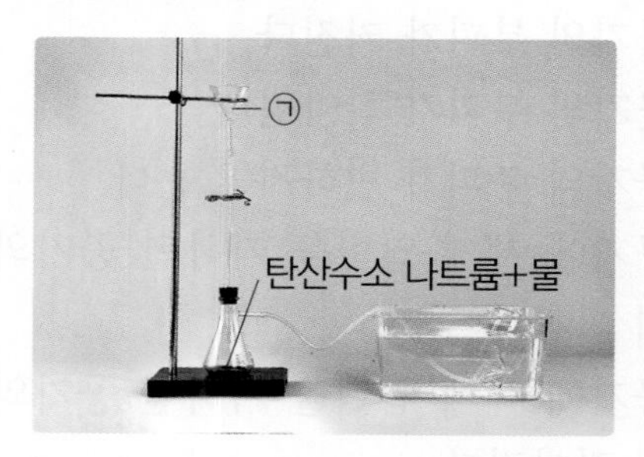

1단계 위 기체 발생 장치에서 이산화 탄소를 발생시키기 위해 깔때기에 넣어 주어야 하는 물질(㉠)을 쓰시오.

( )

2단계 위 기체 발생 장치에서 발생한 이산화 탄소를 모은 집기병을 관찰했을 때 이산화 탄소의 색깔과 냄새는 어떠한지 쓰시오.

3단계 위 기체 발생 장치에서 발생한 이산화 탄소를 모은 집기병에 석회수를 넣고 흔들면 어떻게 되는지 쓰시오.

4 다음과 같이 바닷속에서 잠수부가 내뿜는 공기 방울은 물 표면으로 올라가면서 커집니다. 그 까닭을 압력에 따른 기체의 부피 변화와 관련지어 쓰시오. [7점]

5 뜨거운 음식을 비닐 랩으로 포장하면 처음에는 윗면이 부풀어 오르고, 음식이 식으면 윗면이 오목하게 들어갑니다. 그 까닭을 온도 변화에 따른 기체의 부피 변화와 관련지어 쓰시오. [7점]

(1) 음식이 뜨거울 때:

(2) 음식이 식었을 때:

6 다음은 공기를 이루는 기체와 그 쓰임새를 표로 정리한 것입니다. ㉠에 들어갈 알맞은 말을 쓰시오. [5점]

기체의 종류	기체의 쓰임새
질소	식품의 내용물을 보존하거나 신선하게 보관하는 데 이용됩니다.
헬륨	비행선이나 풍선을 공중에 띄우는 용도로 이용됩니다.
네온	㉠

7 다음과 같은 과자 봉지 안에는 내용물을 보존하고 신선하게 유지하기 위해 질소 기체를 넣습니다. 과자 봉지 안에 있는 질소를 빼내고 산소를 채운다면 과자 봉지 안의 과자가 어떻게 될지 쓰시오. [7점]

과학
3단원

연습! 서술형 평가

세포 관찰하기

1 식물 세포와 동물 세포에 대한 설명으로 옳지 않은 것을 두 가지 고르시오. (　　　　　)

① 식물 세포에는 핵이 있다.
② 동물 세포에는 핵이 없다.
③ 식물 세포에는 세포막이 있다.
④ 동물 세포에는 세포막이 있다.
⑤ 식물 세포에는 세포벽이 없다.

1-1 서술형 쌍둥이 문제

식물 세포와 동물 세포의 공통점과 차이점을 한 가지씩 쓰시오. [8점]

(1) 공통점: ______________________

(2) 차이점: ______________________

뿌리의 생김새와 하는 일

2 뿌리의 생김새와 하는 일에 대한 설명으로 옳은 것에 모두 ○표 하시오.

(1) 무는 양분을 뿌리에 저장합니다. (　　　)
(2) 뿌리털은 물을 더 잘 흡수하도록 해 줍니다. (　　　)
(3) 뿌리는 땅속으로 뻗어 식물을 지지합니다. (　　　)
(4) 고추의 뿌리는 굵기가 비슷한 뿌리가 여러 가닥으로 수염처럼 나 있습니다. (　　　)
(5) 파의 뿌리는 굵고 곧은 뿌리에 가는 뿌리들이 나 있습니다. (　　　)

2-1 서술형 쌍둥이 문제

다음의 당근은 양분을 뿌리에 저장합니다. 이처럼 양분을 뿌리에 저장하는 일 외에 뿌리가 하는 일을 두 가지 쓰시오. [8점]

____

줄기의 생김새와 하는 일

3 줄기의 생김새와 하는 일에 대한 설명으로 옳지 않은 것은 어느 것입니까? (　　　)

① 줄기는 양분을 저장하기도 한다.
② 줄기에는 물이 이동하는 통로가 있다.
③ 줄기에는 물을 흡수하는 뿌리털이 있다.
④ 줄기의 겉은 껍질로 싸여 있고 잎이 달려 있다.
⑤ 줄기는 굵고 곧은 것도 있고, 가늘고 긴 것도 있다.

3-1 서술형 쌍둥이 문제

백합 줄기를 붉은 색소 물에 넣어 두었다가 꺼내어 단면을 잘랐더니 다음과 같았습니다. 이를 통해 알 수 있는 줄기가 하는 일을 쓰시오. [6점]

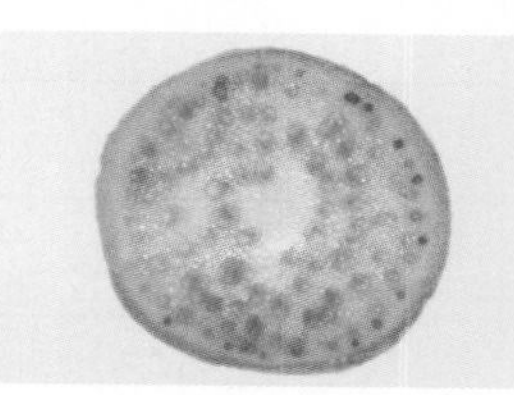
▲ 가로로 자른 단면

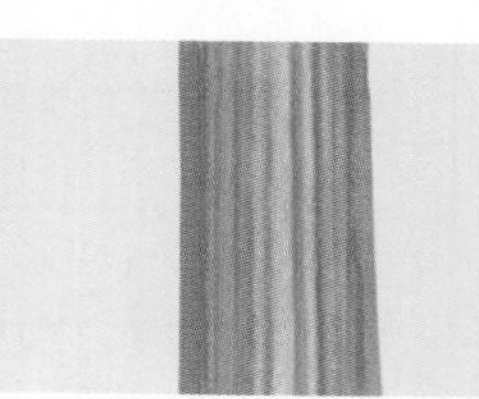
▲ 세로로 자른 단면

____

잎에서 만든 양분

4 잎에서 만든 양분에 대한 설명으로 옳은 것을 두 가지 고르시오. (   )

① 양분은 대부분 잎에 저장된다.
② 잎에서 녹말과 같은 양분을 만든다.
③ 양분을 만들 때 빛, 이산화 탄소, 물이 필요하다.
④ 어두운 곳에 있는 식물이 양분을 더 많이 만든다.
⑤ 아이오딘-아이오딘화 칼륨 용액과 반응하여 붉게 변한다.

4-1 서술형 쌍둥이 문제

광합성이란 무엇인지 쓰고, 광합성을 통해 만든 양분이 아이오딘-아이오딘화 칼륨 용액과 반응하면 어떤 색깔로 변하는지 쓰시오. [8점]

증산 작용

5 증산 작용에 대한 설명으로 옳은 것을 모두 골라 기호를 쓰시오.

> ㉠ 주로 줄기에서 일어나는 현상입니다.
> ㉡ 식물의 온도를 조절하는 역할을 합니다.
> ㉢ 잎에 도달한 물이 기공을 통해 식물 밖으로 빠져나가는 것을 말합니다.
> ㉣ 뿌리에서 흡수한 물을 식물의 꼭대기까지 끌어올릴 수 있도록 돕습니다.

(   )

5-1 서술형 쌍둥이 문제

증산 작용이란 무엇인지 쓰고, 증산 작용이 식물을 돕는 일을 쓰시오. [6점]

(1) 증산 작용:

(2) 증산 작용이 식물을 돕는 일:

열매가 씨를 퍼뜨리는 방법

6 다음에서 식물 이름과 그 식물이 씨를 퍼뜨리는 방법을 옳게 짝 지은 것이 아닌 것을 골라 기호를 쓰시오.

> ㉠ 우엉-열매껍질이 터지며 씨가 튀어 나갑니다.
> ㉡ 가죽나무-날개가 있어 빙글빙글 돌며 날아갑니다.
> ㉢ 버드나무-가벼운 솜털이 있어 바람에 날려서 퍼집니다.

(   )

다음 식물의 씨가 퍼지는 방법을 쓰시오. [6점]

▲ 민들레

과학 실전! 서술형 평가

1 다음은 식물 세포의 모습입니다. 식물 세포의 생김새를 '세포벽', '세포막', '핵'이라는 말을 모두 포함해 쓰시오. [5점]

▲ 식물 세포

2 다음 실험에서 3일 후 ㉠과 ㉡ 비커에 들어 있는 물의 양을 비교하여 그 까닭과 함께 쓰시오. [7점]

> 뿌리를 자른 양파와 뿌리를 자르지 않은 양파를 같은 양의 물이 들어 있는 두 비커에 밑부분이 물에 닿도록 각각 올려놓고, 빛이 잘 드는 곳에 3일 동안 두었습니다.

▲ 뿌리를 자름. ▲ 뿌리를 자르지 않음.

3 다음은 붉은 색소 물에 백합 줄기를 4시간 동안 넣어 둔 뒤 꺼내 백합 줄기를 가로와 세로로 자른 단면의 모습입니다. ㉠의 역할을 쓰시오. [7점]

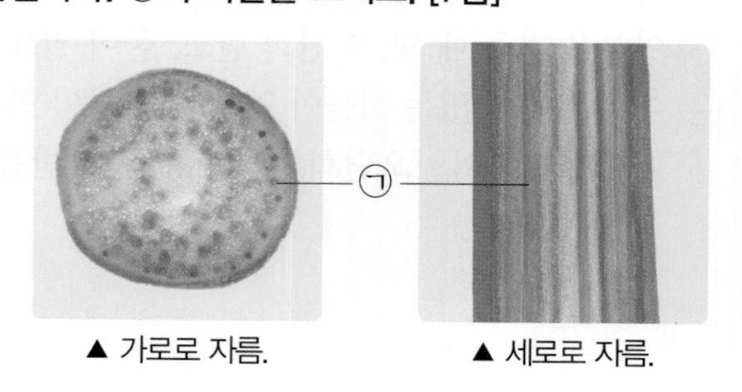

▲ 가로로 자름. ▲ 세로로 자름.

4 감자를 잘라 다음과 같이 아이오딘-아이오딘화 칼륨 용액을 떨어뜨리고 색깔 변화를 관찰했을 때 감자가 어떤 색깔로 변했는지 쓰고, 감자의 색깔이 변한 까닭을 쓰시오. [7점]

단계별 유형

5 다음과 같이 크기가 같은 모종 두 개 중 모종 한 개(㉠)는 잎을 남겨 두고 다른 한 개(㉡)는 잎을 모두 없앤 다음, 물이 담긴 삼각 플라스크에 각각 넣고 비닐봉지를 씌워 햇빛이 잘 드는 곳에 2일 동안 놓아두었습니다. 물음에 답하시오. [10점]

㉠

▲ 잎을 그대로 둠.

㉡

▲ 잎을 제거함.

1단계 위 실험에서 다르게 한 조건은 무엇인지 쓰시오.

(   )

2단계 2일이 지난 뒤 위 ㉠과 ㉡ 비닐봉지 안에서 일어난 변화를 쓰시오.

3단계 위 ㉠ 비닐봉지 안에서 2단계 문제의 답과 같은 변화가 일어난 까닭을 쓰시오.

6 다음은 꽃가루받이를 하는 모습입니다. 꽃가루받이란 무엇인지 쓰시오. [7점]

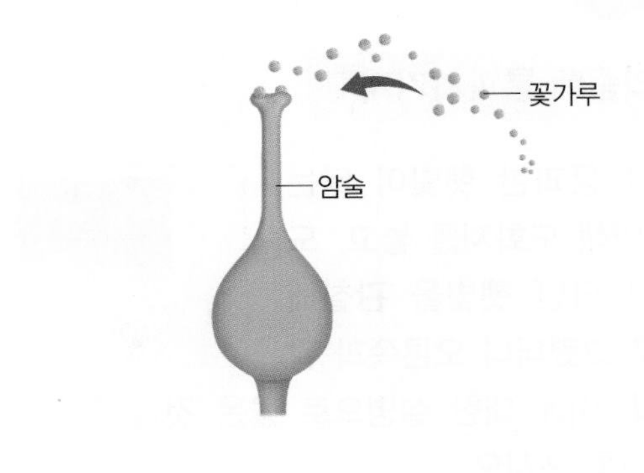

7 다음 도깨비바늘이 씨를 퍼뜨리는 방법을 쓰시오. [5점]

▲ 도깨비바늘

과학
4단원

5. 빛과 렌즈

연습! 서술형 평가

햇빛을 프리즘에 통과시키기

1 프리즘을 통과한 햇빛이 닿는 곳에 하얀색 도화지를 놓고, 도화지에 나타난 햇빛을 관찰해 그림으로 그렸더니 오른쪽과 같았습니다. 이에 대한 설명으로 옳은 것을 보기 에서 골라 기호를 쓰시오.

보기
- ㉠ 햇빛이 빨간색으로만 이루어져 있다는 것을 알 수 있습니다.
- ㉡ 햇빛이 여러 빛깔로 이루어져 있다는 것을 알 수 있습니다.

( )

1-1 서술형 쌍둥이 문제

다음과 같이 프리즘을 통과한 햇빛을 관찰했습니다. 이를 통해 알 수 있는 사실을 쓰시오. [6점]

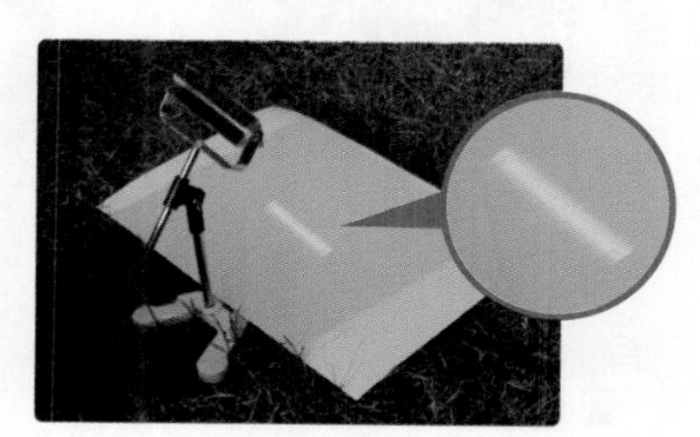

빛의 굴절

2 빛이 굴절하는 현상에 대해 옳게 말한 친구는 누구인지 쓰시오.

- 솔이: 빛은 유리와 공기가 만나는 경계에서는 굴절하지 않아.
- 상훈: 빛이 다른 물질의 경계에 닿으면 왔던 길로 다시 돌아가는 현상을 빛이 굴절한다고 해.
- 찬욱: 레이저 지시기의 빛을 물이 담긴 수조 위쪽에서 아래쪽으로 비스듬히 비추면 빛이 꺾여 나아가는 모습을 볼 수 있는데, 이는 빛이 굴절하는 모습이야.

( )

2-1 서술형 쌍둥이 문제

다음과 같이 컵에 물을 붓지 않았을 때 반듯해 보이는 빨대가 컵에 물을 부으면 어떻게 보이는지 쓰고, 그 까닭을 빛의 성질과 관련지어 쓰시오. [8점]

▲ 물을 붓지 않았을 때

볼록 렌즈의 모양

3 다음 중 볼록 렌즈를 모두 골라 기호를 쓰시오.

㉠ 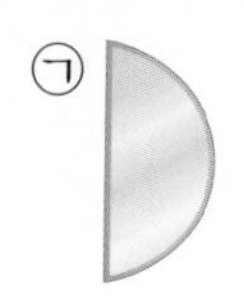 ㉡  ㉢ 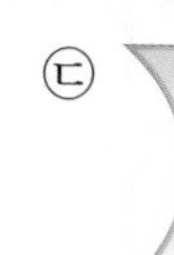 ㉣ 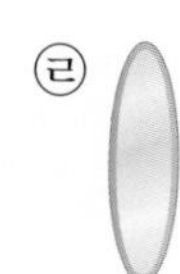

( )

3-1 서술형 쌍둥이 문제

볼록 렌즈의 모양에 대해 쓰고, 물이 담긴 둥근 어항이 볼록 렌즈의 구실을 할 수 있는 까닭을 물이 담긴 둥근 어항의 모양과 관련지어 쓰시오. [8점]

볼록 렌즈를 통과한 햇빛

4 볼록 렌즈로 햇빛을 모았습니다. 이에 대한 설명으로 옳은 것을 두 가지 골라 기호를 쓰시오.

> ㉠ 볼록 렌즈로 햇빛을 모으면 빛이 모인 부분의 밝기가 밝습니다.
> ㉡ 볼록 렌즈로 햇빛을 모아도 빛이 모인 부분의 온도는 변하지 않습니다.
> ㉢ 햇빛이 공기와 볼록 렌즈의 경계에서 굴절하기 때문에 햇빛을 모을 수 있는 것입니다.

( )

오른쪽과 같이 볼록 렌즈와 평면 유리에 햇빛을 통과시켜 하얀색 도화지에 햇빛을 모았을 때 햇빛이 모인 원 안의 빛의 밝기와 온도를 비교하여 쓰시오. [8점]

(1) 빛의 밝기: ______________________

(2) 온도: ______________________

간이 사진기로 물체 보기

5 오른쪽과 같이 칠판에 ㄱ자를 쓴 종이를 붙이고, 볼록 렌즈와 기름종이를 이용해 만든 간이 사진기로 관찰했을 때 보이는 모습을 골라 기호를 쓰시오.

㉠ 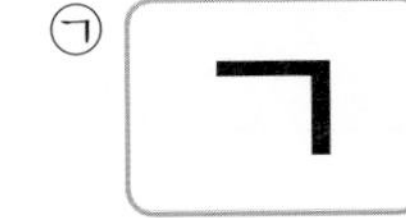 ㉡  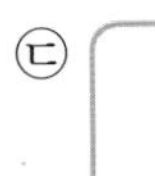 ㉢ 

( )

5-1 서술형 쌍둥이 문제

다음은 간이 사진기에 대한 설명입니다. 간이 사진기로 물체를 보면 물체의 모습이 어떻게 보이는지 '상하좌우'라는 말을 포함해 쓰시오. [6점]

> 겉 상자에 난 큰 구멍에 볼록 렌즈가 붙어 있고, 속 상자에 스크린의 역할을 할 수 있는 기름종이가 붙어 있습니다.

____

우리 주변에서 볼록 렌즈를 이용한 기구

6 곤충을 관찰할 때 볼록 렌즈가 이용된 오른쪽의 확대경을 사용하는 까닭을 보기 에서 골라 기호를 쓰시오.

> **보기**
> ㉠ 어두운 곳에서 볼 수 있기 때문입니다.
> ㉡ 작게 축소해서 볼 수 있기 때문입니다.
> ㉢ 크게 확대해서 볼 수 있기 때문입니다.

( )

6-1 서술형 쌍둥이 문제

우리 생활에서 볼록 렌즈를 사용했을 때의 좋은 점을 두 가지 쓰시오. [6점]

____

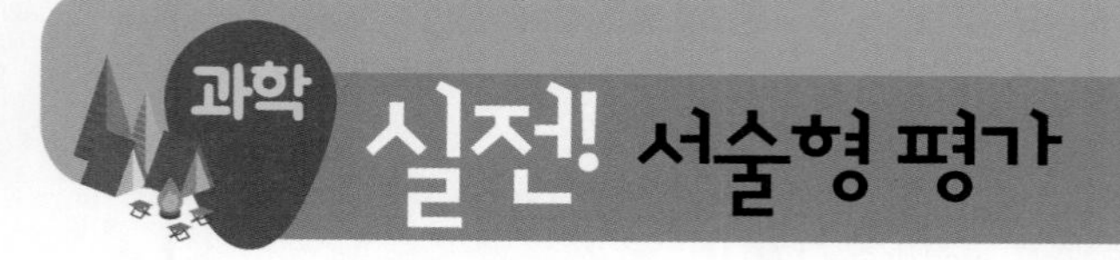

과학 실전! 서술형 평가

1 다음과 같이 유리의 비스듬하게 잘린 부분을 통과한 햇빛은 여러 가지 빛깔을 나타냅니다. 이를 통해 알 수 있는 햇빛의 특징을 쓰시오. [5점]

2 다음 실험에서 컵의 아래쪽에서 위쪽 방향으로 레이저 지시기의 빛을 비스듬히 비추면 레이저 지시기의 빛이 물과 공기의 경계에서 어떻게 나아가는지 쓰시오. [7점]

단계별 유형

3 컵 속에 동전을 넣고 물을 부었을 때 컵 속 동전의 모습을 관찰하고, 컵에 젓가락을 넣고 물을 부었을 때 젓가락의 모습을 관찰했습니다. 물음에 답하시오. [10점]

1단계 위 실험에서 컵 속에 동전을 넣고 물을 부었을 때 보이던 동전이 보이지 않는지, 보이지 않던 동전이 보이는지 쓰시오.

2단계 위 실험에서 오른쪽과 같은 젓가락이 꽂혀 있는 컵에 물을 부었을 때 젓가락이 어떻게 보이는지 쓰시오.

▲ 물을 붓지 않았을 때

3단계 위 1단계 문제의 답과 2단계 문제의 답과 같이 물체가 보이는 까닭을 빛의 성질과 관련지어 쓰시오.

4 다음과 같이 가까이 있는 연필을 어떤 렌즈로 관찰했더니 실제 크기보다 크게 보였습니다. 이 렌즈의 특징을 모양과 관련지어 쓰시오. [5점]

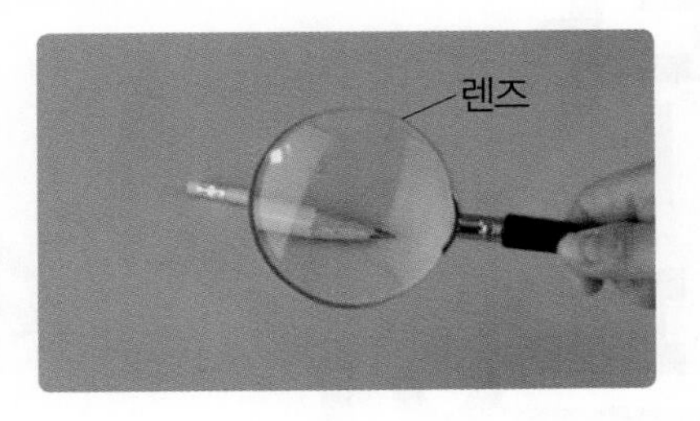

5 다음의 '이 렌즈'로 하얀색 도화지에 햇빛을 모으면, 햇빛을 모은 곳의 밝기와 온도는 주변보다 어떠한지 쓰시오. [7점]

> '이 렌즈'로 물체를 보면 물체가 크게 보이기도 하고, 상하좌우가 바뀌어 보이기도 합니다.

6 오른쪽의 간이 사진기로 물체를 보면 속 상자에 붙인 기름종이에서 물체의 모습을 볼 수 있는데, 이때 간이 사진기로 본 물체의 모습은 실제 모습과 다릅니다. 그 까닭을 다음의 말을 포함해 쓰시오. [7점]

▲ 간이 사진기

> 볼록 렌즈, 굴절, 기름종이

7 오른쪽 현미경은 볼록 렌즈를 사용해 물체의 모습을 확대해서 볼 수 있게 만든 기구입니다. 현미경에 있는 대물렌즈와 접안렌즈의 역할을 각각 쓰시오. [7점]

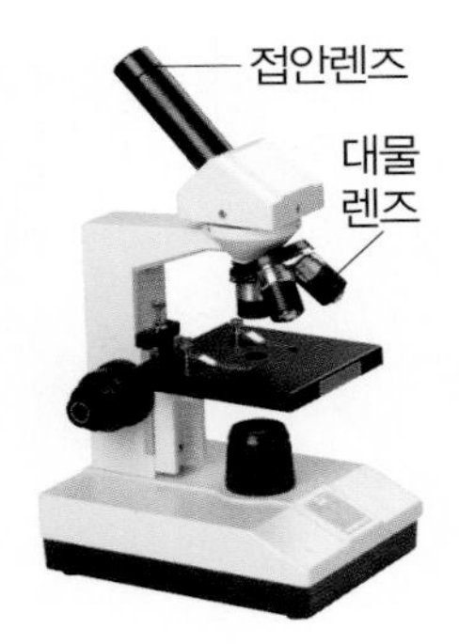

(1) 대물렌즈:

(2) 접안렌즈:

과학
5단원

정답과 풀이

1. 비유하는 표현

연습! 서술형 평가 2~3쪽

1 ⑤

풀이 어떤 현상이나 사물을 비슷한 현상이나 사물에 빗대어 표현하는 것을 비유하는 표현이라고 합니다. 이 시에서는 '뻥튀기가 사방으로 날리는 모양'을 '봄날 꽃잎', '나비', '함박눈', '폭죽'에 빗대어 표현했습니다.

1-1 예시 답안 (1) 봄날 꽃잎
(2) 뻥튀기가 봄날 꽃잎처럼 하늘에 흩날리기 때문입니다.

채점 기준 답안 내용	배점
(1)에는 '뻥튀기가 사방으로 날리는 모양'을 비유하는 표현을, (2)에는 그 까닭을 알맞게 쓴 경우	6
(1)과 (2) 중 한 가지만 알맞게 쓴 경우	3

| 채점 시 유의 사항 | (1)에는 '나비', '함박눈', '폭죽'을, (2)에는 각각에 알맞은 비유한 까닭을 써도 정답으로 합니다.

2 ⑤

풀이 운율은 시가 음악처럼 느껴지게 하는 요소로, 소리가 비슷한 글자나 일정한 글자 수가 반복될 때 생깁니다.

2-1 예시 답안 앞마을 냇가와 뒷마을 연못에 봄비가 경쾌하게 내리는 장면을 소리가 비슷한 글자와 일정한 글자 수가 반복되도록 표현했기 때문입니다.

채점 기준 답안 내용	배점
'소리가 비슷한 글자나 일정한 글자 수가 반복된다'는 내용이 들어가게 쓴 경우	4
㉠ 부분에서 운율이 잘 느껴지는 까닭을 간단히 쓰고, 구체적인 내용을 쓰지 못한 경우	2

3 ⑤

풀이 헤질 때 또 만나자고 손 흔드는 친구의 모습은 바람하고 엉켰다가 풀 줄 아는 풀잎의 모습과 닮았습니다.

3-1 예시 답안 흔들리는 모습입니다.

채점 기준 답안 내용	배점
시에 나타난 친구와 풀잎의 공통점을 알맞게 쓴 경우	4
친구와 풀잎의 공통점을 썼으나, 맞춤법이 틀린 경우	2

4 ①

풀이 봄이 되면 새롭게 만날 수 있는 것을 떠올려 생각그물로 나타낸 것입니다.

4-1 예시 답안 (1) 새 교실
(2) 낯섭니다. / 어색합니다.

채점 기준 답안 내용	배점
생각그물에 제시된 대상 중 하나를 골라 표현하고 싶은 생각이나 마음을 알맞게 쓴 경우	4
(1)과 (2)를 어울리게 썼으나, 생각그물에 제시된 대상이 아닌 경우	1

실전! 서술형 평가 4~5쪽

1 예시 답안 뻥튀기하는 상황을 훨씬 실감 나게 표현하기 위해서입니다. / 뻥튀기하는 상황을 읽는 사람들에게 더 생생하게 전달하기 위해서입니다.

채점 기준 답안 내용	배점
'뻥튀기'를 다른 사물에 비유하여 표현한 까닭을 알맞게 쓴 경우	5
시에서 비유하는 표현을 쓴 까닭을 썼지만, '뻥튀기'와 관련이 없는 경우	2

2 예시 답안 (1) 솜사탕
(2) 작은 것이 큰 것으로 변하는 성질이 비슷하기 때문입니다.

풀이 뻥튀기의 특징을 생각하며 비유하여 표현할 대상을 찾고 어떤 점이 비슷한지 생각해 봅니다.

채점 기준 답안 내용	배점
(1)에는 비유하는 표현을, (2)에는 비유한 까닭을 알맞게 쓴 경우	7
(1)과 (2)를 모두 썼으나, 두 내용이 어울리지 않는 경우	3

| 채점 시 유의 사항 | (1)에는 '나비'를, (2)에는 '번데기가 나비가 되듯이 아주 다른 모습으로 변하는 것이 비슷해서'와 같이 써도 정답으로 합니다.

3 예시 답안 (1) (큰 은혜로 내리는) 교향악
(2) 여러 가지 소리가 섞여 있는 것입니다.

풀이 비유하는 표현은 대상 하나를 다른 대상에 빗대어 표현하기 때문에 두 대상 사이에는 공통점이 있습니다.

채점 기준 답안 내용	배점
(1)에는 교향악을, (2)에는 봄비 내리는 소리와 교향악의 공통점을 알맞게 쓴 경우	7
(1)과 (2) 중 한 가지만 알맞게 쓴 경우	3

4 예시 답안 (1) 두둑 두드둑
(2) 봄비가 내려 지붕에 떨어지는 소리를 소리가 비슷한 글자를 반복해서 나타냈기 때문입니다.

풀이 시가 음악처럼 느껴지게 하는 부분을 찾습니다.

채점 기준 답안 내용	배점
(1)에는 운율이 느껴지는 부분을, (2)에는 그 까닭을 알맞게 쓴 경우	7
(1)에 운율이 느껴지는 부분을 알맞게 썼으나, (2)에 그 까닭을 제대로 쓰지 못한 경우	3

| 채점 시 유의 사항 | (1)에는 '도당도당 도당당'을 써도 정답으로 합니다.

5 예시 답안 ❶ 친구
❷ 풀잎하고 헤어졌다가 되찾아 온 바람의 모습이 만나면 얼싸안는 친구 같기 때문입니다.
❸ (1) 편합니다.
(2) 가족
(3) 가족처럼 항상 기쁨과 슬픔을 같이하기 때문입니다.
풀이 친구의 의미를 떠올려 보고, 그 의미가 잘 드러나는 표현과 까닭을 씁니다.

채점 기준	답안 내용	배점
	❶~❸을 모두 알맞게 쓴 경우	10
	❶~❸ 중 두 가지만 알맞게 쓴 경우	6
	❶~❸ 중 한 가지만 알맞게 쓴 경우	3

| 채점 시 유의 사항 | 친구의 의미는 사람마다 다를 수 있습니다. 비유하는 표현과 그 까닭을 어울리게 썼으면 정답으로 합니다.

6 예시 답안 (1) 친구
(2) 호수 / 바다
(3) 깊고 넓습니다.
풀이 새롭게 만난 대상을 비유하는 표현으로 나타낼 때에는 겉으로 드러난 모습뿐만 아니라 보이지 않는 특징도 충분히 생각해 봅니다.

채점 기준	답안 내용	배점
	(1)~(3)을 모두 관련 있는 내용으로 알맞게 쓴 경우	5
	(1)~(3)을 모두 관련 있는 내용으로 썼으나, 설득력이 부족한 부분이 있는 경우	3

7 예시 답안 시의 분위기와 느낌을 살려서 읽어야 해.
풀이 시를 낭송할 때에는 낭송하는 대상, 중심 생각, 떠오르는 장면과 운율이 어떠한지 생각해야 합니다.

채점 기준	답안 내용	배점
	시 낭송을 잘하는 방법을 알맞게 쓴 경우	5
	시 낭송을 잘하는 방법을 썼으나, 친구에게 말하는 것처럼 쓰지 못한 경우	3

| 채점 시 유의 사항 | '시에서 떠오르는 장면을 상상하면서 읽어야 해.'와 같이 써도 정답으로 합니다.

2. 이야기를 간추려요

연습! 서술형 평가 6~7쪽

1 ①
풀이 윗동네와 아랫동네 사람들은 황금 사과를 서로 가지고 싶어서 다투었습니다.

1-1 예시 답안 두 동네의 가운데에 있던 사과나무에서 열리는 황금 사과를 서로 가지겠다고 했습니다.

채점 기준	답안 내용	배점
	윗동네와 아랫동네 사람들이 다툰 까닭을 알맞게 쓴 경우	4
	윗동네와 아랫동네 사람들 사이에 일어난 갈등을 썼으나, 구체적으로 쓰지 못한 경우	2

2 ①
풀이 이야기를 요약할 때 중요하지 않은 내용은 간단히 쓰거나 삭제해야 하고, 이야기 구조에 따라 중요한 사건이 일어난 원인과 결과를 찾습니다.

2-1 예시 답안 (1) 원님은 이승에 있을 때 남에게 덕을 베푼 일이 없어 원님의 곳간에는 고작 볏짚 한 단만 있었습니다.
(2) 저승사자는 원님에게 덕진이라는 아가씨의 곳간에서 쌀을 꾸어 계산하라고 했습니다.

채점 기준	답안 내용	배점
	(1)과 (2)에 중요한 사건을 간추려 모두 알맞게 쓴 경우	6
	(1)과 (2)에 알맞은 사건을 썼으나, 중요하지 않은 내용도 쓴 경우	3

| 채점 시 유의 사항 | 중요한 사건을 요약할 때 중요하지 않은 내용 삭제하기, 사건의 원인 찾기, 관련 있는 사건은 하나로 묶기의 방법을 사용하였는지 살펴봅니다.

3 ⑤
풀이 종이 할머니와 눈에 혹이 난 할머니가 폐지를 두고 다투는 사건이 나타난 부분입니다.

3-1 예시 답안 자신의 빈 상자를 빼앗기지 않으려고 소리치며 눈에 혹이 난 할머니를 밀어 버렸습니다.

채점 기준	답안 내용	배점
	앞의 내용과 연결되도록 이어질 내용을 요약해 쓴 경우	4
	이어질 내용을 요약해 썼으나, 앞의 내용과 연결이 자연스럽지 않는 경우	2

4 ②
풀이 ②는 이 만화 영화에 나타나지 않은 내용입니다. ①은 장면 2, ③은 장면 1, ④는 장면 3, ⑤는 장면 4의 내용입니다.

4-1 예시 답안 (1) 장면 4
(2) 몸이 약한 소녀를 배려하는 소년의 마음이 느껴졌기 때문에 감동적입니다.

채점 기준	답안 내용	배점
	(1)에는 장면 하나를, (2)에는 그 장면에 대한 자신의 생각이나 느낌을 알맞게 쓴 경우	6
	(1)에는 장면 하나를, (2)에는 자신의 생각이나 느낌을 썼으나 고른 장면에 대한 내용이 아닌 경우	2

| 채점 시 유의 사항 | 장면 1~4 중 하나를 골라 생각이나 느낌을 알맞게 썼으면 정답으로 합니다.

실전! 서술형 평가 8~9쪽

1 예시 답안 ❶ 사과
❷ 끔찍한 괴물들이 살고 있다는 담 너머에 먼저 다가가 말을 건네는 사과가 용기 있다고 생각합니다.
❸ 앞으로 사과와 담 너머의 아이들이 서로 친해지고 두 동네 사람들도 서로 오해를 풀어 사이좋게 지내게 될 것입니다.
풀이 이 이야기는 욕심을 부리지 말고 서로 대화하고 소통하자는 주제를 전합니다. 주제에 어울리게 이어질 내용을 씁니다.

채점 기준 답안 내용	배점
❶~❸을 모두 알맞게 쓴 경우	10
❶~❸ 중 두 가지만 알맞게 쓴 경우	6
❶~❸ 중 한 가지만 알맞게 쓴 경우	3

2 예시 답안 덕진이 어렵고 불쌍한 사람을 대가 없이 돕는 모습을 보고 감동하는 마음이 들었을 것입니다.
풀이 덕진은 돈 열 냥만 빌려 달라는 원님에게 선뜻 돈을 빌려주었습니다.

채점 기준 답안 내용	배점
원님의 마음을 짐작해 그 까닭과 함께 쓴 경우	5
원님의 마음을 썼지만 까닭을 쓰지 못한 경우	2

| 채점 시 유의 사항 | '자신도 덕을 베풀어야겠다고 생각했습니다.', '덕진의 저승 곳간에 곡식이 가득 차 있는 까닭을 깨달았습니다.'와 같이 써도 정답으로 합니다.

3 예시 답안 원님은 덕진의 행동에 크게 감명을 받고 쌀 삼백 석을 가지고 덕진을 찾아갔습니다.
풀이 덕진의 말과 행동을 보고 원님이 깨달은 내용이 잘 드러나게 씁니다.

채점 기준 답안 내용	배점
중요한 사건을 잘 간추려 쓴 경우	5
중요한 사건을 간추려 썼으나, 앞의 내용과 자연스럽게 연결되지 않는 경우	3

4 예시 답안 할머니가 등을 납작하게 구부리고 이리저리 땅만 살피며 종이를 찾으러 다니기 때문입니다.
풀이 글 가에 할머니가 '종이 할머니'라고 불린 까닭이 나타나 있습니다.

채점 기준 답안 내용	배점
할머니가 '종이 할머니'라고 불린 까닭을 알맞게 쓴 경우	5
할머니가 '종이 할머니'라고 불린 까닭을 썼으나, 맞춤법이 틀린 경우	2

5 예시 답안 글 가에서는 허리를 굽혀 폐지를 줍느라 꿈을 잊었지만, 글 나에서는 우주 그림을 보고 어릴 적 꿈이 떠올라 기뻤습니다.
풀이 종이 할머니의 말과 행동을 통해 할머니의 마음을 짐작할 수 있습니다.

채점 기준 답안 내용	배점
종이 할머니의 마음의 변화를 글의 내용에 맞게 쓴 경우	5
종이 할머니의 마음의 변화를 썼으나, 너무 간단히 쓴 경우	3

6 예시 답안 (1) 절정
(2) 사건 속의 갈등이 커지면서 긴장감이 가장 높아지는 부분입니다.
풀이 소년과 소녀 사이에 일어난 사건이 ㉠ 부분에서 어떻게 나타나는지 생각해 봅니다.

채점 기준 답안 내용	배점
(1)에는 '절정'을, (2)에는 절정의 특성을 알맞게 쓴 경우	7
(1)과 (2)를 모두 썼으나, 맞춤법이 틀린 경우	4

7 예시 답안 소년과의 소중했던 추억을 간직하고 싶었기 때문일 것입니다.
풀이 소녀는 소년과의 소중했던 추억을 간직하고 싶어서 소년과 함께 산으로 놀러 갔을 때 입었던 옷을 그대로 입혀서 묻어 달라고 했습니다.

채점 기준 답안 내용	배점
소녀가 자신이 입던 옷을 그대로 입혀서 묻어 달라고 한 까닭을 알맞게 쓴 경우	5
소녀가 자신이 입던 옷을 그대로 입혀서 묻어 달라고 한 까닭을 썼으나, 맞춤법이 틀린 경우	2

3. 짜임새 있게 구성해요

연습! 서술형 평가 10~11쪽

1 ③
풀이 연설할 때에는 여러 사람 앞에서 말하므로 높임 표현을 쓰고, 듣는 사람의 특성에 맞춰 알기 쉽게 말하고, 모두 들을 수 있게 큰 목소리로 말해야 합니다.

1-1 예시 답안 (1) 공식적인 말하기 상황
(2) 여러 사람 앞에서 말하기 때문에 높임 표현을 사용합니다.

채점 기준 답안 내용	배점
(1)에는 말하는 상황을, (2)에는 말하기 태도를 알맞게 쓴 경우	6
(1)과 (2) 중 한 가지만 알맞게 쓴 경우	3

| 채점 시 유의 사항 | (1)에는 '연설하는 상황', (2)에는 '바른 자세와 태도로 말합니다.', '이해하기 쉽게 말하고 연설 시간을 생각합니다.' 등으로 써도 정답으로 합니다.

2 ⑤

풀이 그림 가와 그림 나 모두 공식적인 상황으로 예의 바른 표현을 사용했습니다.

2-1 예시 답안 (1) 사라진 직업의 종류와 그 까닭을 직업별로 정리해 보여 주기 위해서 표를 사용했습니다.
(2) 사라진 직업인 보부상의 모습을 생생하게 보여 주기 위해서 동영상을 사용했습니다.

채점 기준 답안 내용	배점
(1)에는 '사라진 직업의 종류와 까닭', '표', (2)에는 '보부상', '동영상'이라는 낱말을 넣어 활용한 자료와 그 자료를 활용한 까닭을 알맞게 쓴 경우	6
(1)과 (2) 중 한 가지만 알맞게 쓴 경우	3

3 ②, ⑤

풀이 그림 가처럼 자료가 너무 길면 보는 사람이 지루할 수 있습니다.

3-1 예시 답안 자료를 활용할 때에는 자료를 가져온 곳을 꼭 밝혀야 합니다. / 자료가 너무 길거나 복잡하지 않아야 합니다.

채점 기준 답안 내용	배점
그림 가~그림 다의 문제점을 참고하여 주의할 점을 알맞게 쓴 경우	4
자료를 활용할 때 주의할 점을 썼지만, 그림 가~그림 다의 내용과 어울리지 않는 경우	1

| 채점 시 유의 사항 | 제시된 답 이외에도 '꼭 필요한 내용만 자료에 정리합니다.', '한 번에 적절한 분량으로 복잡하지 않게 보여 줍니다.'와 같이 써도 정답으로 합니다.

4 ③

풀이 이어지는 '설명하는 말'에서 '100대 기업의 인재상 변화'에 대한 자료를 제시했다는 것을 짐작할 수 있습니다.

4-1 예시 답안 (1) 동영상
(2) 일자리 미래에 대한 것으로 일자리의 변화와 그에 따라 필요한 능력에 대한 내용입니다.

채점 기준 답안 내용	배점
발표 주제에 적절한 자료의 종류와 그 내용을 알맞게 쓴 경우	6
자료와 내용이 어울리지 않게 쓴 경우	2

| 채점 시 유의 사항 | 발표 주제를 잘 나타내고 발표를 듣는 사람의 주의를 집중시킬 수 있는 자료를 썼으면 정답으로 합니다.

실전! 서술형 평가 12~13쪽

1 예시 답안 (1) 방송에서 아나운서가 뉴스를 진행하는 상황
(2) 바른 자세로 말하고 높임 표현을 사용해야 합니다.

풀이 공식적인 말하기 상황에 알맞은 말하기 태도를 씁니다.

채점 기준 답안 내용	배점
(1)에는 말하기 상황을, (2)에는 그 상황에 알맞은 말하기 태도를 쓴 경우	5
(1)과 (2) 중 한 가지만 알맞게 쓴 경우	3

| 채점 시 유의 사항 | 비공식적인 말하기 상황에 알맞은 태도를 쓰면 틀립니다.

2 예시 답안 (1) 말하는 사람과 듣는 사람이 있으며, 친구들에게 말하고 있습니다.
(2) 그림 가는 친구들에게 자유롭게 말하는 상황이고, 그림 나는 친구들에게 공식적으로 말하는 상황입니다.

풀이 그림 가는 비공식적인 말하기 상황이고, 그림 나는 공식적인 말하기 상황입니다.

채점 기준 답안 내용	배점
(1)에는 두 가지 말하기 상황의 비슷한 점을, (2)에는 다른 점을 알맞게 쓴 경우	7
(1)과 (2) 중 한 가지만 알맞게 쓴 경우	3

| 채점 시 유의 사항 | (2)에는 그림 가는 교실 밖에서 개인적으로 말하는 상황이고, 그림 나는 수업 시간에 교실에서 여러 사람 앞에서 발표하는 상황이라고 써도 정답으로 합니다.

3 예시 답안 ❶ 친구들에게 독도의 자연환경을 소개하고 있습니다.
❷ (1) 사진 (2) 여행지까지 가는 길을 지도로 한눈에 보여 줄 수 있음.
❸ 자료를 활용해서 말하면 듣는 사람이 흥미를 느끼게 할 수 있습니다. / 자료를 활용해서 말하면 정보를 효과적으로 전달할 수 있습니다. / 자료를 활용해서 말하면 듣는 사람이 더 잘 이해할 수 있습니다.

채점 기준 답안 내용	배점
❶~❸을 모두 알맞게 쓴 경우	10
❶~❸ 중 두 가지만 알맞게 쓴 경우	6
❶~❸ 중 한 가지만 알맞게 쓴 경우	3

4 예시 답안 친구들이 모르는 미래에 새로 생길 여러 가지 직업을 조사해 발표하고 싶습니다. / 우리 반 친구들이 원하는 직업을 조사해 발표하고 싶습니다.

풀이 자신이 발표하고 싶은 내용을 한 가지 골라 발표 주제를 정합니다.

채점 기준 답안 내용	배점
우리의 미래와 관련해 조사해서 발표할 내용을 알맞게 쓴 경우	5
우리의 미래와 관련해 발표할 내용을 썼으나, 제시된 생각그물과 관련이 없는 경우	2

5 예시 답안 (1) 여러 사람 앞에서 발표합니다. / 발표 장소가 넓습니다.
(2) 교실에서 발표할 때에는 멀리 있는 친구도 잘 볼 수 있도록

자료를 크게 확대해 제시해야 합니다.

풀이 공식적인 말하기 상황의 특성과 자료를 제시할 때에 주의할 점을 떠올려 봅니다.

채점 기준 답안 내용	배점
(1)에는 발표하는 상황의 특성을, (2)에는 자료 제시 방법을 알맞게 쓴 경우	7
(1)과 (2) 중 한 가지만 알맞게 쓴 경우	3

6 예시 답안 준비한 자료를 차례에 맞게 잘 보여 주면서 말합니다. / 자료를 보여 줄 때에는 친구들이 집중할 수 있도록 자세히 소개합니다. / 멀리까지 잘 들리도록 또박또박 큰 목소리로 말합니다.

풀이 발표하는 상황의 특성을 떠올려 주의할 점을 씁니다.

채점 기준 답안 내용	배점
발표할 때에 주의할 점을 쓴 경우	5
발표할 때에 주의할 점을 썼으나, 표현이 분명하지 않은 경우	3

7 예시 답안 발표 내용에 알맞은 자료를 적절히 활용했나요? / 듣는 사람에게 전하려는 내용이 잘 전달었나요?

풀이 발표를 점검할 때에는 이 외에도 활용한 자료가 너무 길거나 복잡하지 않았는지, 자료를 활용할 때 저작권을 침해하지 않았는지 살펴야 합니다.

채점 기준 답안 내용	배점
평가 기준을 자료의 활용이나 듣는 사람과 연결해 쓴 경우	5
평가 기준을 자료의 활용이나 듣는 사람과 연결해 썼으나, 미흡한 부분이 있는 경우	3

4. 주장과 근거를 판단해요

연습! 서술형 평가 14~15쪽

1 ①

풀이 '저는 동물원이 있어야 한다고 생각합니다.'라는 문장에서 지훈이의 주장을 확인할 수 있습니다.

1-1 예시 답안 (1) 동물원이 있어야 합니다.
(2) • 동물원은 우리에게 큰 즐거움을 줍니다. • 동물원은 동물을 보호해 줍니다.

채점 기준 답안 내용	배점
(1)에는 지훈이의 주장을, (2)에는 그 근거를 알맞게 쓴 경우	6
(1)과 (2) 중 한 가지만 알맞게 쓴 경우	3

2 ③

풀이 글쓴이는 우리 전통 음식을 사랑하자는 주장을 하려고 글을 썼습니다.

2-1 예시 답안 (1) 서론
(2) 글을 쓴 문제 상황과 글쓴이가 글 전체에서 내세우는 주장을 나타냅니다.

채점 기준 답안 내용	배점
(1)은 서론에 ○표를 하고, (2)에는 '문제 상황', '주장'을 넣어 답을 쓴 경우	6
(1)과 (2) 중 한 가지만 알맞게 쓴 경우	3

3 ③, ④

풀이 이 글에서 주장에 대한 근거는 '첫째', '둘째'와 같은 말로 표현했습니다.

3-1 예시 답안 이상 기후 현상이 점점 심각해지는 지금 상황에서 자연을 보호하자는 주장은 가치 있고 중요합니다. / 자연은 한번 파괴되면 복원되기가 어렵다는 근거는 주장과 관련이 있습니다.

채점 기준 답안 내용	배점
내용의 타당성과 그렇게 생각한 까닭을 알맞게 쓴 경우	4
내용의 타당성을 판단해 썼으나, 그렇게 생각한 까닭을 제대로 쓰지 못한 경우	2

| 채점 시 유의 사항 | 주장이 가치 있고 중요한지, 근거가 주장과 관련 있는지, 근거가 주장을 뒷받침하는지 생각해서 판단해 썼으면 정답으로 합니다.

4 ①

풀이 그림 가 ~ 그림 다에 제시된 문제 상황에 대해서 주장과 근거를 쓰면 됩니다.

4-1 예시 답안 일회용품을 많이 쓰는 문제에 대해 논설문을 쓰고 싶습니다. / 편식하는 친구들이 많은 문제와 관련해 글을 쓰고 싶습니다.

채점 기준 답안 내용	배점
우리 주변에서 일어나는 문제 상황을 알맞게 쓴 경우	4
우리 주변에서 일어나지 않는 상황이나 이미 그림에 제시된 내용을 쓴 경우	1

실전! 서술형 평가 16~17쪽

1 예시 답안 동물원은 동물의 생태와 습성, 자연환경의 소중함을 배울 수 있는 교육 장소이지만 좁은 우리에 갇혀 살아가는 동물들은 스트레스를 많이 받는다는 것입니다.

풀이 시은이가 한 말에서 문제 상황을 정리해 씁니다.

채점 기준	답안 내용	배점
	시은이가 제시한 문제 상황을 바르게 쓴 경우	5
	문제 상황을 썼으나, 맞춤법이 틀린 경우	3

2 예시 답안 (1) 있어야 합니다.
(2) 동물원에서 신기한 동물들을 보고 동물과 교감하는 시간을 가질 수 있기 때문입니다.
풀이 자신이 정한 주장에 대해 타당한 근거를 씁니다.

채점 기준	답안 내용	배점
	(1)과 (2)를 모두 알맞게 쓴 경우	7
	(1)과 (2) 중 한 가지만 알맞게 쓴 경우	3

| 채점 시 유의 사항 | (1)에 '없애야 합니다.'를, (2)에 '동물원에 있는 동물들도 자유를 누릴 권리가 있기 때문입니다.'와 같이 써도 정답으로 합니다.

3 예시 답안 (1) 우리 전통 음식을 사랑합시다.
(2) • 우리 전통 음식은 건강에 이롭습니다. • 우리 전통 음식을 가까이하면 계절과 지역에 따라 다양한 맛을 즐길 수 있습니다.
풀이 논설문에서 주장은 어떤 문제를 놓고 글쓴이가 내세우는 생각이고, 근거는 주장을 뒷받침하는 내용입니다.

채점 기준	답안 내용	배점
	(1)에는 주장을, (2)에는 근거 두 가지를 알맞게 쓴 경우	7
	(1)과 (2) 중 한 가지만 알맞게 쓴 경우	3

4 예시 답안 우리 전통 음식에서 우리 조상의 슬기와 문화를 경험할 수 있습니다.
풀이 우리 전통 음식을 사랑하자는 주장을 뒷받침하는 내용을 씁니다.

채점 기준	답안 내용	배점
	글쓴이의 주장을 뒷받침하는 타당한 근거를 알맞게 쓴 경우	5
	글쓴이의 주장에 대한 근거를 썼으나, 맞춤법이 틀린 경우	2

5 예시 답안 결론 부분으로, 글 내용을 요약하기도 하고 글쓴이의 주장을 다시 한번 강조할 수도 있습니다.
풀이 논설문에서 결론의 역할을 씁니다.

채점 기준	답안 내용	배점
	'결론'이라고 쓰고, 그 특성도 알맞게 쓴 경우	5
	해당하는 부분과 그 특성 중 한 가지만 알맞게 쓴 경우	3

6 예시 답안 '나는 ~을/를 좋아한다.', '내 생각에 ~것 같다.'와 같은 주관적인 표현으로는 다른 사람을 논리적으로 설득하기 어렵습니다. / 논설문에서는 자신만의 생각이나 감정에 치우치는 주관적인 표현보다는 사실을 있는 그대로 드러내는 객관적인 표현을 써야 합니다.
풀이 논설문에서는 주관적인 표현, 모호한 표현, 단정하는 표현을 쓰지 말아야 합니다.

채점 기준	답안 내용	배점
	보기의 표현을 사용할 때의 문제점을 알맞게 쓴 경우	5
	보기의 표현을 사용할 때의 문제점에 대해 썼으나, 맞춤법이 틀린 경우	3

7 예시 답안 ❶ 스마트폰 중독
❷ (1) 스마트폰은 정해진 시간에만 사용해야 합니다.
(2) 스마트폰을 무분별하게 사용하면 생활 리듬이 깨집니다.
(3) 눈이 나빠지거나 거북목이 되는 등 건강에 해롭습니다.
❸ 요즘 인터넷의 발달과 함께 스마트폰을 가진 친구들이 늘어나고 있습니다. 스마트폰은 우리에게 유용한 점이 많지만, 지나치게 많이 사용하면 문제가 됩니다. 스마트폰을 지나치게 많이 사용하면 안 되는 까닭은 무엇일까요?
풀이 서론 부분으로 문제 상황, 이 문제를 해결할 주장을 떠올려 씁니다.

채점 기준	답안 내용	배점
	❶~❸을 모두 알맞게 쓴 경우	10
	❶~❸ 중 두 가지만 알맞게 쓴 경우	6
	❶~❸ 중 한 가지만 알맞게 쓴 경우	3

5. 속담을 활용해요

연습! 서술형 평가

18~19쪽

1 ④
풀이 협동과 관련된 상황을 찾아봅니다.

1-1 예시 답안 (1) 쉬운 일이라도 협력해 하면 훨씬 쉽다는 뜻입니다.
(2) 두 손뼉이 맞아야 소리가 난다

채점 기준	답안 내용	배점
	(1)에는 속담의 뜻을, (2)에는 뜻이 비슷한 다른 속담을 쓴 경우	6
	(1)과 (2) 중 한 가지만 알맞게 쓴 경우	3

2 ①
풀이 일이 이미 잘못된 뒤에는 손을 써도 소용이 없다는 뜻의 속담이 알맞습니다.

2-1 예시 답안 (1) 소를 도둑맞은 다음에야 빈 외양간의 허물어진 데를 고치느라 수선을 떤다는 뜻으로, 일이 이미 잘못된 뒤에는 손을 써도 소용이 없다는 말입니다.
(2) 안전에 주의하지 않고 친구들과 놀다가 다친 뒤에 후회했던 상황

채점 기준 답안 내용	배점
(1)에는 ㉠에 들어갈 속담의 뜻을, (2)에는 그 속담을 사용할 수 있는 다른 상황을 쓴 경우	4
(1)과 (2) 중 한 가지만 알맞게 쓴 경우	2

3 ①

풀이 독장수는 헛된 생각을 하다 실수로 독을 깨뜨렸습니다.

3-1 예시 답안 독장수의 말이나 행동을 통해서 '헛된 욕심은 손해를 가져온다'는 것을 말하고 있습니다.

채점 기준 답안 내용	배점
'헛된 욕심은 손해를 가져온다'는 내용으로 쓴 경우	4
글의 주제를 썼으나, 독장수의 모습과 관련이 없는 경우	2

4 ④

풀이 표에는 다양한 동물과 그 동물과 관련 있는 속담이 나타나 있습니다.

4-1 예시 답안 (1) 원숭이도 나무에서 떨어진다

(2) 동물의 행동이나 특징에 빗대어 어떤 사람의 성격이나 태도를 표현할 수 있기 때문입니다.

채점 기준 답안 내용	배점
(1)에는 동물과 관련 있는 속담을, (2)에는 동물과 관련 있는 속담이 많은 까닭을 쓴 경우	6
(1)과 (2) 중 한 가지만 알맞게 쓴 경우	3

| 채점 시 유의 사항 | (1)에는 소, 호랑이, 토끼, 원숭이, 닭 등 여러 가지 동물과 관련 있는 속담을 썼으면 정답으로 합니다.

실전! 서술형 평가 20~21쪽

1 예시 답안 (1) 주관하는 사람이 없이 여러 사람이 자기주장만 내세우면 일이 제대로 되기 어렵다는 말입니다.

(2) 사람의 긴밀한 관계를 비유적으로 이르는 말입니다.

풀이 속담의 뜻은 그 속담을 사용한 상황을 살펴보면 짐작할 수 있습니다.

채점 기준 답안 내용	배점
(1)에는 ㉠ 속담의 뜻, (2)에는 ㉡ 속담의 뜻을 알맞게 쓴 경우	5
(1)과 (2) 중 한 가지만 알맞게 쓴 경우	2

2 예시 답안 듣는 사람이 흥미를 느낄 수 있습니다. / 자신의 의견을 쉽고 효과적으로 전달할 수 있습니다. / 조상의 지혜와 슬기를 알 수 있습니다.

풀이 속담을 사용하는 까닭을 생각해 봅니다.

채점 기준 답안 내용	배점
속담을 사용하면 좋은 점을 알맞게 쓴 경우	5
속담을 사용하면 좋은 점이나 ㉮, ㉯의 내용과 관련이 없는 경우	3

3 예시 답안 안전에 주의하지 않고 친구들과 놀다가 다친 뒤에 후회했던 상황입니다.

풀이 일이 잘못된 뒤에 후회하거나 해결하려 하는 상황을 씁니다.

채점 기준 답안 내용	배점
"소 잃고 외양간 고친다."라는 속담을 사용하기에 알맞은 상황을 쓴 경우	5
"소 잃고 외양간 고친다."라는 속담을 사용하기에 알맞은 상황을 썼으나, 그 상황을 구체적으로 쓰지 못한 경우	3

4 예시 답안 (1) 콩 심은 데 콩 나고 팥 심은 데 팥 난다 / 가시나무에 가시가 난다

(2) 모든 일은 근본에 따라 거기에 걸맞은 결과가 나타난다는 뜻으로, 자신이 뿌리고 노력한 만큼 거두게 된다는 말입니다.

풀이 제시된 내용은 발표 준비를 하지 않아 발표를 잘하지 못한 상황입니다.

채점 기준 답안 내용	배점
(1)에는 관련 속담을, (2)에는 속담의 뜻을 알맞게 쓴 경우	7
(1)과 (2) 중 한 가지만 바르게 쓴 경우	3

5 예시 답안 무엇인가를 잘 잊어버리는 사람

풀이 친구가 알림장을 쓰지 않고 자주 준비물을 챙겨 오지 않는 상황에서 사용할 수 있습니다.

채점 기준 답안 내용	배점
'무엇인가를 잘 잊어버리는 사람'의 내용으로 쓴 경우	5
'무엇인가를 잘 잊어버리는 사람'의 내용으로 썼지만, 맞춤법이 틀린 경우	3

6 예시 답안 예전처럼 나이 많은 순서대로 저승으로 보내져 나이에 상관없이 사람들이 죽지 않았을 것입니다.

풀이 까마귀가 염라대왕의 뜻을 잘못 전한 뒤에 일어난 일을 통해 짐작할 수 있습니다.

채점 기준 답안 내용	배점
나이 많은 순서대로 저승으로 보내졌을 것이라는 내용을 쓴 경우	5
일어날 일을 짐작해 썼으나, 사람의 죽음과 관련 없는 내용인 경우	1

7 예시 답안 ❶ 호랑이

❷ 음식, 누워서 떡 먹기

❸ 속담, 속담의 뜻과 함께 전하고 싶은 내용을 함께 넣겠습니다. / 병풍책, 달력책, 아코디언책, 팝업책 등 다양한 모양으로 속담 사전을 만들겠습니다.

풀이 탐구 대상과 관련 있는 속담으로 속담 사전을 만드는 방법과 절차를 떠올려 봅니다.

채점 기준 답안 내용	배점
❶~❸을 모두 알맞게 쓴 경우	10
❶~❸ 중 두 가지만 알맞게 쓴 경우	6
❶~❸ 중 한 가지만 알맞게 쓴 경우	3

6. 내용을 추론해요

연습! 서술형 평가 22~23쪽

1 ②, ③

풀이 이 그림은 병아리를 물고 달아나는 고양이와 그 고양이를 쫓는 남자의 모습을 순간적으로 포착해 재미있게 나타냈습니다.

1-1 예시 답안 예전에 고양이가 내 신발을 물고 달아나서 깜짝 놀란 적이 있는데, 그림 속 남자의 마음도 같았을 것입니다.

채점 기준 답안 내용	배점
그림의 내용을 자신의 경험과 관련지어 쓴 경우	4
그림의 내용은 파악하였으나 자신의 경험과 관련지어 쓰지 않은 경우	2

| 채점 시 유의 사항 | 그림의 내용을 바르게 파악했다 하더라도 자신의 경험과 관련지어 쓰지 않은 경우 높은 점수를 주지 않도록 합니다.

2 ①, ③

2-1 예시 답안 근처에 있는 융건릉과 용주사에 가 볼 것을 추천했습니다.

채점 기준 답안 내용	배점
융건릉과 용주사를 모두 포함해 쓴 경우	4
융건릉과 용주사 중 한 가지만 쓴 경우	2

3 ⑤

풀이 '감상'처럼 형태가 같지만 뜻이 다른 낱말을 동형어라고 합니다.

3-1 예시 답안 듣기 자료의 문장에 쓰인 '감상'은 '주로 예술 작품을 이해하여 즐기고 평가함.'이라는 뜻입니다.

채점 기준 답안 내용	배점
'감상'의 뜻을 바르게 찾아 쓴 경우	6
'감상'의 뜻을 찾아 썼으나 맞춤법이 틀린 경우	3

4 ③

풀이 성종이 할머니들을 모시려고 지은 궁궐인 창경궁은 효자로 유명한 정조가 태어난 곳으로 효와 인연이 깊습니다. 창경궁은 임진왜란 때 불탔고 그 뒤로도 큰 화재를 겪었으며, 사도 세자가 목숨을 잃기도 한 안타까운 역사를 가지고 있습니다.

4-1 예시 답안 창경궁은 화재가 나고 사도 세자가 목숨을 잃는 등의 여러 수난을 겪었지만, 지금까지 이어져 온 궁궐이라는 역사적 의미가 있습니다.

채점 기준 답안 내용	배점
이 글의 내용을 바탕으로 해서 역사적 의미를 쓴 경우	6
이 글에 나타난 내용은 언급하지 않고 의미만 간단히 쓴 경우	3
이 글의 내용과 관련이 적은 의미를 쓴 경우	1

실전! 서술형 평가 24~25쪽

1 예시 답안 ❶ 수원 화성에 성을 쌓는 과정을 기록한 책입니다.
❷ 수원 화성은 여러 위기를 거치며 원래의 모습을 잃었습니다.
❸ '이야기에서 찾을 수 있는 단서 확인하기'의 방법으로 내용을 추론했습니다.

채점 기준 답안 내용	배점
❶~❸을 모두 알맞은 내용으로 쓴 경우	10
❶~❸ 중 두 가지만 알맞은 내용으로 쓴 경우	6
❶~❸ 중 한 가지만 알맞은 내용으로 쓴 경우	3

2 예시 답안 수원 화성 공사와 관련된 공식 문서는 물론, 참여 인원, 사용된 물품, 설계 등의 기록이 그림과 함께 실려 있습니다.

풀이 첫 번째 문단에서 글쓴이가 『화성성역의궤』의 내용에 대해 설명한 부분을 찾아 정리해서 씁니다.

채점 기준 답안 내용	배점
『화성성역의궤』에 실려 있는 내용을 두 가지 이상 쓴 경우	5
『화성성역의궤』에 실려 있는 내용을 한 가지만 쓴 경우	3

3 예시 답안 정조 임금이 엄격하게 고른 좋은 자리에 지었기 때문입니다.

채점 기준 답안 내용	배점
정조 임금이 엄격하게 고른 좋은 자리에 지었다는 내용을 찾아 바르게 쓴 경우	5
정조 임금이 엄격하게 고른 좋은 자리에 지었다는 내용을 썼으나 맞춤법이 틀린 경우	2

4 예시 답안 경복궁, 창덕궁, 창경궁, 경희궁, 경운궁입니다.

풀이 이 글의 처음 부분에 현재 서울에 남아 있는 조선 시대의 궁궐 다섯 곳이 나와 있습니다.

채점 기준 답안 내용	배점
궁궐 다섯 개를 모두 쓴 경우	5
궁궐 다섯 개 중 일부만 쓰거나 일부 잘못 쓴 경우	2

5 예시 답안 궁궐에는 사람이 많이 살았는데, 각자 신분에 알맞은 건물에 살았습니다.

채점 기준 답안 내용	배점
㉠의 주요 내용이 포함되도록 바르게 정리해 쓴 경우	7
㉠의 주요 내용이 아닌 부수적 내용을 정리해 쓴 경우	3

| 채점 시 유의 사항 | ㉠의 주요 내용이 아니라, 예를 들어 설명한 부분에 나온 부수적인 내용을 정리해서 쓴 경우에는 점수를 낮게 주도록 합니다.

6 예시 답안 건물과 후원이 잘 어우러진 아름다운 궁궐이기 때문입니다.

채점 기준 답안 내용	배점
건물과 후원이 잘 어우러졌다는 내용을 포함해 쓴 경우	5
건물과 후원이 잘 어우러졌다는 내용이 아니라 부수적인 내용만 쓴 경우	2

7 예시 답안 (1) '옛날식 건물에 그린 그림이나 무늬.'라는 뜻일 것입니다.
(2) 단청이 화려하다고 했기 때문에 그림이나 무늬를 말하는 것으로 생각했습니다.

채점 기준 답안 내용	배점
(1)과 (2)를 모두 바르게 쓴 경우	7
(1)과 (2) 중 한 가지만 바르게 쓴 경우	4

7. 우리말을 가꾸어요

연습! 서술형 평가 26~27쪽

1 ⑤
풀이 '생선'은 '생일 선물'을 줄여서 한 말입니다.

1-1 예시 답안 여자아이가 줄임 말을 써서 아빠가 이해하지 못했기 때문입니다.

채점 기준 답안 내용	배점
여자아이가 줄임 말을 썼다는 내용을 포함해 쓴 경우	4
'줄임 말'이라는 표현을 빼고 답을 쓴 경우	1

2 ①, ④

2-1 예시 답안 배려하는 말을 하지 않고 비속어를 사용하며 비난했기 때문입니다.
풀이 준형이와 수진이는 서로 배려하지 않고 비속어를 사용하며 비난했습니다.

채점 기준 답안 내용	배점
배려하는 말을 하지 않고, 비속어를 사용했다는 내용으로 답을 쓴 경우	6
배려하는 말을 하지 않았다는 내용이나 비속어를 사용했다는 말 중 한 가지만 쓴 경우	3

3 ④
풀이 "다시 할 거야."는 긍정하는 말, "망했어."는 부정하는 말이므로 "망했다."를 "다시 할 거야."로 고치는 것이 알맞습니다.

3-1 예시 답안 말하는 사람과 듣는 사람 모두 기분이 좋아지고 자신감도 생깁니다.

채점 기준 답안 내용	배점
말하는 사람과 듣는 사람 모두 기분이 좋아지고 자신감이 생긴다는 내용을 쓴 경우	4
말하는 사람과 듣는 사람 중 한쪽에 대한 내용만 쓴 경우	2

4 ②, ③, ④

4-1 예시 답안 긍정하는 말과 고운 우리말을 사용하자는 주장을 펴기 위해서입니다.

채점 기준 답안 내용	배점
이 글에 나타난 글쓴이의 주장을 바르게 파악해 쓴 경우	6
글쓴이의 주장을 파악하지 못하고 부수적인 내용을 쓴 경우	2

실전! 서술형 평가 28~29쪽

1 예시 답안 학생들이 욕을 너무 많이 사용한다는 것입니다.
풀이 이 글에서는 많은 학생들이 일상적으로 욕을 사용하는 문제점을 지적하고 있습니다.

채점 기준 답안 내용	배점
학생들이 욕을 너무 많이 사용한다는 문제점을 바르게 파악해 쓴 경우	5
욕을 너무 많이 사용한다는 문제점은 쓰지 않고, 글에 나타난 부수적인 문제점만 찾아 쓴 경우	2

2 예시 답안 대중 매체 환경이 빠르게 바뀌고 있기 때문입니다.
풀이 대중 매체 환경이 빠르게 바뀌면서 욕설이나 비속어를 대하는 나이가 더욱 어려지고 있다고 했습니다.

채점 기준 답안 내용	배점
글에서 까닭을 찾아 바르게 쓴 경우	5
글에서 알 수 있는 내용이 아닌, 다른 까닭을 쓴 경우	2

3 예시 답안 ❶ 높임말
❷ 서로 존중하고 배려하는 생활 공동체 문화가 만들어지고 있습니다.
❸ 일정한 목소리로 발표하지 않고 중요한 부분은 강조하며 발표합니다.
풀이 이 글에는 ○○초등학교에서 선생님과 학생, 학생과 학생끼리 학교에서 지내는 동안 높임말을 사용하는 사례가 제시되어 있습니다.

채점 기준 답안 내용	배점
❶~❸을 모두 알맞은 내용으로 쓴 경우	10
❶~❸ 중 두 가지만 알맞은 내용으로 쓴 경우	6
❶~❸ 중 한 가지만 알맞은 내용으로 쓴 경우	3

| 채점 시 유의 사항 | ❸에서는 제시된 답 외에도 '발표 효과를 높이려면 사진이나 그림, 도표, 동영상 따위의 자료를 사용합니다.'와 같은 내용으로 답을 쓸 수 있습니다.

4 예시 답안 요즘 반 친구들이 대화할 때 짜증 난다는 말이나 비속어, 욕설 따위의 거친 말을 사용합니다.

채점 기준 답안 내용	배점
글에 나타난 문제 상황을 바르게 파악해 쓴 경우	5
주요 문제 상황이 아니라 부수적인 내용만 찾아 쓴 경우	2

5 예시 답안 긍정하는 말을 사용하자는 주제로 글쓰기를 할 수 있습니다.
풀이 이 글에서는 비속어나 욕설을 사용하는 문제 상황을 제시하고, 긍정하는 말을 할 때의 좋은 점을 말하고 있으므로 '고운 우리말을 사용하자.', '긍정하는 말을 사용하자.'와 같은 주제로 글쓰기를 하는 것이 좋습니다.

채점 기준 답안 내용	배점
'긍정하는 말을 사용하자'는 주제처럼 이 글의 내용과 관련이 깊은 주제를 쓴 경우	7
'긍정하는 말을 사용하자'와 같은 주제가 아니라, 이 글의 내용과 관련이 적은 주제를 쓴 경우	2

6 예시 답안 신문 매체를 활용하여 만들었습니다.
풀이 이 사례집은 외국어를 우리말로 다듬은 사례를 신문 매체를 활용하여 만들었습니다.

채점 기준 답안 내용	배점
신문 매체를 활용했다는 내용으로 쓴 경우	5
신문 매체를 활용했다고 썼으나 맞춤법이 틀린 경우	3

7 예시 답안 외국어를 우리말로 다듬은 낱말을 자주 사용해 올바른 우리말 사용의 터전을 닦아 나가자는 것입니다.
풀이 마지막 문단에서 글쓴이가 말하고자 하는 내용을 알 수 있습니다.

채점 기준 답안 내용	배점
글에서 글쓴이의 생각을 바르게 파악해 쓴 경우	5
글의 내용을 부분적으로만 이해하고, 주요 생각이 아닌 부분적인 내용을 쓴 경우	2

8. 인물의 삶을 찾아서

연습! 서술형 평가 30~31쪽

1 ②
풀이 책을 읽으면 작가보다 더 나은 삶을 살 수 있다는 내용은 이 글에 나타나 있지 않습니다.

1-1 예시 답안 다양한 경험을 할 수 있습니다. / 작가가 말하고자 하는 생각을 듣게 됩니다. / 내 삶을 돌아보는 기회를 갖게 됩니다.

채점 기준 답안 내용	배점
까닭을 두 가지 이상 쓴 경우	4
까닭을 한 가지만 쓴 경우	1

2 ①
풀이 고려 말부터 발달해 온 우리 고유의 시를 시조라고 합니다. 이방원과 정몽주는 자신의 생각을 「하여가」와 「단심가」라는 시조로 전하고 있습니다.

2-1 예시 답안 이방원은 '만수산 드렁칡'에 빗대고 있고, 정몽주는 '백골이 진토되어'라는 표현에 빗대어 자신의 생각을 말하고 있습니다.

채점 기준 답안 내용	배점
이방원과 정몽주가 무엇에 빗대어 생각을 말했는지 두 가지를 모두 바르게 쓴 경우	6
두 가지 중 한 가지만 바르게 쓴 경우	2

3 ①, ③, ④
풀이 이순신은 용기와 자신감을 가지고 고난을 극복하려는 의지를 보이고 있습니다.

3-1 예시 답안 아들의 죽음 앞에서도 흔들리지 않고 자신과 나라가 처한 상황을 극복하려고 생각했기 때문입니다.

채점 기준 답안 내용	배점
상황을 극복하려는 굳은 의지가 드러나도록 답을 쓴 경우	6
단순히 전쟁을 끝내고 싶다는 내용으로 쓴 경우	2

4 ④

풀이 당시 케냐의 숲은 벌목으로 벌거벗은 모습이 되었다고 했으므로 아름다운 자연환경을 보러 온 관광객들로 넘쳐나는 상황은 어울리지 않습니다.

4-1 예시 답안 파괴된 환경이 케냐의 모든 이에게 고통을 주고 있다는 것을 깨달았기 때문입니다.

채점 기준 답안 내용	배점
파괴된 환경이 케냐의 모든 이에게 고통을 주고 있다는 것을 깨달았기 때문이라는 내용으로 쓴 경우	4
글에 나타난 당시 케냐의 상황을 그대로 옮겨 쓴 경우	2

실전! 서술형 평가 32~33쪽

1 예시 답안 ❶ ① 우리

② 친근함을 드러내며 뜻을 같이하자는 마음이 느껴지기 때문입니다.

❷ ① 일편단심

② 변치 않는 마음이라는 뜻이 정몽주의 생각을 그대로 보여 주기 때문입니다.

❸ 이방원은 뜻을 함께 모아 새 나라를 세우자는 생각을, 정몽주는 변함없이 고려에 충성을 다하겠다는 생각을 가지고 있습니다.

풀이

채점 기준 답안 내용	배점
❶~❸을 모두 알맞은 내용으로 쓴 경우	10
❶~❸ 중 두 가지만 알맞은 내용으로 쓴 경우	6
❶~❸ 중 한 가지만 알맞은 내용으로 쓴 경우	3

2 예시 답안 육지와 육지 사이에 낀 아주 좁은 바다로, 물살이 빠르고 물살 방향도 하루에 네 번씩이나 바뀌는 곳입니다.

채점 기준 답안 내용	배점
'울돌목'의 특징을 두 가지 이상 쓴 경우	5
'울돌목'의 특징을 한 가지만 간단히 쓴 경우	3

3 예시 답안 적은 것을 많아 보이게 하는 방법을 썼습니다.

풀이 "적은 것을 갑자기 늘릴 방법은 없다. 그러나 많아 보이게 할 수는 있을 것이다."라는 부분에서 이순신의 작전을 알 수 있습니다.

채점 기준 답안 내용	배점
적은 것을 많아 보이게 하는 방법을 바르게 파악해 쓴 경우	5
'최선을 다하였다.'와 같이 추상적으로 답을 쓴 경우	2

4 예시 답안 샘을 기와집 뒤란으로 옮겨 주겠다고 약속했습니다.

채점 기준 답안 내용	배점
몽당깨비가 버들이를 위해 한 일을 글에서 찾아 바르게 쓴 경우	5
몽당깨비가 버들이를 위해 한 일을 썼으나 문장이 매끄럽지 않은 경우	3

5 예시 답안 진심을 담아 상대를 대하는 것을 추구합니다.

풀이 몽당깨비는 버들이가 원하는 것을 해 주기 위해 진심을 다해 노력하는 인물입니다.

채점 기준 답안 내용	배점
몽당깨비가 버들이를 진심으로 대한다는 것을 파악해 쓴 경우	5
버들이를 진심으로 대한다는 내용을 파악하지 못하고 부수적인 내용을 쓴 경우	2

6 예시 답안 도심 속 녹지대와 시민들의 쉼터가 계속 보전되어야 한다고 생각했기 때문입니다.

채점 기준 답안 내용	배점
왕가리 마타이가 우후루 공원을 지키려고 한 까닭을 알맞게 파악해 쓴 경우	5
왕가리 마타이가 우후루 공원을 지키려고 한 까닭을 썼으나, 맞춤법에 맞지 않게 쓴 경우	3

7 예시 답안 (1) 우후루 공원을 지키기 위해 애쓰는 자신을 걱정하는 친구들을 만난 상황

(2) 포기하지 않고 우후루 공원을 지켜야 한다고 목소리를 높이면서 정부가 생각을 바꾸도록 노력했습니다.

채점 기준 답안 내용	배점
(1), (2) 모두 알맞은 내용으로 쓴 경우	7
(1), (2) 중 한 가지만 알맞은 내용으로 쓴 경우	3

9. 마음을 나누는 글을 써요

연습! 서술형 평가 34~35쪽

1 ④

1-1 예시 답안 자원이 낭비되어 안타까운 마음입니다. / 자원이 낭비되어 걱정하는 마음입니다.

채점 기준 답안 내용	배점
자원이 낭비되어 안타까워하거나 걱정하는 마음이 드러나게 쓴 경우	4
그림의 내용과 관련이 적은 마음을 쓴 경우	1

2 ④

풀이 지수는 과학 시간에 물을 엎질러서 친구에게 미안한 마음을 전하려고 문자 메시지를 썼습니다.

2-1 예시 답안 내 생각이나 느낌을 바로 전할 수 있습니다. / 읽을 사람의 반응을 바로 확인할 수 있습니다.

채점 기준 답안 내용	배점
문자 메시지의 특징이 드러나게 답을 쓴 경우	6
문자 메시지의 특징이 드러나게 썼으나 맞춤법이 틀린 경우	4

3 ⑤

3-1 예시 답안 "정말 고마워! 네 따뜻한 마음을 잊지 않을게."라는 부분에서 글쓴이가 고마운 마음을 나누려고 하는 것을 알 수 있습니다.

채점 기준 답안 내용	배점
마음이 드러난 표현과 나누려고 하는 마음을 모두 바르게 쓴 경우	6
마음이 드러난 표현과 나누려고 하는 마음 중 한 가지만 바르게 쓴 경우	3

4 ⑤

4-1 예시 답안 마음속으로 남의 은혜를 받고자 하는 생각을 버려야 한다고 했습니다.

채점 기준 답안 내용	배점
남에게 은혜를 받고자 하는 생각을 버려야 한다는 내용을 찾아 바르게 쓴 경우	4
내용을 바르게 썼으나 맞춤법이 틀린 경우	2

실전! 서술형 평가 36~37쪽

1 예시 답안 고마운 마음을 나누려고 합니다.

풀이 연아는 국어 공부를 재미있게 할 수 있도록 도와주신 선생님께 고마운 마음을 표현하기 위해 이 글을 썼습니다.

채점 기준 답안 내용	배점
'감사한 마음, 고마운 마음'이 들어가게 답을 쓴 경우	5
'감사한 마음, 고마운 마음'을 썼으나 맞춤법이 틀린 경우	2

2 예시 답안 나누려는 마음을 편지로 쓰면 하고 싶은 말을 자세히 표현할 수 있습니다.

풀이 이 글에서 연아는 선생님께 하고 싶은 말과 고마운 마음을 자세히 표현했습니다.

채점 기준 답안 내용	배점
편지의 특성이 드러나게 답을 쓴 경우	5
편지의 특성을 썼으나 문장이 어색한 경우	2

3 예시 답안 점심시간에 미역국을 엎질러서 지효 가방이 더러워진 일 때문에 편지를 썼습니다.

풀이 편지의 내용 중에서 일어난 사건을 쓴 부분을 찾아봅니다.

채점 기준 답안 내용	배점
일어난 사건을 파악해 답을 쓴 경우	5
일어난 사건에 대해 '미안한 일이 있어서'와 같이 단순하게 쓴 경우	2

4 예시 답안 나누려는 마음이 잘 드러나게 써야 합니다. / 글 쓸 상황과 목적을 생각해서 글을 써야 합니다. / 일어난 사건에 대한 자신의 생각이나 행동을 떠올립니다. / 읽는 사람을 고려해서 이해하기 쉬운 표현을 씁니다.

채점 기준 답안 내용	배점
이 글이 편지라는 것을 파악하고 편지를 쓸 때 고려할 점을 바르게 쓴 경우	7
편지를 쓸 때 고려할 점이 아닌, 단순히 글을 쓸 때 고려할 점만 쓴 경우	3

5 예시 답안 ❶ 남이 먼저 은혜를 베풀어 주기만 바라는 것

❷ 두 아들의 잘못된 마음가짐을 걱정하는 마음을 전하려고 글을 썼습니다.

❸ 다른 사람의 도움을 바라지만 말고 먼저 베풀면서 살라는 것입니다.

풀이 정약용이 두 아들에게 편지를 쓴 까닭을 떠올리며 답을 써 봅니다.

채점 기준 답안 내용	배점
❶~❸을 모두 알맞은 내용으로 쓴 경우	10
❶~❸ 중 두 가지만 알맞은 내용으로 쓴 경우	6
❶~❸ 중 한 가지만 알맞은 내용으로 쓴 경우	3

6 예시 답안 쓴 글과 그림이나 사진 자료로 신문 기사를 완성합니다.

풀이 ㉠의 앞뒤의 내용으로 보아 ㉠에는 여러 가지 자료를 활용해서 신문 기사를 완성한다는 내용이 들어가는 것이 알맞습니다.

채점 기준 답안 내용	배점
자료를 활용해 신문 기사를 완성한다는 내용을 쓴 경우	5
신문 기사를 완성한다는 내용만 쓴 경우	3

7 예시 답안 학급 신문 기사를 쓸 때에는 사실을 있는 그대로 쓰고, 읽을 사람의 마음을 고려해야 합니다.

풀이 학급 신문을 만드는 과정 중에서 어떤 점을 고려해야 할지 생각하여 답을 씁니다.

채점 기준 답안 내용	배점
학급 신문을 만들 때 고려할 점을 바르게 쓴 경우	5
학급 신문을 만들 때 고려할 점이 아닌, 단순히 글을 쓸 때 고려할 점만 쓴 경우	2

1. 분수의 나눗셈

연습! 서술형 평가 38~39쪽

1 (1) $\frac{9}{14}$ (2) $\frac{17}{28}$

1-1 예시 답안 나눗셈의 몫을 각각 분수로 나타내면 ㉠ $9\div14=\frac{9}{14}$, ㉡ $17\div28=\frac{17}{28}$입니다. 따라서 분수의 크기를 비교하면 $\frac{9}{14}\left(=\frac{18}{28}\right)>\frac{17}{28}$이므로 나눗셈의 몫이 더 큰 것은 ㉠입니다. / ㉠

채점 기준 답안 내용	배점
나눗셈의 몫을 각각 분수로 나타내어 답을 바르게 구한 경우	4
나눗셈의 몫은 각각 분수로 나타내었으나 답을 잘못 구한 경우	2

2

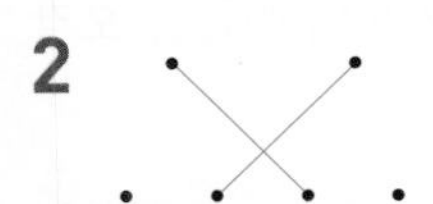

2-1 준호 / 예시 답안 $15\div8=\frac{15}{8}\left(=1\frac{7}{8}\right)$

채점 기준 답안 내용	배점
잘못 나타낸 사람을 찾아 바르게 고친 경우	4
잘못 나타낸 사람은 찾았으나 바르게 고치지 못한 경우	2

3 $\frac{2}{15}$

풀이 $\frac{14}{15}\div7=\frac{14\div7}{15}=\frac{2}{15}$

3-1 예시 답안 일주일은 7일이므로 은성이가 하루에 마신 우유는 $\frac{14}{15}\div7=\frac{14\div7}{15}=\frac{2}{15}$ (L)입니다. / $\frac{2}{15}$ L

채점 기준 답안 내용	배점
문제에 알맞은 나눗셈식을 세워 답을 바르게 구한 경우	6
문제에 알맞은 나눗셈식은 세웠으나 답을 잘못 구한 경우	3

4 $\frac{5}{56}$

풀이 $\frac{5}{7}\div8=\frac{5}{7}\times\frac{1}{8}=\frac{5}{56}$

4-1 예시 답안 $8>\frac{5}{7}$이므로 작은 수 $\frac{5}{7}$를 큰 수 8로 나눈 몫은 $\frac{5}{7}\div8=\frac{5}{7}\times\frac{1}{8}=\frac{5}{56}$입니다. / $\frac{5}{56}$

채점 기준 답안 내용	배점
수의 크기를 비교하여 답을 바르게 구한 경우	4
수의 크기는 비교하였으나 답을 잘못 구한 경우	2

5 $\frac{7}{50}$

풀이 $\square=\frac{7}{5}\div10=\frac{7}{5}\times\frac{1}{10}=\frac{7}{50}$

5-1 예시 답안 어떤 분수를 □라고 하면 $\square\times10=\frac{7}{5}$입니다. 따라서 $\square=\frac{7}{5}\div10=\frac{7}{5}\times\frac{1}{10}=\frac{7}{50}$이므로 어떤 분수는 $\frac{7}{50}$입니다. / $\frac{7}{50}$

채점 기준 답안 내용	배점
곱셈과 나눗셈의 관계를 이용하여 답을 바르게 구한 경우	6
곱셈과 나눗셈의 관계는 이용하였으나 답을 잘못 구한 경우	3

6 $1\frac{3}{7}\div9=\frac{10}{7}\div9=\frac{10}{7}\times\frac{1}{9}=\frac{10}{63}$

6-1 예시 답안 대분수를 가분수로 바꾸지 않고 계산하여 잘못된 계산입니다. / $1\frac{3}{7}\div9=\frac{10}{7}\div9=\frac{10}{7}\times\frac{1}{9}=\frac{10}{63}$

채점 기준 답안 내용	배점
잘못된 이유를 알맞게 쓰고 바르게 계산한 경우	6
잘못된 이유만 알맞게 썼거나 바르게 계산만 한 경우	3

실전! 서술형 평가 40~41쪽

1 예시 답안 나눗셈을 곱셈으로 나타내면 $6\div\square=6\times\frac{1}{\square}$이고, $6\times\frac{1}{\square}=6\times\frac{1}{18}$이므로 □ 안에 알맞은 자연수는 18입니다. / 18

채점 기준 답안 내용	배점
나눗셈을 곱셈으로 나타내어 답을 바르게 구한 경우	5
나눗셈을 곱셈으로 나타내었으나 답을 잘못 구한 경우	3

2 예시 답안 나눗셈의 몫을 각각 분수로 나타내면
㉠ $15\div14=\frac{15}{14}(>1)$, ㉡ $18\div13=\frac{18}{13}(>1)$,
㉢ $12\div25=\frac{12}{25}$, ㉣ $19\div22=\frac{19}{22}$, ㉤ $11\div16=\frac{11}{16}$,
㉥ $20\div17=\frac{20}{17}(>1)$입니다. 따라서 나눗셈의 몫이 1보다 큰 것은 분자가 분모보다 큰 ㉠, ㉡, ㉥입니다. / ㉠, ㉡, ㉥

채점 기준 답안 내용	배점
나눗셈의 몫을 각각 분수로 나타내어 답을 바르게 구한 경우	7
나눗셈의 몫은 각각 분수로 나타내었으나 답을 잘못 구한 경우	4
나눗셈의 몫의 일부만 분수로 나타낸 경우	2

| 채점 시 유의 사항 | ●÷■에서 ●>■이면 나눗셈의 몫이 1보다 크다는 것을 이용하여 구할 수도 있습니다.

3 예시 답안 $\div 10$을 $\times \frac{1}{10}$로 고쳐야 하는데 $\times 10$으로 잘못 계산했습니다.

/ $\frac{5}{8} \div 10 = \frac{5}{8} \times \frac{1}{10} = \frac{5}{80} \left(= \frac{1}{16}\right)$

채점 기준 답안 내용	배점
잘못된 이유를 알맞게 쓰고 바르게 계산한 경우	7
잘못된 이유만 알맞게 썼거나 바르게 계산만 한 경우	4

4 예시 답안 어떤 수를 □라고 하여 잘못 계산한 식을 쓰면 □$\times 7 = 35$이므로 □$= 35 \div 7 = 5$입니다.

따라서 바르게 계산하면 $5 \div 7 = \frac{5}{7}$입니다. / $\frac{5}{7}$

채점 기준 답안 내용	배점
어떤 수를 구하여 답을 바르게 구한 경우	7
어떤 수는 구하였으나 답을 잘못 구한 경우	3

5 예시 답안 $21\frac{2}{3} \div 5 = \frac{65}{3} \div 5 = \frac{65 \div 5}{3} = \frac{13}{3} = 4\frac{1}{3}$이므로 $4\frac{1}{3} >$ □에서 □ 안에는 4이거나 4보다 작은 수가 들어가야 합니다.

따라서 □ 안에 들어갈 수 있는 자연수는 1, 2, 3, 4로 모두 4개입니다. / 4개

채점 기준 답안 내용	배점
나눗셈의 몫을 구하여 답을 바르게 구한 경우	7
나눗셈의 몫을 구하여 □ 안에 들어갈 수 있는 자연수를 모두 쓴 경우	5
나눗셈의 몫만 구한 경우	2

6 예시 답안 정사각형은 네 변의 길이가 모두 같으므로 색 도화지의 한 변의 길이는 $\frac{8}{3} \div 4 = \frac{8 \div 4}{3} = \frac{2}{3}$ (m)입니다.

따라서 색 도화지의 넓이는 $\frac{2}{3} \times \frac{2}{3} = \frac{4}{9}$ (m^2)입니다.

/ $\frac{4}{9}$ m^2

채점 기준 답안 내용	배점
색 도화지의 한 변의 길이를 구하여 답을 바르게 구한 경우	10
색 도화지의 한 변의 길이는 구하였으나 답을 잘못 구한 경우	5

7 ❶ 3개 ❷ $5\frac{7}{9}$ / $\frac{13}{27}\left(= \frac{52}{108}\right)$ ❸ $\frac{7}{9}$, 5 / $\frac{7}{45}$

채점 기준 답안 내용	배점
세 문제의 답을 모두 바르게 구한 경우	10
두 문제의 답만 바르게 구한 경우	6
한 문제의 답만 바르게 구한 경우	3

풀이 ❶ $\frac{7}{5} \div 9$, $\frac{9}{5} \div 7$, $\frac{9}{7} \div 5$로 모두 3개입니다.

❷ 나누어지는 수가 가장 작을 때 나눗셈의 몫이 가장 작습니다.

➡ $5\frac{7}{9} \div 12 = \frac{52}{9} \div 12 = \frac{52}{9} \times \frac{1}{12} = \frac{52}{108}\left(= \frac{13}{27}\right)$

❸ 몫이 가장 크게 되려면 가장 큰 진분수를 나머지 자연수로 나누어야 합니다. 만들 수 있는 진분수는 $\frac{5}{7}$, $\frac{5}{9}$, $\frac{7}{9}$입니다.

따라서 $\frac{5}{9} < \frac{5}{7} < \frac{7}{9}$이므로 몫이 가장 큰 나눗셈식은 $\frac{7}{9} \div 5 = \frac{7}{9} \times \frac{1}{5} = \frac{7}{45}$입니다.

2. 각기둥과 각뿔

연습! 서술형 평가 42~43쪽

1 오각기둥

풀이 밑면의 모양이 오각형이므로 오각기둥입니다.

1-1 예시 답안 변이 5개인 도형은 오각형입니다.
따라서 한 밑면의 모양이 오각형이므로 각기둥의 이름은 오각기둥입니다. / 오각기둥

채점 기준 답안 내용	배점
한 밑면의 모양을 알고 답을 바르게 구한 경우	4
한 밑면의 모양은 알았으나 답을 잘못 구한 경우	2

2 ②

풀이 6개의 면 중 밑면이 2개이므로 옆면은 $6-2=4$(개)입니다. 따라서 옆면이 4개이므로 밑면의 모양이 사각형인 사각기둥입니다.

2-1 예시 답안 면이 6개인 각기둥은 밑면이 2개, 옆면이 4개이므로 밑면의 모양이 사각형인 사각기둥입니다.
따라서 사각기둥의 꼭짓점은 모두 8개입니다. / 8개

채점 기준 답안 내용	배점
각기둥의 모양을 알고 답을 바르게 구한 경우	6
각기둥의 모양은 알았으나 답을 잘못 구한 경우	3

3 육각형

풀이 옆면이 6개이므로 밑면의 모양은 육각형입니다.

3-1 예시 답안 옆면이 6개이므로 밑면의 모양은 육각형입니다. 따라서 주어진 입체도형은 육각기둥이므로 한 밑면의 변은 6개입니다. / 6개

채점 기준 답안 내용	배점
밑면의 모양을 알고 답을 바르게 구한 경우	6
밑면의 모양은 알았으나 답을 잘못 구한 경우	3

4 삼각뿔

풀이 옆면이 삼각형이므로 각뿔이고, 밑면의 모양이 삼각형이므로 삼각뿔입니다.

4-1 예시 답안 옆면이 삼각형이므로 각뿔이고, 밑면의 모양이 삼각형이므로 삼각뿔입니다. / 삼각뿔

채점 기준 답안 내용	배점
각뿔임을 알고 답을 바르게 구한 경우	6
각뿔임은 알았으나 답을 잘못 구한 경우	3

5 ④

풀이 각뿔의 옆면은 삼각형입니다.

5-1 예시 답안 옆면이 삼각형이 아닌 사각형이므로 각뿔이 아닙니다.

채점 기준 답안 내용	배점
각뿔의 특징을 알고 이유를 알맞게 쓴 경우	4

6 (위에서부터) 각뿔의 꼭짓점, 모서리, 높이, 꼭짓점

6-1 예시 답안 각뿔에서 옆면이 모두 만나는 점이 각뿔의 꼭짓점입니다. 따라서 각뿔의 꼭짓점은 꼭짓점 ㄱ입니다. / 꼭짓점 ㄱ

채점 기준 답안 내용	배점
각뿔의 꼭짓점을 설명하고 답을 바르게 구한 경우	4
각뿔의 꼭짓점은 설명하였으나 답을 잘못 구한 경우	2

실전! 서술형 평가 44~45쪽

1 ❶ 삼각형, 오각형 ❷ 직사각형, 직사각형

❸ 예시 답안 옆면의 모양이 직사각형으로 서로 같습니다. / 밑면의 모양이 각각 삼각형과 오각형으로 서로 다릅니다.

채점 기준 답안 내용	배점
밑면과 옆면의 모양을 비교하여 같은 점과 다른 점을 모두 설명한 경우	5
밑면과 옆면의 모양을 비교하였으나 같은 점 또는 다른 점 중 한 가지만 설명한 경우	3
밑면과 옆면의 모양이 어떤 도형인지만 구한 경우	1

2 예시 답안 각기둥의 높이는 두 밑면 사이의 거리입니다. 따라서 서로 평행하고 다른 면에 수직인 두 면 사이의 거리를 구하면 11 cm입니다. / 11 cm

채점 기준 답안 내용	배점
각기둥의 높이를 설명하고 답을 바르게 구한 경우	5
각기둥의 높이는 설명하였으나 답을 잘못 구한 경우	2

3 예시 답안 두 밑면의 모양이 오각형이고 옆면의 모양이 직사각형이므로 전개도를 접었을 때 만들어지는 입체도형은 오각기둥입니다.
따라서 오각기둥의 모서리는 모두 15개입니다. / 15개

채점 기준 답안 내용	배점
각기둥의 모양을 알고 답을 바르게 구한 경우	5
각기둥의 모양은 알았으나 답을 잘못 구한 경우	2

4 예시 답안 삼각형 7개를 옆면으로 하는 각뿔은 칠각뿔입니다. 따라서 칠각뿔의 밑면은 한 변의 길이가 6 cm인 정칠각형이므로 밑면의 둘레는 $6\times7=42$ (cm)입니다. / 42 cm

채점 기준 답안 내용	배점
각뿔의 모양을 알고 답을 바르게 구한 경우	7
각뿔의 모양은 알았으나 답을 잘못 구한 경우	3

5 예시 답안 사각뿔에는 길이가 4 cm인 모서리가 4개, 길이가 7 cm인 모서리가 4개 있습니다. 따라서 모든 모서리의 길이의 합은 $4\times4+7\times4=16+28=44$ (cm)입니다. / 44 cm

채점 기준 답안 내용	배점
모든 모서리의 길이를 알고 모서리의 길이의 합을 바르게 구한 경우	7
모든 모서리의 길이는 알았으나 모서리의 길이의 합을 잘못 구한 경우	3

6 예시 답안 (선분 ㄱㅊ)=(선분 ㅅㅇ)=5 cm이고, (선분 ㅊㅈ)=(선분 ㄹㅁ)=4 cm입니다.
따라서 (선분 ㄱㅅ)=(선분 ㄱㅊ)+(선분 ㅊㅈ)+(선분 ㅈㅅ)
=5+4+6=15 (cm)입니다. / 15 cm

채점 기준 답안 내용	배점
같은 길이의 선분을 찾아 답을 바르게 구한 경우	10
같은 길이의 선분은 찾았으나 답을 잘못 구한 경우	5

7 예시 답안 각뿔의 밑면의 변의 수를 □라 하면 꼭짓점의 수는 □+1이고, 모서리의 수는 □×2입니다.
□+1+□×2=31, □+1+□+□=31, □×3+1=31이므로 □×3=30에서 □=10입니다. 따라서 밑면의 모양이 십각형이므로 주어진 각뿔의 이름은 십각뿔입니다. / 십각뿔

채점 기준 답안 내용	배점
밑면의 변의 수를 구하여 답을 바르게 구한 경우	10
밑면의 변의 수는 구하였으나 답을 잘못 구한 경우	5
밑면의 변의 수를 구하는 식을 일부 세운 경우	2

3. 소수의 나눗셈

연습! 서술형 평가 46~47쪽

1 121, 12.1

1-1 예시 답안 정삼각형은 세 변의 길이가 모두 같으므로 (한 변의 길이)=(정삼각형의 둘레)÷3입니다.
따라서 363÷3=121이므로 정삼각형의 한 변의 길이는 36.3÷3=12.1 (cm)입니다. / 12.1 cm

채점 기준 답안 내용	배점
정삼각형의 한 변의 길이 구하는 방법을 알고 답을 바르게 구한 경우	4
정삼각형의 한 변의 길이 구하는 방법은 알았으나 답을 잘못 구한 경우	2

2 $9.73 \div 7 = \frac{973}{100} \div 7 = \frac{973 \div 7}{100} = \frac{139}{100} = 1.39$

2-1 예시 답안 $9.73 \div 7 = \frac{973}{100} \div 7 = \frac{973 \div 7}{100} = \frac{139}{100} = 1.39$

이므로 ㉠=7, ㉡=139입니다.

따라서 ㉠+㉡=7+139=146입니다. / 146

채점 기준 답안 내용	배점
㉠과 ㉡에 알맞은 수를 각각 구하여 답을 바르게 구한 경우	4
㉠과 ㉡에 알맞은 수는 각각 구하였으나 답을 잘못 구한 경우	2
㉠과 ㉡에 알맞은 수를 하나만 구한 경우	1

3 0.72

풀이 6.48÷9=0.72

3-1

```
   0.7 2
9 )6.4 8
   6 3
     1 8
     1 8
       0
```

/ 예시 답안 6을 9로 나눌 수 없으므로 몫의 일의 자리에 0을 쓰고 소수점을 찍어야 하는데 몫을 자연수로 나타내어 잘못되었습니다.

채점 기준 답안 내용	배점
바르게 계산하고 잘못된 이유를 알맞게 쓴 경우	6
바르게 계산만 했거나 잘못된 이유만 알맞게 쓴 경우	4

4 (×) (   )

풀이 나누어지는 수의 소수점을 왼쪽으로 두 자리 옮겼으므로 몫의 소수점도 왼쪽으로 두 자리 옮겨야 합니다.

740÷5=148 ➡ 7.40÷5=1.48

4-1 예시 답안 나누는 수가 5로 같고, 나누어지는 수인 740은 7.4의 100배이므로 몫인 ㉠도 ㉡의 100배입니다. / 100배

채점 기준 답안 내용	배점
두 나눗셈식 사이의 관계를 알고 답을 바르게 구한 경우	4
두 나눗셈식 사이의 관계는 알았으나 답을 잘못 구한 경우	2

5 4.05, 2.15, 3.05

5-1 예시 답안 나눗셈의 몫을 각각 구하면

㉠ 24.3÷6=4.05, ㉡ 30.1÷14=2.15, ㉢ 54.9÷18=3.05

이므로 몫의 소수 첫째 자리 숫자가 다른 하나는 ㉡입니다. / ㉡

채점 기준 답안 내용	배점
나눗셈의 몫을 각각 구하여 답을 바르게 구한 경우	6
나눗셈의 몫은 각각 구하였으나 답을 잘못 구한 경우	3
나눗셈의 몫을 1개 또는 2개만 구한 경우	1

6 2.75

6-1 예시 답안 멜론 4개의 무게가 모두 같으므로 멜론 1개의 무게는 11÷4=2.75 (kg)입니다. / 2.75 kg

채점 기준 답안 내용	배점
문제에 알맞은 나눗셈식을 세워 답을 바르게 구한 경우	4
문제에 알맞은 나눗셈식은 세웠으나 답을 잘못 구한 경우	2

실전! 서술형 평가 48~49쪽

1 195, 1.95 / 예시 답안 나누는 수가 같을 때 나누어지는 수를 $\frac{1}{100}$배 하면 몫도 $\frac{1}{100}$배가 됩니다.

채점 기준 답안 내용	배점
두 수를 구하고 두 수의 관계를 알맞게 비교한 경우	5
두 수는 구하였으나 두 수의 관계를 알맞게 비교하지 못한 경우	2

2 예시 답안 (삼각형의 넓이)=(밑변의 길이)×(높이)÷2이므로 (높이)=(삼각형의 넓이)×2÷(밑변의 길이)입니다.

따라서 삼각형의 높이는 22.4×2÷8=44.8÷8=5.6 (cm)입니다. / 5.6 cm

채점 기준 답안 내용	배점
삼각형의 높이를 구하는 방법을 알고 답을 바르게 구한 경우	5
삼각형의 높이를 구하는 방법은 알았으나 답을 잘못 구한 경우	2

3 예시 답안 나누어지는 수가 나누는 수보다 작으면 몫이 1보다 작으므로 나누어지는 수와 나누는 수의 크기를 비교합니다.

㉠ 3.84<8 ➡ 3.84÷8<1, ㉡ 16.8<21 ➡ 16.8÷21<1,

㉢ 20.5>5 ➡ 20.5÷5>1, ㉣ 42.72>12 ➡ 42.72÷12>1

따라서 나눗셈의 몫이 1보다 작은 것은 ㉠, ㉡입니다.

/ ㉠, ㉡

채점 기준 답안 내용	배점
나누어지는 수와 나누는 수의 크기를 비교하여 답을 바르게 구한 경우	7
나누어지는 수와 나누는 수의 크기는 비교하였으나 답을 잘못 구한 경우	3

| 채점 시 유의 사항 | 나눗셈의 몫을 구하여 답할 수도 있으나 계산 과정에서 실수가 있을 수 있으므로 나누어지는 수와 나누는 수의 크기를 비교하여 답할 수 있도록 지도합니다.

4

```
   8.0 5
6 )4 8.3
   4 8
     3 0
     3 0
       0
```

/ 예시 답안 나누어야 할 수가 나누는 수보다 작은 경우에는 몫에 0을 쓴 다음 0을 내려 계산해야 하는데 몫에 0을 쓰지 않고 계산했습니다.

채점 기준 답안 내용	배점
바르게 계산하고 잘못된 이유를 알맞게 쓴 경우	7
바르게 계산만 했거나 잘못된 이유만 알맞게 쓴 경우	4

5 예시 답안 몫이 가장 작으려면 나누어지는 수는 작게, 나누는 수는 크게 해야 합니다. 따라서 3<4<5<6이므로 가장 작은 몫은 3÷6=0.5입니다. / 0.5

채점 기준 답안 내용	배점
문제에 알맞은 나눗셈식을 만들어 답을 바르게 구한 경우	7
문제에 알맞은 나눗셈식은 만들었으나 답을 잘못 구한 경우	3

6 예시 답안 어떤 수를 □라고 하여 잘못 계산한 식을 쓰면 □÷3=14이므로 □=14×3=42입니다.
따라서 바르게 계산하여 몫을 구하면 42÷8=5.25입니다.
/ 5.25

채점 기준 답안 내용	배점
어떤 수를 구하여 답을 바르게 구한 경우	7
어떤 수는 구하였으나 답을 잘못 구한 경우	3

7 ❶ 13장 ❷ 7장 ❸ 91장

채점 기준 답안 내용	배점
세 문제의 답을 모두 바르게 구한 경우	10
두 문제의 답만 바르게 구한 경우	6
한 문제의 답만 바르게 구한 경우	3

풀이 ❶ 25.3÷2=12.65이므로 가로 한 줄에 필요한 장판은 13장입니다.
❷ 13.68÷2=6.84이므로 세로 한 줄에 필요한 장판은 7장입니다.
❸ 체육관 바닥을 겹치지 않게 남김없이 덮으려면 장판은 적어도 13×7=91(장) 필요합니다.

4. 비와 비율

연습! 서술형 평가 50~51쪽

1 8, 12, 16, 20

1-1 예시 답안 변의 수는 사각형 수보다 3, 6, 9, 12, 15…… 더 크고, 변의 수는 사각형 수의 4배입니다.
따라서 변의 수와 사각형 수의 관계는 뺄셈으로 비교하면 변하지만 나눗셈으로 비교하면 변하지 않습니다.

채점 기준 답안 내용	배점
뺄셈과 나눗셈으로 비교하여 차이를 바르게 설명한 경우	6
뺄셈과 나눗셈으로 비교하였으나 차이를 바르게 설명하지 못한 경우	3

2 (선 잇기)

2-1 다릅니다에 ○표
/ 예시 답안 8 : 5는 5를 기준으로 8을 비교한 것이고, 5 : 8은 8을 기준으로 5를 비교한 것이므로 8 : 5와 5 : 8은 다릅니다.

채점 기준 답안 내용	배점
알맞은 말에 ○표 하여 문장을 완성하고 이유를 알맞게 쓴 경우	4
알맞은 말에 ○표 하여 문장만 완성하고 이유를 쓰지 못한 경우	2

3 $\frac{120}{300}\left(=\frac{2}{5}\right)$, 0.4

3-1 예시 답안 매실 원액 120 mL가 비교하는 양, 매실주스 300 mL가 기준량입니다.
따라서 매실주스 양에 대한 매실 원액 양의 비율은
$\frac{120}{300}=\frac{4}{10}=0.4$입니다. / 0.4

채점 기준 답안 내용	배점
비교하는 양과 기준량을 찾아 답을 바르게 구한 경우	4
비교하는 양과 기준량은 찾았으나 답을 잘못 구한 경우	2

4 ㉠

풀이 ㉠ 13 : 20 ➡ $\frac{13}{20}=\frac{65}{100}=0.65$
㉡ 14와 25의 비 ➡ 14 : 25
➡ $\frac{14}{25}=\frac{56}{100}=0.56$
따라서 0.65>0.56이므로 비율이 더 큰 것은 ㉠입니다.

4-1 예시 답안 버스의 정원에 대한 버스에 탄 사람 수의 비율을 구하면 1반은 $\frac{13}{20}=\frac{65}{100}=0.65$이고, 2반은 $\frac{14}{25}=\frac{56}{100}=0.56$입니다.
따라서 0.65>0.56이므로 1반의 비율이 더 큽니다. / 1반

채점 기준 답안 내용	배점
두 반의 비율을 구하여 답을 바르게 구한 경우	6
두 반의 비율은 구하였으나 답을 잘못 구한 경우	3

5 100

5-1 예시 답안 백분율은 기준량이 100인 비율인데 기준량이 10인 비율로 잘못 계산하였습니다.
/ 비율 $\frac{1}{5}$은 $\frac{20}{100}$이므로 백분율로 나타내면 20 %가 돼.

채점 기준 답안 내용	배점
잘못된 이유를 알맞게 쓰고 바르게 고친 경우	6
잘못된 이유만 알맞게 썼거나 바르게 고치기만 한 경우	3

6 60 %

풀이 전체 25칸 중 15칸을 색칠하였으므로 색칠한 부분은 전체의 $\frac{15}{25}\times100=60$ ➡ 60 %입니다.

6-1 예시 답안 우성이네 반 학생 수에 대한 수학 경시대회에 참가한 학생 수의 비율은 $\frac{15}{25}$입니다. 따라서 우성이네 반의 수학 경시대회 참가율은 $\frac{15}{25}\times100=60$ ➡ 60 %입니다. / 60 %

채점 기준 답안 내용	배점
우성이네 반 학생 수에 대한 수학 경시대회에 참가한 학생 수의 비율을 구하여 답을 바르게 구한 경우	4
우성이네 반 학생 수에 대한 수학 경시대회에 참가한 학생 수의 비율은 구하였으나 답을 잘못 구한 경우	2

실전! 서술형 평가 52~53쪽

1 예시 답안 $270000 \div 465 = 580.6\cdots\cdots$이므로 도시의 넓이에 대한 인구의 비율을 반올림하여 자연수로 나타내면 581입니다. / 581

채점 기준 답안 내용	배점
조건에 알맞은 식을 세워 답을 바르게 구한 경우	5
조건에 알맞은 식은 세웠으나 답을 잘못 구한 경우	2

2 예시 답안 전체 거리는 20 km이고, 승호의 아버지가 더 달려야 하는 거리는 $20-13=7$ (km)입니다.
따라서 전체 거리에 대한 더 달려야 하는 거리의 비는 7 : 20입니다. / 7 : 20

채점 기준 답안 내용	배점
더 달려야 하는 거리를 구하여 답을 바르게 구한 경우	5
더 달려야 하는 거리는 구하였으나 답을 잘못 구한 경우	2

3 예시 답안 (위에서부터) $\frac{6}{8}\left(=\frac{3}{4}\right)$, $\frac{9}{12}\left(=\frac{3}{4}\right)$, 0.75, 0.75
/ 기준량과 비교하는 양이 달라도 비율이 같을 수 있습니다.

채점 기준 답안 내용	배점
표를 완성하고 알게 된 사실을 바르게 쓴 경우	7
표만 완성하고 알게 된 사실을 쓰지 못한 경우	3

4 예시 답안 형우의 성공률은 $\frac{13}{20}$이므로 백분율로 나타내면 $\frac{13}{20}\times100=65$에서 65 %입니다. 따라서 55 % < 65 %이므로 성공률이 더 높은 사람은 형우입니다. / 형우

채점 기준 답안 내용	배점
형우의 고리 던지기 성공률을 구하여 답을 바르게 구한 경우	7
형우의 고리 던지기 성공률은 구하였으나 답을 잘못 구한 경우	3

| **채점 시 유의 사항** | 백분율을 분수로 나타낸 다음 분수의 크기를 비교하는 방법으로 구할 수도 있습니다.

5 예시 답안 A 비커의 소금물의 양은 $75+25=100$ (g)이므로 A 비커의 소금물의 진하기는 $\frac{25}{100}$에서 25 %이고, B 비커의 소금물의 양은 $120+30=150$ (g)이므로 B 비커의 소금물의 진하기는 $\frac{30}{150}\times100=20$에서 20 %입니다.
따라서 A 비커의 소금물이 더 진합니다. / A 비커

채점 기준 답안 내용	배점
두 비커에 만들어진 소금물의 진하기를 구하여 답을 바르게 구한 경우	7
두 비커에 만들어진 소금물의 진하기는 구하였으나 답을 잘못 구한 경우	5
A 비커 또는 B 비커에 만들어진 소금물의 진하기만 구한 경우	2

6 예시 답안 주사위 눈의 수는 1, 2, 3, 4, 5, 6으로 6가지이고, 4 이상의 눈은 4, 5, 6으로 3가지입니다.
따라서 눈이 나오는 전체 경우에 대한 4 이상의 눈이 나올 경우의 비율은 $\frac{3}{6}$이므로 백분율로 나타내면 $\frac{3}{6}\times100=50$에서 50 %입니다. / 50 %

채점 기준 답안 내용	배점
전체 눈의 가짓수와 4 이상의 눈의 가짓수를 구하여 답을 바르게 구한 경우	7
전체 눈의 가짓수와 4 이상의 눈의 가짓수는 구하였으나 답을 잘못 구한 경우	3

7 ❶ 15 % ❷ 10 % ❸ 12 %
❹ 예시 답안 인형의 할인율은 15 %, 축구공의 할인율은 10 %, 블록 세트의 할인율은 12 %이므로 할인율이 가장 높은 물건은 인형입니다. / 인형

채점 기준 답안 내용	배점
세 물건의 할인율을 구하여 답을 바르게 구한 경우	10
두 물건의 할인율만 구한 경우	6
한 물건의 할인율만 구한 경우	3

풀이 ❶ (할인 금액)$=25000-21250=3750$(원)
➡ (할인율)$=\frac{3750}{25000}\times100=15$이므로 15 %입니다.
❷ (할인 금액)$=38000-34200=3800$(원)
➡ (할인율)$=\frac{3800}{38000}\times100=10$이므로 10 %입니다.
❸ (할인 금액)$=30000-26400=3600$(원)
➡ (할인율)$=\frac{3600}{30000}\times100=12$이므로 12 %입니다.

5. 여러 가지 그래프

연습! 서술형 평가 54~55쪽

1 25 %

1-1 예시 답안 띠그래프에서 작은 눈금 한 칸은 1 %를 나타내고, 빨간색을 좋아하는 학생 수의 비율은 작은 눈금 32칸이므로 32 %입니다. / 32 %

채점 기준 답안 내용	배점
띠그래프에서 작은 눈금 한 칸의 크기를 알고 답을 바르게 구한 경우	4
띠그래프에서 작은 눈금 한 칸의 크기는 알았으나 답을 잘못 구한 경우	2

2 30, 25

풀이 축구: $\frac{60}{200} \times 100 = 30$ ➡ 30 %

야구: $\frac{50}{200} \times 100 = 25$ ➡ 25 %

2-1 예시 답안 미국에 가고 싶은 학생 수는 전체의 $\frac{75}{300} \times 100 = 25$에서 25 %이므로 ㉠=25이고, 중국에 가고 싶은 학생 수는 전체의 $\frac{60}{300} \times 100 = 20$에서 20 %이므로 ㉡=20입니다. 따라서 ㉠+㉡=25+20=45입니다. / 45

채점 기준	답안 내용	배점
	㉠과 ㉡에 알맞은 수를 구하여 답을 바르게 구한 경우	4
	㉠과 ㉡에 알맞은 수는 구하였으나 답을 잘못 구한 경우	2
	㉠과 ㉡에 알맞은 수 중 하나만 구한 경우	1

3 2배

3-1 예시 답안 독일에 가고 싶은 학생 수의 비율은 일본에 가고 싶은 학생 수의 비율의 30÷15=2(배)이므로 독일에 가고 싶은 학생은 45×2=90(명)입니다. / 90명

채점 기준	답안 내용	배점
	독일에 가고 싶은 학생은 일본에 가고 싶은 학생의 몇 배인지 구하여 답을 바르게 구한 경우	6
	독일에 가고 싶은 학생은 일본에 가고 싶은 학생의 몇 배인지 구하였으나 답을 잘못 구한 경우	3

4 26 %

풀이 원그래프에서 두 번째로 넓이가 넓은 항목의 비율은 바이올린으로 26 %입니다.

4-1 예시 답안 원그래프에서 가장 넓이가 넓은 과일은 사과이므로 가장 많이 있는 과일인 사과는 전체의 42 %입니다. / 42 %

채점 기준	답안 내용	배점
	가장 높은 비율을 차지하는 과일을 찾아 답을 바르게 구한 경우	4
	가장 높은 비율을 차지하는 과일은 찾았으나 답을 잘못 구한 경우	2

5 (1) ○ (2) ×

풀이 (2) 피아노를 배우고 싶은 학생 수는 바이올린을 배우고 싶은 학생 수의 39÷26=1.5(배)입니다.

5-1 예시 답안 가장 낮은 비율을 차지하는 과일은 키위입니다. / 사과를 좋아하는 학생 수는 귤을 좋아하는 학생 수의 2배입니다.

채점 기준	답안 내용	배점
	알 수 있는 내용 2가지를 알맞게 쓴 경우	6
	알 수 있는 내용 1가지만 알맞게 쓴 경우	3

| 채점 시 유의 사항 | 원그래프를 보고 알 수 있는 내용이면 모두 정답입니다.

6 55, 25, 15, 5

풀이 그림그래프에서 (큰 그림)은 10명을 나타내고, (작은 그림)은 1명을 나타냅니다.
도보는 11명, 자전거는 5명, 버스는 3명, 기타는 1명입니다.
➡ (전체 학생 수)=11+5+3+1=20(명)

도보: $\frac{11}{20} \times 100 = 55$ ➡ 55 %

자전거: $\frac{5}{20} \times 100 = 25$ ➡ 25 %

버스: $\frac{3}{20} \times 100 = 15$ ➡ 15 %

기타: $\frac{1}{20} \times 100 = 5$ ➡ 5 %

6-1 예시 답안 가장 많은 학생이 좋아하는 채소는 110명이 좋아하는 감자이므로 $\frac{110}{200} \times 100 = 55$에서 55 %입니다.
따라서 띠그래프에서 작은 눈금 한 칸은 5 %를 나타내므로 55÷5=11(칸)을 차지합니다. / 11칸

채점 기준	답안 내용	배점
	가장 많은 학생이 좋아하는 채소의 백분율을 구하여 답을 바르게 구한 경우	6
	가장 많은 학생이 좋아하는 채소의 백분율은 구하였으나 답을 잘못 구한 경우	3

실전! 서술형 평가 56~57쪽

1

0 10 20 30 40 50 60 70 80 90 100(%)

국어 (35 %)	수학 (25 %)	과학 (15 %)	사회 (10 %)	기타 (15 %)

/ 예시 답안 각 항목이 차지하는 비율을 한눈에 쉽게 알 수 있습니다.

채점 기준	답안 내용	배점
	띠그래프로 나타내고 띠그래프의 좋은 점을 알맞게 설명한 경우	5
	띠그래프로 나타내었으나 띠그래프의 좋은 점을 알맞게 설명하지 못한 경우	2

2 예시 답안 수학을 좋아하는 학생 수는 주현이네 반 전체 학생 수의 25 %이므로 주현이네 반 전체 학생 수는 수학을 좋아하는 학생 수의 100÷25=4(배)입니다.
따라서 주현이네 반 학생은 모두 5×4=20(명)입니다. / 20명

채점 기준	답안 내용	배점
	전체 학생 수와 수학을 좋아하는 학생 수의 관계를 이용하여 답을 바르게 구한 경우	7
	전체 학생 수와 수학을 좋아하는 학생 수의 관계는 이용하였으나 답을 잘못 구한 경우	3

3 예시 답안 백분율이 클수록 득표수가 많습니다.

채점 기준 답안 내용	배점
백분율과 득표수의 관계를 알맞게 설명한 경우	5

4 예시 답안 연호의 득표수의 백분율은
$100-42-14-12-10=22$ (%)입니다.
따라서 $\frac{22}{100}=\frac{110}{500}$이므로 투표한 전체 학생이 500명이라면 연호의 득표수는 110표입니다. / 110표

채점 기준 답안 내용	배점
연호의 득표수의 백분율을 구하여 답을 바르게 구한 경우	7
연호의 득표수의 백분율은 구하였으나 답을 잘못 구한 경우	3

5 예시 답안 14세 이하 인구는 감소하고 15세 이상 64세 이하와 65세 이상 인구는 증가할 것 같습니다.

채점 기준 답안 내용	배점
연령별 인구가 어떻게 변화될 것인지 알맞게 설명한 경우	7

6 예시 답안 전체를 100 %로 하여 전체에 대한 각 부분의 비율을 나타낸 그래프입니다.
/ 띠그래프는 가로를 100등분하여 띠 모양의 그래프로 그린 것이고, 원그래프는 원의 중심을 100등분하여 원 모양의 그래프로 그린 것입니다.

채점 기준 답안 내용	배점
같은 점과 다른 점을 각각 알맞게 쓴 경우	7
같은 점과 다른 점 중 한 가지만 알맞게 쓴 경우	4

7 ❶ 예시 답안 만화책, 잡지
/ 다른 책의 종류에 비해 수가 적기 때문입니다.

채점 기준 답안 내용	배점
기타 항목에 넣을 수 있는 책의 종류를 구하고 이유를 알맞게 쓴 경우	3
기타 항목에 넣을 수 있는 책의 종류는 구하였으나 이유를 알맞게 쓰지 못한 경우	1

❷ 예

종류	동화책	과학책	위인전	기타	합계
책 수(권)	36	42	30	12	120
백분율(%)	30	35	25	10	100

❸ 예

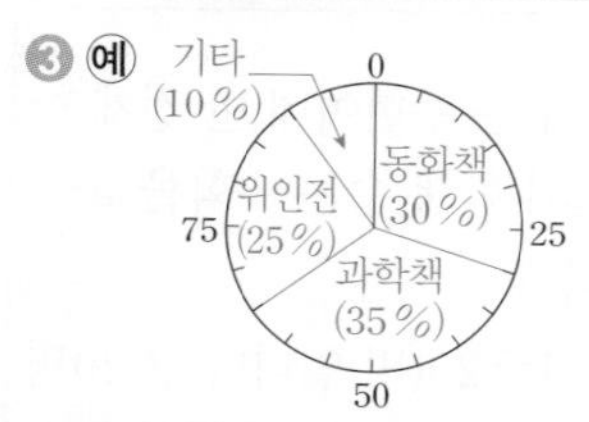

❹ 예시 답안 학급 문고에 가장 많이 있는 책의 종류는 과학책입니다.

채점 기준 답안 내용	배점
알 수 있는 내용을 알맞게 쓴 경우	2

6. 직육면체의 부피와 겉넓이

연습! 서술형 평가 58~59쪽

1 420 cm^3
풀이 $10\times6\times7=420$ (cm^3)

1-1 예시 답안 가로가 10 cm, 세로가 6 cm, 높이가 7 cm인 직육면체의 부피는 $10\times6\times7=420$ (cm^3)입니다.
따라서 세호가 산 초콜릿 상자의 부피는 420 cm^3입니다.
/ 420 cm^3

채점 기준 답안 내용	배점
직육면체의 부피 구하는 식을 알고 답을 바르게 구한 경우	4
직육면체의 부피 구하는 식은 알았으나 답을 잘못 구한 경우	2

2 64, 64
풀이 부피가 1 cm^3인 쌓기나무가 64개 있으므로 정육면체의 부피는 64 cm^3입니다.

2-1 예시 답안 정육면체의 부피는
(한 모서리의 길이)×(한 모서리의 길이)×(한 모서리의 길이)로 구할 수 있습니다.
따라서 정육면체의 부피는 $4\times4\times4=64$(cm^3)입니다.
/ 64 cm^3

채점 기준 답안 내용	배점
정육면체의 부피 구하는 식을 알고 답을 바르게 구한 경우	4
정육면체의 부피 구하는 식은 알았으나 답을 잘못 구한 경우	2

3 (1) 2000000 (2) 1.25

3-1 예시 답안 1000000 cm^3 = 1 m^3이므로 서랍장의 부피를 m^3 단위로 나타내면 1.25 m^3입니다.
따라서 $2>1.25$이므로 부피가 더 큰 것은 냉장고입니다.
/ 냉장고

채점 기준 답안 내용	배점
두 부피의 단위를 같게 하여 답을 바르게 구한 경우	6
두 부피의 단위는 같게 하였으나 답을 잘못 구한 경우	3

| 채점 시 유의 사항 | 냉장고의 부피를 cm^3 단위로 나타내어 부피를 비교할 수도 있습니다.

4 예 60, 18, 30, 216

4-1 예시 답안 합동인 면이 세 쌍 있으므로 한 꼭짓점에서 만나는 세 면의 넓이의 합을 구한 후 2배 합니다.
따라서 상자의 겉넓이는 $(6\times3+6\times10+3\times10)\times2$
$=(18+60+30)\times2=108\times2=216$ (cm^2)입니다. / 216 cm^2

채점 기준 답안 내용	배점
합동인 면이 세 쌍 있음을 알고 답을 바르게 구한 경우	4
합동인 면이 세 쌍 있음은 알았으나 답을 잘못 구한 경우	2

5 $384\ cm^2$

풀이 정육면체의 한 면의 넓이는 $8\times8=64\ (cm^2)$이므로 겉넓이는 $64\times6=384\ (cm^2)$입니다.

5-1 예시 답안 모서리 2개의 길이가 16 cm이므로 만든 상자는 한 모서리의 길이가 8 cm인 정육면체 모양입니다.
따라서 상자의 겉넓이는 $8\times8\times6=384\ (cm^2)$입니다.
/ $384\ cm^2$

채점 기준 답안 내용	배점
한 모서리의 길이를 구하여 답을 바르게 구한 경우	6
한 모서리의 길이는 구하였으나 답을 잘못 구한 경우	4

6 $25\ cm^2$

풀이 색칠한 면은 정육면체의 한 면입니다.
➡ $150\div6=25\ (cm^2)$

6-1 예시 답안 정육면체의 겉넓이가 $150\ cm^2$이므로 한 면의 넓이는 $150\div6=25\ (cm^2)$입니다. 따라서 $5\times5=25$이므로 정육면체의 한 모서리의 길이는 5 cm입니다. / 5 cm

채점 기준 답안 내용	배점
한 면의 넓이를 구하여 답을 바르게 구한 경우	6
한 면의 넓이는 구하였으나 답을 잘못 구한 경우	4

실전! 서술형 평가 60~61쪽

1 예시 답안 부피가 $1\ cm^3$인 쌓기나무가 $2\times5\times2=20$(개)이므로 직육면체의 부피는 $20\ cm^3$입니다. / $20\ cm^3$

채점 기준 답안 내용	배점
쌓기나무의 수를 구하여 답을 바르게 구한 경우	5
쌓기나무의 수는 구하였으나 답을 잘못 구한 경우	3

2 예시 답안 $8\times8\times8=512$이므로 부피가 $512\ cm^3$인 정육면체의 한 모서리의 길이는 8 cm입니다.
따라서 각 모서리의 길이를 반으로 줄여서 만든 정육면체의 부피는 $4\times4\times4=64\ (cm^3)$입니다. / $64\ cm^3$

채점 기준 답안 내용	배점
정육면체의 한 모서리의 길이를 구하여 답을 바르게 구한 경우	5
정육면체의 한 모서리의 길이는 구하였으나 답을 잘못 구한 경우	2

| 채점 시 유의 사항 | 처음 정육면체의 부피는 각 모서리의 길이를 반으로 줄인 정육면체 부피의 8배임을 이용하여 구할 수도 있습니다.

3 예시 답안 색칠한 부분은 정육면체의 네 면의 넓이이므로 한 면의 넓이는 $100\div4=25\ (cm^2)$입니다.
따라서 전개도로 만들 수 있는 정육면체의 겉넓이는 $25\times6=150\ (cm^2)$입니다. / $150\ cm^2$

채점 기준 답안 내용	배점
정육면체의 한 면의 넓이를 구하여 답을 바르게 구한 경우	5
정육면체의 한 면의 넓이는 구하였으나 답을 잘못 구한 경우	2

4 예시 답안 직육면체의 가로, 세로, 높이를 m 단위로 고치면 600 cm=6 m, 900 cm=9 m, 300 cm=3 m입니다.
따라서 직육면체의 부피는 $6\times9\times3=162\ (m^3)$입니다.
/ $162\ m^3$

채점 기준 답안 내용	배점
가로, 세로, 높이의 단위를 고쳐서 답을 바르게 구한 경우	7
가로, 세로, 높이의 단위는 고쳤으나 답을 잘못 구한 경우	3

| 채점 시 유의 사항 | 직육면체의 부피를 ■ cm^3로 구한 다음 $1000000\ cm^3=1\ m^3$임을 이용하여 m^3로 나타낼 수도 있습니다.

5 ❶ 예시 답안 직육면체의 높이를 □m라 하면
$(4\times2+2\times\square+4\times\square)\times2=112$, $(8+6\times\square)\times2=112$, $8+6\times\square=56$, $6\times\square=48$, $\square=8$이므로 직육면체의 높이는 8 m입니다. / 8 m
❷ $64\ m^3$ ❸ 4 m

채점 기준 답안 내용	배점
직육면체의 높이와 부피를 구하여 답을 바르게 구한 경우	7
직육면체의 높이와 부피는 구하였으나 답을 잘못 구한 경우	5
직육면체의 높이만 구한 경우	3

풀이 ❷ $4\times2\times8=64\ (m^3)$
❸ $4\times4\times4=64$이므로 부피가 $64\ m^3$인 정육면체의 한 모서리의 길이는 4 m입니다.

6 예시 답안 가장 큰 정육면체를 만들려면 한 모서리의 길이를 직육면체의 가장 짧은 모서리의 길이인 9 cm로 해야 합니다. 따라서 만들 수 있는 가장 큰 정육면체의 겉넓이는 $9\times9\times6=486\ (cm^2)$입니다. / $486\ cm^2$

채점 기준 답안 내용	배점
정육면체의 한 모서리의 길이를 구하여 답을 바르게 구한 경우	10
정육면체의 한 모서리의 길이는 구하였으나 답을 잘못 구한 경우	4

7 예시 답안 한 모서리의 길이가 12 cm인 정육면체의 부피는 $12\times12\times12=1728\ (cm^3)$이고, 가운데 부분인 직육면체 모양의 부피는 가로가 4 cm, 세로가 4 cm, 높이가 12 cm이므로 $4\times4\times12=192\ (cm^3)$입니다.
따라서 입체도형의 부피는 $1728-192=1536\ (cm^3)$입니다.
/ $1536\ cm^3$

채점 기준 답안 내용	배점
정육면체의 부피에서 가운데 직육면체 모양의 부피를 빼어 답을 바르게 구한 경우	10
정육면체의 부피와 가운데 직육면체 모양의 부피는 각각 구하였으나 답을 잘못 구한 경우	5
정육면체의 부피 또는 가운데 직육면체 모양의 부피만 구한 경우	2

연습! 서술형 평가 62~63쪽

1 ③

풀이 4·19 혁명으로 이승만은 대통령 자리에서 물러났고, 3·15 부정 선거는 무효가 되었습니다. 이후 국민들은 올바른 민주주의 사회를 만들려고 노력했고, 그 결과 재선거가 실시되어 새로운 정부가 세워졌습니다.

1-1 예시 답안 민주적인 절차와 과정을 무시하고 들어선 정권은 국민 스스로 바로잡아야 한다는 교훈을 얻게 되었습니다.

채점 기준 답안 내용	배점
민주적인 절차와 과정을 무시하고 들어선 정권은 국민 스스로 바로잡아야 한다는 교훈을 얻게 되었다고 쓴 경우	4
민주주의의 소중함을 느꼈다고만 쓴 경우	2

2 6·29 민주화 선언

풀이 6·29 민주화 선언의 내용은 이후 헌법을 개정하거나 법을 새롭게 만들어 실천해 나갔습니다.

2-1 예시 답안 대통령 직선제 실시, 언론의 자유 보장, 지방 자치제 시행, 지역감정 없애기 등입니다.

채점 기준 답안 내용	배점
대통령 직선제 실시, 언론의 자유 보장, 지방 자치제 시행, 지역감정 없애기 중 두 가지 모두 바르게 쓴 경우	6
한 가지만 바르게 쓴 경우	3

| 채점 시 유의 사항 | 대통령 직선제나 지방 자치제의 뜻을 풀어서 써도 정답으로 인정합니다.

3 ㉠

풀이 사실이나 의견의 옳고 그름을 따져 살펴보는 것은 비판적 태도입니다. 상대방에게 어떤 일을 배려하고 서로 협의하는 것은 양보와 타협입니다.

3-1 양보와 타협, 예시 답안 상대방에게 어떤 일을 배려하고 서로 협의하는 것입니다.

채점 기준 답안 내용	배점
'양보와 타협'을 쓰고, 그 의미를 바르게 쓴 경우	4
'양보와 타협'을 쓰고, 양보하고 타협하는 것이라고만 쓴 경우	2

4 다수결

풀이 사람들이 언제나 대화와 토론을 거쳐 양보와 타협에 이르는 것은 아닙니다. 양보와 타협이 어려우면 사람들은 다수결의 원칙으로 문제를 해결합니다.

4-1 예시 답안 소수의 의견도 존중해야 합니다.

채점 기준 답안 내용	배점
소수의 의견도 존중해야 한다고 쓴 경우	4
다른 사람의 의견을 존중해야 한다고만 쓴 경우	2

5 ④

풀이 ①과 ⑤는 국회, ②는 법원, ③은 정부에서 하는 일입니다.

5-1 예시 답안 법을 만드는 일을 하며, 법을 고치거나 없애기도 합니다. / 나라의 살림에 필요한 예산을 심의하여 확정하는 일을 합니다.

채점 기준 답안 내용	배점
두 가지 모두 바르게 쓴 경우	6
한 가지만 바르게 쓴 경우	3

6 ④

풀이 한 사람이나 기관에 모든 권력이 있다면 국민들이 피해를 볼 수 있습니다.

6-1 예시 답안 한 기관이 국가의 중요한 일을 마음대로 처리할 수 없도록 서로 견제하고 균형을 이루게 하여 국민의 자유와 권리를 지키기 위해서입니다.

채점 기준 답안 내용	배점
국민의 자유와 권리를 지키기 위해서라고 쓴 경우	6
나라가 엉망이 될지도 모르기 때문이라고만 쓴 경우	2

실전! 서술형 평가 64~65쪽

1 ❶ ㉡ → ㉢ → ㉠

❷ 예시 답안 이승만이 대통령 자리에서 물러났고, 3·15 부정 선거는 무효가 되었습니다.

채점 기준 답안 내용	배점
이승만이 대통령 자리에서 물러났다는 내용, 3·15 부정 선거가 무효가 되었다는 내용 두 가지 모두 바르게 쓴 경우	3
이승만이 대통령 자리에서 물러났다는 내용, 3·15 부정 선거가 무효가 되었다는 내용 중 한 가지만 바르게 쓴 경우	2
새로운 정부가 세워졌다고만 쓴 경우	1

❸ 예시 답안 부당한 정권에 맞서 민주주의를 지키려는 시민들과 학생들의 의지를 보여 주었습니다.

채점 기준 답안 내용	배점
부당한 정권에 맞서 민주주의를 지키려는 시민들과 학생들의 의지를 보여 주었다고 쓴 경우	5
시민들이 주도한 혁명이었다고만 쓴 경우	3

2 예시 답안 지역 주민들은 지역의 문제를 스스로 해결하려고 의견을 제시하고, 지역의 대표들은 주민들의 의견을 수렴해 여러 가지 문제를 민주적으로 해결합니다.

풀이 지방 자치제는 일정한 지역의 주민과 이들로부터 직접 선출된 지방 의회 의원과 지방 자치 단체장이 해당 지역의 일을 스스로 처리하는 제도입니다.

채점 기준 답안 내용	배점
지역 주민과 지역 대표의 입장을 모두 바르게 쓴 경우	5
지역 주민과 지역 대표 중 한 가지 입장만 바르게 쓴 경우	3

3 평등, 예시 답안 신분, 재산, 성별, 인종 등에 따라 부당하게 차별받지 않고 평등하게 대우받아야 한다는 의미입니다.

채점 기준 답안 내용	배점
'평등'이라고 쓰고, 그 의미를 바르게 쓴 경우	7
'평등'이라고 쓰고, 공평하게 대한다는 의미라고만 쓴 경우	4

4 예시 답안 키가 큰 친구가 시력이 좋지 않아 앞자리에 앉으면 뒤에 앉은 친구가 칠판이 잘 보이지 않을 수 있어.

채점 기준 답안 내용	배점
비판적 태도가 나타나도록 바르게 쓴 경우	7
피해를 입는 학생이 있을 것이라고만 쓴 경우	4

5 ㉤, 예시 답안 국민이 국가의 주인이라는 사실을 잊거나 지키려고 노력하지 않는다면, 자신의 국민 주권을 누군가에게 빼앗길 수도 있습니다.

채점 기준 답안 내용	배점
㉤을 쓰고, 국민 주권을 지키려고 노력하지 않는다면 자신의 주권을 빼앗길 수도 있다고 쓴 경우	5
㉤을 쓰고, 국민 주권을 지키려고 노력해야 한다고만 쓴 경우	3

6 국회, 예시 답안 법을 만드는 일을 하며, 법을 고치거나 없애기도 합니다. / 정부가 법에 따라 일을 잘하고 있는지 확인하기 위해 국정 감사를 합니다.

풀이 정부는 법에 따라 나라의 살림을 맡아 하는 곳이고, 법원은 법에 따라 재판을 하는 곳입니다.

채점 기준 답안 내용	배점
'국회'를 쓰고, 국회에서 하는 일을 두 가지 모두 바르게 쓴 경우	7
'국회'를 쓰고, 국회에서 하는 일을 한 가지만 바르게 쓴 경우	4

| 채점 시 유의 사항 | 나라의 살림에 필요한 예산을 심의하여 확정하는 일을 한다는 내용도 정답으로 인정합니다.

7 예시 답안 한 사람이나 기관이 그 권한을 마음대로 사용하거나 잘못된 결정을 할 수도 있고, 그러면 국민의 자유와 권리는 보장되지 못할 것입니다.

채점 기준 답안 내용	배점
권한을 마음대로 사용하거나 잘못된 결정을 할 수도 있고, 그러면 국민의 자유와 권리는 보장되지 못할 것이라고 쓴 경우	7
여러 가지 문제가 일어날 수 있다고만 쓴 경우	2

2. 우리나라의 경제 발전

연습! 서술형 평가 66~67쪽

1 ㉠ 가계, ㉡ 기업

풀이 가계의 생산과 소비 활동은 기업의 생산 및 이윤 추구와 밀접한 관계가 있으며, 가계와 기업이 하는 일은 서로에게 도움이 됩니다.

1-1 예시 답안 가계와 기업은 시장에서 물건과 서비스를 거래하며, 가계와 기업이 하는 일은 서로에게 도움이 됩니다.

채점 기준 답안 내용	배점
주어진 단어를 모두 이용하여 바르게 쓴 경우	4
주어진 단어 중 일부만 이용하여 쓴 경우	2

2 ①

풀이 우리나라 경제의 특징은 개인과 기업들이 경제 활동의 자유를 누리면서 자신의 이익을 얻으려고 경쟁하는 것입니다. 기업은 자유롭게 경쟁하며 더 좋은 상품을 개발해 많은 이윤을 얻을 수 있고, 소비자는 품질이 좋은 다양한 상품을 살 수 있어서 만족할 수 있습니다. 개인과 기업의 자유로운 경쟁은 국가 전체의 경제 발전에 도움을 줍니다.

2-1 예시 답안 자신의 재능과 능력을 더 잘 발휘할 수 있습니다. / 소비자가 원하는 조건의 물건을 살 수 있습니다.

채점 기준 답안 내용	배점
두 가지 모두 바르게 쓴 경우	4
한 가지만 바르게 쓴 경우	2

| 채점 시 유의 사항 | 이밖에도 기업에게서 좋은 서비스를 받을 수 있다는 내용, 기술을 개발해 더 우수한 품질의 물건을 사용할 수 있다는 내용도 정답으로 인정합니다.

3 ⑤

풀이 ⑤는 2000년대 이후부터 발달하고 있는 산업입니다.

3-1 예시 답안 신소재 산업, 로봇 산업과 같이 고도의 기술이 필요한 첨단 산업이 발달하고 있습니다.

채점 기준 답안 내용	배점
첨단 산업이 발달하고 있다고 쓴 경우	6
기술이 필요한 산업이 발달하고 있다고만 쓴 경우	3

| 채점 시 유의 사항 | 사람들에게 즐거움을 주고 삶을 편리하게 해 주는 서비스 산업이 발달하고 있다는 내용은 제시된 사진과 관련이 적으므로 부분 점수만 인정합니다.

4 ④

풀이 ②와 ⑤는 환경 오염 문제를 해결하려고 정부에서 하는 노력입니다.

4-1 예시 답안 기업들이 친환경 제품을 생산하도록 지원하고 사람들이 친환경 제품을 사용하도록 알립니다. / 풍력, 태양열 등 친환경 에너지를 생산하기 위해 노력합니다.

채점 기준 답안 내용	배점
두 가지 모두 바르게 쓴 경우	4
한 가지만 바르게 쓴 경우	2

5 ㉠ 생산, ㉡ 무역, ㉢ 수출, ㉣ 수입

풀이 각 나라는 더 잘 만들 수 있는 물건을 생산하고, 이를 상호 교류하면서 서로 경제적 이익을 얻습니다.

5-1 예시 답안 나라마다 자연환경과 자원, 기술 등에 차이가 있어 더 잘 생산할 수 있는 물건이나 서비스가 다르기 때문입니다.

채점 기준 답안 내용	배점
나라마다 더 잘 생산할 수 있는 물건이나 서비스가 다르기 때문이라고 쓴 경우	6
나라마다 필요한 물건이 다르기 때문이라고만 쓴 경우	3

6 ㉠, ㉡, ㉢

풀이 이밖에도 외국산에 의존해야 하는 물건에 문제가 생겨 수입에 어려움을 겪기도 합니다.

6-1 예시 답안 우리나라 물건(세탁기)에 높은 관세를 매겨 가격이 올라 경쟁에서 불리해집니다.

채점 기준 답안 내용	배점
우리나라 물건(세탁기)에 높은 관세를 매겨 가격이 올라 경쟁에서 불리해진다고 쓴 경우	6
우리나라 물건(세탁기)에 세금을 매긴다고만 쓴 경우	3

실전! 서술형 평가 68~69쪽

1 ❶ (1) ㉠, ㉡, ㉣, ㉤ (2) ㉢, ㉥

풀이 시장에서 물건만 거래하는 것이 아니라 물건이 아닌 것도 거래합니다.

❷ ㉡, ㉤

❸ 예시 답안 직접 시장에 갈 필요 없이 언제 어디에서든지 물건을 살 수 있습니다.

채점 기준 답안 내용	배점
언제 어디에서든지 물건을 살 수 있다고 쓴 경우	6
인터넷을 이용할 수 있다고만 쓴 경우	3

2 예시 답안 가격이 합리적인 다른 음료수를 사 먹습니다. / 음료수를 많은 회사에서 만들 수 있도록 합니다. / 음료수를 만드는 회사끼리 상의하여 상품 가격을 마음대로 올릴 수 없도록 감시합니다.

풀이 우리 경제에서 기업들은 자유롭게 경제 활동을 할 수 있지만 공정하지 못한 행동을 하면 소비자에게 피해를 줄 수 있습니다. 정부와 시민 단체는 기업 간의 불공정한 경제 활동으로 생기는 문제를 해결하고 경제 활동이 공정하게 이루어질 수 있도록 여러 가지 노력을 하고 있습니다.

채점 기준 답안 내용	배점
두 가지 모두 바르게 쓴 경우	7
한 가지만 바르게 쓴 경우	4

| 채점 시 유의 사항 | 상품 가격을 올리는 것에 반대하는 의견을 음료수 회사 누리집에 올리는 내용도 정답으로 인정합니다.

3 예시 답안 당시 우리나라는 선진국보다 자원과 기술은 부족했지만 노동력은 풍부했기 때문에 기업은 많은 노동력이 필요한 제품을 낮은 가격으로 생산해 수출하면서 성장할 수 있었습니다.

풀이 경공업은 식료품, 섬유, 종이 등 비교적 가벼운 물건을 만드는 산업입니다. 1960년대 당시 기업은 정부의 경제 개발 계획에 따라 섬유, 신발, 가발, 의류 등과 같은 경공업 제품을 만들어 수출하며 성장했습니다.

채점 기준 답안 내용	배점
자원과 기술은 부족했지만 노동력은 풍부했기 때문이라고 쓴 경우	5
자원과 기술이 부족했기 때문이라고만 쓴 경우	3

4 예시 답안 높은 기술력을 갖추려고 교육 시설과 연구소 등을 설립했습니다. / 기업에 돈을 빌려주어 각종 산업에 적극적으로 참여할 수 있도록 지원했습니다.

풀이 1973년에 정부는 국가 경제를 획기적으로 발전시키려고 중화학 공업 육성 계획을 발표했고 철강, 석유 화학, 기계, 조선, 전자 등의 산업을 성장시키기 위해 다양한 방법으로 노력했습니다. 중화학 공업은 경공업보다 많은 돈과 높은 기술력이 필요한 산업입니다.

채점 기준 답안 내용	배점
두 가지 모두 바르게 쓴 경우	7
한 가지만 바르게 쓴 경우	4

5 예시 답안 우리나라의 국내 총생산 금액은 큰 폭으로 증가했습니다.

풀이 1980년대에 우리나라의 산업 구조가 경공업에서 중화학 공업 중심으로 바뀌면서 세계적으로 우수한 제품을 생산할 수 있게 되었습니다. 수출액과 국민 소득도 빠르게 증가해 사람들의 생활 수준이 크게 향상되었습니다.

채점 기준 답안 내용	배점
큰 폭으로 증가했다고 쓴 경우	5
큰 변화가 있었다고만 쓴 경우	3

6 (1) 예시 답안 한국을 방문해 치료받는 몽골인 환자 수가 증가하여 의료 산업의 이익이 늘어날 것입니다.

(2) 예시 답안 몽골의 의료 환경 개선에 도움이 될 것입니다.

채점 기준 답안 내용	배점
(1), (2)를 모두 바르게 쓴 경우	7
(1), (2) 중 한 가지만 바르게 쓴 경우	4

7 예시 답안 인도의 태양광 발전 사업에 인도에서 생산된 태양 전지와 컴퓨터 시스템만을 사용하겠다는 것은 '외국 기업과 국내 기업을 차별해서는 안 된다.'라는 세계 무역 기구의 규정을 위반한 것이라고 판정했습니다.

풀이 인도는 자국의 태양광 발전 사업을 발전시키고자 꼭 필요한 제도라고 주장했지만, 세계 무역 기구는 인도의 주장을 받아들이지 않았습니다. 제시된 사건을 통해 자기 나라의 산업 발전을 위한 정책이 다른 나라와의 무역 관계에서는 문제를 발생시킬 수도 있다는 것을 알 수 있습니다.

채점 기준 답안 내용	배점
인도가 '외국 기업과 국내 기업을 차별해서는 안 된다.'라는 세계 무역 기구의 규정을 위반한 것이라고 판정했다고 쓴 경우	7
인도가 잘못했다는 판정을 내렸다고만 쓴 경우	4

1. 과학자처럼 탐구하기

실전! 서술형 평가 70~71쪽

1 예시 답안 재영이가 만든 빵 반죽만 발효되지 않은 까닭을 궁금해했습니다.

채점 기준 답안 내용	배점
자신이 만든 빵 반죽만 발효되지 않은 까닭을 궁금하게 생각했다는 내용을 썼으면 정답으로 합니다.	6

2 (1) 예시 답안 탐구할 문제를 정하고 탐구의 결과를 예상하는 것을 말합니다.

(2) 예시 답안 탐구를 하여 알아보려는 내용이 분명하게 드러나야 합니다. 이해하기 쉽도록 간결하게 표현해야 합니다. 탐구를 하여 가설이 맞는지 확인할 수 있어야 합니다.

채점 기준 답안 내용	배점
(1)과 (2)를 모두 옳게 쓴 경우	8
(1)과 (2) 중 한 가지만 옳게 쓴 경우	4

3 ❶ 시험관을 담글 물의 온도
❷ 예시 답안 실험 준비물을 정하고 실험 과정을 정리합니다. 모둠 구성원의 역할을 정합니다.

채점 기준 답안 내용	배점
실험을 계획할 때 세워야 할 것을 두 가지 옳게 쓴 경우	7
실험을 계획할 때 세워야 할 것을 한 가지만 옳게 쓴 경우	4

4 예시 답안 다르게 해야 할 조건과 같게 해야 할 조건을 지켜서 실험하는 것을 말합니다.

채점 기준 답안 내용	배점
다르게 해야 할 조건과 같게 해야 할 조건을 지켜서 실험하는 것이라고 쓴 경우	8

5 예시 답안 실험 결과를 있는 그대로 기록하고, 고치거나 빼지 않습니다.

채점 기준 답안 내용	배점
실험 결과를 있는 그대로 기록하고, 고치거나 빼지 않는다고 쓴 경우	6

6 (1) 예시 답안 실험 조건과 결과의 관계를 한눈에 알아보기 쉽게 나타낼 수 있습니다.

(2) 예시 답안 사물의 모양이나 자연 현상을 이해하기 쉽게 표현할 수 있습니다.

채점 기준 답안 내용	배점
(1)과 (2)를 모두 옳게 쓴 경우	8
(1)과 (2) 중 한 가지만 옳게 쓴 경우	4

7 (1) 예시 답안 실험 결과가 나의 가설과 같다면, 이를 토대로 탐구 문제의 답을 정리해 결론을 내립니다.

(2) 예시 답안 실험 결과가 나의 가설과 다르다면, 가설을 수정하여 탐구를 다시 시작해야 합니다.

채점 기준 답안 내용	배점
(1)과 (2)를 모두 옳게 쓴 경우	8
(1)과 (2) 중 한 가지만 옳게 쓴 경우	4

2. 지구와 달의 운동

연습! 서술형 평가 72~73쪽

1 ㉠

풀이 지구의 자전축은 가상의 직선이며, 지구가 자전축을 중심으로 하루에 한 바퀴씩 회전하는 것을 지구의 자전이라고 합니다.

1-1 (1) 예시 답안 지구의 북극과 남극을 이은 가상의 직선입니다.

(2) 예시 답안 지구가 자전축을 중심으로 하루에 한 바퀴씩 서쪽에서 동쪽(시계 반대 방향)으로 회전하는 것을 말합니다.

채점 기준 답안 내용	배점
(1)과 (2)를 모두 옳게 쓴 경우	6
(2)만 옳게 쓴 경우	4

2 ③

풀이 지구가 서쪽에서 동쪽으로 자전하기 때문에 태양과 달의 위치가 동쪽에서 남쪽을 지나 서쪽으로 움직이는 것처럼 보입니다.

2-1 예시 답안 하루 동안 달의 위치는 동쪽에서 남쪽을 지나 서쪽으로 움직이는 것처럼 보입니다. 달의 위치가 달라지는 까닭은 지구가 서쪽에서 동쪽으로 자전하기 때문입니다.

채점 기준 답안 내용	배점
달의 위치 변화를 옳게 쓰고, 그 까닭을 지구가 서쪽에서 동쪽으로 자전하기 때문이라고 쓴 경우	8
달의 위치 변화를 옳게 쓰고, 지구가 자전한다고만 쓴 경우	6

3 (1) 밤 (2) 낮

풀이 전등 빛을 받는 쪽은 낮이 되고, 전등 빛을 받지 못하는 쪽은 밤이 됩니다.

3-1 예시 답안 우리나라가 밤일 때입니다.

채점 기준 답안 내용	배점
우리나라가 밤일 때라고 쓴 경우	6

4 ②

4-1 예시 답안 지구가 태양을 중심으로 일 년에 한 바퀴씩 서쪽에서 동쪽(시계 반대 방향)으로 일정한 길을 따라 회전하는 것입니다.

채점 기준	답안 내용	배점
	지구가 태양을 중심으로 일 년에 한 바퀴씩 서쪽에서 동쪽(시계 반대 방향)으로 일정한 길을 따라 회전하는 것이라고 쓴 경우	6
	지구가 일 년에 한 바퀴씩 서쪽에서 동쪽(시계 반대 방향)으로 회전하는 것이라고만 쓴 경우	3

5 미래

풀이 오리온자리는 겨울철 대표적인 별자리입니다. 별자리가 태양과 같은 방향에 있으면 태양 빛 때문에 볼 수 없습니다. 사자자리는 가을철에 볼 수 없습니다.

5-1 거문고자리, 예시 답안 겨울철에 거문고자리는 태양과 같은 방향에 있어 태양 빛 때문에 볼 수 없습니다.

채점 기준	답안 내용	배점
	거문고자리라고 쓰고, 겨울철에 거문고자리는 태양과 같은 방향에 있어 태양 빛 때문에 볼 수 없다고 쓴 경우	8
	거문고자리라고 쓰고, 거문고자리는 여름철 대표적인 별자리이기 때문에 겨울철에 볼 수 없다고 쓴 경우	2
	거문고자리라고만 쓴 경우	1

6 (1) ○ (2) ○ (4) ○

풀이 초승달은 서쪽 하늘에서 보이고, 상현달은 남쪽 하늘에서 보이며, 보름달은 동쪽 하늘에서 보입니다. 달의 위치가 서쪽에서 동쪽으로 날마다 조금씩 옮겨 가면서 그 모양도 초승달, 상현달, 보름달로 달라집니다.

6-1 예시 답안 여러 날 동안 달의 위치는 서쪽에서 동쪽으로 날마다 조금씩 옮겨 가고, 달의 모양은 초승달, 상현달, 보름달로 달라집니다.

채점 기준	답안 내용	배점
	여러 날 동안 달의 위치와 모양 변화에 대해 옳게 쓴 경우	8
	여러 날 동안 달의 위치 변화 또는 모양 변화에 대해서만 옳게 쓴 경우	5

실전! 서술형 평가 74~75쪽

1 예시 답안 전등이 동쪽에서 서쪽으로 움직이는 것처럼 보입니다.

채점 기준	답안 내용	배점
	전등이 동쪽에서 서쪽으로 움직이는 것처럼 보인다고 쓴 경우	7

2 예시 답안 지구가 서쪽에서 동쪽으로 자전하기 때문에 하루 동안 태양이 동쪽에서 서쪽으로 움직이는 것처럼 보입니다.

채점 기준	답안 내용	배점
	지구가 서쪽에서 동쪽으로 자전하기 때문에 하루 동안 태양이 동쪽에서 서쪽으로 움직이는 것처럼 보인다고 쓴 경우	7
	지구가 자전하기 때문에 태양이 움직이는 것처럼 보인다고만 쓴 경우	2

3 예시 답안 ㉠ 부분은 전등의 빛이 비쳐서 밝고, ㉡ 부분은 전등의 빛이 비치지 않아 어둡습니다.

채점 기준	답안 내용	배점
	㉠ 부분은 전등의 빛이 비쳐서 밝고, ㉡ 부분은 전등의 빛이 비치지 않아 어둡다고 쓴 경우	5

4 (1) ㈑, ㈐, ㈏

(2) 예시 답안 지구가 태양을 중심으로 일 년에 한 바퀴씩 서쪽에서 동쪽(시계 반대 방향)으로 일정한 길을 따라 회전하는 것입니다.

채점 기준	답안 내용	배점
	(1)과 (2)를 모두 옳게 쓴 경우	7
	(2)만 옳게 쓴 경우	4

5 ❶ 오리온자리, 예시 답안 지구가 ㈏ 위치에 있을 때 ㈑ 위치에서 오랜 시간 볼 수 있는 오리온자리는 태양과 같은 방향에 있어 태양 빛 때문에 볼 수 없습니다.

채점 기준	답안 내용	배점
	오리온자리라고 쓰고, 지구가 ㈏ 위치에 있을 때 ㈑ 위치에서 오랜 시간 볼 수 있는 오리온자리는 태양과 같은 방향에 있어 태양 빛 때문에 볼 수 없다고 쓴 경우	5
	오리온자리라고만 쓴 경우	1

❷ 예시 답안 지구가 태양 주위를 공전하면서 계절에 따라 지구의 위치가 달라지고, 달라진 위치에 따라 밤에 보이는 별자리가 달라지기 때문입니다.

채점 기준	답안 내용	배점
	지구가 공전하면서 계절에 따라 지구의 위치가 달라지고, 달라진 위치에 따라 밤에 보이는 별자리가 달라지기 때문이라고 쓴 경우	5
	지구가 공전하면서 계절에 따라 지구의 위치가 달라진다고만 쓴 경우	3

6 예시 답안 음력 2~3일 무렵에는 초승달, 음력 7~8일 무렵에는 상현달, 음력 15일 무렵에는 보름달, 음력 22~23일 무렵에는 하현달, 음력 27~28일 무렵에는 그믐달을 볼 수 있습니다.

채점 기준	답안 내용	배점
	음력 날짜에 따라 볼 수 있는 달의 이름을 모두 옳게 쓴 경우	5

7 예시 답안 달의 위치는 서쪽에서 동쪽으로 날마다 조금씩 옮겨 가고, 달의 모양도 초승달, 상현달, 보름달로 달라집니다.

채점 기준	답안 내용	배점
	달의 위치는 서쪽에서 동쪽으로 날마다 조금씩 옮겨 가고, 달의 모양도 초승달, 상현달, 보름달로 달라진다고 쓴 경우	7
	달의 위치와 달의 모양이 변한다고만 쓴 경우	1

3. 여러 가지 기체

연습! 서술형 평가 76~77쪽

1 (1) ○

1-1 (1) 예시 답안 ㉠에 묽은 과산화 수소수, ㉡에 이산화 망가니즈를 넣습니다.

(2) 예시 답안 ㉠에 진한 식초, ㉡에 탄산수소 나트륨을 넣습니다.

채점 기준 답안 내용	배점
(1)과 (2)를 모두 옳게 쓴 경우	8
(1)과 (2) 중 한 가지만 옳게 쓴 경우	4

2 (3) ○ (4) ○

풀이 산소에는 색깔과 냄새가 없고, 산소가 들어 있는 집기병에 향불을 넣으면 불꽃이 커집니다. 산소는 스스로 타지 않지만 다른 물질이 타는 것을 돕습니다. 또 철이나 구리와 같은 금속을 녹슬게 합니다.

2-1 (1) 예시 답안 불꽃이 커집니다.

(2) 예시 답안 산소는 다른 물질이 타는 것을 돕습니다.

채점 기준 답안 내용	배점
(1)과 (2)를 모두 옳게 쓴 경우	6
(1)과 (2) 중 한 가지만 옳게 쓴 경우	3

3 ③

3-1 석회수, 예시 답안 이산화 탄소는 석회수를 뿌옇게 만듭니다.

채점 기준 답안 내용	배점
석회수라고 쓰고, 이산화탄소는 석회수를 뿌옇게 만든다고 쓴 경우	6
석회수라고만 쓴 경우	2

4 ②, ⑤

4-1 예시 답안 피스톤을 약하게 누르면 공기의 부피가 약간 작아지고, 피스톤을 세게 누르면 공기의 부피가 많이 작아집니다.

채점 기준 답안 내용	배점
피스톤을 약하게 누르면 공기의 부피가 약간 작아지고, 피스톤을 세게 누르면 공기의 부피가 많이 작아진다고 쓴 경우	8
피스톤을 약하게 누르거나 세게 누르면 공기의 부피가 작아진다고만 쓴 경우	4

5 ④

5-1 (1) 예시 답안 뜨거운 물에 넣으면 고무풍선의 부피가 커지고 얼음물에 넣으면 고무풍선의 부피가 작아집니다.

(2) 예시 답안 온도가 높아지면 기체의 부피는 커지고, 온도가 낮아지면 기체의 부피는 작아집니다.

채점 기준 답안 내용	배점
(1)과 (2)를 모두 옳게 쓴 경우	8
(1)과 (2) 중 한 가지만 옳게 쓴 경우	6

6 (1) 수소 (2) 헬륨

6-1 예시 답안 차, 분유 등을 포장할 때 이용됩니다. 사과와 같은 과일을 신선하게 유지시키는 데 이용됩니다. 혈액, 세포 등을 보존할 때 이용됩니다.

채점 기준 답안 내용	배점
생활 속에서 질소 기체가 이용되는 예를 한 가지 옳게 쓴 경우	6

실전! 서술형 평가 78~79쪽

1 예시 답안 가지 달린 삼각 플라스크 내부에서 거품이 발생하고, ㄱ자 유리관 끝에서 거품이 나옵니다.

채점 기준 답안 내용	배점
가지 달린 삼각 플라스크 내부에서 거품이 발생하고, ㄱ자 유리관 끝에서 거품이 나온다고 쓴 경우	5
거품이 발생한다고만 쓴 경우	2

2 예시 답안 향불의 불꽃이 커집니다.

풀이 소방관의 압축 공기통과 응급 환자의 호흡 장치에는 산소가 이용됩니다. 산소를 모은 집기병에 향불을 넣으면 향불의 불꽃이 커집니다.

채점 기준 답안 내용	배점
향불의 불꽃이 커진다고 쓴 경우	7

3 ❶ 진한 식초

❷ 예시 답안 이산화 탄소는 색깔과 냄새가 없습니다.

채점 기준 답안 내용	배점
색깔과 냄새가 없다고 쓴 경우	3

❸ 예시 답안 투명하던 석회수가 뿌옇게 됩니다.

채점 기준 답안 내용	배점
석회수가 뿌옇게 된다고 쓴 경우	5
석회수의 색깔이 변한다고 쓴 경우	1

4 예시 답안 물 표면으로 올라갈수록 주위의 압력이 낮아지기 때문에 기체의 부피(공기 방울의 부피)가 커지는 것입니다.

채점 기준 답안 내용	배점
물 표면으로 올라갈수록 주변 압력이 낮아지기 때문에 기체의 부피(공기 방울의 부피)가 커지는 것이라고 쓴 경우	7
압력이 낮아지면 기체의 부피가 커진다고만 쓴 경우	5

5 (1) 예시 답안 음식이 뜨거울 때는 온도가 높아서 기체의 부피가 커져 비닐 랩이 부풀어 오릅니다.

(2) 예시 답안 음식이 식었을 때는 온도가 낮아서 기체의 부피가 작아져 비닐 랩이 오목하게 들어갑니다.

채점 기준 답안 내용	배점
(1), (2)를 모두 옳게 쓴 경우	7
(1), (2) 중 한 가지만 옳게 쓴 경우	4

6 예시 답안 특유의 빛을 내는 조명 기구나 네온 광고에 이용됩니다.

채점 기준 답안 내용	배점
특유의 빛을 내는 조명 기구나 네온 광고에 이용된다고 쓴 경우	5
조명 기구에 이용된다고만 쓴 경우	3

7 예시 답안 과자 봉지 속 내용물이 신선하게 유지되지 못하고 변할 것입니다.

채점 기준 답안 내용	배점
과자 봉지 속 내용물이 변할 것이라는 등 산소 기체의 성질과 관련지어 옳게 쓴 경우	7

4. 식물의 구조와 기능

연습! 서술형 평가 80~81쪽

1 ②, ⑤

풀이 동물 세포에는 핵이 있습니다. 식물 세포에는 세포벽이 있습니다.

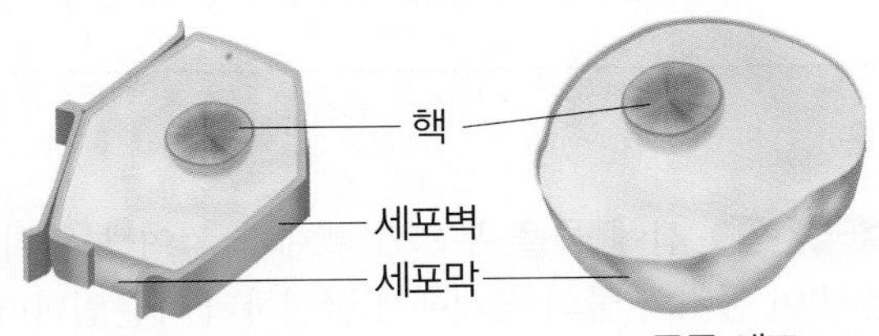

▲ 식물 세포 ▲ 동물 세포

1-1 (1) 예시 답안 핵과 세포막이 있고, 크기가 매우 작아 맨눈으로 관찰하기 어렵습니다.

(2) 예시 답안 식물 세포에는 세포벽이 있고 동물 세포에는 세포벽이 없습니다.

채점 기준 답안 내용	배점
(1)과 (2)를 모두 옳게 쓴 경우	8
(1)과 (2) 중 한 가지만 옳게 쓴 경우	4

2 (1) ○ (2) ○ (3) ○

풀이 고추의 뿌리는 굵고 곧은 뿌리에 가는 뿌리들이 나 있고, 파의 뿌리는 굵기가 비슷한 뿌리가 여러 가닥으로 수염처럼 나 있습니다.

2-1 예시 답안 뿌리는 식물을 지지합니다. 뿌리는 물을 흡수합니다.

채점 기준 답안 내용	배점
뿌리가 하는 일을 두 가지 옳게 쓴 경우	8
뿌리가 하는 일을 한 가지만 옳게 쓴 경우	4

3 ③

풀이 뿌리털은 뿌리에 있습니다.

3-1 예시 답안 줄기에는 물이 이동하는 통로가 있어서 뿌리에서 흡수한 물은 이 통로로 줄기를 거쳐 식물 전체로 이동합니다.

채점 기준 답안 내용	배점
줄기에는 물이 이동하는 통로가 있어서 뿌리에서 흡수한 물은 이 통로로 줄기를 거쳐 식물 전체로 이동한다고 쓴 경우	6
줄기에 통로가 있다고만 쓰거나 줄기를 통해 물이 이동한다고만 쓴 경우	4

4 ②, ③

4-1 예시 답안 식물이 빛과 이산화 탄소, 뿌리에서 흡수한 물을 이용하여 스스로 양분을 만드는 것을 광합성이라고 합니다. 광합성을 통해 만든 양분은 아이오딘-아이오딘화 칼륨 용액과 반응하여 청람색으로 변합니다.

채점 기준 답안 내용	배점
식물이 빛, 이산화 탄소, 물을 이용하여 스스로 양분을 만드는 것이라고 쓰고, 청람색으로 변한다고 쓴 경우	8
광합성에 대해서만 옳게 쓴 경우	6
청람색으로 변한다고만 쓴 경우	2

5 ㉡, ㉢, ㉣

풀이 증산 작용은 잎에서 일어나는 현상입니다.

5-1 (1) 예시 답안 잎에 도달한 물이 기공을 통해 식물 밖으로 빠져나가는 것입니다.

(2) 예시 답안 뿌리에서 흡수한 물을 식물의 꼭대기까지 끌어올릴 수 있도록 돕고, 식물의 온도를 조절하는 역할을 합니다.

채점 기준 답안 내용	배점
(1), (2)를 모두 옳게 쓴 경우	6
(1), (2) 중 한 가지만 옳게 쓴 경우	4

6 ㉠

풀이 우엉은 갈고리가 있어 동물의 털이나 사람의 옷에 붙어서 퍼집니다.

6-1 예시 답안 가벼운 솜털이 있어 바람에 날려서 퍼집니다.

채점 기준 답안 내용	배점
가벼운 솜털이 있어 바람에 날려서 퍼진다고 쓴 경우	6
바람에 날려서 퍼진다고만 쓴 경우	4

실전! 서술형 평가 82~83쪽

1 예시 답안 식물 세포는 세포벽과 세포막으로 둘러싸여 있고 그 안에 핵이 있습니다.

채점 기준 답안 내용	배점
식물 세포는 세포벽과 세포막으로 둘러싸여 있고 그 안에 핵이 있다고 쓴 경우	5

2 예시 답안 ㉠보다 ㉡의 비커에 들어 있는 물이 더 많이 줄어들었습니다. ㉠은 뿌리가 없어 물을 거의 흡수하지 못했고 ㉡은 뿌리가 있어 물을 흡수했기 때문입니다.

채점 기준 답안 내용	배점
㉠보다 ㉡의 비커에 들어 있는 물이 더 많이 줄어들었다고 쓰고, ㉠은 뿌리가 없어 물을 거의 흡수하지 못했고 ㉡은 뿌리가 있어 물을 흡수했기 때문이라고 쓴 경우	7
㉠보다 ㉡의 비커에 들어 있는 물이 더 많이 줄어들었다라고만 쓴 경우	3

3 예시 답안 ㉠은 물이 이동하는 통로로, 뿌리에서 흡수한 물은 이 통로로 줄기를 거쳐 식물 전체로 이동합니다.

채점 기준 답안 내용	배점
물이 이동하는 통로라는 말을 포함해 옳게 쓴 경우	7

4 청람색, 예시 답안 감자에는 녹말이 있는데, 아이오딘-아이오딘화 칼륨 용액이 녹말과 반응하면 청람색으로 변하기 때문입니다.

채점 기준 답안 내용	배점
청람색이라고 쓰고, 감자에는 녹말이 있는데 아이오딘-아이오딘화 칼륨 용액이 녹말과 반응하면 청람색으로 변하기 때문이라고 쓴 경우	7
청람색이라고 쓰고, 아이오딘-아이오딘화 칼륨 용액이 녹말과 반응하면 청람색으로 변하기 때문이라고 쓴 경우	5
청람색이라고만 쓴 경우	1

5 ❶ 모종에 있는 잎의 유무

풀이 모종 한 개는 잎을 남겨 두고, 다른 한 개는 잎을 모두 없앴으므로 다르게 한 조건은 모종에 있는 잎의 유무입니다.

❷ 예시 답안 ㉠은 비닐봉지 안에 물이 생겼고, ㉡은 비닐봉지 안에 물이 생기지 않았습니다.

채점 기준 답안 내용	배점
㉠은 비닐봉지 안에 물이 생겼고, ㉡은 비닐봉지 안에 물이 생기지 않았다고 쓴 경우	3

❸ 예시 답안 뿌리에서 흡수한 물이 잎을 통해 식물 밖으로 빠져나갔기 때문입니다.

채점 기준 답안 내용	배점
뿌리에서 흡수한 물이 잎을 통해 식물 밖으로 빠져나갔기 때문이라고 쓴 경우	5
잎에서 물이 빠져나갔기 때문이라고만 쓴 경우	4

6 예시 답안 씨를 만들기 위해 수술에서 만든 꽃가루를 암술로 옮기는 것입니다.

채점 기준 답안 내용	배점
씨를 만들기 위해 수술에서 만든 꽃가루를 암술로 옮기는 것이라고 쓴 경우	7
꽃가루를 암술로 옮기는 것이라고만 쓴 경우	3

7 예시 답안 갈고리가 있어 동물의 털이나 사람의 옷에 붙어서 퍼집니다.

채점 기준 답안 내용	배점
갈고리가 있어 동물의 털이나 사람의 옷에 붙어서 퍼진다고 쓴 경우	5

5. 빛과 렌즈

연습! 서술형 평가 84~85쪽

1 ㉡

풀이 하얀색 도화지에 여러 가지 빛깔이 나타나는 것을 통해 햇빛이 여러 가지 빛깔로 이루어져 있다는 것을 알 수 있습니다.

1-1 예시 답안 햇빛이 여러 가지 빛깔로 이루어져 있다는 것을 알 수 있습니다.

채점 기준 답안 내용	배점
햇빛이 여러 가지 빛깔로 이루어져 있다는 것을 알 수 있다고 쓴 경우	6

2 찬욱

2-1 예시 답안 컵에 물을 부으면 빨대가 꺾여 보입니다. 그 까닭은 빛이 공기와 물의 경계에서 굴절하기 때문입니다.

채점 기준 답안 내용	배점
빨대가 꺾여 보인다고 쓰고, 빛이 공기와 물의 경계에서 굴절하기 때문이라고 쓴 경우	8
빨대가 꺾여 보인다고 쓰고, 빛이 굴절하기 때문이라고만 쓴 경우	6
빨대가 꺾여 보인다고만 쓴 경우	2

3 ㉠, ㉣

풀이 볼록 렌즈는 가운데 부분이 가장자리보다 두꺼운 렌즈입니다.

3-1 예시 답안 볼록 렌즈의 모양은 가운데 부분이 가장자리보다 두껍습니다. 물이 담긴 둥근 어항은 가운데 부분이 가장자리보다 두껍기 때문에 볼록 렌즈의 구실을 할 수 있습니다.

채점 기준 답안 내용	배점
볼록 렌즈의 모양에 대해 쓰고, 물이 담긴 어항이 볼록 렌즈의 구실을 할 수 있는 까닭을 옳게 쓴 경우	8
볼록 렌즈의 모양에 대해서만 옳게 쓴 경우	5

4 ㉠, ㉢

4-1 (1) 예시 답안 볼록 렌즈가 만든 원 안의 햇빛이 모인 부분의 빛의 밝기가 평면 유리가 만든 원 안의 빛의 밝기보다 밝습니다.

(2) 예시 답안 볼록 렌즈가 만든 원 안의 햇빛이 모인 부분의 온도가 평면 유리가 만든 원 안의 온도보다 높습니다.

채점 기준	답안 내용	배점
	(1), (2)를 모두 옳게 쓴 경우	8
	(1), (2) 중 한 가지만 옳게 쓴 경우	4

5 ㉡

5-1 예시 답안 간이 사진기로 물체를 보면 물체의 상하좌우가 바뀌어 보입니다.

채점 기준	답안 내용	배점
	물체의 상하좌우가 바뀌어 보인다고 쓴 경우	6

6 ㉢

풀이 확대경은 작은 곤충을 크게 확대해서 볼 수 있게 합니다.

6-1 예시 답안 물체의 모습을 확대해서 볼 수 있기 때문에 작은 물체나 멀리 있는 물체를 자세히 관찰할 수 있고, 섬세한 작업을 할 때 도움이 됩니다. 가까운 것이 잘 보이지 않는 사람의 시력을 교정하는 데 도움을 줍니다.

채점 기준	답안 내용	배점
	우리 생활에서 볼록 렌즈를 사용했을 때의 좋은 점을 두 가지 옳게 쓴 경우	6
	우리 생활에서 볼록 렌즈를 사용했을 때의 좋은 점을 한 가지만 옳게 쓴 경우	4

실전! 서술형 평가 86~87쪽

1 예시 답안 햇빛은 여러 가지 빛깔로 이루어져 있습니다.

채점 기준	답안 내용	배점
	햇빛이 여러 가지 빛깔로 이루어져 있다고 쓴 경우	5

2 예시 답안 레이저 지시기의 빛이 물과 공기의 경계에서 꺾여 나아갑니다.

채점 기준	답안 내용	배점
	레이저 지시기의 빛이 물과 공기의 경계에서 꺾여 나아간다고 쓴 경우	7

3 ❶ 예시 답안 보이지 않던 동전이 보입니다.

풀이 물을 부으면 실제보다 위로 떠 보여서 보이지 않던 동전이 보입니다.

채점 기준	답안 내용	배점
	보이지 않던 동전이 보인다고 쓴 경우	3

❷ 예시 답안 젓가락이 꺾여 보입니다.

풀이 물을 붓지 않았을 때에는 젓가락이 반듯했지만 물을 부은 다음에는 젓가락이 꺾여 보입니다.

채점 기준	답안 내용	배점
	젓가락이 꺾여 보인다고 쓴 경우	3

❸ 예시 답안 물속에 있는 물체의 모습이 실제와 다르게 보이는 까닭은 빛이 공기와 물의 경계에서 굴절하기 때문입니다.

채점 기준	답안 내용	배점
	빛이 공기와 물의 경계에서 굴절하기 때문이라고 쓴 경우	4
	빛이 굴절하기 때문이라고만 쓴 경우	2

4 예시 답안 렌즈의 가운데 부분이 가장자리보다 두껍습니다.

풀이 볼록 렌즈로 관찰한 것입니다. 볼록 렌즈의 모양은 렌즈의 가운데 부분이 가장자리보다 두껍습니다.

채점 기준	답안 내용	배점
	렌즈의 가운데 부분이 가장자리보다 두껍다고 쓴 경우	5

5 예시 답안 햇빛을 모은 곳의 밝기가 주변보다 밝고 온도가 주변보다 높습니다.

풀이 볼록 렌즈로 관찰한 것이므로 볼록 렌즈로 햇빛을 모았을 때 햇빛을 모은 곳의 밝기와 온도에 대해 씁니다.

채점 기준	답안 내용	배점
	밝기가 주변보다 밝고 온도가 주변보다 높다고 쓴 경우	7

6 예시 답안 간이 사진기에 있는 볼록 렌즈가 빛을 굴절시켜 기름종이에 위치가 바뀐(상하좌우가 다른) 물체의 모습을 만들기 때문입니다.

풀이 간이 사진기로 본 물체의 모습은 다음과 같습니다.

실제 모습 간이 사진기로 관찰한 모습

채점 기준	답안 내용	배점
	간이 사진기에 있는 볼록 렌즈가 빛을 굴절시켜 기름종이에 위치가 바뀐 물체의 모습을 만들기 때문이라고 쓴 경우	7

7 (1) 예시 답안 작은 물체에서 온 빛을 모이게 하여 물체의 모습을 거꾸로 크게 맺히게 합니다.

(2) 예시 답안 맺힌 물체의 모습을 더 크게 보이게 합니다.

채점 기준	답안 내용	배점
	(1), (2)를 모두 옳게 쓴 경우	7
	(1), (2) 중 한 가지만 옳게 쓴 경우	4

MEMO